普通高等院校建筑电气与智能化专业规划教材

建筑供配电技术与设计

主 编 曹祥红 张 华 李跃龙

主 审 万 宁 白玉峰

U0291819

中国建材工业出版社

图书在版编目（CIP）数据

建筑供配电技术与设计/曹祥红，张华，李跃龙主编 . --北京：中国建材工业出版社，2021.11
普通高等院校建筑电气与智能化专业规划教材
ISBN 978-7-5160-3231-2

Ⅰ.①建… Ⅱ.①曹… ②张… ③李… Ⅲ.①房屋建筑设备－供电系统－高等学校－教材 ②房屋建筑设备－配电系统－高等学校－教材 Ⅳ.①TU852

中国版本图书馆 CIP 数据核字（2021）第 112871 号

内容提要

本书是以产出导向理念为指导，为适应高等学校建筑电气与智能化及相关专业新工科高素质工程应用型人才培养的教学目标而编写的。

本书主要内容包括建筑供配电系统设计基础、常用电气设备、建筑变配电所的结构布置及主接线、负荷计算及无功功率补偿、短路电流及其计算、电气设备的选择与校验、导线和电缆的选择、建筑低压配电系统设计、建筑防雷与接地系统、建筑供配电系统设计工程实例等，配套丰富的二维码资源。

本书既可作为高等学校建筑电气与智能化、建筑环境与能源应用工程、电气工程及其自动化、自动化等专业相关课程的本科、研究生和教师的教学用书，也可作为供配电工程设计、施工、监理、安装和运行维护人员的培训用书，还可作为注册电气工程师专业考试的参考用书。

建筑供配电技术与设计

Jianzhu Gongpeidian Jishu yu Sheji

主　编　曹祥红　张　华　李跃龙

出版发行：中国建材工业出版社
地　　址：北京市海淀区三里河路 1 号
邮　　编：100044
经　　销：全国各地新华书店
印　　刷：北京鑫正大印刷有限公司
开　　本：787mm×1092mm　　1/16
印　　张：19.25
字　　数：470 千字
版　　次：2021 年 11 月第 1 版
印　　次：2021 年 11 月第 1 次
定　　价：69.80 元

本书编委会

主　编　曹祥红（郑州轻工业大学）
　　　　　张　华（河南工业大学）
　　　　　李跃龙（河南利业施工图审查有限公司）

副主编　陈继斌（郑州轻工业大学）
　　　　　李跃虎（河南利业施工图审查有限公司）

参　编　朱向前（郑州轻工业大学）
　　　　　刘玉雪（郑州轻工业大学）
　　　　　牛　莹（郑州轻工业大学）
　　　　　丁世敬（河南城建学院）
　　　　　张楚悦（同济大学建筑设计研究院有限公司）

主　审　万　宁（河南省建筑设计研究院有限公司）
　　　　　白玉峰（黄河勘测规划设计研究院有限公司）

前　　言

本书是以产出导向的理念为指导，为适应高等学校建筑电气与智能化及相关专业新工科高素质工程应用型人才培养的教学目标而编写的，既可作为高等学校建筑电气与智能化、建筑环境与能源应用工程、电气工程及其自动化、自动化等专业相关课程的本科、研究生和教师的教学用书，也可作为供配电工程设计、施工、监理、安装和运行维护人员的培训用书，还可作为注册电气工程师专业考试的参考用书。

本书分为十章，分别为建筑供配电系统设计基础、常用电气设备、建筑变配电所的结构布置及主接线、负荷计算及无功功率补偿、短路电流及其计算、电气设备的选择与校验、导线和电缆的选择、建筑低压配电系统设计、建筑防雷与接地系统、建筑供配电系统设计工程实例。书中例题与习题大多精选自工程实际。本书具有以下特色：

（1）标准规范新。本书编写中引用的建筑供配电系统设计相关国家标准和规范均为现行的最新标准和规范，充分体现了建筑供配电系统设计技术的新发展和国家标准规范的新要求。

（2）形式新。按照工程认证要求在书中每一章开头设置知识目标、能力目标和素质目标，提炼蕴含于专业知识和技能中的思政元素；文中还提供了拓展阅读、图纸和视频等二维码素材，教材内容更加丰富和立体化，更便于教师翻转式教学和学生自学使用。

（3）工程实践性强。强调以工程综合应用为目的，以工程项目设计实例为驱动，突出培养学生掌握工程设计的理念和规范要求并在工程实践中应用的方法，提高解决工程实际问题能力，实现培养建筑供配电系统设计工程师和工匠精神的产出目标。

（4）章节安排符合学生认知规律。按照读图识图的步骤安排，从读图识图的方法，到电源选择、变配电所结构与布置、图纸中的负荷、设备和线缆数据的理论计算依据，再到低压配电系统和防雷与接地系统的设计思路，将如何实现图纸从无到有的设计过程，抽丝剥茧，逐一呈现；最后再通过一个工程实例将读图识图的方法和步骤转换为图纸设计与绘制的过程进行强化。知识掌握层层深化，设计能力逐步提高，符合学生学习的认知规律。

（5）可配合中国大学 MOOC 郑州轻工业大学《建筑供配电技术》省级精品在线开放课程平台提供的数字化在线教学资源使用，丰富教学形式，拓展教学资源，并可随时根据需要补充和更新。

本书由郑州轻工业大学曹祥红、陈继斌、刘玉雪、牛莹、朱向前，河南工业大学张华，河南利业施工图审查有限公司李跃龙、李跃虎，河南城建学院丁世敬，同济大学建筑设计研究院（集团）有限公司张楚悦共同完成。其中第一、第十章及对应二维码素材由曹祥红编写，第二、第三章及对应二维码素材由朱向前编写，第四章及对应二维码素材由牛莹编写，第五章及对应二维码素材由丁世敬编写，第六章及对应二维码素材由张华编写，第七章及对应二维码素材由刘玉雪编写，第八章及对应二维码素材由刘玉雪、李跃龙编写，第九章及对应二维码素材由牛莹、陈继斌编写，附录和参考文献由张楚悦编写，书中所用工程案例由李跃虎提供。曹祥红、张华、李跃龙担任主编，负责全书的构思和统稿。河南省建筑设计研究院有限公司电气总工万宁、黄河勘测规划设计研究院有限公司电气总工白玉峰担任本书主审，在此向他们表示衷心的感谢。本书在编写过程中参考了许多相关教材、手册、规范、标准和图集等，已在参考文献中列出，在此向所有作者表示诚挚的感谢。

编者在编写时尽力引用最新的现行国家标准、规范和图集，但由于编者知识水平有限，编写时间仓促，书中疏漏在所难免，敬请读者批评指正。

编　者

2021 年 9 月

目　　录

第一章　建筑供配电系统设计基础

本章在介绍电力系统组成、中性点运行方式、电力系统电压和电能质量指标等电力系统基本知识的基础上，重点介绍了负荷分级与供电要求、建筑供配电系统设计的内容、程序与要求及建筑供配电图纸初步识读的方法与步骤等内容，并给出了建筑供配电系统设计常用的工具性资料清单。

知识目标：

◇ 了解电力系统的基本组成和特点；熟悉电力系统电压等级、标称电压、额定电压和最高电压；了解建筑供配电基本要求和供电电能质量的主要指标。

能力目标：

◇ 掌握中性点不同接地方式的优缺点，能够进行中性点接地方式的选择；能够进行建筑供配电系统供电电压的选择；掌握建筑供配电的负荷分级和各自的供电要求，能够根据常见电力负荷的类型和特征判断其负荷分级和供电要求；熟悉建筑供配电系统设计的阶段及各阶段设计深度、内容、程序和要求，能够初步识读建筑供配电图纸。

素质目标：

◇ 了解建筑供配电系统设计相关规范标准和工具性资料；了解建筑电气设计工程师的职业性质和责任；理解在国家标准和职业规范指导下进行工程设计的必要性。

第一节　电力系统概述

电能是能量的一种表现形式，不论是工农业生产中各种机械设备的运输、控制，还是日常生活中家用电器的使用和照明等都离不开电能。电能已广泛应用到社会生产生活的各个方面，电力的发展直接影响着国民经济各部门的发展，影响着整个人类社会的进步。

供配电，即电能的供应和分配。建筑供配电，就是指建筑所需电能的供应和分配。工业和民用建筑物所需要的电能绝大多数是由公共电力系统供给的，所以有必要先了解电力系统的基本知识。

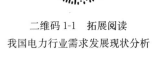

二维码 1-1　拓展阅读
我国电力行业需求发展现状分析

一、电力系统的组成与特点

（一）电力系统的组成

发电厂是把各种形式的天然能源转化为电能的工厂，变电所将发电厂生产的电能进行变换并通过输电线路分配给用户使用。这一从电能的生产到将电能安全、可靠、优质地输送给用户的系统，就称为电力系统，如图 1-1 所示。

在电力系统中，由变配电所和各种不同电压等级的电力线路，以及进行电能的输送、交换和分配电能的设备，组成电力网。电力网是联系发电厂和电能用户的中间环节。

电力系统中各环节的作用分别如下：

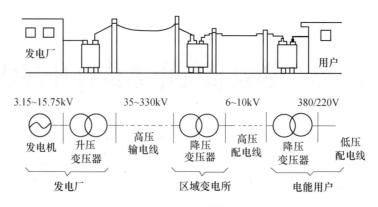

图 1-1　电力系统的组成

（1）发电厂

将水力、煤炭、石油、核能、风力、太阳能、原子能、潮汐、地热等能量转变成电能的工厂，可分为火力发电厂、水力发电厂、核电厂及其他方式发电厂等。

（2）变配电所

接受电能、变换电压和分配电能的场所，由电力变压器和配电装置组成，按变压的性质和作用又可分为升压变电所和降压变电所。没有电力变压器的则称为配电所。

（3）电力线路

输送电能，并把发电厂、变配电所和电能用户连接起来。

（4）电能用户

又称电力负荷。在电力系统中，一切消费电能的用电设备均称为电能用户。

由发电、输电、变电、配电等环节构成的系统组成供配电系统。民用建筑供配电系统在电力系统中属于建筑楼（群）内部供配电系统，由供电电源、建筑变配电所、高低压配电线路和用电设备组成。供配电系统结构如图 1-2 所示。

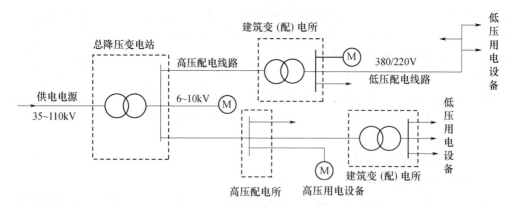

图 1-2　供配电系统结构

（二）电力系统运行的特点

电能与其他形式能量的生产与使用有显著的区别。其特点如下：

（1）电能发、输、配的同时性

电能的生产、输送和使用几乎是同时进行的，不能大量储存，即发电厂任何时刻生产的电能必须等于该时刻用电设备使用的电能与分配、输送过程中所损耗的电能之和。这就要求系统结构合理,便于运行调度,并尽量减少电能损耗。

(2) 电力系统中暂态过程的快速性

电力系统正常运行时,任一设备运行状态的转换都是快速完成的。当电力系统出现故障时,其在电磁和机电方面的过渡过程也是十分短暂的。为了使电力系统安全可靠地运行,必须有一整套迅速和灵敏的监视、测量、控制和保护装置。

(3) 电能生产的重要性

电能与其他能量之间转换方便,易于大量生产、集中管理、远距离输送、自动控制。因此,电能是国民经济各部门使用的主要能源,电能供应的中断或不足将直接影响国民经济各部门的正常运转,这就要求系统运行的可靠和电能供应的充足。随着电子技术和计算机技术的发展,可实现对电力系统的计算机监控和管理,大大提高了供配电系统的可靠性、安全性和灵活性。

二、电力系统的电压

表 1-1 是我国国家标准《标准电压》(GB/T 156—2017) 规定的我国三相交流电网及相关设备的标准电压,某一标称电压等级的电力系统和相关设备的额定电压应从表 1-1 中选取。

表 1-1 我国三相交流电力系统及相关设备的标准电压

分类	标称电压(kV)	最高电压(kV)
低压	0.22/0.38	—
	0.38/0.66	—
	1 (1.14*)	—
高压	3 (3.3)*	3.6*
	6*	7.2*
	10	12
	20	24
	35	40.5
	66	72.5
	110	126
	220	252
	330	363
	500	550
	750	800
	1000	1100

注:①同一组数据较低的数值是相电压,较高的数值是线电压,只有一个数值者是指三相系统的线电压。②括号中的数值为用户有要求时使用。

* 仅限某些应用领域的系统,在高压系统中不得用于公共配电系统。

1. 系统标称电压 (U_{Ns})

系统标称电压指用以标识或识别系统电压的给定值,有时也称为系统的额定电压。

2. 系统最高电压 (U_{Nm})

系统最高电压指正常运行条件下,在系统的任何时间和任何点上出现的电压的最高值。

3. 设备的额定电压（U_N）

设备的额定电压指能使电气设备长期运行的最经济的电压，电力系统中的电气设备都是按照额定电压和额定频率来设计制造的。

当电气设备在额定电压和额定频率下运行时，具有最好的技术指标和经济指标。

4. 设备的最高电压（U_m）

设备的最高电压指设备可以应用的系统最高电压的最大值，用以表示绝缘和在相关设备性能中可以依据此最高电压的其他性能。

电气设备的最高电压仅用于高于 1000V 的系统标称电压的设备。

三、供电系统中性点的运行方式

三相电力系统中作为电源的三相发电机和三相电力变压器的中性点是否接地及如何接地，构成了供电系统中性点运行方式，一般有 5 种运行方式：

二维码 1-2 视频
中性点不接地运行方式

（一）中性点不接地运行方式

中性点不接地即系统中所有电源的中性点都不接地，如图 1-3 所示。图 1-3 中三相电源电压也即各相对中性点的电压用小写下标 u、v、w 区分，三相对地电压用大写下标 U、V、W 区分。

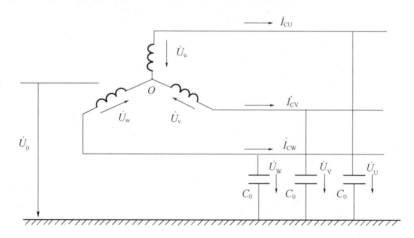

图 1-3　中性点不接地系统正常运行

线路正常运行时，三相电压对称，即

$$\dot{U}_u + \dot{U}_v + \dot{U}_w = 0 \tag{1-1}$$

设 $\dot{U}_u = U_{ph} \angle 0°$，则有 $\dot{U}_v = U_{ph} \angle -120°$，$\dot{U}_w = U_{ph} \angle 120°$，$U_{ph}$ 为相电压有效值。

系统中线路与大地之间、电气设备的绕组与大地之间存在的对地分布电容 C_0 对称且相等。此时有

$$\dot{U}_0 = 0 \tag{1-2}$$

$$\dot{U}_U = \dot{U}_u, \ \dot{U}_V = \dot{U}_v, \ \dot{U}_W = \dot{U}_w \tag{1-3}$$

$$\dot{I}_{CU} = j\omega C_0 \dot{U}_U = \omega C_0 U_{ph} \angle 90° \tag{1-4}$$

$$\dot{I}_{CV} = j\omega C_0 \dot{U}_V = \omega C_0 U_{ph} \angle -30° \tag{1-5}$$

$$\dot{I}_{CW}=j\omega C_0\dot{U}_W=\omega C_0U_{ph}\angle-150° \tag{1-6}$$

从而有：

$$\dot{U}_U+\dot{U}_V+\dot{U}_W=0 \tag{1-7}$$

$$\dot{I}_{CU}+\dot{I}_{CV}+\dot{I}_{CW}=0 \tag{1-8}$$

即中性点不接地系统正常运行时，中性点对地电压为零，各相的对地电压等于三相电源的相电压，保持三相对称；三相对地电容电流的相量和为零，中性点对地没有电流流过。

当中性点不接地系统发生单相接地故障时，假设 W 相接地，如图 1-4 所示。

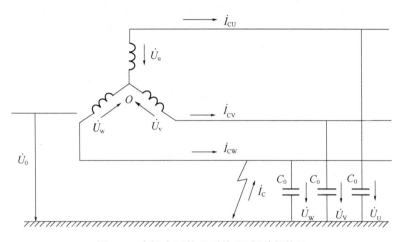

图 1-4　中性点不接地系统 W 相单相接地

W 相接地，则 W 相对地电压为零，即

$$\dot{U}_W=\dot{U}_w+\dot{U}_0=0 \tag{1-9}$$

从而可得中性点的对地电压上升为相电压：

$$\dot{U}_0=-\dot{U}_w \tag{1-10}$$

U、V 两非故障相的对地电压上升为线电压：

$$\dot{U}_U=\dot{U}_u+\dot{U}_0=\dot{U}_u-\dot{U}_w=U_{ph}\angle0°-U_{ph}\angle120°=\sqrt{3}U_{ph}\angle-30° \tag{1-11}$$

$$\dot{U}_V=\dot{U}_v+\dot{U}_0=\dot{U}_v-\dot{U}_w=U_{ph}\angle-120°-U_{ph}\angle120°=\sqrt{3}U_{ph}\angle-90° \tag{1-12}$$

此时，U、V 两相的对地电容电流为

$$\dot{I}_{CU}=j\omega C_0\dot{U}_U=j\omega C_0\sqrt{3}U_{ph}\angle-30°=\sqrt{3}\,\omega C_0U_{ph}\angle60° \tag{1-13}$$

$$\dot{I}_{CV}=j\omega C_0\dot{U}_V=j\omega C_0\sqrt{3}U_{ph}\angle-90°=\sqrt{3}\,\omega C_0U_{ph}\angle0° \tag{1-14}$$

接地故障点通过的故障电流是 U、V 两非故障相对地电容电流之和：

$$\dot{I}_C=-\dot{I}_{CW}=\dot{I}_{CU}+\dot{I}_{CV}=\sqrt{3}\,\omega C_0U_{ph}\angle60°+\sqrt{3}\,\omega C_0U_{ph}\angle0°=3\omega C_0U_{ph}\angle30° \tag{1-15}$$

$$I_C=3\omega C_0U_{ph} \tag{1-16}$$

由以上分析可知，中性点不接地系统发生单相接地故障时：

① 中性点对地电压 $\dot{U}_0$ 与接地相正常时的电压大小相等，方向相反；

② 接地故障相的对地电压降为零；两非故障相对地电压升高为相电压的 $\sqrt{3}$ 倍，即升

到线电压。3个线电压仍保持对称和大小不变，因此，电力用户可以继续运行一段时间，这是这种系统的主要优点，但各种设备的绝缘水平应按线电压来设计。

③ 两非故障相的电容电流增大为正常运行时相对地电容电流的 $\sqrt{3}$ 倍；而流过接地故障点的电容电流为正常运行时相对地电容电流的 3 倍。

由于线路对地电容电流很难准确计算，所以单相接地电流（电容电流）I_c 通常可按下列经验公式计算：

$$I_c=\frac{U_N\ (l_1+35l_2)}{350}=\frac{U_Nl_1}{350}+\frac{U_Nl_2}{10} \tag{1-17}$$

式中，U_N 为电网的额定线电压（kV），l_1 和 l_2 分别为同级电网具有电的直接联系的架空线路和电缆线路的总长度（km）。

通常，中性点不接地系统发生单相接地时，相间电压即线电压的大小和方向均不改变，不影响用电设备的供电。因此，在发生单相接地时，继电保护装置一般只动作于信号，不动作于跳闸，系统可以继续运行 2h。在此期间必须迅速查明故障，以防系统多点接地造成更严重的故障。

必须指出，中性点不接地系统发生单相接地，当接地电流较大时，接地电流在故障处可能产生稳定的或间歇性的电弧。当接地电流大于 30A 时，将形成稳定电弧，成为持续性电弧接地，将可能引起多相相间短路，使得线路跳闸，造成重大事故。如果接地电流大于 5～10A，而小于 30A，则有可能形成间歇性电弧，容易引起弧光接地，导致相对地电压幅值达 2.5～3.0 倍相电压，将危害整个电网及设备的绝缘安全和运行。如果接地电流在 5A 以下，当电流经过零值时，电弧就会自然熄灭。因此，中性点不接地系统仅适用于电压不是太高、单相接地电容电流不大的电网。

目前我国规定中性点不接地系统的适用范围为：单相接地电流不大于 30A 的 3～10kV 电力网和单相接地电流不大于 10A 的 35～60kV 电力网。当单相接地电流大于上述规定值时，就要采用中性点经消弧线圈接地。

（二）中性点直接接地运行方式

系统中性点经一无阻抗（金属性）接地线接地的方式称为中性点直接接地。中性点直接接地系统发生单相接地时，通过接地中性点形成单相短路，产生远大于线路正常负荷电流的短路电流，继电保护会立即动作切除故障线路，使系统的其他部分恢复正常运行。

中性点直接接地系统在发生单相接地时，接地电流很大，如不及时切除，会造成设备损坏，严重时会使系统失去稳定。电力系统发生单相接地故障的比重占整个故障的 65% 以上，为保证设备安全及系统稳定，必须安装保护装置，迅速切断故障，此时将中断向用户供电，降低供电可靠性。为弥补这个缺点，在线路上广泛安装三相或单相自动重合闸装置，当系统是暂时性故障时，靠它来尽快恢复供电。为了限制单相接地电流，通常只将电网中一部分变压器的中性点直接接地。

中性点直接接地的电力系统发生单相接地时，中性点电位仍为零，非故障相对地电压基本不变，电气设备的绝缘水平只要按电力网的相电压考虑，可以降低工程造价。因此，我国 110kV 及以上电网和国外 220kV 及以上电网，基本上都采用这种接地方式。

对于 1000V 以下的低压系统来说，电力网的绝缘水平已不成为主要矛盾，系统中性点接地与否，主要从人身安全考虑。在 380/220V 系统中，一般都采用中性点直接接地方式，一旦发生单相接地故障，故障电流大，可以迅速跳开自动开关或烧断熔断器；此时非故障相电压基本不升高，不会超过 250V，和中性点不接地系统单相接地电压为 380V 相比，相对是安全的。当然，即使是 250V 的相电压，仍然是危险的，发生故障时保护装置迅速动作仍然是保证安全的方法。

中性点直接接地系统较大的单相短路电流将产生磁场，会对附近的通信线路和电子装置产生电磁干扰。为了避免这种干扰，应使输电线路远离通信线路，或在弱电线路上采用特殊的屏蔽装置。

（三）中性点经消弧线圈接地运行方式

消弧线圈是安装在变压器或发电机中性点与大地之间的具有铁芯的可调电感线圈，如图 1-5 所示。系统在正常工作时，中性点对地电位为零，消弧线圈两端电压也为零。此时没有电流流过消弧线圈。

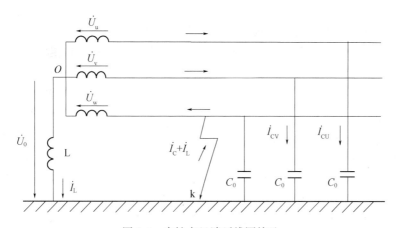

图 1-5　中性点经消弧线圈接地

当发生单相（以 W 相为例）接地故障时，其电压的变化和中性点不接地方式完全一样，故障相（W 相）对地电压变为零，非故障相（U、V 相）对地电压升高到线电压，中性点对地电压升至相电压。此时，消弧线圈两端的电压等于中性点对地电压，接地故障相（W 相）与消弧线圈构成了另一个回路。接地故障相对地电流中增加了一个电感电流 $\dot{I}_L$，计算式为

$$\dot{I}_L = \frac{\dot{U}_0}{jX_L} = -j\frac{\dot{U}_0}{\omega L} \tag{1-18}$$

其值的大小为

$$I_L = \frac{U_{ph}}{\omega L} \tag{1-19}$$

$\dot{I}_L$ 滞后 $\dot{U}_0$ 90°，正好与接地电容电流 $\dot{I}_C$ 相位相反，选择合适的消弧线圈的补偿容量，使得 $\dot{I}_L$ 与 $\dot{I}_C$ 的大小相近，可以对电容电流进行补偿，减小接地故障点的故障电流，使电弧易于自行熄灭，从而避免由此引起的各种危害，提高供电可靠性。

根据消弧线圈的电感电流 $\dot{I}_L$ 对电网电容电流 $\dot{I}_C$ 的补偿程度，可分为全补偿、欠补偿和过补偿 3 种不同的运行方式：

① 全补偿方式。若 $I_L = I_C$，接地电容电流将全部被电感电流补偿，即全补偿方式。这种补偿方式因感抗等于容抗，电力网会发生谐振，产生危险的高电压和过电流，从而影响系统的安全运行。因此，一般系统都不允许采用全补偿方式。

② 欠补偿方式。选择消弧线圈的电感，使 $I_L < I_C$，称为欠补偿方式。采用欠补偿方式时，当电力网运行方式改变而切除部分线路时，整个电力网对地电容将减少，有可能发展为全补偿方式，导致电力网发生谐振。另外，欠补偿方式还有可能出现数值很大的铁磁谐振过电压。因此，欠补偿方式目前很少采用。

③ 过补偿方式。选择消弧线圈的电感使 $I_L > I_C$，称为过补偿方式。在过补偿方式下，即使电力网运行方式改变而切除部分线路时，也不会发展为全补偿方式。同时由于消弧线圈容量有一定的裕度，今后电力网发展、线路增多，原有消弧线圈还可以继续使用。因此，经消弧线圈接地的系统一般采用过补偿方式。

常把 $K = \dfrac{I_L}{I_C}$ 称为消弧线圈的补偿度，而 $v = 1 - K = \dfrac{I_C - I_L}{I_C}$ 称为脱谐度。脱谐度一般选在 10% 左右。

消弧线圈的补偿容量 S 通常是根据该电网的接地电容电流值 I_C 选择的，选择时应考虑电网 5 年左右的发展远景及过补偿运行的需要，按式（1-20）进行计算：

$$S = 1.35 I_C \frac{U_N}{\sqrt{3}} \tag{1-20}$$

凡不符合中性点不接地要求的 3～66kV 电网，均可采用中性点经消弧线圈接地方式。必要时，110kV 电网也可采用。电压等级更高的电网不宜采用，因为经消弧线圈接地时，电网的最大长期工作电压和过电流水平都较高，将显著增加绝缘方面的费用。

长期以来，消弧线圈补偿电流都是手动调节方式（分接头切换），不能达到准确、及时、令人满意的补偿效果。目前有自动跟踪补偿装置，能根据电网电容电流变化而进行自动调谐，平均无故障时间最少，其补偿效果是离线调匝式消弧线圈无法比拟的。

消弧线圈电感值的调节，可以通过改变铁芯气隙长度或运用现代电子技术改变铁芯的磁导率来平滑调节。

（四）中性点经低值电阻接地运行方式

由于城市建设的需要，城市电网和工业企业配电网中，电缆线路所占的比例越来越大，而它的电容电流是同样长度架空线的 20～50 倍，使某些电网出现消弧线圈容量不足的情况。因此，中性点经低值电阻接地在这些电网中得到应用。

中性点经低值电阻接地系统，在单相接地时短路电流较大，应设置快速、有选择性地切除接地故障的保护装置。此时，中性点电压不等于零，两个非故障相的电压可能升高，或产生串联谐振。因此，接地电阻 R_N 的选择应为该保护装置提供足够大的故障电流，使保护装置可靠动作，又能限制暂态过电压在 2.8 倍相电压以下，电网可采用绝缘水平较低的电气设备，改善电气设备的运行条件，提高设备运行的可靠性。

中性点经低值电阻接地系统，单相接地时，短路电流从数百安至数千安不等，对电信系统也有影响，但比中性点直接接地系统小。由于短路后立即跳闸，能快速切除单相接地故障，提高系统安全水平，降低人身伤亡事故。但对供电可靠性有影响，要采取相应的措施，如双电源供电、自动重合闸、备用电源自动投入、环网供电等。

中性点经低值电阻接地系统适用于城市以电缆为主、不容易发生瞬时性单相接地故障，且系统单相电容电流比较大的城市配电网、发电厂厂用电系统及工矿企业配电系统。

（五）中性点经高值电阻接地运行方式

系统中性点经高值电阻接地，电阻值一般在数百欧姆到数千欧姆，目的是给故障点注入阻性电流，以提高接地保护动作灵敏性。当发生单相接地故障时，在接地电弧熄灭后，系统对地电容中的残荷将通过中性点电阻泄放，减少电弧重燃的可能性，抑制电网过电压的幅值，从而降低间歇性弧光接地电压。由于中性点电阻相当于在谐振回路中的系统对地电容两端并接的阻尼电阻，在其作用下基本可以消除系统的各种谐振过电压。

中性点经高值电阻接地，可以限制间歇性弧光电压和谐振过电压 2.5 倍以下；限制接地故障电流 10A 以下，减小了中性点对地电位的升高；当系统发生单相接地故障时可以不立即切除，继续运行 2h，供电可靠性高。但系统绝缘水平较高，使用范围受限，适用于单相接地故障电容电流不大于 7A 的某些小型 6～10kV 配电网和发电厂厂用电系统，以及 6.3kV 以上发电机的中性点接地。

第二节　供电电能的质量

一、供配电的基本要求

为了切实保证生产和生活用电的需要，并做好节能工作，供配电工作必须达到以下基本要求：

① 安全。在电能的供应、分配和使用中，不应发生人身事故和设备事故。

② 可靠。应满足电能用户对供电可靠性即供电连续性的要求。

③ 优质。应满足电能用户对电压和频率等方面的质量要求。

④ 经济。应使供配电系统的投资少、运行费用低，并尽可能地节约电能和减少有色金属消耗量。

二、供电电能的质量

电能质量是指供电装置在正常情况下不中断和不干扰用户使用电力的物理特性。电能质量不合格将导致用电设备不能正常工作，并严重影响其寿命甚至危及运行安全。

影响供电质量的主要因素是电力网上的电气干扰，主要指标包括：频率偏差、电压偏差、电压波动和闪变、高次谐波及三相不平衡等。除此之外，还受供电可靠性、操作难易度、维护费用高低和能源使用是否合理等的影响。

（一）供电频率、频率偏差及其改善

频率是衡量电力系统电能质量的一项重要指标。我国采用的工业频率为 50Hz，一般交流电力设备的额定频率就是 50Hz，简称为"工频"。

电力系统频率的变化对用户、发电厂及电力系统本身都会产生不利影响。例如，若系统频率上下波动，则电动机的转速也随之波动，这将直接影响电动机加工产品的质量，易出现残次品；频率降低将使电动机的转速下降，从而使生产效率降低，并影响电动机的寿命；频率增高将使电动机的转速上升，增加功率消耗，降低经济性。

频率偏差是指实际频率 f 与额定频率 f_N 的差值，即

$$\Delta f = f - f_N \tag{1-21}$$

我国国家标准规定的电力系统频率偏差限值为：

① 电力系统正常运行条件下，频率偏差限值为 ±0.2Hz。当系统的容量较小时（3000MW 以下），频率偏差限值可以放宽到 ±0.5Hz。

② 在电力系统非正常状况下，频率偏差限值不超过 ±1.0Hz。

实际运行中，我国各跨省电力系统频率都保持在 ±0.1Hz 的范围内，在电网质量中是

最有保证的。

（二）供电电压、电压偏差及其调整

电压是衡量电力系统中电能质量的重要参数之一，电力系统中所有的电力设备都有规定的工作电压和频率。在额定电压和额定频率下工作时，电气设备的安全性、经济性最好，使用寿命长。

电压偏差是指电气设备的实际电压与系统标称电压（额定电压）之差，是由于供配电系统运行方式的改变及负荷的并不剧烈的变动所引起的电压的缓慢变动。设用电设备的额定电压为 U_N，而某时刻实际端电压为 U，则电压偏差为 $\Delta U = U - U_N$。电压偏差通常用其对额定电压的百分值来表示，即

$$\Delta U\% = \frac{U - U_N}{U_N} \times 100\% \tag{1-22}$$

用电设备的运行指标和额定寿命是对其额定电压而言的。当其端子上出现电压偏差时，其运行参数和寿命将受到影响，影响程度视偏差的大小、持续时间和设备状况而异。按国家标准规定，用电单位受电端供电电压的偏差允许值，应符合下列要求：

① 35kV 及以上供电电压正、负偏差绝对值之和不超过额定电压的 10%。

② 10kV 及以下三相供电电压偏差为额定电压的 ±7%。

③ 220V 单相供电电压偏差为额定电压的 −10% ～ +7%。

④ 线路电压损失允许值在 5% 以内。

⑤ 对供电点短路容量较小、供电距离较长及对供电电压偏差有特殊要求的用户，由供用电双方协议确定。

正常运行情况下，用电设备端子处的电压偏差限值（以额定电压的百分数表示），宜符合下列要求：

① 照明：室内场所为 ±5%；对于远离变电所的小面积一般工作场所，难以满足上述要求时，可为 +5%、−10%；应急照明、景观照明、道路照明和警卫照明为 +5%、−10%。

② 一般电动机为 ±5%。

③ 电梯电动机宜为 ±7%。

④ 其他用电设备，当无特殊规定时为 ±5%。

可采取以下措施以调整电压偏差：

① 正确选择变压器的变压比和电压分接头或采用有载调压变压器，使之在负荷变动的情况下，有效地调节电压，保证用电设备端电压的稳定。

② 合理减少系统阻抗，以降低电压损失，从而缩小电压偏差。

③ 合理补偿无功功率，以提高功率因数，降低电压损失，减小电压偏差范围。

④ 宜使三相负荷平衡，以减小电压偏差。

⑤ 合理地改变供配电系统的运行方式，以调整电压偏差。

计算电压偏差时，应计入采取上述措施后的调压效果。

（三）电压波动、闪变及其抑制

（1）电压波动

电压波动是指一系列的电压变动或电压包络线的周期性变动，用电压的最大值与最小值之差与系统额定电压的比值以百分数形式表示，其变化速度等于或大于每秒 0.2% 时称为电压波动。电压波动幅值为

$$\Delta U_t\% = \frac{U_{max}-U_{min}}{U_N}\times100\% \tag{1-23}$$

电压波动的允许值：

① 配电母线电压波动允许值为 2.5%。

② 公共供电点（电力系统中两个或多个用户的连接处）由波动性功率负荷产生的电压波动允许值，10kV 以下系统为 2.5%，35～110kV 系统为 2%。

③ 电弧炉引起的配电母线电压波动值按照公共供电点电压波动允许值。

④ 较大功率的电阻焊机引起的配电母线电压波动值按 2.5% 考虑，波动频率小于 1Hz。

（2）电压闪变

电压闪变是指负荷急剧的波动造成供配电系统瞬时电压升降，照度随之发生急剧变化，使人眼对灯闪感到不适的现象，一般是由开关动作或与系统的短路容量相比出现足够大的负荷变动引起的。有些电压波动尽管在正常的电压变化限度以内，但可能产生 10Hz 左右照明闪烁，干扰计算机等电压敏感型电子设备和仪器的正常运行。

二维码 1-3 拓展阅读
照明灯为什么会忽明忽暗

（3）电压波动和闪变的抑制

抑制电压波动和闪变，可采取以下措施：

① 对负荷急剧变动的大型用电设备，采用专用线路或专用变压器供电，是最有效的方法。

② 设法增大供电容量，减小系统阻抗。例如，将单回路线路改为双回路线路，或将架空线改为电缆线路，使系统的电压损失减小，从而减小负荷变动引起的电压波动。

③ 减少或切除引起电压波动大的负荷。在供配电系统出现严重电压波动时可采取这个措施。

④ 选用较高的电压等级。对大功率电弧炉用变压器宜由短路容量较大的电网供电，一般是选用更高电压等级的电网供电。

⑤ 装设无功功率补偿装置，以吸收冲击无功功率和动态谐波电流。国内外普遍采用静止无功补偿装置（Static Var Compensator，SVC），对冲击性低压负荷可采用动态无功补偿装置或动态电压调节装置。

（四）高次谐波及其抑制

在电力网中，存在大量非线性元件及负载，如电容性负载、感性负载及开关变流设备、计算机及外设、电动机、整流装置等，易使电压、电流波形发生畸变，导致电网电流波形不再是正弦波。这一非正弦波可用傅里叶级数分解成为一个直流量、基波正弦量和一系列频率为基波频率整数倍的高次谐波正弦分量之和。

二维码 1-4 拓展阅读
供配电系统的电磁
兼容性设计

高次谐波电流通过变压器可使变压器的铁芯损耗明显增加，导致变压器出现过热，效率降低，缩短变压器的寿命；高次谐波可使电缆内耗加大，电缆发热，缩短电缆的使用寿命；可使电动机损耗增加，还会使电动机转子振动；含有高次谐波的电压加至电容两端时，由于电容器对高次谐波的阻抗很小，很容易发生过负荷导致损坏。高次谐波的干扰，往往还会导致供电空气开关误动作，造成电网停电，严重影响用电设备的正常工作。同时，高次谐波也会对通信设备产生干扰信号。

抑制电力系统高次谐波的方法很多，常用的有以下几种：

① 增加换流装置的相数或脉冲数，可以减少换流装置产生的谐波电流，从而减少注入电网的谐波电流。

② 改变非线性负荷接入电网的接入点。由于高压电网的短路容量大，有承担较大谐波的能力，所以把产生谐波容量大的设备接入高一级电网的母线，或增加非线性负荷到对谐波敏感负荷之处的电气距离。

③ 对于谐波电流较大的非线性负荷，宜采用滤波器进行谐波治理，防止谐波电流注入公用电网。

④ 对于无功冲击很大的负荷，有时需要同时加装静止无功补偿装置和滤波器，才能有效抑制谐波。

⑤ 谐波含量较高且容量较大的低压用电设备，宜采用单独的配电回路供电。

（五）三相电压不平衡度及降低措施

三相电压不平衡度是指三相系统中三相电压的不平衡程度，用电压或电流负序分量与正序分量的均方根百分比表示。三相电压不平衡（即存在负序分量）会引起继电保护误动、电动机附加振动力矩和发热。额定转矩的电动机，如长期在负序电压含量 4% 的状态下运行，由于发热，电动机绝缘的寿命将会降低一半，若某相电压高于额定电压，其运行寿命的下降将更加严重。

电力系统公共连接点正常电压不平衡度允许值为 2%，短时不得超过 4%。接于公共连接点的每个用户引起该点正常电压不平衡度允许值一般为 1.3%。

设计低压配电系统时宜采取下列措施，以降低低压配电系统的三相电压不平衡度：

① 220V 单相用电设备接入 380/220V 三相系统时，宜使三相平衡。

② 由地区公共低压电网供电的 220V 用电负荷，线路电流小于或等于 60A 时，可采用 220V 单相供电；大于 60A 时，宜以 380/220V 三相供电。

（六）保证供电可靠性的措施

（1）供电可靠性

供电可靠性指标是根据用电负荷的等级要求制定的。衡量供电可靠性的指标，是按全年平均供电时间占全年时间的百分数表示。例如，全年时间为 8760h，用户全年停电时间为 87.6h，即停电时间占全年的 1%，供电可靠性为 99%。

（2）措施

供电企业应不断改善供电可靠性，减少设备检修和电力系统事故对用户的停电次数及每次停电的持续时间。供电设备计划检修应做到统一安排。供电设备计划检修时，对 35kV 及以上电压供电的用户的停电次数，每年不应超过 1 次；对 10kV 供电的用户，每年不应超过 3 次。

三、供配电系统供电电压的选择

用电单位的供电电压应根据用电容量、用电设备特性、供电距离、供电线路的回路数、用电单位的远景规划、当地公共电网现状及其发展规划等因素，经技术经济比较后确定。

用电设备的安装容量在 250kW 及以上或变压器安装容量在 160kV·A 及以上时，宜以 20kV 或 10kV 供电；当用电设备容量在 250kW 以下或变压器安装容量在 160kV·A 以下时，可以低压方式供电；当供电距离超过 300m 且采取增大线路截面经济性较差时，柴油发电机宜采用 10kV 及以上电压等级。供电电压等级尚应满足供电部门的具体规定。

采用电制冷的空调冷冻机组等大容量用电设备的电压应视负荷大小及供电电源的具体情况合理选择。

在我国建筑供配电系统中，供电电压一般按下述方法选择。

① 大型、特大型建筑（群）一般设总降压变电所，把 35～110kV 电压降为 20kV（10kV）电压，向各建筑变电所供电；各建筑变电所再把 20kV（10kV）电压降为 380/220V，对低压用电设备供电。当供电电压为 35kV 且负荷集中、配电线路电压损失符合要求、无其他高压用电设备、经济性合理时，可直接降至 380/220V 低压配电电压。

② 中型建筑（群）一般设高压配电所，由电力系统的 20kV（10kV）高压供电，经高压配电所送到各建筑变电所，再由各建筑变电所把电压降至 380/220V 送给低压用电设备。

③ 一般小型建筑（群）只有一个 20kV（10kV）降压变电所，将电压降至 380/220V 供给低压用电设备。

第三节　建筑供配电的负荷分级与供电要求

从远古时期，人类摆脱了天然的穴居和野外居住，以最简单的方式造出了房屋以后，建筑就开始诞生了。历经变迁，建筑功能和形式早已从最初的仅为摆脱野兽侵袭、遮风避雨的原始需求，逐渐发展到满足人们不断追求更高生活品质的愿望。当前绿色智慧建筑的出现更是开启了建筑发展的新时代。建筑的高度越来越高，规模越来越大，功能日趋复杂和完善，用电设备种类更加复杂多样。合理确定建筑物用电设备（负荷）的分级和供电要求，对进行建筑供配电系统设计、运行和维护建筑正常功能具有重要意义。

一、负荷分级

用电负荷是指系统中某一时刻用电设备消耗的功率。建筑供配电系统中典型的用电负荷主要包括动力设备负荷和照明设备负荷等类型。

电力系统运行最基本的要求是供电可靠性，不同的负荷，重要程度不同，对供电可靠性的要求也不同。重要的负荷对供电可靠性要求高，反之则低。

国家标准《供配电系统设计规范》（GB 50052—2009）和《民用建筑电气设计标准》（GB 51348—2019）中均指出：**用电负荷应根据对供电可靠性的要求及中断供电所造成的损失或影响程度进行分级，并应符合下列要求。**

（1）**符合下列情况之一时，应定为一级负荷：**

① **中断供电将造成人身伤害时；**

② **中断供电造成重大损失或重大影响时；**

③ **中断供电将影响重要用电单位的正常工作，或造成人员密集的公共场所秩序严重混乱。**

特别重要场所不允许中断供电的负荷，应定为一级负荷中的特别重要负荷。

（2）**符合下列情况之一时，应定为二级负荷：**

① **中断供电将造成较大损失或较大影响时；**

② **中断供电将影响较重要用电单位的正常工作或造成人员密集的公共场所秩序混乱。**

（3）**不属于一级和二级的用电负荷应定为三级负荷。**

以上黑色字体属于强制性条文，在设计中必须严格执行。

二维码 1-5 拓展阅读
负荷分级及条文
说明对比

二维码 1-6 拓展阅读
工程建设强制性标准
与强制性条文

二、各级负荷的供电要求

1. 一级负荷的供电要求

① **一级负荷应由双重电源供电，当一个电源发生故障时，另一个电源不应同时受到损坏。**

② 一级负荷应由双重电源的两个低压回路在末端配电箱处切换供电，另有规定者除外。

2. 一级负荷中特别重要负荷的供电要求

① **除双重电源供电外，尚应增设应急电源供电；**

② 应急电源供电回路应自成系统，且不得将其他负荷接入应急供电回路；

③ **应急电源的切换时间，应满足设备允许中断供电的要求；**

④ 应急电源的供电时间，应满足用电设备最长持续运行时间的要求；

⑤ 对一级负荷中特别重要负荷的末端配电箱切换开关上端口宜设置电源监测和故障报警。

3. 二级负荷的供电要求

① 二级负荷的外部电源进线宜由 35kV、20kV 或 10kV 双回线路供电；当负荷较小或地区供电条件困难时，二级负荷可由一回 35kV、20kV 或 10kV 专用架空线路供电；

② 当建筑物由一路 35kV、20kV 或 10kV 电源供电时，二级负荷可由两台变压器各引一路低压回路在负荷端配电箱处切换供电，另有特殊规定者除外；

③ 当建筑物由双重电源供电，且两台变压器低压侧设有母联开关时，二级负荷可由任一段低压母线单回路供电；

④ 对于冷水机组（包括其附属设备）等季节性负荷为二级负荷时，可由一台专用变压器供电；

⑤ 由双重电源的两个低压回路交叉供电的照明系统，其负荷等级可定为二级负荷。

4. 三级负荷的供电要求

三级负荷对供电电源无特殊要求，可采用单电源单回路供电。

5. 其他要求

二维码 1-7 拓展阅读
供电要求及条文说明对比

① 同时供电的双重电源供配电系统中，其中一个回路中断供电时，其余线路应能满足全部一级负荷及二级负荷的供电要求；

② 对于不允许电源瞬时中断的负荷，应设置 UPS 不间断电源装置供电；

③ 互为备用工作制的生活水泵、排污泵为一级或二级负荷时，可由配对使用的两台变压器低压侧各引一路电源分别为工作泵和备用泵供电。

三、民用建筑各类建筑物中主要用电负荷分级

由于民用建筑各类建筑物中的一级负荷和二级负荷很多，《供配电系统设计规范》（GB 50052—2009）《民用建筑电气设计标准》（GB 51348—2019）等只能对负荷分级做原则性的规定，具体负荷分级需在行业标准中规定。民用建筑常用用电负荷分级可参见表 1-2。消防负荷分级可参见表 1-3。民用建筑分类可参见表 1-4，表中未列入的建筑可类比确定类别。

表 1-2　民用建筑常用用电负荷分级

序号	建筑物名称	用电负荷名称	负荷级别
1	国家级会堂、国宾馆、国家级国际会议中心	主会场、接见厅、宴会厅照明，电声、录像、计算机系统用电	一级 *
		客梯、总值班室、会议室、主要办公室、档案室用电	一级
2	国家及省部级政府办公建筑	客梯、主要办公室、会议室、总值班室、档案室用电	一级
		省部级行政办公建筑主要通道照明用电	二级
3	国家及省部级数据中心	计算机系统用电	一级 *
4	国家及省部级防灾中心、电力调度中心、交通指挥中心	防灾中心、电力调度中心、交通指挥中心计算机系统用电	一级 *
5	办公建筑	建筑高度超过 100m 的高层办公建筑主要通道照明和重要办公室用电	一级
		一类高层办公建筑主要通道照明和重要办公室用电	二级
6	地、市级及以上气象台	气象业务用计算机系统用电	一级 *
		气象雷达、电报及传真收发设备、卫星云图接收机及语言广播设备、气象绘图及预报照明用电	一级
7	电信枢纽、卫星地面站	保证通信不中断的主要设备用电	一级 *
8	电视台、广播电台	国家及省（区、市）电视台、广播电台的计算机系统用电、直接播出的电视演播厅、中心机房、录像室、微波设备及发射机房用电	一级 *
		语音播音室、控制室的电力和照明用电	一级
		洗印室、电视电影室、审听室、通道照明用电	二级
9	剧场	特大型、大型剧场的舞台照明、贵宾室、演员化妆室、舞台机械设备、电声设备、电视转播、显示屏和字幕系统用电	一级
		特大型、大型剧场的观众厅照明、空调机房用电	二级
10	电影院	特大型电影院的消防用电和放映用电	一级
		特大型电影院放映厅照明、大型电影院的消防用电、放映用电	二级

序号	建筑物名称	用电负荷名称	负荷级别
11	会展建筑、博展建筑	特大型会展建筑的应急响应系统用电；珍贵展品展室的照明及安全防范系统用电	一级 *
		特大型会展建筑的客梯、排污泵、生活水泵用电；大型会展建筑的客梯用电；甲等、乙等展厅安全防范系统、备用照明用电	一级
		特大型会展建筑的展厅照明、主要展览、通风机、闸口机用电；大型及中型会展建筑的展厅照明、主要展览、排污泵、生活水泵、通风机、闸口机用电；中型会展建筑的客梯用电；小型会展建筑的主要展览、客厅、排污泵、生活水泵用电；丙等展厅备用照明及展览用电	二级
12	图书馆	藏书量超过 100 万册及重要图书馆的安防系统、图书检索用计算机系统用电	一级
		藏书量超过 100 万册的图书馆阅览室及主要通道照明和珍本、善本书库照明及空调系统用电	二级
13	体育建筑	特级体育建筑的主席台、贵宾室及其接待室、新闻发布厅等照明用电；计时记分、现场影像采集及回放、升旗控制等系统及其机房用电；网络机房、固定通信机房、扩声及广播机房等用电；电台和电视转播设备用电；应急照明用电（含 TV 应急照明）；消防和安防设备等用电	一级 *
		特级体育建筑的临时医疗站、兴奋剂检查室、血样收集室等设备的用电；VIP 办公室、奖牌储存室、运动员及裁判员用房、包厢、观众席等照明用电；场地照明用电；建筑设备管理系统、售检票系统等用电；生活水泵、污水泵等用电；直接影响比赛的空调系统、泳池水处理系统、冰场制冰系统等用电；甲级体育建筑的主席台、贵宾室及其接待室、新闻发布厅等照明用电；计时记分、现场影像采集及回放、升旗控制等系统及其机房用电；网络机房、固定通信机房、扩声及广播机房等用电；电台和电视转播设备用电；场地照明用电；应急照明用电；消防和安防设备等用电	一级

续表

序号	建筑物名称	用电负荷名称	负荷级别
13	体育建筑	特级体育建筑的普通办公用房、广场照明等用电；甲级体育建筑的临时医疗站、兴奋剂检查室、血样收集室等设备用电；VIP办公室、奖牌储存室、运动员及裁判员用房、包厢、观众席等照明用电；建筑设备管理系统、售检票系统等用电；生活水泵、污水泵等用电；直接影响比赛的空调系统、泳池水处理系统、冰场制冰系统等用电；乙级及丙级体育建筑（含相同级别的学校风雨操场）的主席台、贵宾室及其接待室、新闻发布厅等照明用电，计时记分、现场影像采集及回放、升旗控制等系统及其机房用电；网络机房、固定通信机房、扩声及广播机房等用电；电台和电视转播设备用电；应急照明用电；消防和安防设备等用电；临时医疗站、兴奋剂检查室、血样收集室等设备用电；VIP办公室、奖牌储存室、运动员及裁判员用房、包厢、观众席等照明用电；场地照明用电；建筑设备管理系统、售检票系统等用电；生活水泵、污水泵等用电	二级
14	商场、百货商店、超市	大型百货商店、商场及超市的经营管理用计算机系统用电	一级
		大中型百货商店、商场、超市营业厅、门厅、公共楼梯及主要通道的照明及乘客电梯、自动扶梯及空调用电	二级
15	金融建筑（银行、金融中心、证交中心）	重要的计算机系统和安防系统用电；特级金融设施用电	一级*
		大型银行营业厅备用照明用电；一级金融设施用电	一级
		中小型银行营业厅备用照明用电；二级金融设施用电	二级
16	民用机场	航空管制、导航、通信、气象、助航灯光系统设施和台站用电；边防、海关的安全检查设备用电；航班信息、显示及时钟系统用电；航站楼、外航驻机场办事处中不允许中断供电的重要场所用电	一级*
		Ⅲ类及以上民用机场航站楼中的公共区域照明、电梯、送排风系统设备、排污泵、生活水泵、行李处理系统用电；航站楼、外航驻机场航站楼办事处、机场宾馆内与机场航班信息相关的系统用电；综合监控系统及其他信息系统、站坪照明、站坪机务、飞行区内雨水泵站等用电	一级
		航站楼内除一级负荷以外的其他主要负荷，包括公共场所空调系统设备、自动扶梯、自动人行道用电；Ⅳ类及以下民用机场航站楼的公共区域照明、电梯、送排风系统设备、排水泵、生活水泵等用电	二级

续表

序号	建筑物名称	用电负荷名称	负荷级别
17	铁路旅客车站、综合交通枢纽站	特大型铁路旅客车站、集大型铁路旅客车站及其他车站等为一体的大型综合交通枢纽站中不允许中断供电的重要场所用电	一级 *
		特大型铁路旅客车站、国境站和集大型铁路旅客车站及其他车站等为一体的综合交通枢纽站的旅客站房、站台、天桥、地道用电；防灾报警设备用电；特大型铁路旅客车站、国境站的公共区域照明、售票系统设备、安防及安全检查设备、通信系统用电	一级
		大、中型铁路旅客车站、集铁路旅客车站（中型）及其他车站等为一体的综合交通枢纽站的旅客站房、站台、天桥、地道、防灾报警设备用电；特大和大型铁路旅客车站、国境站的列车到发预告显示系统、旅客用电梯、自动扶梯、国际换装设备、行包用电梯、皮带输送机、送排风机、排污水设备用电；特大型铁路旅客车站的冷热源设备用电；大、中型铁路旅客车站的公共区域照明、管理用房照明及设备用电；铁路旅客车站的驻站警务室用电	二级
18	城市轨道交通车站、磁浮列车站、地铁车站	专用通信系统设备、信号系统设备、环境与设备监控系统设备、地铁变电所操作电源等车站内不允许中断供电的其他重要场所用电	一级 *
		牵引设备用电负荷、自动售票系统设备用电；车站中作为事故疏散用的自动扶梯、电动屏蔽门（安全门）、防护门、防淹门、排水泵、雨水泵用电；信息设备管理用房照明、公共区域照明用电；地铁电力监控系统设备、综合监控系统设备、门禁系统设备、安防设施及自动售检票设备、站台门设备、地下站厅站台等公共区照明、地下区间照明、供暖区的锅炉房设备等用电	一级
		非消防用电梯及自动扶梯和自动人行道、地上站厅站台等公共区照明、附属房间照明、普通风机、排污泵用电；乘客信息系统、变电所检修电源用电	二级
19	港口客运站	一级港口客运站的通信、监控系统设备、导航设施用电	一级
		港口重要作业区、一级及二级客运站主要用电负荷，包括公共区域照明、管理用房照明及设备、电梯、送排风系统设备、排污水设备、生活水泵用电	二级
20	汽车客运站	一级、二级汽车客运站主要用电负荷，包括公共区域照明、管理用房照明及设备、电梯、送排风系统设备、排污水设备、生活水泵用电	二级

续表

序号	建筑物名称	用电负荷名称	负荷级别
21	旅游饭店	四星级及以上旅游饭店的经营及设备管理用计算机系统用电	一级 *
		四星级及以上旅游饭店的宴会厅、餐厅、厨房、康乐设施用房、门厅及高级客房、主要通道等场所的照明用电；厨房、排污泵、生活水泵、主要客梯用电；计算机、电话、电声和录像设备、新闻摄影用电	一级
		三星级旅游饭店的宴会厅、餐厅、厨房、康乐设施用房、门厅及高级客房、主要通道等场所的照明用电；厨房、排污泵、生活水泵、主要客梯用电；计算机、电话、电声和录像设备、新闻摄影用电	二级
22	科研院所及教育建筑	四级生物安全实验室用电；对供电连续性要求很高的国家重点实验室用电	一级 *
		三级生物安全实验室用电；对供电连续性要求较高的国家重点实验室用电；学校特大型会堂主要通道照明用电	一级
		对供电连续性要求较高的其他实验室用电；学校大型会堂主要通道照明、乙等会堂舞台照明及电声设备用电；学校教学楼、学生宿舍等主要通道照明用电；学校食堂冷库及厨房主要设备用电，以及主要操作间、备餐间照明用电	二级
23	三级、二级医院	急诊抢救室的净化室、产房、烧伤病房、重症监护室、早产儿室、血液透析室、手术室、术前准备室、术后复苏室、麻醉室、心血管造影检查室等场所中涉及患者生命安全的设备及其照明用电；大型生化仪器、重症呼吸道感染区的通风系统用电	一级 *
		急诊抢救室、血液病房的净化室、产房、烧伤病房、重症监护室、早产儿室、血液透析室、手术室、术前准备室、术后复苏室、麻醉室、心血管造影检查室等场所中的除一级负荷中特别重要负荷外的其他用电；下列场所的诊疗设备及照明用电：急诊诊室、急诊观察室及处置室、分娩室、婴儿室、内镜检查室、影像科、放射治疗室、核医学室等用电；高压氧舱、血库及配血室、培养箱、恒温箱用电；病理科的取材室、制片室、镜检室设备用电；计算机网络系统用电；门诊部、医技部及住院部30%的走道照明用电；配电室照明用电；医用气体供应系统中的真空泵、压缩机、制氧机及其控制与报警系统设备用电	一级
		电子显微镜、影像科诊断设备用电；肢体伤残康复病房照明用电；中心（消毒）供应室、空气净化机组用电；贵重药品冷库、太平柜用电；客梯、生活水泵、采暖锅炉及换热站等用电	二级

19

续表

序号	建筑物名称	用电负荷名称	负荷级别
24	一级医院	急诊室用电	二级
25	住宅建筑	建筑高度大于54m的一类高层住宅的航空障碍照明、走道照明、值班照明、安防系统、电子信息设备机房、客梯、排污泵、生活水泵用电	一级
		建筑高度大于27m但不大于54m的二类高层住宅的走道照明、值班照明、安防系统、客梯、排污泵、生活水泵用电	二级
26	一类高层民用建筑	消防用电；值班照明、警卫照明、障碍照明用电；主要业务和计算机系统用电；安防系统用电；电子信息设备机房用电；客梯用电；排水泵、生活水泵用电	一级
		主要通道及楼梯间照明用电	二级
27	二类高层民用建筑	消防用电；主要通道及楼梯间照明用电；客梯用电；排水泵、生活水泵用电	二级
28	建筑高度大于150m的超高层公共建筑	消防用电	一级*
29	体育场（馆）及游泳馆	特级体育场（馆）及游泳馆的应急照明用电	一级*
		甲级体育场（馆）及游泳馆的应急照明用电	一级
30	剧场	特大型、大型剧场的消防用电	一级
		中小型剧场的消防用电	二级
31	交通建筑	地下车站及区间的应急照明、火灾自动报警系统设备用电	一级*
		Ⅲ类及以上民用机场航站楼、特大型和大型铁路旅客车站、集民用机场航站楼或铁路及城市轨道交通车站为一体的大型综合交通枢纽站、城市轨道交通地下站及具有一级耐火等级的交通建筑的消防用电；地铁消防水泵及消防水管电保温设备、防排烟风机及各类防火排烟阀、防火（卷帘）门、消防疏散用自动扶梯、消防电梯、应急照明等消防设备及发生火灾或其他灾害时仍需使用的设备用电；Ⅰ、Ⅱ类飞机库的消防用电；Ⅰ类汽车库的消防用电及其机械停车设备、采用升降梯做车辆疏散出口的升降梯用电；一类、二类隧道的消防用电	一级
		Ⅲ类以下机场航站楼、铁路旅客车站、城市轨道交通地面站、地上站、港口客运站、汽车客运站及其他交通建筑等的消防用电；Ⅲ类飞机库的消防用电；Ⅱ、Ⅲ类汽车库和Ⅰ类修车库的消防用电及其机械停车设备、采用升降梯做车辆疏散出口的升降梯用电；三类隧道的消防用电	二级

注：①负荷分级表中"一级*"为一级负荷中特别重要负荷。②当本表序号1～25中的各类建筑物与一类、二类高层建筑的用电负荷级别及消防用电负荷级别不相同时，负荷级别应按其中高者确定。③本表中未列出的负荷分级可结合各类民用建筑的实际情况，根据负荷分级原则参照本表确定。

表 1-3　消防负荷分级

序号	消防负荷名称	负荷级别
1	建筑高度大于 50m 的乙、丙类厂房和丙类仓库中的消防负荷	一级
2	一类高层民用建筑中的消防负荷	一级
3	室外消防用水量大于 30L/s 的厂房（仓库）中的消防负荷	二级
4	室外消防用水量大于 35L/s 可燃材料堆场、可燃气体储罐（区）和甲、乙类液体储罐（区）中的消防负荷	二级
5	粮食仓库及粮食筒仓中的消防负荷	二级
6	二类高层民用建筑中的消防负荷	二级
7	座位数超过 1500 个的电影院、剧场，座位数超过 3000 个的体育馆，任一层建筑面积大于 3000m² 的商店和展览建筑，省（市）级及以上的广播电视、电信和财贸金融建筑中的消防负荷	二级
8	室外消防用水量大于 25L/s 的其他公共建筑中的消防负荷	二级

表 1-4　民用建筑的分类

名称	高层民用建筑		单、多层民用建筑
	一类	二类	
住宅建筑	建筑高度大于 54m 的住宅建筑（包括设置商业服务网点的住宅建筑）	建筑高度大于 27m，但不大于 54m 的住宅建筑（包括设置商业服务网点的住宅建筑）	建筑高度不大于 27m 的住宅建筑（包括设置商业服务网点的住宅建筑）
公共建筑	①建筑高度大于 50m 的公共建筑；②建筑高度 24m 以上部分任一楼层建筑面积大于 1000m² 的商店、展览、电信、邮政、财贸金融建筑和其他多种功能组合的建筑；③医疗建筑、重要公共建筑、独立建造的老年人照料设施；④省级及以上的广播电视和防灾指挥调度建筑、网局级和省级电力调度建筑；⑤藏书超过 100 万册的图书馆、书库	除一类高层公共建筑外的其他高层公共建筑	①建筑高度大于 24m 的单层公共建筑；②建筑高度不大于 24m 的其他公共建筑

二维码 1-8　拓展阅读
消防负荷分级条文说明

二维码 1-9　拓展阅读
民用建筑的分类及条文说明

四、建筑供配电系统用电负荷类型及特征

随着城市建筑用地的日趋减少和土地利用率的大大提高，现代建筑越来越多地向空间发

展，不同程度地表现出一定的社会经济、文化、商贸、旅游等多功能性，对建筑供配电系统的设计和施工提出了更高的要求，所设计的内容也就更多。现代建筑物中主要供配电用电负荷如下：

1. 给排水动力负荷

消防泵、喷淋泵这些均为消防负荷，火灾时是不能中断供电的，供电等级为本建筑物的最高负荷等级。这类设备一般都有备用机组，而且在非火灾情况下是不能使用的。消防泵和喷淋泵机房内排污泵的供电负荷等级应和它们的主设备相同。

二维码 1-10　视频
消防水泵和生活水泵

生活水泵一般是为建筑物提供生活用水的，从供电的角度讲它属于非消防负荷，火灾时是不能使用的，但由于它和人们的生活密切相关，故供电等级为本建筑物的最高负荷等级。

2. 制冷或取暖等动力负荷

随着人们对生活舒适性要求的提高，具有采用冷冻机组技术夏季制冷、冬季制热的现代建筑日益增多。冷冻机组容量占设备总容量的 30%～40%，年运行时间较长，耗电量大，在建筑供配电系统中是不可忽视的负荷，但其供电负荷等级一般为三级。在有些地区为了减少建筑物的运行费用，通常采用夏季用冷冻机组制冷、冬季采用锅炉采暖的运行方式。当采用这种方式时，变电所负荷统计时应注意选取上述负荷中较大的计入总容量。采暖锅炉及其配套设备的供电负荷等级，根据锅炉吨位的不同，可划分为二级或者三级负荷。

3. 电梯动力负荷

高层建筑的垂直电梯，分为普通电梯和消防电梯。普通电梯包括客梯和货梯，客梯一般为二级或三级负荷，根据建筑物供电负荷等级的不同而有所不同；货梯一般均为三级负荷。消防电梯是火灾时运送消防队员的专用电梯，供电负荷等级为该建筑物的最高负荷等级。消防电梯和普通客梯均要求双回路供电。现代建筑内消防电梯通常兼作一般客梯。在商业建筑内经常采用的扶梯，供电负荷等级根据商业建筑规模的大小一般为二级或者三级负荷。

4. 照明负荷

建筑物内的照明负荷主要有两大类：一类是正常照明，另一类是应急照明（疏散照明、安全照明和备用照明）。正常照明根据建筑的使用性质有所不同，可分为一、二、三级负荷，在火灾时应切除其电源。应急照明应为该建筑物最高负荷等级，在火灾时是不能断电的。

5. 风机负荷

在高层建筑中常有地下层，这部分空间可以做停车场、修建蓄水池、生活污水处理池、冷冻机及通风机组设备和变电所设备用房等。供配电设备设在地下层内，有利于对这些冷、热水机组和辅助电动机组、送风排风机组等就近供电，减少电能的损耗。

将室外新鲜空气抽入建筑物内的机组，称为新风机或送风机；将室内空气抽出到室外的机组，称为抽风机或排风机。

在高层建筑中，火灾烟雾会使人窒息死亡，因此，必须设置专用的防烟、排烟风机，在火灾发生后，在防烟楼梯间，用正压送风机送入室外新鲜空气，加大楼梯间内空气的压力，防止烟气进入楼梯井内，便于人员安全疏散。属于消防系统使用的风机用电根据建筑的使用性质不同，分为一级或者二级负荷，且必须与消防控制中心实行联动控制。

在实际工程设计中，常遇到消防负荷中含有平时兼作他用的负荷，如消防排烟风机除火灾时排烟外，平时还用于通风（有些情况下排烟和通风状态下的用电容量尚有不同），应特别注意除了在计算消防负荷时应计入其消防部分的电量以外，在计算正常情况下的用电负荷时还应计入其平时使用的用电容量。

6. 弱电设备负荷

高层建筑中，弱电设备种类比较多，建筑物的使用功能不同，对弱电设备的选择设置也就各不相同。高层智能建筑物的弱电系统，相当于智能中枢神经系统，对建筑物进行防灾减灾灭灾，进行各种通信及数据信息传递、交换和应答，起到非常关键的作用。因此，高层建筑弱电系统的供电电源，按建筑物的最高供电负荷等级供电，有的甚至是特别重要的负荷。

弱电系统主要用电负荷有：消防控制中心、程控数字通信及传真系统、办公自动化系统、卫星电视及共用天线电视、保安监察电视系统、大型国际比赛场馆的计时计分电子计算机系统，以及监控系统、大型百货商场、大型金融中心的经营管理用电子计算机系统、关键电子计算机系统和防盗报警系统等。

五、负荷分级供电举例

图 1-6 为双电源独立供电系统，其中三级负荷仅有单路电源供电，一、二级负荷和消防负荷由双电源同时供电，互为备用，以保障供电可靠性。

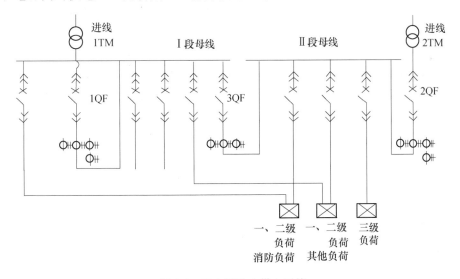

图 1-6　双电源独立供电系统

图 1-7 是在图 1-6 的基础上，增加了柴油发电机组作为一、二级负荷的备用电源和消防负荷的应急电源，以便在双路电源同时中断供电的情况下保障一、二级负荷和消防负荷连续供电的要求。

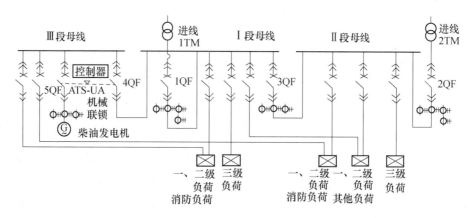

图 1-7 备有应急柴油发电机供电的系统

第四节 建筑供配电系统设计的内容、程序与要求

建筑供配电系统设计是整个建筑设计的重要组成部分，供配电设计的质量直接影响到建筑的功能及其发展。建筑供配电设计必须根据上级有关部门的文件、建设单位的设计要求和工艺设备要求进行。建筑供配电设计必须贯彻国家有关工程建设的政策和法规，依据现行的国家标准及设计规范，遵守对行业、部门和地区的相关规程及特殊规定，并考虑工程特点、规模和发展规划。所设计的供配电系统既要安全、可靠，又要经济、节约，还要考虑系统今后的发展。

一、建筑供配电系统设计的内容

建筑供配电系统设计的内容包括供配电线路设计、变配电所设计、电力设计、电气照明设计、建筑物的防雷与接地设计、电气信号与自动控制设计等。

1. 供配电线路设计

供配电线路设计主要分两个方面：一是建筑物外部供配电线路电气设计，包括供电电源、电压和供电线路的确定；二是建筑物内部配电线路设计，包括高压和低压配电系统的设计。

2. 变配电所设计

① 负荷计算和无功补偿；

② 确定变电所位置；

③ 确定变压器容量、台数、型式；

④ 确定变电所高、低压系统主接线方案；

⑤ 确定自备电源及其设备选择（需要时）；

⑥ 短路电流计算；

⑦ 开关、导线、电缆等设备的选择；

⑧ 确定二次回路方案及继电保护的选择与整定；

⑨ 防雷保护与接地装置设计；

⑩ 变电所内电气照明设计；

⑪ 绘制变电所高低压和照明系统图；绘制变电所平剖图、防雷接地平面图；最后编制

设计说明、材料设备清单及概预算。

配电所设计除不含有变压器的设计外，其余部分同变电所设计。

3. 电力设计

① 电源电压和配电系统；

② 配电设备选择；

③ 选择导线及线路敷设方式及敷设部位；

④ 防止触电危险所采取的安全措施。

4. 电气照明设计

① 确定照明方式和照明种类，确定照度标准；

② 进行光源及灯具的选择，布置照明灯具；

③ 进行照度和节能计算；

④ 进行照明线路的型号、规格选择计算，确定导线的敷设方式及敷设部位；

⑤ 确定照明电源、电压、容量及配电系统形式，应急照明电源的切换方式等。

5. 建筑物的防雷与接地设计

① 确定建筑物的防雷等级；

② 接闪器的类型和安装方法；

③ 接地装置：接地电阻的确定，接地极处理方法和采用的材料。

6. 电气信号与自动控制设计

① 选择控制方式；

② 确定控制原则；

③ 选择仪表和控制设备。

建筑供配电系统设计必须从全局出发，统筹兼顾，按照负荷性质、用电容量、工程特点和地区供电条件，合理确定设计方案。本书仅介绍其中最重要的供配电线路设计、变配电所设计、电力设计、建筑物的防雷与接地设计等内容。

二、建筑供配电系统设计的程序及要求

建筑供配电系统设计作为建筑电气设计的一部分，分为 3 个阶段进行：①方案设计；②初步设计；③施工图设计。

在建造用电量大、投资高的企业或民用建筑时，方案设计阶段主要是进行可行性研究，确定方案意见书。对于要求简单的民用建筑工程的建筑供配电系统设计，可把方案设计和初步设计合二为一，即包括方案设计和施工图设计。在设计规模较小且设计任务紧迫的情况下，经技术论证许可后，方案设计和施工图设计也可合并为一个阶段，直接进行施工图设计。

（一）方案设计

1. 方案设计文件编制深度原则

① 建筑工程设计文件的编制，必须符合国家有关法律法规和现行工程建设标准规范的规定，其中工程建设强制性标准必须严格执行。

② 方案设计文件，应满足编制初步设计文件的需要。

③ 当设计合同对文件编制深度另有要求时，设计文件编制深度应同时满足设计合同的要求。

2. 方案设计主要内容

方案设计阶段一般只提供建筑电气设计说明，此说明应能表述该建筑物所需要强调的项目概况、拟设置的电气系统基本情况和要求，以及对城市公共事业（包括供电、信息系统）的基本要求，同时应明确该建筑物的电气设施将可能对环境造成的影响内容，提供给建设方及有关部门审核、审查，最后决定取舍。方案设计说明一般包括以下几个方面：

① 工程概况。

② 本工程拟设置的建筑电气系统。

③ 变、配、发电系统：a. 确定负荷级别及负荷估算容量；b. 城市电网拟提供电源的电压等级、回路数、容量；c. 拟设置的变、配、发电站数量和位置设置原则；d. 确定备用电源和应急电源的型式、电压等级、容量。

④ 建筑电气节能及环保措施。

⑤ 绿色建筑电气设计。

⑥ 建筑电气专项设计。

⑦ 当项目按装配式建筑要求建设时，电气设计说明应有装配式设计专门内容。

（二）初步设计

初步设计阶段根据任务书的要求，进行负荷计算，确定建筑工程用电量及供配电系统的原则性方案，提出主要设备和材料清单及其订货要求，据此编制工程概算，控制工程投资，报上级主管部门审批。因此，初步设计文件应包括设计说明书、设计图纸、主要电气设备表、计算书（供内部使用及存档）。

1. 初步设计文件编制深度原则

① 建筑工程设计文件的编制，必须符合国家有关法律法规和现行工程建设标准规范的规定，其中工程建设强制性标准必须严格执行。

② 初步设计文件，应满足编制施工图设计文件的需要。

③ 在设计中宜因地制宜，正确选用国家、行业和地方建筑标准设计，并在设计文件的图纸目录或设计说明中注明所应用图集的名称。

重复利用其他工程的图纸时，应详细了解原图利用的条件和内容，并做必要的核算和修改，以满足新设计项目的需要。

④ 当设计合同对文件编制深度另有要求时，设计文件编制深度应同时满足设计合同的要求。

⑤ 民用建筑工程一般应分为方案设计、初步设计和施工图设计 3 个阶段。对于技术要求相对简单的民用建筑工程，经有关部门同意，且合同中没有做初步设计的约定，可在方案设计审批后直接进入施工图设计。

二维码 1-11 拓展阅读
建筑电气初步设计主要内容

2. 初步设计主要内容

① 收集相关图纸及技术要求，并向当地供电部门、气象部门、消防部门等收集相关资料。在设计前必须收集以下资料：

a. 建筑总平面图，各建筑的土建平、剖面图。

b. 工艺、给水、排水、通风、供暖及动力等工种的用电设备平面图及主要剖面图，并附有各用电设备的名称及其有关技术数据。

c. 用电负荷供电可靠性的要求及其工艺允许停电时间。

d. 向当地供电部门收集下列资料：可靠的电源容量和备用电源容量；供电电源的电压、供电方式（架空线还是电缆线，专用线还是公共线）、供电电源线路的回路数、导线型号规格、长度及进入用户的方位及其具体布置；电力系统的短路容量数据或供电电源线路首端的开关断流容量；供电电源线路首端的继电保护方式及动作电流和动作时限的整定值，电力系统对用户进线继电保护方式及动作时限配合的要求；供电部门对用户电能计量方式的要求及电费的收取办法；对用户功率因数的要求；电源线路设计与施工的分工及用户应负担的投资费用等。

e. 向当地气象、地质部门收集下列资料：当地气温数据，如年最高平均气温、最热月平均温度、最热月平均最高温度及最热月地下约 1m 处的土壤平均温度等，当地年雷暴日数；当地土壤性质、土壤电阻率；当地曾经出现过或者可能出现的最高的地震烈度；当地常年主导风向，地下水位及最高洪水位等。

f. 向当地消防主管部门收集资料。由于建筑防火的需要，设计前必须走访当地消防主管部门，了解现行法律法规。

② 选择合理的供电电源、电压，采取合理的防雷措施及消防措施，进行负荷计算以确定最佳供配电方案及用电量。

③ 按照"设计深度标准"做出有一定深度的规范化图纸，表达设计意图。

④ 提出主要设备及材料清单、编制工程概算、编制设计说明书。

⑤ 报上级主管部门审批。

（三）施工图设计

施工图设计是在初步设计方案经上级主管部门批准后进行，校正初步设计阶段的基础资料和相关数据，完成施工图的设计。通过设计好的图纸，把设计者的意图和全部设计结果表达出来，并按照要求编制工程预算书，作为施工制作的依据，是设计和施工工作开展的桥梁。

1. 施工图设计文件编制深度原则

① 建筑工程设计文件的编制，必须符合国家有关法律法规和现行工程建设标准规范的规定，其中工程建设强制性标准必须严格执行。

② 施工图设计文件，应满足设备材料采购、非标准设备制作和施工的需要。对于将项目分别发包给几个设计单位或实施设计分包的情况，设计文件相互关联处的深度应满足各承包或分包单位设计的需要。

③ 在设计中宜因地制宜，正确选用国家、行业和地方建筑标准设计，并在设计文件的图纸目录或设计说明中注明所应用图集的名称。重复利用其他工程的图纸时，应详细了解原图利用的条件和内容，并做必要的核算和修改，以满足新设计项目的需要。

④ 对于技术要求相对简单的民用建筑工程，经有关部门同意，且合同中没有做初步设计的约定，可在方案设计审批后直接进入施工图设计。

⑤ 当设计合同对文件编制深度另有要求时，设计文件编制深度应同时满足设计合同的要求。

2. 施工图设计主要内容

施工图设计阶段应形成所有专业的设计图纸，含图纸目录、设计说明、必要的图例符号和设备材料表及计算书（供内部使用及存档）。

① 图纸目录。新绘制图纸、后列重复使用图，按顺序编号，体现图纸名称、图号和图

幅等信息。

② 设计说明。应将初步设计（或方案设计）审查所确定的应设置的电气系统进行分项说明，包括建筑概况、变配电系统的负荷等级、容量，变配电站的位置，电气系统的设置情况，防雷、接地及安全，各系统的设备选型、线路敷设、订货要求等，均应在设计说明中有所交代。电气节能措施，应交代节能产品的应用及防治电气污染、介绍损耗等有关内容。

二维码 1-12　拓展阅读
建筑电气施工图设计主要内容

③ 图例符号和设备材料表。应包括设备图例，主要设备名称、型号、规格、单位、数量及安装等信息，其他设备材料如面板开关、插座、电线电缆等可仅注明设备名称、型号、规格等信息。

④ 计算书。内容与初步设计要求相同，只补充初步设计阶段时应进行计算而未进行计算的部分，修改因初步设计文件审查变更后，需重新进行计算的部分。

⑤ 设计图纸。包含电气总平面图、变配电站设计图、配电与照明设计图、电气原理图、防雷与接地设计图、电气节能和环保、绿色建筑等相关图纸。

三、电气工程图的识读

电气工程图是建筑电气工程领域的工程技术语言，是用来描述电气系统的工作原理、描述产品的构成和功能、提供安装和使用信息的重要工具和手段。电气工程设计人员根据电气工作原理或安装配线要求，将所需要的电源、负载及各种电气设备，按照国家规定的图例和符号画在图纸上，并标注一些必要的能够说明这些电气设备和电气元件名称、用途、作用及安装要求的文字符号，构成完整的电气工程图。建筑电气工程施工、设备运行维护技术人员则按照电气工程图进行安装、调试、维修和检查电气设备等工作。

（一）电气工程图识图的基本知识

要掌握电气工程图的识图及分析方法，首先应掌握识图的基本知识；了解电气工程图的种类、特点及在工程中的应用；了解国家有关工程施工的政策和法令、现行的国家标准和施工规范；了解各种电气图形符号及识图的基本方法和步骤等。并在此基础上对图纸中难以读懂、表达不清和表示错误的部分一一记录，待设计图纸会审（交底）时向设计人员提出，并协商后得出设计人员认可的结论。

① 标题栏。一张图纸的完整图面由边框线、标题栏、会签栏、设计单位设计证号专用章和注册电气工程师出图章等组成。用以确定图纸的名称、专业图号、张次和有关人员签字框等内容的栏目称为标题栏，又可叫作图标。图标一般放在图纸的右下角，紧靠图纸边框线。其内容可能因设计单位不同而有所不同，大致包括：图纸的名称、比例、图号、设计单位、设计人、制图人、专业负责人、审核人及完成日期等。会签栏是设计院内部各专业交图时的签字栏。设计单位设计证号专用章

二维码 1-13　视频
标题栏识读

体现设计院的资质等级，设计图纸无此章为无效图纸。电气专业工程设计的主要技术文件，由注册电气工程师签字盖章后生效，对本设计图纸负技术责任。

② 比例。电气工程图中需按比例绘制的图一般是用于电气设备安装及线路敷设的施工平面图。一般情况下，照明或动力平面布置图以 1∶100 的比例绘制为宜；根据视图需要，也可以 1∶50 或 1∶200 的比例来绘制；大样图可以适当放大比例；电气系统图、原理图及接线控制图可不按比例绘制。

③ 标高。考虑到电气设备安装或线路敷设的方便，在电气平面图中，电气设备和线路的安装、敷设位置高度以该层地平面为基准，一般称为敷设标高。

④ 电气工程施工图的线条表示。电气工程施工图一般由图纸目录、设计说明、材料表和图纸组成。按照工程图纸的性质和功能，又可以分为系统图、平面图、原理图、接线图、设备布置图、大样图等多种形式。电气工程图中常用的线条有以下几种。

a. 粗实线表示主回路，电气施工图的干线、支线、电缆线、架空线等；

b. 细实线表示控制回路或一般线路，电气施工图的底图（即建筑平面图）；

c. 长虚线表示事故照明线路，短虚线表示钢索或屏蔽；

d. 点画线表示控制和信号线路。

按图形的复杂程度，可以将图线分清主次，区分粗、中、细，主要图线粗些，次要图线细些。此外，建筑电气专业常用的线型还有电话线、接地母线、电视天线、接闪线等多种特殊形式，必要时，可在线条旁边标注相关文字符号，以便区分不同的线路。

（二）电气工程施工图的组成

电气工程施工图力求用较少的图纸准确、明了地表达设计意图，使施工和维护人员读起来感到条理清楚。电气工程的规模有大有小，电气项目也各不相同，反映不同规模的工程图纸的种类、数量也是不相同的。

一般而言，一项工程的电气施工图总是由系统图、平面图、设备布置图、安装图、原理图等内容组成。在一个具体工程中，往往可以根据实际情况适当增加或者减少某些图。

① 系统图。系统图是用来表示系统网络关系的图纸。系统图应表示出各个组成部分之间的相互关系、连接方式，以及各组成部分的电气元件和设备及其特性参数。通过系统图可以了解工程的全貌和规模，当工程的规模大、网络比较复杂时，为了表达更简洁、方便，也可先画出各干线系统图，然后分别画出各子系统，层层分解，有层次地表达。

② 平面图。平面图是表示所有电气设备和线路的平面位置、安装高度，设备和线路的型号、规格，线路的走向和敷设方法、敷设部位的图纸。

平面图按工程内容的繁简分层绘制，一般每层绘制一张或数张。同一系统的图画在一张图上。

平面图还应标注轴线、尺寸、比例、楼面标高、房间名称等，以便于图形校审、编制施工预算和指导施工等。

③ 设备布置图。设备布置图通常由平面图、立面图、剖面图及各种构件详图等组成，用来表示各种电气设备的平面与空间位置的相互关系及安装方式。一般都是按 3 种视图的原理绘制。

④ 安装图。安装图是表示电气工程中某一部分或某一部件的具体安装要求和做法的图纸，同时还表明安装场所的形态特征。这类图一般都有统一的国家标准图，需要时尽量选用标准图。

⑤ 原理图。原理图是表示某一具体设备或系统的电气工作原理的图纸，用以指导具体设备与系统的安装、接线、调试、使用与维护。在原理图中，一般用文字简要地说明控制原理或动作过程，同时在图纸上还应列出原理图中的电气设备和元件的名称、规格型号及数量。

（三）识图的基本步骤

阅读建筑电气工程图，除应了解建筑电气工程图的特点外，还应按照一定的顺序进行阅读，这样才能完全理解设计意图和目的，能够迅速全面地读懂图纸。

① 阅读图纸说明。图纸说明一般作为整套图纸的首页，包括图纸目录、技术说明、元件明细表和施工说明书等。识图时，首先看图纸说明，弄清设计内容和施工要求，有助于了解图纸的大体情况和抓住识图重点。

② 阅读系统图。阅读图纸说明后，就要读系统图，从而了解整个系统或子系统的概况，即它们的基本组成、相互关系及其主要特征，为进一步理解系统或子系统的工作原理打下基础。

③ 阅读电气原理图。为了进一步理解系统或子系统的工作原理，需要仔细阅读电气原理图。电气原理图是电气图的核心，内容丰富，阅读难度大。对于复杂的电路图，应先阅读相关的逻辑图和功能图。

二维码 1-14　视频
设计说明识读

二维码 1-15　视频
系统图识读

二维码 1-16　视频
电气原理图识读

看电路图时，首先要分清主（一次）电路和辅助（二次）电路、交流电路和直流电路；其次按照先看主电路，后看辅助电路的顺序读图：分析主电路时，通常从电气设备开始，经控制元件，顺次向电源看；阅读辅助电路时，先找到电源，再顺次看各条回路，分析各回路元件的工作情况及其对主电路的控制关系。

通过分析主电路，要弄明白用电设备是怎样取得电源的，电源经过哪些元件和电气设备，分配到哪些用电系统等。通过分析辅助电路，要弄清楚它的回路构成、各元件间的联系、控制关系以及在什么条件下回路构成通路或断路，以理解元件的动作情况。

二维码 1-17　视频
平面图识读

④ 阅读平面布置图和剖面图。看平面布置图时，首先要了解建筑物平面概况，然后看电气主要设备的位置布置情况，结合建筑剖面图进一步搞清设备的空间布置，对于安装接线的整体计划和具体施工都是十分必要的。

总之，阅读图纸的顺序没有统一的规定，可根据需要灵活掌握，并应有所侧重。通常一张图纸需要反复阅读多遍，通过大量的读图实践，形成自己的读图习惯。为了更好地利用图纸指导施工，使之安装质量符合要求，阅读图纸时，还应配合阅读有关设计、施工、验收规范、质量检验评定标准及全国通用电气装置安装标准图集等。

（四）常用电气工程图例

图例即图形及文字符号。电气工程图中的图形、符号、文字都有统一的国家标准，建筑电气工程图纸应采用最新的国家标准。建筑电气工程图纸中常用的电气图形符号图例和名称请扫描二维码查看，建筑电气工程常用基本文字符号请扫描二维码查看。

二维码 1-18　建筑电气工程　　　二维码 1-19　建筑电气工程　　　二维码 1-20　视频

图纸中常用的电气图形符号图例和名称　　常用基本文字符号　　　图例与设备材料表识读

四、建筑供配电系统设计相关规范标准和工具性资料

① 《供配电系统设计规范》（GB 50052—2009）；

② 《民用建筑电气设计标准》（GB 51348—2019）；

③ 《低压配电设计规范》（GB 50054—2011）；

④ 《建筑物防雷设计规范》（GB 50057—2010）；

⑤ 《标准电压》（GB/T 156—2017）；

⑥ 《电能质量　供电电压偏差》（GB/T 12325—2008）；

⑦ 《电能质量　电压波动和闪变》（GB/T 12326—2008）；

⑧ 《电能质量　公用电网谐波》（GB/T 14549—1993）；

⑨ 《电能质量　三相电压不平衡》（GB/T 15543—2008）；

⑩ 《20kV 及以下变电所设计规范》（GB 50053—2013）；

⑪ 《3～110kV 高压配电装置设计规范》（GB 50060—2008）；

⑫ 《35～110kV 变电所设计规范》（GB 50059—2011）；

⑬ 《66kV 及以下架空电力线路设计规范》（GB 50061—2010）；

⑭ 《通用用电设备配电设计规范》（GB 50055—2011）；

⑮ 《并联电容器装置设计规范》（GB 50227—2017）；

⑯ 《电力装置电测量仪表装置设计规范》（GB 50063—2017）；

⑰ 《低压电气装置 第 5-54 部分：电气设备的选择和安装接地配置和保护导体》（GB 16895.3—2017）；

⑱ 《爆炸和火灾危险环境电力装置设计规范》（GB 50058—2014）；

⑲ 《电力工程电缆设计规范》（GB 50217—2018）；

⑳ 《系统接地的型式及安全技术要求》（GB 14050—2008）；

㉑ 《剩余电流动作保护装置安装和运行》（GB 13955—2017）；

㉒ 《建筑设计防火规范》（GB 50016—2014）（2018 年版）；

㉓ 《住宅设计规范》（GB 50096—2011）；

㉔ 《住宅建筑电气设计规范》（JGJ 242—2011）；

㉕ 《建筑物电子信息系统防雷技术规范》（GB 50343—2012）；

㉖ 《民用建筑工程电气初步设计深度图样》（09DX004）；

㉗ 《民用建筑工程电气施工图设计深度图样》（09DX003）；

㉘ 《电子信息系统机房工程设计与安装》（09DX009）；

㉙ 《建筑电气工程设计常用图形和文字符号》（09DX001）；

㉚ 《电气简图用图形符号》（GB 4728—2018）；

㉛《建筑电气常用数据》（19DX101-1）；

㉜《工业与民用配电设计手册》（第四版）；

㉝《建筑工程设计文件编制深度规定》（2016 版）。

思考与练习题

1-1　什么叫电力系统？什么叫建筑供配电系统？二者的关系和区别是什么？

1-2　为什么在长距离输配电线路中，发电机发出的电要经过升压变压器升高电压？到用电设备端为什么又要经过降压变压器降低电压？

1-3　我国三相交流系统的标称电压有哪些等级？如何理解系统标称电压、系统最高电压、电气设备的额定电压、电气设备的最高电压之间的联系和区别？

1-4　中性点不接地三相系统中，发生单相接地故障时，各相电压、电流、故障接地电容电流和中性点对地电压如何变化？

1-5　试述经消弧线圈接地系统的优缺点与适用范围。

1-6　消弧线圈为什么一般应当运行在过补偿状态？

1-7　在什么情况下，配电网应当采用经低值电阻接地？

1-8　试述中性点直接接地系统的优缺点及适用场合。

1-9　某 10kV 电网，架空线总长度 70km，电缆线路总长度 36km。试求此中性点不接地系统发生单相接地时的接地电容电流，并判断此系统的中性点需不需要改为消弧线圈接地。

1-10　电能的主要质量指标有哪些？

1-11　我国电力网频率偏差的限值是多少？

1-12　电压偏差的定义是什么？有什么危害？调整的手段有哪些？

1-13　电压波动和闪变的概念是什么？有什么危害？抑制手段有哪些？

1-14　三相不平衡的概念是什么？有什么危害？改善的措施有哪些？

1-15　用电单位的供电电压如何选择？我国建筑供配电系统中供电电压一般如何进行选择？

1-16　负荷分级的依据是什么？现行国家规范中对各级负荷是如何划分的？各级负荷的供电要求如何？

1-17　认真阅读民用建筑中常用负荷分级表，并与负荷分级和供电要求对照，熟悉常见民用建筑的负荷分级。分别列举你上课时所在的教学楼和居住的宿舍楼中有哪些用电负荷，判断各负荷的负荷分级和供电要求。

1-18　建筑供配电系统设计的主要内容是什么？如何理解方案设计、初步设计和施工图设计等不同阶段设计内容和深度的要求？

1-19　建筑供配电系统施工图设计阶段，主要包括哪些专业设计文件？设计说明主要论述什么内容？按设计深度要求，需要提供哪些图纸，设计深度如何要求？

1-20　建筑供配电系统施工图设计阶段，主要设备表由哪些项目组成？一般主要电气设备有哪些？

1-21 建筑供配电系统设计的程序及要求有哪些？

1-22 建筑电气施工图识读的步骤有哪些？

1-23 初步识读建筑供配电系统施工图，熟悉建筑供配电系统施工图电气符号和识读方法。可作为分组任务布置，分小组汇报识读过程。

二维码1-21 建筑供配电
系统设计施工图识读实例图纸

第二章　常用电气设备

本章首先介绍了建筑供配电系统电气设备的分类，然后介绍了常用的高低压电气设备，包括断路器、熔断器、电压互感器、电流互感器、漏电保护器、双电源自动转换开关等。

知识目标：

◇ 了解常用电气设备的分类；了解电弧产生的原因、危害及电气设备常用灭弧方法；掌握常用高压电气设备的特点和用途；掌握常用低压电气设备的特点和用途。

能力目标：

◇ 了解常用高低压电气设备的主要技术指标，能够结合实际建筑供配电系统进行常用高低压电气设备的初步选型。

素质目标：

◇ 了解电气设备选型方法的可行性，认识正确选型对电气设备安全运行的重要性，充分认识电力系统安全可靠运行的重要意义，增强安全意识和责任感。

第一节　建筑供配电系统电气设备的分类

建筑供配电系统中担负输送和分配电能这一主要任务的电路，称为一次电路或一次回路，也称主电路。而用来控制、指示、测量和保护一次电路及其设备运行的电路，称为二次电路或二次回路。建筑供配电系统中的电气设备可按所属电路性质分为两大类：一次电路中的所有电气设备，称为一次设备或一次元件；二次电路中的所有电气设备，称为二次设备或二次元件。本章重点介绍建筑供配电系统中的一次设备。

二维码 2-1　拓展阅读
一次设备、二次设备

一次设备按其在一次电路中的作用又可分为变换设备、控制设备、保护设备和补偿设备等。

变换设备：用来变换电能、电压或电流的设备，如发电机和电力变压器等。

控制设备：用来控制电路通断的设备，如各种高低压开关设备等。

保护设备：用来防护电路过电流或过电压的设备，如高低压熔断器和避雷器等。

补偿设备：用来补偿电路的无功功率以提高系统功率因数的设备，如高低压电容器。

另外，按照一定的线路方案将有关一、二次设备组合而成的设备，如高低压开关柜、低压配电屏、动力和照明配电箱、高低压电容器柜及成套变电所等，称为成套设备。

第二节　电气设备中的电弧问题

一、电弧的产生和危害

电气设备的触头在分断电流时会产生电弧，原因在于触头本身周围介质中含有大量可被游离的电子。当触头间存在着足够的电场强度时，就可能使电子强烈游离而形成电弧。

二维码 2-2　拓展阅读
电弧的危害

电弧是一种极强烈的电游离现象，特点是光亮很强和温度很高。电弧对电气设备的安全运行是一个极大的威胁。首先，电弧延长了电路开断的时间，如果电弧是短路电流产生的，电弧的存在就意味着短路电流还存在，从而使短路电流危害的时间延长；其次，电弧的高温可能烧损开关触头，烧毁电气设备及导线、电缆，甚至引起火灾和爆炸事故，强烈的弧光还可能损伤人的视力。因此，电气设备在结构设计上要力求避免产生电弧，或在电弧产生后能迅速地熄灭。

二、电气设备中常用的灭弧方法

要使电弧熄灭，必须减少触头间电弧中电子的游离或降低游离速率。在现代电气设备特别是开关电器中，应当根据具体情况综合运用下述几种灭弧方法来达到迅速灭弧的目的：

① 速拉灭弧法。迅速拉长电弧，可使电弧的电场强度骤降，导致带电质点的复合迅速增强，从而加速电弧的熄灭。这是开关电器中普遍采用的一种最基本的灭弧方法。

② 冷却灭弧法。降低电弧的温度，可使电弧中的热游离减弱，导致带电质点的复合增强，有助于电弧迅速熄灭。这种灭弧方法在开关电器中应用也较普遍。

③ 吹弧灭弧法。利用外力（如气流、油流或电磁力）来吹动电弧，使电弧加速冷却，同时拉长电弧，降低电弧中的电场强度，使带电质点的复合和扩散增强，从而加速电弧的熄灭。

④ 长弧切短灭弧法。电弧的电压降主要降落在阴极和阳极上（阴极压降又比阳极压降大得多），如果利用金属片（如钢栅片）将长弧切为若干短弧，则电弧上的压降将近似地增大若干倍。当外施电压小于电弧上的压降时，电弧就不能维持而迅速熄灭。

⑤ 粗弧分细灭弧法。将粗大的电弧分为若干平行的细小电弧，使电弧与周围介质的接触面增大，从而改善电弧的散热条件，降低电弧的温度，使电弧中带电质点的复合和扩散均得到增强，使电弧迅速熄灭。

⑥ 狭沟灭弧法。使电弧在固体介质所形成的狭沟中燃烧，由于电弧的冷却条件改善，从而使电弧的去游离增强，同时介质表面带电质点的复合比较强烈，也使电弧加速熄灭。例如，熔断器在熔管中填充石英砂，就是利用这个原理。

⑦ 真空灭弧法。真空具有较高的绝缘强度，处于真空中的触头之间只有触头开断瞬间产生的所谓"真空电弧"，这种电弧在电流过零时就能自动熄灭而不致复燃。真空断路器就是利用这个原理制成的。

⑧ 六氟化硫（SF_6）灭弧法。SF_6 气体具有优良的绝缘性能和灭弧性能，绝缘强度约为空气的 3 倍，介质强度恢复速度约为空气的 100 倍。六氟化硫断路器就是利用 SF_6 气体做绝缘介质和灭弧介质，获得了极高的开断容量。

第三节　高压电气设备

高压电器一般指在交流 1000V（直流为 1500V）以上的电力系统中，用于接通或断开电路、限制电路中的电压或电流，以及进行电压、电流测量变换的电气设备，包括开关电器、量测电器和限流、限压电器等。

一、高压电器分类

高压电器主要的分类方法如下：

1. **按结构形式分类**

① 单极式：又称单相分体式。用于系统测量、保护作用的熔断器、电流互感器等。

② 三极式：用于系统控制和保护作用的高压断路器、交流接触器、隔离开关、负荷开关等。

2. **按安装地点分类**

① 户内式：不具有防风、雨、雪、冰和浓霜等性能，适于安装在建筑场所内使用的高压开关设备。

② 户外式：能承受风、雨、雪、污秽、凝露、冰和浓霜等作用，适于安装在露天使用的高压开关设备。

3. **按组合方式分类**

① 元件：包括断路器、隔离开关、接地开关、重合器、分段器、负荷开关、接触器、熔断器等。

② 组合电器：将两种及以上的高压电器，按电力系统主接线要求组成一个有机的整体，而各电器仍保持原规定功能的装置，如负荷开关-熔断器组合电器、接触器-熔断器组合电器、隔离负荷开关、熔断器式开关、敞开式组合电器等。

4. **按照电流制式分类**

① 交流电器：工作于三相或单相工频交流制的电器，极少数工作在非工频系统。

② 直流电器：工作于直流制的电器，常用于电气化铁道、城市交通等系统。

5. **按用途和功能分类**

① 开关电器：主要用来关合与开断正常工作电路和故障电路，或用来隔离电源、实现安全接地的高压电气设备，包括高压断路器、高压隔离开关、高压熔断器、高压负荷开关、重合器、分段器和接地断路器等。

② 量测电器：主要用于转换和测量二次回路与一次回路高电压、大电流，并实施电气隔离，以保证测量工作人员和仪表设备的安全。包括电流互感器、电压互感器等。

③ 限流、限压电器：主要包括电抗器、避雷器、限流熔断器等。

④ 成套设备：将电器或组合电器与其他电器产品（诸如变压器、电流互感器、电压互感器、电容器、电抗器、避雷器、母线、进出线套管、电缆终端和二次元件等）进行合理配置，有机地组合于金属封闭外壳内，构成具有相对完整使用功能的产品，如金属封闭开关柜、气体绝缘金属封闭开关柜和高低压预装式变电站等。

二、高压断路器

高压断路器是高压开关设备中最主要、最复杂的电器，广泛应用于电力系统的发电厂、变电所、开关站及高压供配电线路上，承担着控制和保护的双重任务。高压断路器不仅可以长期承受分断或关合正常情况下高压电路中的空载电流和负荷电流，还可以在系统发生故障或其他异常运行状态、欠压、过流等情况下与保护装置及自动装置相配合，迅速切断故障电流，防止事故扩大，保证系统安全运行。

1. 高压断路器的结构

虽然高压断路器有多种类型，具体结构也不相同，但基本结构类似，主要包括通断元件、绝缘支撑元件、中间传动机构、操动机构、基座等部分。电路通断元件安装在绝缘支撑元件上，绝缘支撑元件则安装在基座上，如图 2-1 所示。

通断元件是断路器的关键部件，承担着接通和断开电路的任务，由接线端子、导电杆、触头（动、静触头）及灭弧室等组成；绝缘支撑件起着固定通断元件的作用，当操动机构接到合闸或分闸命令时，操作机构动作，经中间传动机构驱动动触头，实现断路器的合闸或分闸。

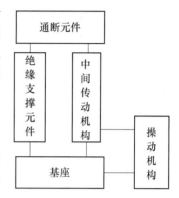

图 2-1　高压断路器的结构

2. 高压断路器的主要技术参数

（1）额定电压（U_N）

额定电压是指高压电器设计时所采用的标称电压，是表征断路器绝缘强度的参数，用 U_N 表示。考虑到输电线路的首、末端运行电压不同及电力系统的调压要求，对高压电器又规定了与其额定电压相应的最高工作电压 U_{max}。我国三相交流电力系统及相关设备的标准电压和最高电压可参见表 1-1。为保证高压电器有足够的绝缘距离，通常其额定电压越高，外形尺寸越大。

（2）额定电流（I_N）

额定电流是指高压电器在额定的环境温度下，能长期流过且其载流部分和绝缘部分的温度不超过其长期最高允许温度的最大标称电流，用 I_N 表示。对于高压断路器，我国采用的额定电流有 200A、400A、630A、1000A、1250A、1600A、2000A、2500A、3150A、4000A、5000A、6300A、8000A、10000A、12500A、16000A、20000A 等系列。

高压断路器的额定电流决定了其导体、触头等载流部分的尺寸和结构，额定电流越大，载流部分的尺寸越大，否则不能满足最高允许温度的要求。

（3）额定开断电流（I_{oc}）

高压断路器进行开断操作时首先起弧的某相电流，称为开断电流。在额定电压 U_N 下，断路器能可靠地开断的最大短路电流，称为额定开断电流，用 I_{oc} 表示。额定开断电流是表征断路器开断能力的参数。我国规定的高压断路器的额定开断电流有 1.6kA、3.15kA、6.3kA、8kA、10kA、12.5kA、16kA、20kA、25kA、31.5kA、40kA、50kA、63kA、80kA、100kA 等系列。

在电压低于额定电压（$U<U_N$）的情况下，开断电流可以提高，但由于灭弧装置机械强度的限制，开断电流有一极限值，称为极限开断电流。如果断路器的开断容量不变，则极限开断电流为 $I_{ocr}=I_{oc}U/U_N$（kA）。

（4）额定开断容量（S_{oc}）

额定开断容量 S_{oc} 是指断路器额定电压和额定开断电流的乘积，即 $S_{oc}=\sqrt{3}U_N I_{oc}$。如果断路器的实际运行电压 U 低于额定电压 U_N，而额定开断电流不变，此时的开断容量应修正为 $S_{ocr}=S_{oc}U/U_N$（kV·A）。

（5）额定动稳定极限电流（i_{max}）

额定动稳定极限电流（i_{max}）是断路器在闭合状态下，允许通过的最大短路电流峰值，又称极限通过电流或额定峰值耐受电流。它表明断路器承受短路电流电动力效应的能力，当断路器通过这一电流时，不会因电动力作用而发生任何机械上的损坏。动稳定极限电流取决于导体和机械部分的机械强度，与触头的结构形式有关。i_{max}的数值约为额定开断电流I_{oc}的2.5倍。

（6）额定关合电流（I_{Ncl}）

如果在断路器合闸之前，线路或设备上已存在短路故障，则在断路器合闸过程中，在触头即将接触时即有巨大的短路电流通过，要求断路器能承受而不会引起触头熔接和遭受电动力的损坏；而且在关合后，由于继电保护装置动作，不可避免地又要自动跳闸，此时仍要求能切断短路电流。额定关合电流I_{Ncl}用以表征断路器关合短路故障的能力。

额定关合电流（I_{Ncl}）是在额定电压下，断路器能可靠闭合的最大短路电流峰值。它主要取决于断路器灭弧装置的性能、触头构造及操动机构的型式。在断路器的产品目录中，部分产品未给出的均为$I_{Ncl}=I_{oc}$。

（7）额定热稳定电流（I_t）

额定热稳定电流（I_t）是在保证断路器不损坏的条件下，在规定的时间t秒（产品目录一般给定2s、4s、5s、10s等）内允许通过断路器的最大短路电流有效值。它反映断路器承受短路电流热效应的能力，也称为额定短时耐受电流。当断路器持续通过t秒时间的I_t电流时，不会发生触头熔接或其他妨碍其正常工作的异常现象。国家电网公司《交流高压断路器技术标准》规定：断路器的额定热稳定电流等于额定开断电流。额定热稳定电流的持续时间一般为2s，需要大于2s时推荐4s。

（8）合闸时间和分闸时间

合闸时间与分闸时间是表明断路器开断过程快慢的参数，表征了断路器的操作性能。合闸时间是指断路器从接到合闸命令到所有触头都接触瞬间的时间间隔。电力系统对断路器合闸时间一般要求不高，但要求合闸稳定性好。分闸时间包括固有分闸时间和燃弧时间。固有分闸时间是指断路器从接到分闸命令起到触头分离的时间间隔；燃弧时间是指从触头分离到各相电弧熄灭的时间间隔。为提高电力系统的稳定性，要求断路器有较高的分闸速度，即全分闸时间越短越好。

3. 常用高压断路器

（1）油断路器

以绝缘油作为灭弧介质的断路器，分为多油断路器与少油断路器两种。这种是最早出现、历史悠久的断路器，现已基本淘汰。

（2）压缩空气断路器

以高速流动的压缩空气作为灭弧介质及兼作操作机构源的断路器，称为压缩空气断路器。此类型断路器具有灭弧能力强、动作迅速的优点，但由于其结构复杂，工艺要求高，有色金属消耗量大而应用不多。

（3）六氟化硫断路器

采用具有优良灭弧能力的惰性气体六氟化硫（SF_6）作为灭弧介质的SF_6断路器，灭弧能力相当于同等条件下空气的100倍，具有开断能力强（最高可达63kA）、全开断时间短等优点，另外断口开距小，体积小、质量较轻，安装布局紧凑，维护工作量小，噪声低，材料不会被氧化和腐蚀，无火灾和爆炸危险，使用安全可靠，寿命长；但结构较复杂，金属消耗量大，制造工艺、材料和密封要求高，价格较高，不能在过低温度和过低压力下使用。目前国内主要应用于 45kV 以上电压等级的电力系统中。SF_6 断路器与以 SF_6 为绝缘的有关电器组成的密封组合电器（GIS），在城市高压配电装置中应用日益广泛，是高压和超高压系统的发展方向。

（4）真空断路器

利用真空（气体压力为 133.3×10^{-4} Pa 以下）的高绝缘性能来实现灭弧的断路器，这种断路器具有开断能力强（最高可达 63kA），灭弧迅速，触头密封在高真空的灭弧室内而不易被氧化、运行维护简单、灭弧室无须检修、结构简单、体积小、质量轻、噪声低、寿命长、无火灾和爆炸危险等优点，主要用于频繁操作的场所。但其对制造工艺、材料和密封要求高，且开断电流和断口电压不能做得很高。目前国内广泛应用于 35kV 及以下电压等级的电力系统中。

（5）磁吹断路器

利用断路器本身流过的大电流所产生的电磁力将电弧迅速拉长而吸入磁性灭弧室内冷却熄灭的断路器，可用作配电断路器。

高压断路器的型号含义如图 2-2 所示。

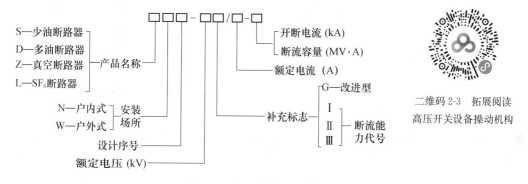

二维码 2-3　拓展阅读
高压开关设备操动机构

图 2-2　高压断路器的型号含义

4. 高压开关设备的常用操动机构

操动机构又称操作机构，是供高压断路器、高压负荷开关和高压隔离开关进行分、合闸及自动跳闸的设备。一般常用的有手动操动机构、电磁操动机构和弹簧储能操动机构。操动机构的型号含义如图 2-3 所示。

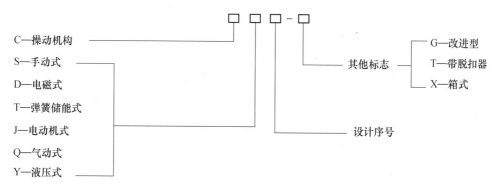

图 2-3　高压断路器操动机构的型号含义

（1）手动操动机构

利用人力合闸的操动机构，称为手动操动机构。手动操动机构使用手力合闸，弹簧分闸，具有自动脱扣结构。它主要用来操作电压等级较低、开断电流较小的断路器，所操作的断路器开断的短路容量不宜超过 100MV·A，如 10kV 及以下配电装置的断路器。手动操动机构的结构简单、无须配备复杂的辅助设备及操作电源；但是不能自动重合闸，只能就地操作，不够安全。一般用于操作容量 630kV·A 以下变电所中的隔离开关和负荷开关。

（2）电磁式操动机构

利用电磁力合闸的操动机构，称为电磁操动机构。当电磁铁在驱动断路器合闸的同时，也使分闸弹簧拉伸储能。电磁操动机构的结构简单、工作可靠、维护简便、制造成本低；但是在合闸时电流很大（可达几十安至几百安），因此，需要有足够容量的直流电源，且合闸时间较长。电磁操动机构普遍用来操作 3.6～40.5kV 断路器。

（3）弹簧操动机构

利用已储能的弹簧为动力使断路器动作的操动机构，称为弹簧操动机构。使弹簧储能的动力可以是电动机，也可使用人力为弹簧储能。在断路器合闸的同时也使弹簧储能，使断路器也能在脱扣器作用下分闸。

三、高压隔离开关

高压隔离开关的主要用途是用来隔离高压电源，保证其设备和线路的安全检修。高压隔离开关使检修设备与带电部分可靠的断开、隔离，使电气设备安全进行检修而不会影响到其他部分的工作。

当高压隔离开关断开后，其触头全部敞露在空气中，有明显的断口。断开间隙的绝缘及相间绝缘都应是足够可靠的，以避免在电路中产生过电压时断开点之间发生闪络，从而保证检修人员的安全。隔离开关没有灭弧装置，不能用来接通和断开负荷电流和短路电流，一般只能在电路已断开的情况下才能分合闸操作或接通和断开一定的小电流。

除了用来隔离电源外，高压隔离开关还可以在改变设备状态（运行、备用、检修）时，配合断路器协同完成倒闸操作，或用来接通、断开小电流；也可用来分、合电压互感器、避雷器和空载母线，分、合励磁电流不超过 2A 的空载变压器，关合电容电流不超过 5A 的空载线路；另外，高压隔离开关的接地开关还可代替接地线，以保证检修工作的安全。

高压隔离开关的重要作用决定了高压隔离开关应有足够的动稳定和热稳定能力，并应保证在规定的接通和断开次数内不会发生任何故障。

高压隔离开关的类型较多。按照操动机构有手动式和动力式两类；按照安装地点分为户内式和户外式两种；按照产品组装极数可分为单极式（每极单独装于一个底座上）和三极式（三极装于同一底座上）；按照每极绝缘支柱数目可分为单柱式、双柱式、三柱式；按照有无接地刀闸分为带接地刀闸和不带接地刀闸；按照触头运动方式可分为水平回转式、垂直回转式、伸缩式和插拔式等。

高压隔离开关的型号含义如图 2-4 所示。

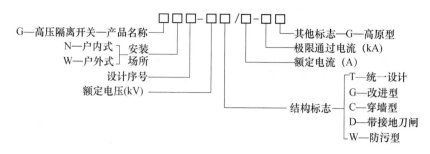

图 2-4 高压隔离开关的型号含义

四、高压负荷开关

高压负荷开关是一种结构比较简单，具有一定开断能力和关合能力的高压开关设备。高压负荷开关具有简单的灭弧装置，主要用来接通和断开正常工作电流，其本身不能开断短路电流，需与高压熔断器串联使用，借助熔断器来切除短路故障。带有热脱扣器的负荷开关还具有过载保护性能。负荷开关断开后，与隔离开关一样，具有明显的断开间隙，因此，具有隔离高压电源、保证安全检修的功能。

高压负荷开关的类型比较多。按照安装地点可分为户内式和户外式两类；按照是否带有熔断器分为不带熔断器和带有熔断器两类；按照灭弧原理和灭弧介质分为固体产气式负荷开关、压气式负荷开关、油浸式负荷开关、真空式负荷开关和 SF_6 式负荷开关。

高压负荷开关的型号含义如图 2-5 所示。

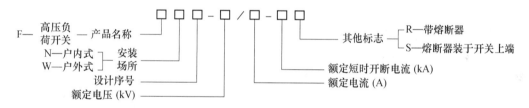

图 2-5 高压负荷开关的型号含义

五、高压熔断器

高压电网中，高压熔断器的主要功能是对电路及电路设备进行短路保护，可作为配电变压器和配电线路的过负荷与短路保护，也可作为电压互感器的短路保护。

户内高压熔断器主要为 RN 系列，有 RN1 型和 RN2 型两种。RN1 型熔断器适用于 3～35kV 的电力线路和电力变压器的过载和短路保护，熔体为一根或几根并联，额定电流较大（20～200A）；RN2 型熔断器专门用于 3～35kV 电压互感器的短路保护，熔体为单根，额定电流较小（0.5A）。RN1 型和 RN2 型的结构基本相同，都是瓷质熔管内充石英砂填料的密闭管式熔断器。RN1 型和 RN2 型熔断器灭弧能力强，灭弧速度又很快，能在短路电流未达到冲击值以前完全熄灭电弧，切断短路电流，从而使断路器本身及其保护的电压互感器不必考虑短路冲击电流的影响，因此，属于"限流"式熔断器。

户外高压熔断器主要作为配电变压器或电力线路的短路和过负荷保护，按其结构可分为跌落式和支柱式两种。户外高压熔断器主要为 RW 系列，型号较多。其中 RW4 型和 RW10 型户外高压跌落式熔断器，广泛应用于环境正常的室外场所，既可做 6～10kV 线路和设备的短路保护，又可在一定条件下，直接用高压绝缘钩棒来操作熔管的分合。这类熔断器没有限流作用，属于"非限流"式熔断器。RW9-35、RW10-35 和 RXW9-35 都是户外支柱式熔断器，适用于作为 35kV 电气设备的保护，具有体积小、质量轻、灭弧性能好、断流能力强、维护简单、熔体可更换等特点，使运行的可靠性大幅提高。

高压熔断器的型号含义如图 2-6 所示。

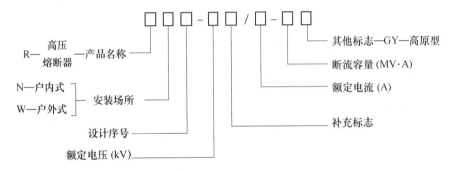

图 2-6　高压熔断器的型号含义

六、互感器

互感器是保证电力系统安全运行的重要设备，包括电压互感器和电流互感器，是一次系统和二次系统间的联络元件。从基本结构和工作原理来说，互感器就是一种特殊变压器。电流互感器将一次系统的交流大电流变成 5A 或 1A 小电流，供给测量仪表和保护装置的电流线圈；电压互感器将一次系统的高电压变换成 100V 或 $100/\sqrt{3}$ V 的低电压，供给测量仪表和保护装置的电压线圈。

二维码 2-4　拓展阅读
互感器

互感器在供配电系统中的主要作用如下：

① 使测量仪表、继电器等二次设备与主电路隔离。可以避免把主电路的高电压或大电流直接引入仪表、继电器等二次设备，又可防止仪表、继电器等二次设备的故障影响主电路，使二次回路不受一次回路限制，接线灵活，维护、测试方便。使用时，互感器的二次侧均接地，从而保证设备和人身安全。

② 扩大了测量仪表、继电器等二次设备的使用范围。使用不同变比的互感器，可以测量任意大的电流或电压，从而使测量仪表和保护装置标准化和小型化，有利于大批量生产。

1. 电流互感器

（1）电流互感器的工作原理

电流互感器工作原理与变压器相似，其基本原理接线如图 2-7 所示。其结构主要特点是：一次绕组串联在一次电路中，绕组匝数很少而导线很粗，绕组中流过的电流 I_1 是被测电路的负荷电流；二次绕组与测量仪表和保护装置的电流线圈串联，匝数很多且导线很细。由于二次侧所接的仪表、继电器等的线圈阻抗非常小，正常情况下电流互感器的二次侧近似于短路状

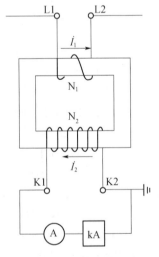

图 2-7　电流互感器的基本
结构和接线图

态运行，这种情况下二次电流 I_2 随一次电流按一定变流比变化，不受二次负载大小的影响。

电流互感器的一次电流 I_1 与二次电流 I_2 之比为电流互感器的变流比，即

$$K_{TA} = \frac{I_1}{I_2} \approx \frac{I_{1N}}{I_{2N}} = \frac{N_2}{N_1} \tag{2-1}$$

式中，N_1、N_2为电流互感器一次与二次绕组的匝数；I_{1N}、I_{2N}为电流互感器的额定一次电流与额定二次电流（A）。

K_{TA}近似与一、二次绕组的匝数 N_1、N_2 成比例关系，一般表示成如 100/5A 的形式。

（2）电流互感器的接线方式

电流互感器在三相电路中常用的接线方式如图 2-8 所示。

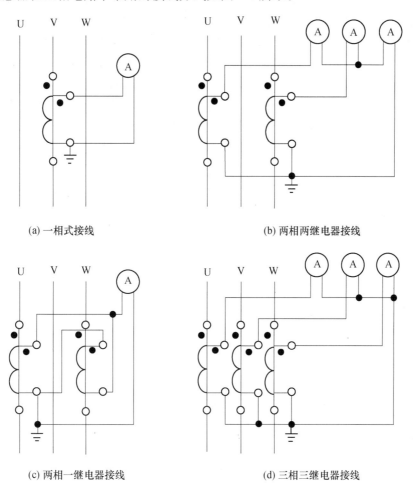

(a) 一相式接线　　　　　　　　　(b) 两相两继电器接线

(c) 两相一继电器接线　　　　　　(d) 三相三继电器接线

图 2-8　电流互感器的接线方式

① 一相式接线。一相式接线方案如图 2-8（a）所示，这种接线用于负荷平衡的三相电路中。电流线圈通过的电流，为测量的对称三相负荷中的一相电流。

② 两相两继电器接线。接线方案如图 2-8（b）所示，这种接线又叫两相不完全星形接线或两相 V 形接线，广泛应用在中性点不接地的三相三线制系统中（如 6～10kV 高压电路中），用于三相电流、电能的测量及过电流保护。

③ 两相一继电器接线。接线方案如图 2-8（c）所示，又叫两相电流差接线。这种接线适用于中性点不接地的三相三线制电路中（如 6～10kV 高压电路中）的电流继电保护。流过公共导线上的电流为 U、W 两相电流的相量和，所以通过公共导线上的电流表可以测量

出 V 相电流。

④ 三相三继电器接线。接线方案如图 2-8（d）所示，又叫三相完全星形接线。3 个电流线圈反映各相电流，一般用于负荷不平衡的三相四线制（如 TN 系统）或三相三线制系统中，监测每相负荷不对称情况。

（3）电流互感器的种类和型号

电流互感器的种类很多：按照一次电压高低来分，有高压和低压两大类；按照一次线圈匝数分有单匝式和多匝式：单匝式的一次绕组为单根导体，其又可分为贯穿式（一次绕组为单根铜杆或铜管）和母线式（以穿过互感器的母线作为一次绕组），多匝式的一次绕组由穿过铁芯的一些线匝制成，按照绕组的绕线型式又分线圈式、绕环式、串级式等；按照安装地点可分为户内式和户外式：户内式多为 35kV 以下，户外式多为 35kV 及以上；按照用途分有测量用和保护用两大类；按准确度级分为 0.2、0.5、1、3、5P、10P 等级；按照绝缘介质分为油浸式（又叫瓷绝缘式，多用于户外）、干式（含环氧树脂浇注式）和气体式（用 SF_6 气体绝缘，多用于 110kV 及以上的户外）；按照安装形式可分为穿墙式、母线式、套管式、支柱式等。在高压系统中还采用电压电流组合式互感器，现在又出现了新型的电子式电流互感器。

电流互感器的型号含义如图 2-9 所示。

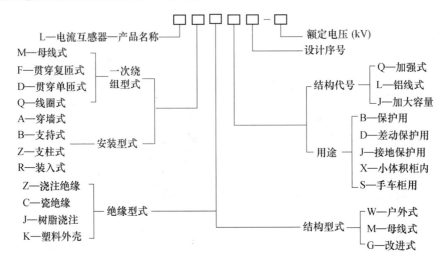

图 2-9　电流互感器的型号含义

（4）电流互感器的准确度级

电流互感器准确度级是指在规定的二次负荷变化范围内，一次电流为额定值时的最大电流误差百分数。电流互感器的准确度级与其二次负荷容量有关。

电流互感器测量线圈的准确度级设为 0.1、0.2、0.5、1、3、5 等 6 个级别，保护用的电流互感器或线圈的准确度级为 5P 和 10P 两种。

二维码 2-5　拓展阅读
电流互感器的准确度级

（5）电流互感器的使用注意事项

① 电流互感器在工作时二次侧绝对不允许开路。当需要将运行中的电流互感器二次回路的仪表断开时，必须先用导线或专用短路连接片将二次绕组的端子短接。

② 电流互感器的二次侧必须有一端接地。电流互感器的二次侧一端接地，是为了防止其一、二次绕组间绝缘击穿时，一次侧的高电压窜入二次侧，危及人身和设备的安全。

③ 电流互感器在连接时，要注意其端子的极性。如果一次电流从同极性端流入时，则二次电流应从同极性端流出；否则就可能使继电保护误动作甚至烧毁电流表。

2. 电压互感器

电压互感器按其工作原理可分为电磁式和电容式两种。本部分主要介绍电磁式电压互感器。

（1）电压互感器的工作原理

电磁式电压互感器的工作原理和变压器相同，基本原理接线如图 2-10 所示。其结构主要特点是：一次绕组匝数很多，二次绕组匝数很少，相当于降压变压器。工作时，一次绕组与被测量电路并联，二次绕组与测量仪表和保护装置的电压线圈并联；由于二次侧所接测量仪表和保护装置的电压线圈阻抗很大且负荷比较恒定，所以正常情况下电压互感器近似于开路（空载）状态运行。

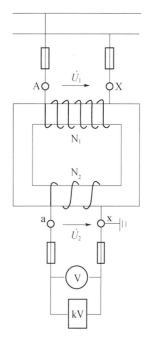

图 2-10　电压互感器原理接线

电压互感器一、二次绕组的额定电压 U_{1N} 和 U_{2N} 之比称为额定变压比，用 K_{TV} 表示，近似等于一、二次绕组的匝数比，即：

$$K_{TV} = \frac{U_1}{U_2} \approx \frac{U_{1N}}{U_{2N}} = \frac{N_1}{N_2} \qquad (2-2)$$

U_{1N} 和 U_{2N} 已标准化（U_{1N} 等于电网额定电压 U_{Ns} 或 $U_{Ns}/\sqrt{3}$，U_{2N} 统一为 100V 或 $100/\sqrt{3}$ V）。

（2）电压互感器的极性与接线方式

电压互感器在三相电路中常用的 4 种接线方式如图 2-11 所示。

① 单相接线。如图 2-11（a）所示，该接线方式可测量一个线电压，可供接于一个线电压之间的仪表、继电器的电压测量。

② V/V 形接线。两个单相 V/V 形接线方案如图 2-11（b）所示，该接线方式可测量 3 个线电压。供仪表、继电器接于三相三线制电路的各个线电压的测量，广泛应用于工厂变电所 6～10kV 高压配电装置中。

③ Y_0/Y_0 形接线。3 个单相 Y_0/Y_0 形接线如图 2-11（c）所示，该接线方式可测量电网的线电压。供电给要求线电压的仪表、继电器，并供电给接相电压的绝缘监视电压表。绝缘监视电压表的量程不能按相电压选择，而应按线电压选择，否则在发生单相接地时，电压表可能被烧毁。

④ $Y_0/Y_0/\triangle$（开口三角）形接线。$Y_0/Y_0/\triangle$（开口三角）形接线如图 2-11（d）所示。接成 Y_0 的二次绕组，供电给要求线电压的仪表、继电器及绝缘监视用电压表；接成开口三角形的辅助二次绕组，接电压继电器，构成零序电压过滤器。一次电压正常时，开口三角形开口两端的电压接近于零。当一次电路有一相接地时，开口三角形的两端将出现零序电压，引发电压继电器动作，发出故障信号。

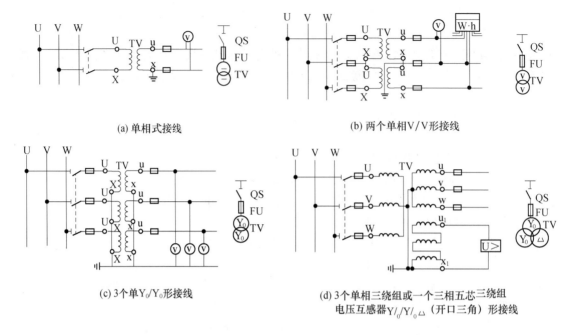

图 2-11　电压互感器的接线方式

（3）电压互感器的种类和型号

电压互感器的类型按照相数分，有单相和三相两大类，单相式可制成任意电压级，三相式的一般只有 20kV 以下电压级；按照绝缘及冷却方式来分，有油浸式、气体式（用 SF_6 绝缘）和干式（含环氧树脂浇注式），干式的只适用于 6kV 以下空气干燥的户内，油浸式的又分普通式和串级式，其中 3～35kV 均制成普通式，110kV 及以上则制成串级式；按照安装地点分户内式和户外式，户内式多为 35kV 及以下，户外式多为 35kV 以上。按照准确度级来分，有 0.2、0.5、1、3、3P、6P 等级。

电压互感器的型号含义如图 2-12 所示。

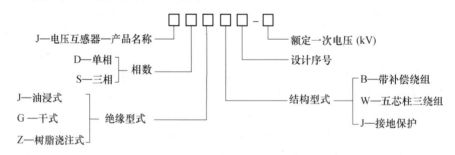

图 2-12　电压互感器的型号含义

（4）电压互感器的准确度级

电压互感器准确度级是额定频率下，在规定的一次电压（80%～100% 额定电压）和二次负荷变化范围（25%～100% 额定负荷）内，功率因数为 0.8（滞后）时，最大电压误差的百分数。电压互感器的二次绕组准确度级规定为 0.1、0.2、0.5、1、3 等 5 个级别，通常测量仪器用电压互感器应具有 0.5 或 1 级的准确度级，瓦时计则要求 0.5 级的准确度级。3 级的仪用互感器只能用来供给一些驱动机构的线圈或不重要的测量场合。继电保护用电压互感器的准确度级有 3P 和 6P 两种，用于小电流接地系统电压互感器的零序绕组准确度级为 6P 级。

（5）电压互感器的使用注意事项

① 电压互感器在工作时二次侧绝对不允许短路。由于电压互感器一次、二次绕组都是在并联状态下工作的，若二次侧短路，将感应出很大的电流，有可能把互感器烧毁，甚至影响一次电路的运行安全。因此，电压互感器一次、二次侧都必须装设熔断器。一般 3～15kV 电压互感器经隔离开关和熔断器接入高压电网；在 110kV 及以上配电装置中，考虑到互感器及配电装置可靠性较高，

二维码 2-6 拓展阅读
电压互感器的准确度级

且高压熔断器制造比较困难，价格昂贵，因此，电压互感器只经过隔离开关与电网连接；在 380～500V 低压配电装置中，电压互感器可以直接经熔断器与电网连接，而不用隔离开关。

② 电压互感器的二次侧必须有一端接地，防止一、二次绕组的绝缘击穿造成一次侧的高压窜入二次回路危及设备及人身安全，通常将公共端接地。

③ 电压互感器在连接时也必须注意极性。

3. 电子式电压电流互感器

随着计算机技术和电力设备二次系统测量、保护装置的数字化发展，电力系统对测量、保护、控制和数据传输智能化、自动化及电网安全、可靠和高质量运行的要求越来越高，具有测量、保护、监控、传输等组合功能的智能化、小型化、模块化、机电一体化电力设备，对电网安全、可靠和高质量运行具有重要意义。传统的电磁式电流电压互感器难以直接完成计算机技术对电流电压完整信息进行数字化处理的要求，难以实现电网对电量参数变化的在线监测，阻碍了电力系统自动化向更高水平发展，因此，寻求一种能与数字化网络配套使用的新型电压电流互感器成为电网安全高效运行的迫切需要。

电子式电压电流互感器，二次输出为小电压信号，无须二次转换，可方便地与数字式仪表、微机保护控制设备接口，实现计量、控制、测量、保护和数据传输的功能，且消除了传统电磁式电压互感器二次短路、电流互感器二次开路给电力设备和人员带来安全隐患的不足。作为传统电磁式互感器理想的换代产品，电子式互感器可广泛用于中压领域电力监测、控制、计量、保护系统、工矿企业、高层建筑、变配电等场所，能有效降低变电站（配电所）的建设成本和运行维护成本，提高电网运行质量、安全可靠性和自动化水平，因其几乎不消耗能量、无铁芯（或仅含小铁芯）且减少了许多有害物质的使用而使其成为节能和环保产品。电子式电压电流互感器在发达国家已被广泛采用，国内也有越来越多的产品投入使用。

电子式电压互感器采用电阻分压原理。互感器由高压臂电阻、低压臂电阻、屏蔽电极、过电压保护装置组成。通过分压器将一次电压转换成与一次电压和相位成比例的小电压信号。采用屏蔽电极的方法改善电场分布状况和杂散电容的影响，在二次输出端并联一个过电压保护装置，防止在二次输出端开路时将二次侧电压提高。也可采用电容（阻容）分压的原理制作电子式电压互感器。

二维码 2-7 拓展阅读
电子式电压互感器工作原理

电子式电流互感器采用罗哥夫斯基（Rogowski）线圈和轻载线圈的基本原理。Rogowski 线圈由于采用非磁性的骨架，不存在磁饱和现象。一次电流通过 Rogowski 线圈得到了与一次电流的时间微分成比例的二次电压，将该二次电压进行积分处理，获得与一次电流成比

例的电压信号，通过微处理器将该信号进行变换、处理，即可将一次电流信息变成模拟量和数字量输出。轻载线圈由一次绕组、小铁芯和损耗最小化的二次绕组组成。二次绕组上连接着分流电阻，二次电流在分流电阻两端的电压降与一次电流成比例，使得电子式电流互感器比传统的电磁式电流互感器拥有更大的电流测量范围。

二维码 2-8 拓展阅读
电子式电流互感器
工作原理

与传统电磁式互感器相比，电子式电压电流互感器具有以下优点。

① 集测量和保护于一身，能快速、完整、准确地将一次信息传送给计算机进行数据处理或与数字化仪表等测量、保护装置相连接，实现计量、测量、保护、控制、状态监测。

② 不含铁芯（或含小铁芯），不会饱和，电流互感器二次开路时不会产生高电压，电压互感器二次短路时不会产生大电流，也不会产生铁磁谐振，保证了人身及设备的安全。

③ 二次输出为小电压信号，可方便地与数字式仪表、微机测控保护设备接口，无须进行二次转换（将 5A、1A 或 100V 转换为毫伏级的小电压），简化了系统结构，减少了误差源，提高了整个系统的稳定性和准确度。

④ 频响范围宽、测量范围大、线性度好，在有效量程内，电流互感器准确度级达到 0.2S/5P 级，仅需 2～3 个规格就可以覆盖电流互感器 20～5000A 的全部量程，电压互感器测量准确度级可达到 0.2/3P 级。

⑤ 电压互感器可同时作为带电显示装置实现一次电压数字化在线监测，并可作为支持绝缘子使用。

⑥ 体积小、质量轻，能有效地节省空间，功耗极小，节电效果十分显著，且具有环保产品的特征。

⑦ 安装使用简单方便，运行无须维护，使用寿命大于 30 年。

七、高压开关柜

高压开关柜是一种高压成套设备，按一定的线路方案将有关一次和二次设备组装在柜内，从而可以节约空间、方便安装、可靠供电、美化环境。

高压开关柜按照结构形式分为固定式、移开式两大类。固定式开关柜中，GG-1A 型已基本淘汰，新产品有 LGN、XGN 系列箱型固定式金属封闭开关柜。移开式开关柜主要新产品有 JYN、KYN 系列等，移开式开关柜中没有隔离开关，因为断路器在移开后能形成断点，故不需要隔离开关。按照功能划分，主要有馈线柜、电压互感器柜、高压电容器柜（GR-1 型）、电能计量柜（PJ 系列）、高压环网柜（HXGN 型）等。表 2-1 列出了主要高压开关柜的型号及符号含义。

表 2-1　主要高压开关柜的型号及符号含义

型号	型号含义
JYN2-10，35	J—间隔式金属封闭；Y—移开式；N—户内；2—设计序号；10，35—额定电压（kV）
GFC-7B（F）	G—固定式；F—封闭式；C—手车式；7B—设计序号；（F）—防误型
KYN□-10，35	K—金属铠装；Y—移开式；N—户内；□—内填设计序号；10，35—额定电压（kV）
KGN-10	K—金属铠装；G—固定式；N—户内；10—额定电压（kV）
XGN2-10	X—箱形开关柜；G—固定式；N—户内；2—设计序号；10—额定电压（kV）

续表

型号	型号含义
HXGN□-12Z	H—环网柜；X—箱形开关柜；G—固定式；N—户内；□—内填设计序号；12—表示最高工作电压为12kV；Z—带真空负荷开关
GR-1	G—高压固定式开关柜；R—电容器；1—设计序号
PJ1	PJ—电能计量柜；1—（整体式）仪表安装方式

高压开关柜在结构设计上具有"五防"措施，即防止误跳（合）断路器、防止带负荷拉（合）隔离开关、防止带电挂地线、防止带地线合隔离开关及防止人员误入带电间隔。

下面介绍两种常见的高压开关柜。

1. KYN系列高压移开式开关柜

KYN系列金属铠装移开式开关柜是消化吸收国内外先进技术，根据国内特点自行设计研制的新一代开关设备。KYN-10型开关柜由前柜、后柜、继电仪表室、泄压装置4个部分组成，这4个部分均为独立组装后栓接而成，开关柜被分隔成手车室、母线室、电缆室、继电仪表室。

2. XGN2-10箱型高压固定式开关柜

XGN2-10箱型固定式金属封闭开关柜是一种新型产品，采用ZN28A-10系列真空断路器，隔离开关采用GN30-10型旋转式隔离开关，技术性能高，设计新颖。柜内仪表室、母线室、断路器室、电缆室分隔封闭，结构更加合理，安全可靠性高，运行操作及检修维护方便。在柜与柜之间加装了母线隔离套管，避免了一柜故障波及邻柜。

第四节　低压电气设备

低压电器通常指工作在交流额定电压1200V、直流额定电压1500V及以下电路中的电气设备。低压电器广泛用于发电、输电、配电场所及电气传动和自动控制设备中，在电路中起通断、保护、控制或调节作用。

低压开关是低压电器的一部分，通常用来接通和分断1000V以下的交流、直流电路。低压开关多采用在空气中借拉长电弧或利用灭弧栅将电弧截为短弧的原理灭弧。

二维码2-9　拓展阅读
低压电气和低压电器

一、低压断路器

低压断路器又称自动空气开关（简称自动开关），是低压开关中性能最完善的开关，不仅可以对电路进行正常的分合操作，接通和切断正常负荷电流及过负荷电流，而且可以起保护电路的作用。当电路有短路、过负荷或电压严重降低时，能自动切断电路，因此，常用作低压大功率电路的主控电器。低压断路器主要作为短路保护电器，不适于进行频繁操作。

二维码2-10　拓展阅读
非选择型断路器、选择型断路器和智能型断路器

1. 低压断路器的种类

低压断路器的种类繁多。按照其结构型式可分为框架式、塑料外壳式两大类。框架式断路器主要用作低压进线柜的保护电器，塑料外壳式断路器可用作配电网的保护开关、电动机、照明电路及电热电路的控制开关等；按

照电源种类可分为交流和直流；按照灭弧介质分为空气断路器和真空断路器；按照操作方式分为手动操作、电磁铁操作和电动机储能操作；按照保护性能分为非选择型断路器、选择型断路器和智能型断路器等。

2. 低压断路器的结构

低压断路器的结构比较复杂，由触头系统、灭弧装置、操动机构和保护装置等组成。

1）触头系统

低压断路器有主触头和灭弧触头，电流大的断路器还有辅助触头，这 3 种触头都并联在电路中。正常工作时，主触头用于通过工作电流；灭弧触头用于开断电路时熄灭电弧，以保护触头；辅助触头与主触头同时动作。

2）灭弧装置

框架式断路器的灭弧装置多数为栅片式，为提高耐弧能力，采用由三聚氰胺耐弧塑料压制的灭弧罩，在两壁装有防止相间飞弧绝缘隔板。

塑料外壳式断路器的灭弧装置与框架式断路器基本相同，由于钢板纸耐高温且在电弧作用下能产生气体吹弧，故灭弧室壁大多采用钢板纸做成，还通过在顶端的多孔绝缘封板或钢丝网来吸收电弧能量，以缩小飞弧距离。

3）操动机构

操动机构包括传动机构和自由脱扣机构两大部分。

（1）传动机构

按断路器操作方式不同可分为：手动传动、杠杆传动、电磁铁传动、电动机传动。

按闭合方式可分为：贮能闭合和非贮能闭合。

（2）自由脱扣机构

自由脱扣机构的功能是实现传动机构和触头系统之间的联系。当线路需要分闸操作或者出现短路、过载、欠压等各种故障时，通过传动机构推动自由脱扣机构使相应保护装置动作，触头系统断开从而使得断路器分闸，起到相应的保护作用。

4）保护装置

低压断路器的保护装置由各种脱扣器来实现。脱扣器是用来接收操作命令或电路非正常情况时的信号，以机械运动或触发电路的方法使脱扣机构动作的部件。

低压断路器的脱扣器有电磁式电流脱扣器、失压脱扣器、分励脱扣器、热脱扣器和半导体脱扣器等类型。

不是任何低压断路器都装设有以上各种脱扣器，用户应根据电路控制和保护的需要，在订货时向制造厂提出所选用的脱扣器种类。

3. 低压断路器的主要技术参数

低压断路器的主要技术参数有额定电流、额定工作电压、使用类别、安装类别、额定频率（或直流）、额定短路分断能力、额定极限短路分断能力、额定短时耐受电流和相应的延时、外壳防护等级、额定短路接通能力、额定绝缘电压、过电流脱扣器的整定值，以及合闸装置的额定电压和频率、分励脱扣器和欠电压脱扣器的额定电压和额定频率等。

低压断路器的额定电流有两个值：一个是它的额定持续工作电流，也就是过电流；另一个是断路器壳架等级额定电流，这是该断路器中所能装设的最大过电流脱扣器的额定电流，该电流在型号中表示出来。

由于低压断路器是低压电路中主要的短路保护电器，因此，它的短路分断能力和短路接通能力是衡量其性能的重要参数。

4. 低压断路器的典型结构

（1）框架式断路器

框架式断路器又称万能式断路器，为敞开式机构。它所有的部件，如触头和脱扣器都敞开地安装在一个绝缘或金属框架上，结构较复杂，尺寸较大，额定电流和断流能力较大，保护方案和操作方式较多，功能齐全，便于维修。

我国生产的框架式断路器的主要产品有 DW10、DW12、DW15、DW16 等系列。DW10 系列框架式断路器，额定电流为 200～600A 的采用塑料压制框架，额定电流为 1000～4000A 的采用金属框架。

（2）塑壳式断路器

塑壳式断路器又称装置式断路器，为封闭式机构。它除操作手柄和板前接线端子露出外，其余部分均装在一个封闭的塑料壳体内，外观整洁；在断路器正面不可能出现带电部分，使用很安全，其额定电流较小。

ME、DW914（AH）、AE-S、3WE 等系列框架式自动开关，分别为引进 AEC 公司技术、日本寺崎电气公司技术、日本三菱电机公司零件、德国西门子公司技术的产品；S060、C45N、TH、TO、TS、TG、TL、3VE、H 等系列塑壳式自动开关，分别为引进德国技术、法国梅兰日兰公司技术、日本寺崎电气公司技术（TH、TO、TS、TG、TL）、德国西门子公司技术、美国西屋电气技术的产品。

随着电子技术的发展，低压断路器正在向智能化方向发展。例如，用电子脱扣器取代原机电式保护器件，使开关本身具有测量、显示、保护、通信的功能。智能型低压断路器充分应用了计算机控制技术，不仅提高了保护精度，而且使得配电系统更可靠、更安全、更准确。同时能实时浏览和记录电网运行参数，为电力负荷分析提供翔实的数据基础，在现代电力系统中得到越来越广泛的应用。

低压断路器的型号含义如图 2-13 所示。

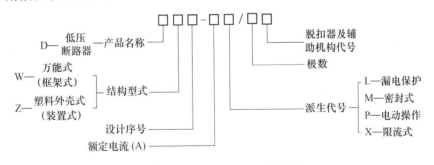

图 2-13　低压断路器的型号含义

二、低压熔断器

低压熔断器主要用来保护电气设备和配电线路免受过载电流和短路的损害。

1. 低压熔断器的结构

低压熔断器主要由熔管、熔体构成，一些熔断器还填充一些石英砂等填充料用来熄灭电弧。熔断器的保护作用是靠熔体来完成的。熔体是由低熔点的铅锡合金或其他材料制成的，一定的熔体只能承受一定值的电流（额定值）。当通过的电流超过此额定值时，熔体将熔断，从而起到保护作用。熔体熔断所需的时间与电流的大小有关，这种关系通常用熔体熔化的电流与熔化时间之间的安秒特性曲线描述。

通常当通过的电流小于熔体额定电流的 1.25 倍时，熔体是不会熔断的，可以长期运行。若通过的电流大于熔体额定电流的 1.25 倍，则熔体被熔断。倍数越大，越容易熔断，即熔断时间越短。

当负载发生短路时，有很大的短路电流通过熔断器，熔体很快熔断，迅速断开，从而有效地保护未发生故障的线路与设备。熔断器通常主要起短路作用，而对于过载一般不能准确保护。

2. 低压熔断器的分类

按照熔断器的分断范围，国标中把熔断器分为 g 类和 a 类。g 类为全范围分断，在规定条件下，连续承载电流不低于其额定电流，并能够分断最小熔化电流至额定分断能力之间的各种电流。a 类为部分范围分断，在规定条件下，连续承载电流不低于其额定电流并能够分断 4 倍额定电流至额定分断能力之间的各种电流。

按照使用类别，熔断器又可以分为 G 类和 M 类。G 类为一般用途，适合包括电缆在内的各种负荷；M 类为电动机电路的熔断器。以上两类可以有不同的组合，如 Gg 等。

常见的国产低压熔断器有：NT（RT16）型、RT17 型、RT12 和 RT15 系列熔断器。NT（RT16）型和 RT17 型两种产品均可在电压为 660V 及以下、最大电流为 1000A 的电力系统或配电电路中使用。NT 系列熔断器的额定分断能力在 500V 及以下时为 120kA，660V 时为 100kA。两种熔断器均属有填料熔断器。

RT12 型和 RT15 型系列熔断器也是有填料封闭管式结构，用于 500V 及以下交流环境中对过载和短路进行保护。RT12 的最大额定电流为 100A，额定分断能力为 100kA；RT15 的最大额定电流 400A，额定分断能力为 100kA。

低压熔断器的型号含义如图 2-14 所示。

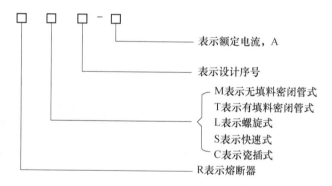

图 2-14　低压熔断器的型号含义

3. 低压熔断器的主要技术参数

① 额定电压。熔断器可以长期正常工作的最高电压值。一般为交流 220V、230V、240V、380V、400V、415V、660V 等，直流 110V、115V、220V、230V、250V、440V、800V、1000V 等。

② 额定电流。熔断器的额定电流一般指的是熔体的额定电流，标准规定的熔体额定电流从 2～1250A，共 26 个级次。

③ 熔断特性。描述在一定的电流下熔断器熔断所需要的时间。时间与电流的平方成反比。

④ 额定分断能力。额定分断能力是指熔断器在很短的时间内分断相当大的故障电流的能力。一般而言，熔断器的分断能力在 50kA 以上，高至 100kA 左右。对应的情况下，分断时间通常为几个毫秒。

⑤ 限流作用和截流作用。熔断器的动作非常迅速。在短路电流达到其峰值之前切断电路，使电路上的实际电流小于预期计算电流。熔断器在限流过程中实际流经本身的电流最高值叫作截断电流。由于熔断器的存在，线路中实际可能出现的最大的短路电流只有预期短路电流峰值的 20% 左右。

⑥ 过电流选择比。过电流选择比是指上、下级熔断器之间满足选择性配合要求的额定电流的最小比值。标准规定，当弧前时间大于 0.02s 时，两级熔断器额定电流比值为 1.6∶1 的情况下，即可认为其过电流选择比满足要求，即在规定范围内出现过电流时，指定的熔断器动作，而其他的熔断器不动作。

三、漏电保护器

漏电保护器是漏电电流动作保护器的简称，主要用来对有致命危险的人身触电进行保护，以及防止因电气设备或线路漏电而引起的火灾事故。

1. 漏电保护器的工作原理

漏电保护器是在规定条件下，当漏电电流达到或超过给定值时能自动断开电路的机械开关电器或组合电器。现在生产的漏电保护器都属于电流动作型，以单相漏电保护器为例说明其工作原理，如图 2-15 所示。

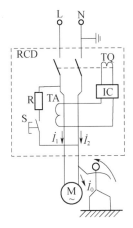

图 2-15　漏电保护器的工作原理

RCD—漏电保护器；TQ—漏电脱扣器；IC—电子放大器；

TA—零序电流互感器；S—试验按钮；R—电阻；M—电动机或其他负荷

在电气设备正常运行时，各相线路上的电流矢量和为零。当线路或电气设备绝缘损坏而发生漏电、接地故障或人触及外壳带电的设备时，则有漏电电流通过地线或人体及大地而流向电源，此时线路上的电流相量和 $\dot{I}_1 + \dot{I}_2 = \dot{I}_0$。$\dot{I}_0$ 经高灵敏零序电流互感器检出，并在其二次回路感应出电压信号，经过放大器放大。当漏电流达到或超过给定值时，漏电脱扣器立即动作，切断电源，从而起到了漏电保护作用。

漏电保护器用来对有致命危险的人身触电进行保护，因此，是一种对安全性和可靠性要求很高的低压电器产品。

2. 漏电保护器的分类

漏电保护器按照其脱扣器种类可分为电磁式和电子式两种。电磁式漏电保护器是由互感器检测到的信号直接推动高灵敏度的释放式漏电脱扣器，使漏电保护器动作；电子式漏电保护器则是互感器检测到的信号通过放大器放大后，触发晶闸管或导通晶体管开关电路，接通漏电脱扣器绕组而使漏电保护器动作。电磁式不需要辅助电源，不受电源电压的影响，抗干扰能力强，但是漏电脱扣器结构较复杂，加工制造精度要求高，制成高灵敏度及大容量产品较困难；电子式灵敏度高，制造技术比电磁式简单，可以制成大容量产品，但电子式漏电保护器需要辅助电源，抗干扰能力不如电磁式漏电保护器。

二维码 2-11　拓展阅读　触电

漏电保护器按照其所具有的保护功能和结构特征，大体可以分为以下几种：

① 漏电开关。漏电开关是由零序电流互感器、漏电脱扣器和主开关组装在绝缘外壳中，具有漏电保护及手动通断电路的功能。

② 漏电断路器。漏电断路器具有漏电保护及过载保护功能，某些产品就是在断路器的基础上，加上漏电保护部分而构成的。

③ 漏电继电器。漏电继电器由零序电流互感器和继电器组成。只具备检测和判断功能，由继电器节点发出信号，控制断路器分闸或控制信号元件发出声光信号。

④ 漏电保护插座。漏电保护插座是由漏电断路器或漏电开关与插座组合而成的。在一般插座回路较易引起触电事故，而这种插座使插座回路具备触电保护功能。

3. 漏电保护器的正确接线方式

漏电保护器在 TN 及 TT 系统中的各种接线方式如图 2-16 所示。安装时必须严格区分中性线（N）和保护线（PE）。漏电保护器的中性线，不管其负荷侧中性线是否使用都应将

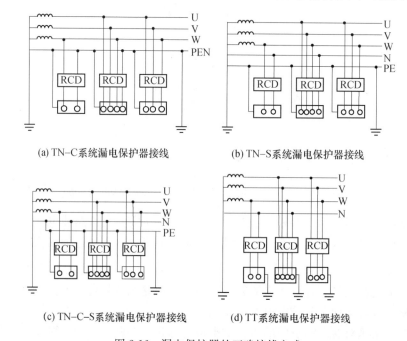

(a) TN–C系统漏电保护器接线　　　(b) TN–S系统漏电保护器接线

(c) TN–C–S系统漏电保护器接线　　(d) TT系统漏电保护器接线

图 2-16　漏电保护器的正确接线方式

电源中性线接入保护器的输入端。经过漏电保护器的中性线不得作为保护线，不得重复接地或接设备外露可导电部分，保护线不得接入漏电保护器。

四、双电源自动转换开关

双电源自动转换开关（Automatic Transfer Switching Equipment，ATSE），由一个（或几个）转换开关电器和其他必需的电器（转换控制器）组成，用于监测电源电路并将一个或几个负载电路从一个电源转换至另一个电源。作为消防负荷和其他重要负荷的末端互投装置，可实现当一路电源发生故障时，自动完成常用电源与备用电源的切换，而无须人工操作，以保证重要用户供电的可靠性。ATSE 在工程中得到了广泛的应用，是重要负荷供电系统中一个不可缺少的重要环节。

ATSE 在我国经历了 4 个发展阶段，即两接触器型转换开关、两断路器式转换开关、励磁式专用转换开关和电动式专用转换开关。两接触器型转换开关为第一代，是我国最早生产的双电源转换开关，它是由两台接触器搭接而成的简易电源，这种装置因机械联锁不可靠、耗电大等缺点，在工程中越来越少采用。两断路器式转换开关为第二代，也就是我国国家标准和 IEC 标准中所提到的 CB 级 ATSE，它是由两断路器改造而成，另配机械联锁装

二维码 2-12　拓展阅读
CB 级 ATSE 和
PC 级 ATSE

置，具有短路或过电流保护功能，但是机械联锁不可靠。励磁式专用转换开关为第三代，它是由励磁式接触器外加控制器构成的一个整体装置，机械联锁可靠，转换由电磁线圈产生吸引力来驱动开关，速度快。电动式专用转换开关为第四代，是 PC 级 ATSE，其主体为负荷隔离开关，为机电一体式开关电器，转换由电机驱动，转换平稳且速度快，并且具有过零位功能，不带短路和过电流保护功能。

ATSE 不应带短路和过电流保护功能。而 CB 级 ATSE 不能够满足这一点，一旦出现短路和过电流的情况，脱扣器脱扣，造成电源侧虽然有电而负载没电的情况，不能满足一、二级负荷对供电的要求。因此，PC 级 ATSE 在工程中的应用将成为主流。

思考与练习题

2-1　电弧的危害有哪些？常用电气设备的灭弧方法有哪些？

2-2　高压断路器有哪些功能？根据灭弧介质的不同分为哪几类？

2-3　高压隔离开关有哪些功能？是否能带负荷操作？

2-4　高压负荷开关有哪些功能？在采用负荷开关的电路中采用什么措施进行短路保护？

2-5　高压熔断器有哪些功能？"限流"及"非限流"式熔断器是何含义？

2-6　电流互感器、电压互感器各有哪些功能？电流互感器和电压互感器在使用时各应该注意什么？都有哪些准确度级？

2-7　高压开关柜的功能是什么？常用的高压开关柜有哪些类型？

2-8　低压断路器有哪些功能？按结构形式分为哪两大类？

2-9　低压熔断器的主要技术参数有哪些？各自的含义是什么？

2-10　漏电保护器的工作原理是什么？在 TN 系统中如何接线？

2-11　双电源自动转换开关的作用是什么？经历了哪几个发展阶段？CB 级 ATSE 和 PC 级 ATSE 的主要区别是什么？

第三章　建筑变配电所的结构布置及主接线

本章在介绍城市配电网供电区域规划的基础上，介绍了建筑变配电所型式、结构与布置，重点介绍了变配电所高、低压主接线的设计与应用，并给出了电气主接线设计实例。

知识目标：

◇ 了解城市配电网供电区域规划的主要内容及设计原则；了解建筑变配电所选址、选型及布置方案设计原则；熟悉建筑变配电所电气主接线设计要求与设计原则；掌握常见高低、压主接线的特点及适用范围；掌握民用建筑变配电所主接线的类型、特点及应用。

能力目标：

◇ 在理解建筑变配电所的选址、选型及电气主接线设计原则的基础上，能够结合实际工程进行建筑变配电所的选址、选型，能够进行建筑变配电所电气主接线设计；具有变配电所结构布置图和主接线图的识读能力。

素质目标：

◇ 具有国家规范、行业标准、产品及技术手册等专业资料查阅分析及应用能力；理论指导实践，认识正确设计变配电所主接线对电力系统安全运行的重要性；具有自主学习能力，在识读变配电所布置和主接线图纸的基础上，能够举一反三，融会贯通，提高设计能力。

第一节　供电区域的规划设计

一、总供电变电所的确定

1. 城市配电网结构

城市配电网（简称"城网"）是指从输电网接受了电能，再分配给城市电力用户的电力网。城市配电网分为高压配电网、中压配电网和低压配电网。城网通常是指 220kV 及以下的电网。其中 35kV、66kV、110kV、220kV 电压为高压配电网，10kV、20kV 电压为中压配电网，0.38kV 电压为低压配电网。

2. 电压等级

城网的标称电压应符合国家电压标准。城网选用电压等级时，应简化变压层级，尽量避免重复降压，其中最高一级的电压，应考虑城市电网发展现状，根据城网远期规划和城网与外部电网的连接方式确定。

我国地域辽阔，城市数量多，城市性质、规模差异大，城市用电量和城网与区域电网连接的电压等级（即城网最高一级电压）也不尽相同。城市规模大，用电需求量也大，城网与区域电网连接的电压也就高。目前，我国一般大、中城市城网的最高一级电压多为 220kV，次一级电压为 110（66、35）kV。小城市或建制镇电网的最高一级电压多为 110（66、35）kV，次一级电压则为 10kV。近年来，一些特大城市（如北京、上海、天津等）城网最高一级电压已为 500kV，次一级电压为 220kV。

由于 500kV、220kV 电源变电站具有超高压、强电流、大容量供电的特点,对城市环境、安全消防都有较严格的要求,加之在用地十分紧张的市中心地区建设户内式或地下式 500(220)kV 电源变电站地价高、一次投资大,所以,对一个城市是否需要在市中心地区规划布置 500(220)kV 电源变电站,需根据我国现阶段的国情、国力,经技术经济比较和充分论证后合理确定。

3. 城网变电所

(1)所址选择

城网变电所的所址应符合下列基本要求:

① 应与城市总体规划用地布局相协调;

② 应靠近负荷中心,便于进出线,交通运输方便;

③ 应减少对军事设施、通信设施、飞机场、领(导)航台、国家重点风景名胜区等设施的影响;

④ 应避开易燃、易爆危险源和大气严重污秽区及严重盐雾区;

⑤ 220~500kV 变电站的地面标高,宜高于 100 年一遇洪水位;35~110kV 变电站的地面标高,宜高于 50 年一遇洪水位;

⑥ 应选择良好地质条件的地段。

(2)类型

① 在市区边缘或郊区,可采用布置紧凑、占地较少的全户外式或半户外式;

② 在市区内宜采用全户内式或半户外式;

③ 在市中心地区可在充分论证的前提下结合绿地或广场建设全地下式或半地下式;

④ 在大、中城市的超高层公共建筑群区、中心商务区及繁华、金融商贸街区,宜采用小型户内式;可建设附建式或地下变电站。

(3)主变压器

城网变电所主变压器安装台(组)数宜为 2~4 台(组),单台(组)主变压器容量应标准化、系列化,可查阅相关规范。在同一变电所中同一级电压的主变压器宜采用相同规格,主变压器各级电压绕组的接线组别必须保证与电网相位一致。主变压器的外形结构、冷却方式及安装位置应充分考虑通风、散热与噪声问题。为节约能源及减少散热困难,主变压器应选用低损耗型。

(4)配电设备

市区变电所应优先选用定型生产的成套高压配电装置,并推广采用经过试运行考验及国家鉴定合格的新设备,如 SF_6 全封闭组合电器、敞开式 SF_6 断路器、真空断路器、氧化锌避雷器、干式变压器、小型大容量蓄电池、大容量电容器等。

城网应根据运行需要装设必要的自动装置,如重合闸、备用电源自动投入、低频减载自动解列等,以提高供电可靠性,防止发生大面积停电或对重要负荷长时间中断供电的事故等。

(5)防火要求

市区变电所变压器室的耐火等级应为一级,配电装置室、电容器室及电缆转换层应为二级。变电所邻近有建筑物且不能满足防火间距时,应采取有效的消防措施并取得消防部门同意。市区变电所变压器室应装设可由外部手动或自动控制的灭火装置。电缆转换层和隧道中应有防火措施。

二、开闭所的设立

为解决高压变电所、中压配电所出线开关柜数量不足、出线走廊受限，减少相同路径的电缆条数，增强配电网的运行灵活性，提高供电可靠性，建设开闭所。开闭所应配合城市规划和市政工程同时建设，作为市政建设的配套工程。

开闭所可以结合配电站建设，以节省占地、减少投资、提高供电可靠性，亦可单独建设。开闭所的接线力求简化，一般采用单母线分段，2～3路进线，8～18路出线。开闭所应按无人值班及逐步实现综合自动化的要求设计或留有发展余地。

为保证各类终端负荷供电电压质量、经济运行、节省电能，根据小容量、适度布点的原则，建设地区公用配电室。配电室可选用负荷开关-熔断器组合电器。配电变压器安装台数宜为两台，单台配电变压器容量不宜超过 1000kV·A。建设初期按设计负荷选装变压器，低压为单母线分段，可装设低压母联断路器并装设自动无功补偿装置。

在负荷密度较高的市中心地区，住宅小区、高层楼群、旅游网点和对市容有特殊要求的街区及分散的大用电户，规划新建的配电室宜采用户内型结构。

当城市用地紧张、现有配电室无法扩容且选址困难时，可采用箱式变电站，且单台变压器容量不宜超过 630kV·A。

开闭所、变电站的选址应考虑到设备运输方便，并留有消防通道，设计时应满足防火、通风、防潮、防尘、防毒、防小动物和防噪声等各项要求。

三、城网电力线路

城网电力线路分为架空线路和地下电缆线路两类。

1. 架空线路

① 城网架空电力线路的路径选择，应符合下列规定：

a. 应根据城市地形、地貌特点和城市道路网规划，沿道路、河渠、绿化带架设，路径应短捷、顺直，减少同道路、河流、铁路等交叉，并应避免跨越建筑物；

b. 35kV 及以上高压架空电力线路应规划专用通道，并应加以保护；

c. 规划新建的 35kV 及以上高压架空电力线路，不宜穿越市中心地区、重要风景名胜区或中心景观区；

d. 宜避开空气严重污秽区或有爆炸危险品的建筑物、堆场、仓库；

e. 应满足防洪、抗震要求。

② 市区内高压架空电力线路宜采用占地较少的窄基杆塔和多回路同杆架设的紧凑型线路结构，多路杆塔宜安排在同一走廊。

③ 高压架空电力线路与邻近通信设施的防护间距，应符合现行国家标准《架空电力线路与调幅广播收音台的防护间距》（GB 7495）的有关规定。

④ 高压架空电力线路导线与建筑物之间的最小垂直距离、导线与建筑物之间的水平距离、导线与地面间的最小垂直距离、导线与街道行道树之间的最小垂直距离应符合现行国家标准《66kV 及以下架空电力线路设计规范》（GB 50061）、《110kV～750kV 架空输电线路设计规范》（GB 50545）、《1000kV 架空输电线路设计规范》（GB 50665）的有关规定。

2. 电缆线路

电缆线路是城网的重要组成部分。城市电力线路电缆化是当今世界发展的必然趋势，地下电缆线路运行安全可靠性高，受外力破坏可能性小，不受大气条件等因素的影响，还可美化城市，具有许多架空线路替代不了的优点。

许多发达国家的城市电网一直按电缆化的要求进行规划和建设。例如，美国纽约有80％以上的电力线路采用地下电缆，日本东京使用地下电缆也很广泛，尤其是城市中心地区。从国内实践来看，许多城市已向10kV配电全面实现电缆化的方向发展，城市道路网是城网的依托，城市主、次干道均应留有电缆敷设的位置，有些干道还应留有电缆隧道位置。

① 规划新建的35kV及以上电力线路，在下列情况下，宜采用地下电缆线路：

a. 在市中心地区、高层建筑群区、市区主干路、人口密集区、繁华街道等；

b. 重要风景名胜区的核心区和对架空导线有严重腐蚀性的地区；

c. 走廊狭窄，架空线路难以通过的地区；

d. 电网结构或运行安全的特殊需要线路；

e. 沿海地区易受热带风暴侵袭的主要城市的重要供电区域。

② 城区中、低压配电线路应纳入城市地下管线统筹规划，其空间位置和走向应满足配电网需求。

③ 城市地下电缆线路路径和敷设方式的选择，除应符合现行国家标准《电力工程电缆设计规范》（GB 50217）的有关规定外，尚应根据道路网规划，与道路走向相结合，并应保证地下电缆线路与城市其他市政公用工程管线间的安全距离，同时电缆通道的宽度和深度应满足电网发展需求。

电缆敷设方式应根据电压等级、最终数量、施工条件及初期投资等因素确定。可按不同的情况采取直埋敷设、沟槽敷设、排管敷设、隧道敷设、架空及桥梁构架敷设、水下敷设等多种方式。直埋敷设是最经济简便的敷设方法，应优先采用。

四、高压供电系统的接线方式

变配电所的一次侧电压一般都为10kV及以上电压等级，相对于380/220V的低压配电系统，称为高压供电系统。高压供电系统的接线方式主要有以下几种：

① 放射式线路，如图3-1所示。这种接线方式可靠性高，继电保护整定等易于实现。缺点是开关设备多，投资大。适于供电给较重要的和容量较大的负荷，只限于两级以内。

② 树干式线路，如图3-2所示。特点是出线少，开关设备和导线耗用少，投资省。缺点是可靠性低。适于负荷容量较小、不重要的用电负荷。干线连接变压器不超过5台，总安装容量不大于3000kV·A。

③ 环网线路，如图3-3所示。优点是可靠性高（相对于树干式），但继电保护比较复杂，整定配合也较困难。一般采用"开环运行"，开环点宜为电压差最小的点。环形线路载流量按所接的全部变压器容量计算，有色金属消耗量大。单电源环形只适于允许停电半小时以内的二级负荷。双电源环形可用于一、二级负荷，但可靠性低于放射式。通常采用有高压负荷开关的高压环形柜组成，特适于城市电网。

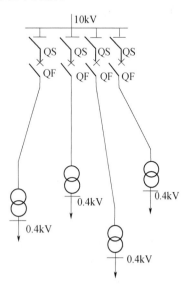

图 3-1　高压放射式接线

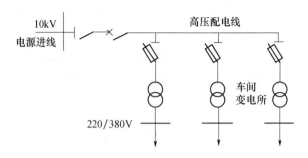

图 3-2　高压树干式接线

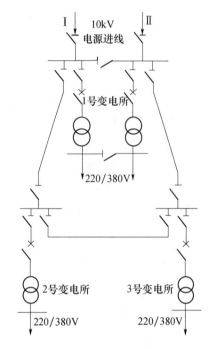

图 3-3　高压环网式接线

第二节　建筑变配电所的型式、结构及布置

一、变配电所所址的选择

变电所的所址应根据下列要求，经技术经济等因素综合分析和比较后确定。

1. 变配电所所址选择的基本原则

① 宜深入或靠近负荷中心，接近电源侧。

② 应方便进出线。

③ 应方便设备运输和吊装。

④ 不应设在有剧烈振动或高温的场所。

⑤ 不宜设在多尘、水雾或有腐蚀性气体的场所，如无法远离时，不应设在污染源盛行风向的下风侧，或应采取有效的防护措施。

⑥ 不应设在厕所、浴室、厨房或其他经常积水场所的正下方，也不宜设在与上述场所

相贴邻的地方，当贴邻时，相邻的隔墙应做无渗漏、无结露的防水处理。

⑦ 不应设置在地势低洼和可能积水的场所。

⑧ 不宜设在对防电磁干扰有较高要求的设备机房的正上方、正下方或与其贴邻的场所，当需要设在上述场所时，应采取防电磁干扰的措施。

⑨ 当与有爆炸或火灾危险的建筑物毗连时，变电所的所址应符合现行国家标准《爆炸危险环境电力装置设计规范》（GB 50058）的有关规定。

二维码 3-1　拓展阅读
与爆炸或火灾危险的
建筑物毗连时变电所
所址相关规定

2. 油浸变压器的车间内变电所

不应设在三、四级耐火等级的建筑物内；当设在二级耐火等级的建筑物内时，建筑物应采取局部防火措施。

3. 在多层建筑物或高层建筑物中设置的变电所

① 在多层建筑物或高层建筑物的裙房中设置的变电所不宜设置油浸变压器的变电所，当受条件限制必须设置时，应将油浸变压器的变电所设置在建筑物首层靠外墙的部位，且不得设置在人员密集场所的正上方、正下方、贴邻处及疏散出口的两旁。高层主体建筑内不应设置油浸变压器的变电所。

② 在多层或高层建筑物的地下层设置的非充油电气设备的配电所、变电所，当有多层地下层时，不应设置在最底层；当只有地下一层时，应采取抬高地面和防止雨水、消防水等积水的措施；应设置设备运输通道；应根据工作环境要求加设机械通风、去湿设备或空气调节设备。

③ 高层或超高层建筑物根据需要可以在避难层、设备层和屋顶设置配电所、变电所，但应设置设备垂直搬运及电缆敷设的措施。

④ 当变配电所的正上方、正下方为住宅、客房、办公室等场所时，变配电所应做屏蔽处理。即将建筑物钢筋混凝土构件内钢筋、金属框架、金属支撑物，以及金属屋面板、外墙板及安装龙骨支架等相互等电位联结，形成笼式格栅形屏蔽体或板式大空间屏蔽体。

4. 露天或半露天的变电所

露天或半露天的变电所，不应设置在下列场所：

① 有腐蚀性气体的场所。

② 挑檐为燃烧体或难燃体和耐火等级为四级的建筑物旁。

③ 附近有棉、粮及其他易燃、易爆物品集中的露天堆场。

④ 容易沉积可燃粉尘、可燃纤维、灰尘或导电尘埃且会严重影响变压器安全运行的场所。

变电所所址的选择除应符合《35kV～110kV 变电站设计规范》（GB 50059—2011）和《20kV 及以下变电所设计规范》（GB 50053—2013）外，还应根据工程具体情况，相应符合《民用建筑设计统一标准》（GB 50352—2019）、《爆炸危险环境电力装置设计规范》（GB 50058—2014）和《建筑设计防火规范》（GB 50016—2014）（2018 年版）的有关规定。

二维码 3-2　拓展阅读
变电所所址选择
几种规范条文对比

5. 供配电系统节能对变配电所所址的要求

变配电所宜设在负荷中心或大功率的用电设备处，缩短供电半径，并应符合下列规定：

① 应合理确定配电系统的电压等级，减少变压级数，用户用电负荷容量大于 250kW

时，宜采用高压供电。

② 负荷中心应按下式计算：

$$(x_{\mathrm{b}}, y_{\mathrm{b}}, z_{\mathrm{b}}) = \frac{\sum_{i=1}^{n}(x_i, y_i, z_i) \cdot EAC_i}{\sum_{i=1}^{n} EAC_i} \tag{3-1}$$

式中，（x_{b}，y_{b}，z_{b}）为负荷中心坐标；（x_i，y_i，z_i）为各用电设备的坐标；EAC_i 为各用电设备估算的年电能消耗量（kW·h）或计算负荷（kW）。

③ 当建筑物内有多个负荷中心时，应进行技术经济比较，合理设置变电所。

④ 冷水机组、冷冻水泵等容量较大的季节性负荷应采用专用变压器供电。

二维码 3-3 拓展阅读
供配电系统节能对
变配电所所址的要求

二、变配电所的型式

工业与民用建筑的变配电所大多是 20kV 变电所，一般为全户内或半户内独立式结构，开关柜放置在屋内，主变压器可放置在屋内或屋外，依据地理环境条件因地制宜。20kV 及以下变配电所按其位置分类主要有以下类型。

二维码 3-4 拓展阅读
变配电所的型式

1. 独立式变配电所

它是一个独立的建筑物，一般用于供给分散的用电负荷，有时由于周围环境的限制（如防火、防爆和防尘等），或为了建筑及管理上的需要而设置独立变电所。在大中城市的中心区或负荷区多采用。

2. 地下变配电所

设置在建筑物的地下室内，以节省用地。但通风散热条件差，湿度较大，防火等级要求较高，投资高，但相当安全，不碍观瞻。多用于某些高层建筑中，其主变压器一般采用干式变压器。

3. 附设变配电所

一面或数面与建筑物的墙共用，且变压器室的门和通风窗向建筑物外开。根据与建筑物的位置关系可分为以下几种。

① 内附式：变配电所位于建筑物内，与建筑物共用外墙，属于建筑物的一部分。可以使建筑物外观整齐，主要应用在受周围环境限制的多层建筑或一般工厂车间。

② 外附式：变配电所附设于建筑物外，与建筑物共用一面墙壁。在大型民用建筑中经常与冷冻机房、锅炉房等用电量较大的建筑物设置在一起，或设置在一般工厂的车间变电所。

③ 室内式：位于建筑物内部。在负荷较大的大型建筑，为使变电所深入负荷中心时采用，可缩短低压配电的距离，降低电能损耗和电压损失，减少有色金属消耗量，具有较好的经济技术指标。在民用建筑中经常采用建筑内变电所，但要采取相应的防火措施。

4. 户外变电所

变压器一般位于室外的电线杆塔上，或在专门的变压器台墩上，一般用于负荷分散的小城市居民区和工厂生活区以及小型工厂和矿山等。变压器容量一般在 400kV·A 及以下。

5. 箱式（预装式）变电站

将高压开关设备、配电变压器和低压配电装置，按一定接线方案排成一体的工厂预制户内、户外紧凑式配电设备，将高压受电、变压器降压、低压配电等功能有机地组合在一起，用于从中高压系统向低压系统输送电能。特别适用于城网建设与改造，具有成套性强、体积小、占地少、能深入负荷中心、提高供电质量、减小损耗、送电周期短、选址灵活、对环境适应性强、安装方便、运行安全可靠及投资少、见效快等一系列优点。广泛应用于城市公共配电、高层建筑、住宅小区、公园等，还适用于油田、工矿企业及施工场所等。

预装式变电站的进、出线宜采用电缆，高压进线侧宜采用断路器或负荷开关-熔断器组合电器，单台变压器的容量不宜大于 800kV·A。

民用建筑宜按不同业态和功能分区设置变电所，当供电负荷较大、供电半径较长时，宜分散设置；超高层建筑的变电所宜分设在地下室、裙房、避难层、设备层及屋顶层等处；高层或大型公共建筑应设室内变电所；小型分散的公共建筑群及住宅小区宜设户外预装式变电所，有条件时也可设置室内或外附式变电所。

三、高层建筑物内变电所的特殊要求

随着经济的不断发展，特别是近几年房地产的开发，供电负荷猛增，使变电站的分布越来越密，并逐渐深入市中心人口稠密区。在城区建设变电站用地紧张、站址难觅，即使能征得用地，面积也非常小，设计难度大，要求高；征地拆迁费用非常昂贵，已远远超出建设变电站的费用，致使每千伏安造价很高；市中心往往为繁华的商业用地，有着极高的商业价值，土地资源十分有限和宝贵。例如，仅建 1 座 3～4 层的变电站，则土地得不到充分利用，是一种极大的资源浪费；与周围环境协调的要求高，建筑的格调与景观和环境要融为一体；防火、防爆、防噪声的要求也特别高。在这种情况下，建筑物地下变电所与无人值守的 10kV 箱式结构变电站得到了快速发展。

1. 设计原则

高层建筑的变配电站，宜设置在地下层或首层；超高层建筑供配电系统宜按照超高层建筑内的不同功能分区及避难层划分，设置相对独立的供配电系统。变电站可设置在建筑物的地下层，但不宜设置在最底层，当地下只有一层时，尚应采取预防洪水、消防水或积水从其他渠道浸泡变电站的措施。建设地下变电站必须确定以下几点作为主要设计原则。

① 简化接线，尽量采用线路-变压器组单元接线方式，10kV 采用单母线分段接线，分段开关设备自投。变压器侧可不设开关，只设负荷开关，且负荷开关装在变压器上，成为一整套装置。当一台主变或一条线路故障时，可保证不间断供电。

② 设备选型宜小型化，以减少占地面积，使整体布置趋于紧凑合理。

③ 全站设备无油化，包括主变压器采用干式绝缘变压器。这样全站无易燃、易爆物，既能简化消防系统，又可将火灾的影响局限在地下，而不致影响到地面。

④ 简化总体布置，尽量减少挖方量，减少设备布置层数，以方便运输和安装，简化消防、通风系统，同时为将来的运行维护创造良好的条件。

二维码 3-5　拓展阅读
"四遥"

⑤ 按无人值班站考虑，设"四遥"系统。

2. 消防、通风及噪声处理

（1）消防系统

变电站常用的灭火装置有水喷雾灭火系统、固定式气体灭火系统及移动式或手提式气体灭火器等。

一般地下变电站的上部为民用高层建筑，地处繁华的商业区，所以对消防的要求特别

高。电气设备采用无油化，如变压器为 SF_6 气体绝缘，10kV 高压开关柜采用真空开关，变电站用变压器和接地变压器采用干式变压器，以及采用干式电容器等，使得全站无易燃、易爆物，相应地简化了消防系统，也提高了防火安全性。可不再设水喷雾系统和固定式灭火系统，只需在各电气设备间配备移动式或手提式 CO_2 火器，楼层走道分层设置 CO_2 气瓶，并设安全指示灯或指示牌，便于灭火时人员疏散。

站内各电气设备间、电缆层均应设置火警探测器，可采用感温感烟探头、线型感温电缆等。由于地下站环境潮湿，尚应考虑探测器的防潮功能。

控制系统应具有监视、自动、手动、远动等功能，且可将报警及控制信号通过 RTU 传输到调度中心或消防部门。

（2）通风系统

地下变电站的通风系统与地面站不同，其设备的散热通风必须依靠机械通风。主变压器是全站最大的热源，有水冷和风冷两种冷却方式。由于水冷方式的复杂性给运行维护带来的困难，一般尽量采用风冷方式。

风冷方式采用由地面绿化带自然进风，流经各设备用房，然后由排风机通过风管将室内的热空气抽至室外。主控室和 10kV 高压室可设空调。

（3）噪声处理

由于所有设备均放置在地下，而混凝土墙及楼板本身已具有良好的隔声效果，只要在进、排风口采取消声措施，就可有效地降低噪声。降低噪声的主要措施有：

① 采用低噪声轴流风机。

② 进出风井处设置厚片式消声器。

③ 进出风口处设绿化带吸声。

④ 降低风管的设计风速。

⑤ 加装吸音材料。

（4）防电磁干扰

在设计中应尽量避免选用对外界电磁干扰大的设备。在地面层设置良好的屏蔽层，采用一些屏蔽电缆，以减少柴油发电机组工作时对外界设备的电磁干扰影响。

四、室内变配电站的结构及布置方案

室内变配电站主要由变压器室、高压配电室、低压配电室、电容器室及控制室等组成。一般设计成单层建筑物，但在用地面积受到限制或布置有特殊要求的场合，也可以设计成多层建筑物，一般不宜超过两层。变配电站的布置应在高低压供电系统设计方案确定的基础上进行，并应满足以下基本要求。

① 布置紧凑合理，便于设备的操作、巡视、搬运、检修和试验，同时考虑到未来发展的可能性，留有配电装置的备用位置和低压配电装置的备用回路。

② 合理安排建筑物内各房间的相对位置，配电室的位置应便于进出线。低压配电室通常与变压器室相邻，以减少低压母线的长度。高压电容器室尽量与高压配电室相邻。控制室要便于运行人员的管理。安排各房间时，要尽量利用自然采光和自然通风。

③ 变配电所各房间经常开启的门、窗，不宜直接通向相邻的酸、碱、蒸汽、粉尘和噪声严重的场所；配电室、变压器室、电容器室的门应向外开，相邻配电室之间有门时，该门应双向开启或向低压方向开启。

④ 变压器室和电容器室尽量避免西晒，控制室尽可能朝南。

⑤ 配电室、控制室和值班室的地面，一般比室外高出 150～300mm。变压器室的地坪标高应根据通风散热的需要确定。

⑥ 有人值班的变配电所应有单独的控制室或值班室。

图 3-4 为 10/10.4kV 室内变配电所的典型布置方案。图 3-5 为建筑物底层的 10/0.4kV 变电所平面布置实例。

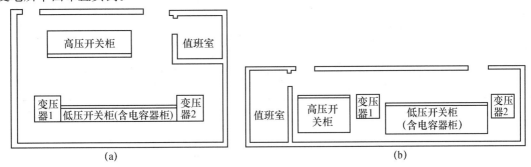

图 3-4　10/0.4kV 室内变电所典型布置方案（采用无油设备）

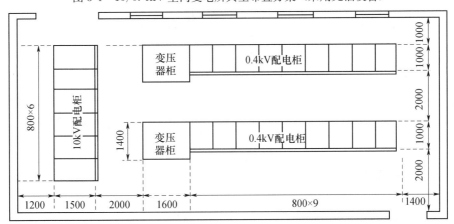

图 3-5　建筑物底层 10/0.4kV 变电所平面布置实例（单位：mm）

下面介绍室内变配电所各部位的一般布置方法。

1. 变压器室

① 变压器外廓（防护外壳）与变压器室墙壁和门的净距。变压器的最小尺寸应根据变压器外廓（防护外壳）与变压器室墙壁和门的最小允许净距来决定，不应小于表 3-1 所列数值。

表 3-1　变压器外廓（防护外壳）与变压器室墙壁和门的最小净距　单位：mm

项　　目	变压器容量	
	1000kV·A 及以下	1250kV·A 及以上
油浸变压器外廓与后壁、侧壁净距	600	800
油浸变压器外廓与门净距	800	1000（1200）
干式变压器带有 IP2X 及以上防护等级金属外壳与后壁、侧壁净距	600	800
干式变压器有金属网状遮拦与后壁、侧壁净距	600	800
干式变压器带有 IP2X 及以上防护等级金属外壳与门净距	800	1000
干式变压器有金属网状遮拦与门净距	800	1000

注：①表中各值不适用于制造厂的成套产品。②括号内的数值适用于 35kV 变压器。

② 变压器防护外壳间的净距。多台干式变压器布置在同一房间内时，变压器防护外壳间的净距不应小于表 3-2 所列数值。多台干式变压器之间的净距如图 3-6 所示。

表 3-2　变压器防护外壳间的最小净距　　　　　单位：mm

项　目	净距	变压器容量	
		1000kV·A 及以下	1250kV·A 及以上
变压器侧面具有 IP2X 防护等级及以上的金属外壳	A	600	800
变压器侧面具有 IP4X 防护等级及以上的金属外壳	A	可贴邻布置	可贴邻布置
考虑变压器外壳之间有一台变压器拉出防护外壳	B①	变压器宽度 b 加 600	变压器宽度 b 加 600
不考虑变压器外壳之间有一台变压器拉出防护外壳	B	1000	1200

①变压器外壳的门宜为可拆卸式；当变压器外壳的门为不可拆卸式时其 B 值应是门扇的宽度 c 加变压器宽度 b 之和再加 300mm。

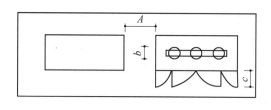 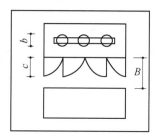

(a) 多台变压器之间的 A 值　　　　　　(b) 多台变压器之间的 B 值

图 3-6　多台干式变压器之间的净距

③ 变压器室的面积，应考虑到变电所负荷未来增容的可能性，一般可按能装设大一级容量的变压器考虑。

④ 变压器室的大门应避免朝西，门应向外开，室内不应有与本室无关的管道和明敷线路通过。

⑤ 变压器室内可安装与其有关的负荷开关、隔离开关、避雷器和熔断器。在考虑变压器布置及高低压进出线位置时，应尽量在近门处安装负荷开关或隔离开关的操动机构装置。

2. 高压配电室

① 高压配电室装设高压配电装置，是用来接收和分配电能的开关设备。10kV 配电装置室内各种通道的最小宽度（净距）应不小于表 3-3 所列数值。

表 3-3　配电装置室内各种通道的最小净距　　　　　单位：mm

布置方式	通道分类		
	柜后维护通道	柜前操作通道	
		固定式	移开式
单列布置时	800	1500	单车长＋1200
双列面对面布置时	800	2000	双车长＋900
双列背对背布置时	1000	1500	单车长＋1200

② 配电装置的布置和导体、电器的选择应不危及人身安全和周围设备安全，并应满足在正常运行、检修、短路和过电压情况下的要求。

③ 配电装置的布置，应便于设备的操作、搬运、检修和试验，并应考虑电缆或架空线进出线方便。

④ 配电装置的绝缘等级，应和电网的标称电压相配合。

⑤ 配电装置中相邻带电部分的额定电压不同时，应按较高的额定电压确定其安全净距。

⑥ 屋内配电装置距屋顶（除梁外）的距离一般不小于 0.8m。

3. 低压配电室

① 低压配电室装设低压配电装置，供三相交流 0.38kV 及以下电力系统的动力、照明配电和用电设备集中控制之用。

② 选择低压配电装置时，除应满足所在网络的标称电压、频率及所在回路的计算电流外，尚应满足短路条件下的动、热稳定性条件。对于要求断开短路电流的保护电器，其极限通断能力应大于系统最大运行方式下的短路电流。

③ 配电装置的布置，应考虑设备的操作、搬运、检修和试验的方便。

④ 成排布置的配电屏，其长度超过 6m 时，屏后面的通道应有两个出口。当两出口之间的距离超过 15m 时，其间还宜增加出口。

⑤ 同一配电室内向一级负荷供电的两段母线，在母线分段处应有防火隔断措施。

⑥ 成排布置的低压配电装置室内通道的最小宽度应满足表 3-4 的要求。

表 3-4　成排布置的低压配电装置室内通道的最小宽度　　　　　单位：m

配电屏种类		单排布置			双排面对面布置			双排背对背布置			多排同向布置			屏侧通道
		屏前	屏后		屏前	屏后		屏前	屏后		屏间	前、后排屏距墙		
			维护	操作		维护	操作		维护	操作			前排屏前	后排屏后	
固定式	不受限制时	1.5	1.0	1.2	2.0	1.0	1.2	1.5	1.5	2.0	2.0	1.5	1.0	1.0
	受限制时	1.3	0.8	1.2	1.8	0.8	1.2	1.3	1.3	2.0	1.8	1.3	0.8	0.8
抽屉式	不受限制时	1.8	1.0	1.2	2.3	1.0	1.2	1.8	1.0	2.0	2.3	1.8	1.0	1.0
	受限制时	1.6	0.8	1.2	2.1	0.8	1.2	1.6	0.8	2.0	2.1	1.6	0.8	0.8

4. 电力电容器室

① 高压电容器装置宜设置在单独的房间内，当采用非可燃介质的电容器且电容器组容量较小时，可设置在高压配电室内。

② 低压电容器装置可设置在低压配电室内，当电容器总容量较大时，宜设置在单独的房间内。

③ 并联电容器组应装设单独的控制和保护装置，为提高单台用电设备功率因数用的并联电容器组，可与该设备共用控制和保护装置。

④ 装配式电容器组单列布置时，网门与墙的距离不应小于 1.3m；当双列布置时，网门之间的距离不应小于 1.5m。

⑤ 成套电容器柜单列布置时，柜正面与墙面距离不应小于 1.5m，还要考虑搬运的方便；双列布置时，电容器柜面之间的距离不应小于 2m。

⑥ 室内电容器装置的布置和安装设计，应符合设备通风散热条件并保证运行维修方便。

5. 控制室

① 控制室应布置在便于运行人员巡视检查、观察户外设备、电缆较短、避开噪声、朝向良好和方便连接进站大门的地方。

② 控制室一般毗邻高压配电室。当整个变电站为多层建筑时，控制室一般设在上层。

③ 控制室内设置集中的事故信号和预告信号。室内安装的设备主要有控制屏、信号屏、站用电屏、电源屏，以及要求安装在控制室内的电能表屏和保护屏。

④ 控制屏（台）的排列布置，宜与配电装置的间隔排列次序相对应；控制屏的布置要求监视、调试方便，力求紧凑，并应注意整齐美观；控制屏的布置应使电缆最短、交叉最少。

⑤ 控制室的门不宜直接通向屋外，宜通过走廊或套间。

⑥ 控制室的建筑，应按变电所的规划容量在第一期工程中一次建成。无人值班变电所的控制室，应适当简化，面积应适当减小。

五、柴油发电机房的布置

随着社会的发展、人民生活水平的提高，在现代民用建筑中，用电设备的种类和数量越来越多，不仅有消防泵、喷淋泵等消防设备，还有需要可靠供电的生活泵、电梯等用电设备。为满足这些设备用电的可靠性，当市政电网无法提供两路独立电源时，在设计中采用柴油发电机组作为备用电源的方法被普遍采用。

二维码 3-6 拓展阅读
自备柴油发电机组

考虑到发电机房的进风、排风、排烟等情况，根据《民用建筑电气设计标准》（GB 51348—2019）的要求，柴油发电机房宜布置在首层。但是，通常大型公共建筑、商业建筑等民用建筑首层属黄金地带，并且首层会给周围环境带来一定的噪声，因此，按规范规定，在确有困难时，也可布置在地下室。由于地下室出入不易，自然通风条件不良，给机房设计带来一系列不利因素，机房选址时应注意以下几点：

① 应设在负荷中心附近，一般靠近外电源的变（配）电室，尽量缩短供电距离，也便于管理。由于机组较重，一般作为建筑物的附属建筑单独建设，如设在民用建筑物内，宜布置在首层或地下一、二层，不应布置在人员密集场所的上一层、下一层或贴邻。

② 机房设在地下室时，不应设在四周均无外墙的房间，至少应有一侧靠外墙，为热风管道和排烟管道排出室外创造条件；机房内应有足够的新风进口，气流分布应合理。

③ 尽量避开建筑物的主入口、正立面等部位，以免排风、排烟对其造成影响。

④ 柴油发电机组运行时将产生较大的噪声和振动，因此，应注意噪声对环境的影响，远离要求安静的工作区和生活区。

⑤ 不应设在厕所、浴室或其他经常积水场所的正下方和贴邻。

⑥ 宜靠近建筑物的变电所，这样便于接线，减少电能的损耗，也便于管理。

柴油发电机房的布置要求：

① 柴油发电机房应采用耐火极限不低于 2h 的隔墙和 1.5h 的不燃性楼板与其他部位隔开，门应采用甲级防火门。

② 机房内设置储油间时，其总储存量不应大于 $1m^3$，储油间应采用耐火极限不低于 3h 的防火隔墙与发电机间分隔；确需在防火墙上开门时，应设置甲级防火门。

③ 应设置火灾报警装置。

④ 应设置与柴油发电机容量和建筑规模相适应的灭火设施，当建筑内其他部位设置自动喷水灭火系统时，机房内应设置自动喷水灭火系统。

⑤ 机房应有良好的通风，机房面积在 $50m^2$ 及以下时宜设置不少于一个出入口，在 $50m^2$ 以上时宜设置不少于两个出入口，其中一个出入口的大小应满足搬运机组的要求，门

应采用甲级防火门及隔音措施，并应向外开启。

⑥ 机房四周墙体及天花板做吸声体，以吸收部分声能，减少由于声波反射产生的混响声；机房内设备的布置应满足《民用建筑电气设计标准》（GB 51348—2019）的要求，力求紧凑、保证安全及便于操作和维护。

柴油发电机房的通风问题是机房设计中要特别注意解决的问题，特别是机房位于地下室时更要处理好，否则会直接影响发电机组的运行。机组的排风一般应设热风管道有组织地进行，不宜让柴油机散热器把热量散在机房内，热风管道与柴油机散热器连在一起，其连接处用软接头，热风管道应平直，如果要转弯，转弯半径应尽量大而且内部要平滑，出风口尽量靠近且正对散热器，热风管直接伸出室外有困难时可设管导出。机房内要有足够的新风补充，进风一般为自然进风方式，进风口宜正对发电机端或发电机端两侧。进风口与出风口宜分别设在机房两端，以免形成气流短路，影响散热效果。机房设置在高层建筑物内时，机房内应有足够的新风进口及合理的排烟道位置。机房排烟应采取防止污染大气措施，并应避开居民敏感区，排烟口宜内置排烟道至屋顶。

六、箱式变电站的布置

箱式变电站的布置主要是指作为箱式站的 3 个主要部分——高压配电装置、变压器和低压配电装置的布置方式。箱式变电站的总体布置主要有两种形式：一为组合式，另一为一体式。组合式是指这 3 个部分各为一室而组成"目"字形或"品"字形布置。一体式是指以变压器为主体，熔断器及负荷开关等装在变压器箱体内，构成一体式布置。我国的箱式变电站为组合式布置。高压配电装置所在的高压室、变压器所在的变压器室和低压配电装置所在的低压室形成"目"字形和"品"字形两种布置方案，如图 3-7 所示。

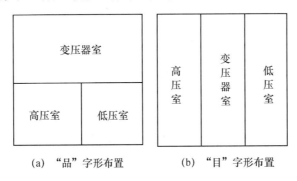

(a) "品"字形布置　　　　　(b) "目"字形布置

图 3-7　组合式箱变的布置

配电装置的最低耐火等级为二级，箱式变电站箱体内部一次系统采用单元真空开关柜结构，每个单元均采用特制铝型材装饰的大门结构，每个间隔后部均设有双层防护板、可打开的外门，主变与箱体之间最小防火净距建议采用 10m，以确保变电所安全运行。民用建筑与 10kV 及以下箱式变电站的防火间距不小于 3m。

为求美观，变电所内 10kV 箱式配电站箱体四围一般均设计为水泥路面，10kV 电缆出线应穿钢管敷设，以方便用户维护检修。例如，10kV 线路终端杆距离变电所较远，则箱体至变电所围墙段的 10kV 电缆出线必须穿钢管敷设。在电缆出线末端的线路终端杆上装设新型过电压保护器，以防止过电压。

第三节　变配电所主接线设计

主接线是指由发电厂和变配电所中发电机、变压器、断路器、母线、隔离开关及线路等之间的连接线，按其功能要求组成接收和分配电能的通道，成为强电流、高电压的联络。

主接线通常用主接线图来表示，是一种用规定的设备文字和图形符号并按电流通过顺序排列，详细地表示电气设备或成套装置的基本组成和连接关系的接线图，通常以单线来表示三相系统。

一、主接线的设计要求和设计原则

（一）基本要求

① 保证必要的供电可靠性和电能质量。断路器或母线故障及母线检修时，要尽量减少停运的回路数及停运时间，并要保证对一级负荷及全部或大部分二级负荷的供电，尽量避免变电所全部停运的可能性。

② 具有一定的灵活性和方便性。主接线应满足在调度、检修及扩建时的灵活性。调度时，应可以灵活地投入和切除变压器和线路、调配负荷，满足系统在事故运行方式、检修运行方式及特殊运行方式下的调度要求；检修时，可以方便地停运断路器、母线及其继电保护设备，全面检查、检修而不致影响电力网的运行和对用户的供电。

③ 经济上合理。主接线应在满足可靠性、灵活性要求的前提下做到经济合理。经济性主要体现在投资省、占地面积小、年运行费用少、简化接线、标准化等方面。

④ 具有发展和扩建的可能性。对主接线形式的评价应结合具体的地区政治、经济条件和地理环境，不能完全以单一标准，而应从电网和用户两个方面综合考虑各项指标。

（二）设计依据

主接线不仅决定着基建投资、年运行费用和计算费用的多少，而且还决定着它们在多年连续运行中的运行性能，甚至将对整个电网的可靠性、稳定性产生影响，因而选择合理的发电厂和变电所主接线是整个电网或地区网络设计中最重要的工作。在选择主接线形式的同时，还要确定设备和装置的参数、型式和数量，然后决定相关的保护、控制、自动化程度及变电所内部运行管理等问题。

主接线设计的原始依据主要有以下几个方面：

① 待设计的变电所的地理位置及其在系统中的地位和作用。

② 待设计的变电所与系统的连接方式和推荐的主接线形式。

③ 待设计的变电所的出线回路数、用途及运行方式、传输容量。

④ 变电所母线的电压等级、自耦变压器各侧的额定电压及调压范围。

⑤ 装设各种无功补偿装置的必要性、型式、数量和接线。

⑥ 高压、中压及低压各侧系统的短路电流及容量，以及限制短路电流的措施。

⑦ 变压器中性点的接地方式。

⑧ 本地区或变电所负荷增长的过程。

上述资料是主接线设计必不可少的依据，缺少数据或当它们发生变化时，必须深入研究有关问题，以及时、正确地对主接线的设计做出修正。

（三）设计程序

① 对包括待设计变电所的负荷等在内的基础数据进行搜集、整理和综合分析。

② 选择和确定发电机、变压器容量、台数、型式，并拟定可能采用的主接线形式。

③ 变电所自用电源的引接。

④ 计算短路电流及设备的选择。

⑤ 各方案的经济技术比较。

⑥ 确定最终方案。

⑦ 确定相应的配电布置方案。

（四）设计原则

① 变电所的高压侧接线，应尽量采用断路器较少或不用断路器的接线方式，在满足继电保护的要求下，也可以在地区线路上采用分支接线，但在系统主干网上不得采用分支接线。

② 在35~60kV配电装置中，当线路为3回及以上时，一般采用单母线或单母线分段接线；若连接电源较多、出线较多、负荷较大或处于污秽地区，可采用双母线接线。

③ 在6~10kV配电装置中，线路回数不超过5回时，一般采用单母线接线方式；线路在6回以上时，采用单母线分段接线；当短路电流较大、出线回路较多、功率较大时，可采用双母线接线。

④ 110~220kV配电装置中，线路在4回以上时，一般采用双母线接线。

⑤ 当采用SF_6断路器等性能可靠、检修周期长的断路器及更换迅速的手车式断路器时，均可不设旁路设施。

总之，主接线的设计，要以设计原始材料、设计要求为依据，以有关技术规范、规程为标准，结合具体工作的特点和准确的基础资料，全面分析，做到既有先进技术，又要经济实用。

二、变配电所常用主接线的类型和特点

变配电所的主接线有以下两种表示形式：

① 系统式主接线。该主接线仅表示电能输送和分配的次序和相互的连接，不反映相互位置，主要用于主接线的原理图中。

② 配置式主接线。该主接线按高压开关柜或低压配电屏的相互连接和部署位置绘制，常用于变配电所的施工图中。

典型的电气主接线，大致可分为有母线和无母线两类。

（一）有母线类主接线

1. 单母线接线

单母线接线可分为单母线不分段和单母线分段两种。

（1）单母线不分段接线

当只有一路电源进线时，常采用这种接线，如图3-8所示，每路进线和出线各装设一台隔离开关和断路器。靠近线路的隔离开关称为线路隔离开关，靠近母线的隔离开关称为母线隔离开关。当有双电源时，两路电源一用一备，组成双电源单母线不分段接线，如图3-9所示。这种接线方式用在负荷较大的二级负荷或负荷较小的一级负荷，若为一级负荷，备用电源应采用自动投入方式。

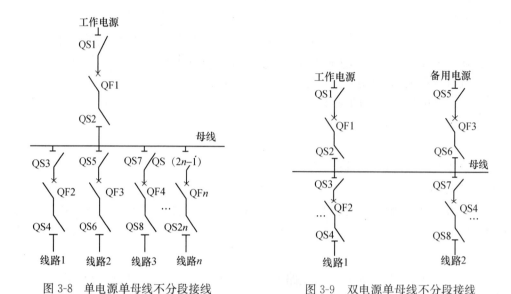

图 3-8 单电源单母线不分段接线   图 3-9 双电源单母线不分段接线

优点：接线简单清晰，使用设备少，投资省，经济性比较好；操作方便，便于扩建和采用成套配电装置。

缺点：可靠性和灵活性差，无法满足重要用户的用电需求。当电源线路、母线或母线隔离开关发生故障或进行检修时，全部用户中断供电。

适用范围：可用于对供电连续性要求不高的三级负荷用户，或者有备用电源的二级负荷用户。一般只适用于一台发电机或一台变压器或出线回路数不多的小容量发电厂、变电所中。6～10kV 配电装置出线回路数不超过 6 回；35～63kV 配电装置出线回路数不超过 3 回；110～220kV 配电装置出线回路数不超过 2 回。

单母线接线的上述缺点可以通过采用单母线分段或者加装旁路母线等措施来克服。

（2）单母线分段接线

单母线分段接线是通过在母线某一合适位置处装设断路器或隔离开关，将母线分段而形成的，如图 3-10 所示。当有双电源供电时，常采用单母线分段接线。单母线分段接线可以分段单独运行，也可以并列同时运行。

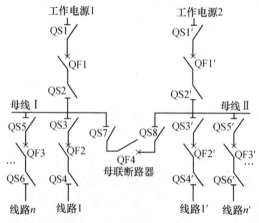

图 3-10 单母线分段接线

优点：采用单母线分段单独运行时，各段相当于单母线不分段接线的运行状态，各段母线的电气系统互不影响。母线分段后对重要用户（一类用户）可由分别接于两段母线上的两条出线同时供电，当任意一组母线故障或者检修时，重要用户仍可通过完好段母线继续供电，而两段母线同时故障检修的概率很小，大大提高了对重要用户的供电连续性。既保留了单母线接线本身的一些优点，如简单、经济、方便等，又在一定程度的上克服了它的缺点。

缺点：当电源容量较大和出线数目较多，尤其是单回路供电的用户较多时，当一段母线或母线隔离开关故障或检修时，该段母线所连接回路在检修期间将全部停电；任一出线断路器检修时，该回路必须停止工作。

适用范围：6～10kV 配电装置出线回路数不超过 6 回，出线在 6 回及以上时，每段所接容量不宜超过 25MW；35～66kV 配电装置出线回路数不超过 8 回；110～220kV 配电装置出线回路数不超过 4 回。

单母线分段接线的缺点在实际运行时可采用增设旁路母线的办法来解决。

（3）单母线带旁路母线接线

单母线带旁路母线接线如图 3-11 所示。图中母线 W2 为旁路母线，断路器 QF5 为旁路断路器，QS9、QS10、QS5、QS8、QS13 为旁路隔离开关。正常运行时，旁路母线 W2 不带电，所有旁路隔离开关及断路器均断开，以单母线方式运行。若检修任一出线断路器时，如检修断路器 QF4 时，先闭合 QF5 两侧的隔离开关 QS9 和 QS10，再闭合 QS5 对旁路母线充电，然后在等电位状态下闭合 QS8，使得由 QF4 供电的回路可通过旁路母线进行供电，此时再断开 QF4 及其两侧隔离开关 QS6 和 QS7 进行安全检修。以上操作既不影响出线回路的正常供电，又能对经过长期运行和切断数次短路电流后的断路器进行检修，大大提高了供电可靠性。

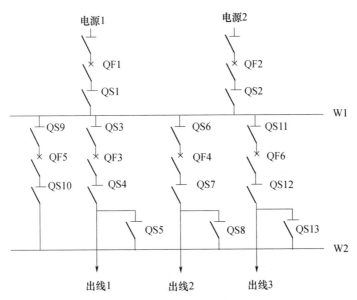

图 3-11　单母线带旁路母线接线

应当注意的是，旁路断路器一般只能代替一只出线断路器工作，亦即旁路母线一般不能同时联结两条或者两条以上回路，否则当其中任一回路故障时，会使旁路断路器跳闸，同时断开多条断路器。

通常 35kV 的系统出线 8 回以上，110kV 系统出线 6 回以上，220kV 系统出线 4 回以上时，才考虑加设旁路母线。但如果采用的断路器性能较好，无须经常检修则可不设旁路母线。6～20kV 屋内配电装置，因为负荷小，供电距离短，且大多采用电缆输电线，事故跳闸次数较少，一般较少设旁路母线。

2. 双母线接线

双母线接线可分为不带旁路母线的双母线接线和带旁路母线的双母线接线。

（1）双母线不分段接线

双母线不分段接线就是将工作线、电源线和出线通过一台断路器和两组隔离开关连接到两组（Ⅰ/Ⅱ）母线上，且两组母线都是工作线，而每一回路都可通过母线联络断路器并列运行，如图 3-12 所示。

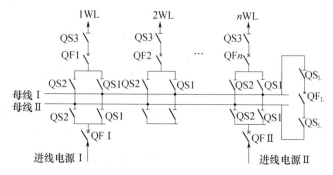

图 3-12　双母线不分段接线

与单母线相比，双母线接线的优点：供电可靠性高，可以轮流检修母线而不中断供电，当一组母线故障时，只要将故障母线上的回路倒换到另一组母线，就可迅速恢复供电；另外，还具有调度、扩建、检修方便的优点。缺点：每一回路都增加了一组隔离开关，使配电装置的构架及占地面积、投资费用都相应增加；同时由于配电装置复杂，在改变运行方式倒闸操作时容易发生误操作，且不宜实现自动化；尤其当母线故障时，须短时切除较多的电源和线路，这对特别重要的大型发电厂和变电站是不允许的。

（2）双母线分段接线

用分段断路器将工作母线Ⅰ分段，每段用母联断路器与备用母线Ⅱ相连，如图 3-13 所示。这种接线方式具有单母线分段和双母线接线的特点，当检修某回路出线断路器时，该回路停电，或短时停电后再用跨条恢复供电，有较高的供电可靠性和运行灵活性。但所使用的电气设备较多，使投资增大。双母线分段接线常用于大中型发电厂的发电机组配电装置中。

（3）带旁路母线的双母线不分段接线

双母线带旁路接线就是在双母线接线的基础上，增设旁路母线，如图 3-14 所示。其特点是具有双母线接线的优点，当线路（主变压器）断路器检修时，仍能继续供电，但旁路的倒换操作比较复杂，增加了误操作的机会，也使保护及自动化系统复杂化，投资费用较大。一般为了节省断路器及设备间隔，当出线回路较少时，可不设专用的旁路断路器，而采用母联断路器兼旁路断路器或旁路断路器兼母联断路器的接线方式。

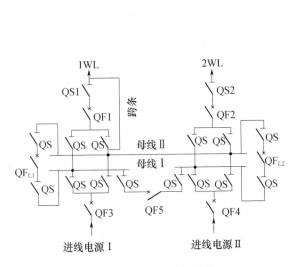

图 3-13　双母线分段接线

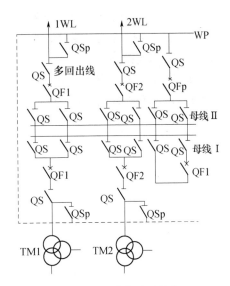

图 3-14　带旁路母线的
双母线不分段接线

当 35kV 线路出线回路数为 8 回及以上，110kV 线路出线回路数为 6 回及以上，220kV 线路出线回路数在 4 回及以上时，应装设专用旁路断路器。

（4）双母线分段带旁路接线方式

双母线分段带旁路接线方式如图 3-15 所示，就是在双母线带旁路接线的基础上，在母线上增设分段断路器。它具有双母线带旁路的优点，但投资费用较大，占用设备间隔较多，一般采用此种接线的原则为：

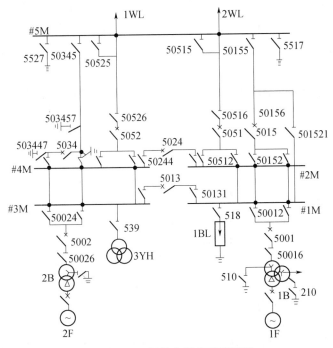

图 3-15　双母线分段带旁路接线

75

① 当设备连接的进出线总数为 12～16 回时，在一组母线上设置分段断路器；

② 当设备连接的进出线总数为 17 回及以上时，在两组母线上设置分段断路器。

（二）无母线接线

1. 线路-变压器组单元接线

当只有一路电源供电线路和一台变压器时，可采用线路-变压器组接线，如图 3-16 所示。

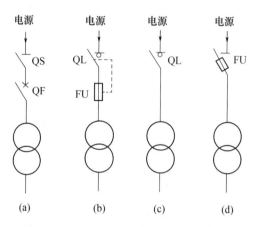

图 3-16　线路-变压器组单元接线

图 3-16（a）中，在变压器高压侧设置断路器和隔离开关，当变压器故障时，继电保护装置动作于断路器 QF 跳闸。采用断路器操作简便，故障后恢复供电快，易与上级保护相配合，易实现自动化。

图 3-16（b）与图 3-16（a）的区别在于，采用负荷开关与熔断器组合电器代替价格较高的断路器，变压器的短路保护则由熔断器实现。为避免因熔断器一相熔断造成变压器缺相运行，熔断器配有熔断撞针可作用于负荷开关跳闸。负荷开关除用于变压器的投入与切除外，还可用来隔离高压电源以保证变压器的安全检修。此接线在 10kV 及以下变电所中应用得越来越多。

图 3-16（c）中变压器的高压侧仅设置负荷开关，而未设保护装置。这种接线仅适用于距上级变配电所较近的车间变电所采用，此时变压器的保护必须依靠安装在线路首端的保护装置来完成。当变压器容量较小时，负荷开关也可采用隔离开关代替，但需注意的是，隔离开关只能用来切除空载运行的变压器。

图 3-16（d）是户外杆上变压器的典型接线形式，电源线路架空敷设，小容量变压器安装在电杆上，户外跌落式熔断器作为变压器的短路保护，也可用来切除空载运行的变压器。这种接线简单经济，但可靠性差。随着城市电网改造和城市美化的需要，架空线改为电缆线，户外杆上变压器逐步被预装式变电站或组合式变压器所取代。

线路-变压器组单元接线方式的优点是接线简单，所用电气设备少，配电装置简单，节约投资。缺点是该单元中任一设备发生故障或检修时，变电所全部停电，可靠性不高。适用于小容量三级负荷、小型企业和非生产性用户。

2. 桥式接线

对于具有双电源进线、两台变压器终端式的总降压变电所，可采用桥式接线。其实质是连接两个 35～110kV "线路-变压器组"的高压侧，特点是有一条横联跨桥的"桥"。桥式接线比分段单母线接线结构简单，减少了断路器的数量，4 回线路只采用 3 台断路器。根据跨桥横联位置不同，分为内桥接线和外桥接线，如图 3-17 所示。

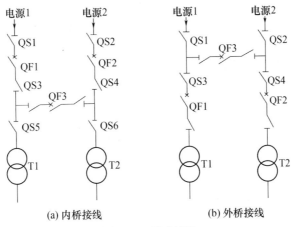

(a) 内桥接线　　　　　　(b) 外桥接线

图 3-17　桥式接线

（1）内桥接线

图 3-17（a）所示为内桥接线，跨接桥靠近变压器侧，桥开关装在线路开关之内，变压器回路仅装设隔离开关，不装断路器。采用内桥接线可以提高输电线路运行方式的灵活性。内桥接线适用于以下几种情况：

① 对一、二级负荷供电；

② 供电线路较长；

③ 变电所没有送往其他电力用户的穿越功率；

④ 负荷曲线较平稳，主变压器不经常退出工作；

⑤ 终端型工业企业总降压变电所。

（2）外桥接线

图 3-17（b）所示为外桥接线，跨接桥靠近线路侧，桥开关装在变压器开关之外，进线回路仅装设隔离开关，不装断路器。

外桥接线适用于以下几种情况：

① 对一、二级负荷供电；

② 供电线路较短；

③ 允许变电所有较稳定的、送往其他电力用户的穿越功率；

④ 负荷曲线变化大，主变压器需要经常操作；

⑤ 中间型工业企业总降压变电所，宜于构成环网。

3. 多角形接线

多角形接线是一种将各断路器互相连接构成闭合环形的接线方式，其中没有集中母线，又称为多边形接线或单环形接线。对于变电所和线路的一定组合方式，在所有带断路器的接线方式中，环形接线是一种具有高度可靠性，同时又经济有效的接线方式。按角的多少，多角形接线可以分为三角形接线、四角形接线、环形接线等，如图 3-18 所示。

这种接线方式最大的优点是所用断路器台数与回路数相等，而每个回路都与两台断路器相连和进行操作。因此，在可靠性方面，该接线相当于双断路器连接的接线，但费用却少一倍；任何一台断路器检修，不需要中断供电，也不需要专门的旁路装置，从而进一步节约了投资；不以隔离开关做操作电器，设备的投入、切除操作方便，不影响其他元件的正常工作，具有运行灵活、操作方便的特点。

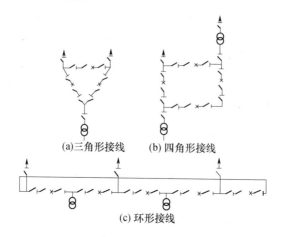

(a)三角形接线　　(b)四角形接线

(c)环形接线

图 3-18　多角形接线

与有汇流母排的主接线相比，多角形接线的缺点是任一台断路器检修时均需开环运行，此时降低了系统的可靠性；电器选择困难，继保复杂，不宜发展和扩建。

（三）电气主接线系统中开关电器的配置原则

当线路或高压配电装置检修时，需要有明显可见的断口，以保证检修人员及设备的安全。故在电气回路中，在断路器可能出现电源的一侧或者两侧均应配置隔离开关。若馈线的用户侧没有电源时，断路器通往用户的那一侧，可以不装设隔离开关。若电源是发电机，则发电机与出口断路器之间可以不装设隔离开关。但有时为了便于对发电机单独进行调整和试验，也可以装设隔离开关或设置可拆卸点。

当电压在 110kV 及以上时，断路器两侧的隔离开关和线路隔离开关的线路侧均应配置接地开关。对 35kV 及以上的母线，在每段母线上亦应设置 1～2 组接地开关，以保证电器和母线检修时的安全。

断路器和隔离开关的操作顺序为：接通电路时，先合上断路器两侧的隔离开关，再合断路器；切断电路时，先断开断路器，再拉开两侧的隔离开关。

严禁在未断开断路器的情况下，拉合隔离开关。

为了防止误操作，还应在隔离开关和相应的断路器之间，加装电磁阀闭锁、机械闭锁或电子钥匙等闭锁装置。

三、主接线的应用

（一）工业企业总降压变电所常用的主接线

1. 基本要求

① 按国家规范规定要求合理选择电气设备，并且具备完善的监视、保护装置，保证人身和用电设备的安全。

② 能满足用电负荷对供电可靠性和电能质量的要求，如发生故障的线路和电气设备应能自动切除，其余电力装置应能继续正常工作。

③ 接线简单，运行灵活，利用最少的切换来适用不同的运行方式。例如，根据用电负荷的大小，能方便地使变压器投入或切除，以利于供电系统的经济运行。

④ 在满足上述要求的基础上，投资应最省，并结合用户的发展规划，留有扩建发展的容量储备。

2. 常用的主接线方式

① 线路-变压器组接线；

② 桥式接线；

③ 单母线分段及不分段接线。

（二）建筑物常用的接线方式

1. 一般民用建筑变电所接线

① 负荷特点。一般民用建筑指单、多层民用建筑，包括建筑高度不大于 27m 的住宅建筑，建筑高度不大于 24m 的单层公共建筑和其他公共建筑，负荷主要为三级负荷。

② 主接线。多幢一般民用建筑大多共用一个变电所，变电所内多设一台变压器，由电网引入单回电源，其主接线为线路-变压器组单元接线形式，如图 3-19 所示。

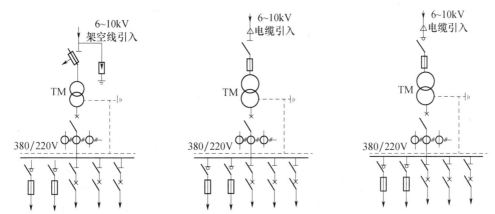

(a) 630kV·A 及以下露天变电所接线　(b) 320kV·A 及以下室内变电所接线　(b) 320kV·A 及以下室内变电所接线

图 3-19　一般民用建筑变电所主接线

如图 3-19（a）所示，对于变压器容量在 630kV·A 及以下的露天变电所，其电源进线一般经过跌落式熔断器接入变压器。

如图 3-19（b）所示，对于室内变压器容量在 320kV·A 及以下，且变压器不经常进行投切操作时，高压侧可采用隔离开关和户内式高压熔断器。

如图 3-19（c）所示，如变压器经常进行投切操作，或变压器容量在 320kV·A 以上时，高压侧应采用负荷开关和高压熔断器。

2. 高层民用建筑变电所主接线

① 负荷特点。高层民用建筑指单、多层民用建筑之外的其他民用建筑，包括一类和二类高层民用建筑，如高层民用住宅、高层科研楼和高层办公楼等。高层民用建筑的负荷特点是含有大量的一、二级负荷。

② 主接线。根据用电负荷等级供电的基本要求可知：对一级负荷应双路独立电源供电，这两个电源可均取自市电电网，也可一个取自市电电网，另一个为自备电源（如柴油发电机组），且二者之间能切换，当一个电源发生故障或检修时，另一个电源继续供电。二级负荷也应由两个电源供电，这两个电源宜取自市电电网端 10kV 变电站的两段母线，或引自任意两台变压器的 0.4kV 低压母线。

目前，高层住宅楼群内多设置住宅小区变电所，高层科研楼和高层办公楼也设置有本单位变电所。根据高层民用建筑的负荷特点和用电要求，变电所内应设置两台电力变压器，采用一路主供、一路备用的接线方式，集中供电。高层民用建筑变电所常用主接线方式如图 3-20所示。

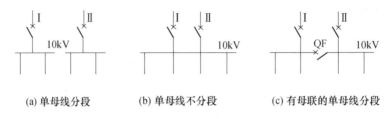

(a) 单母线分段　　　　(b) 单母线不分段　　　(c) 有母联的单母线分段

图 3-20　高层民用建筑变配电所高压主接线

图 3-20（a）为两路高压电源同时供电的单母线分段式接线，无母线联络开关，接线较为简单，但供电可靠性较低，适用于变压器容量较小，允许进行低压侧计量的建筑。

图 3-20（b）为两路高压电源互为备用的单母线不分段接线方式。当一路电源故障或停电时，作为备用的另一路电源自动投入，运行灵活性较高，可对一、二级负荷供电。

图 3-20（c）为两路高压电源同时供电的单母线分段，同时设置母线联络开关。当任何一路电源故障或停电时，其进线断路器跳闸，母线联络开关自动投入，对故障电源侧的负荷供电。这种接线方式较为复杂，投资费用增大，但供电可靠性和运行灵活性大大提高，是目前高层民用建筑中广泛采用的方案之一。

某建筑高压系统主接线实例请扫描二维码查看。某建筑低压系统主接线实例请扫描二维码查看。

二维码 3-7　图纸　　　二维码 3-8　视频　　　二维码 3-9　图纸　　　二维码 3-10　视频
某建筑高压　　　某建筑高压主接线实例讲解　　某建筑低压　　　某建筑低压主接线实例讲解
主接线实例　　　　　　　　　　　　　　主接线实例

思考与练习题

3-1　城网供电区域是如何划分的？供配电的电压等级有哪些？

3-2　高压供电系统的接线方式有哪些？各有何特点？各自的适用场合是什么？

3-3　变配电所的作用是什么？常见的变配电所的型式有哪些？各自的适用场合是什么？

3-4　变配电所所址选择的原则有哪些？

3-5　变电所的基本结构由哪几部分组成？

3-6　变配电所总体布置的一般要求是什么？变配电所各个部分的布置都有哪些要求？

3-7　高层建筑物内变电所的特殊要求有哪些？

3-8　有母线的主接线形式有哪些？各自的特点和优缺点如何？

3-9　什么是变压器-单元组接线？适用在什么场合？

3-10 什么是内桥式和外桥式接线？二者的特点、区别和各自的适用场合是什么？

3-11 工业企业变电所常用的主接线形式有哪些？

3-12 一般民用建筑变电所主接线的形式有哪些？高层民用建筑的主接线又采用哪些形式？为什么？

3-13 箱式变电站有哪几种布置方案？箱式变电站的特点和优势是什么？

3-14 调研你所在城市的城网供电规划和供电电压等级。用你所学的理论和规范加以说明。

3-15 调研你身边建筑变配电所的位置、型式、特点、用途、结构和主接线形式并绘制示意图。用你所学的理论和规范加以说明。

第四章　负荷计算及无功功率补偿

本章主要介绍建筑供配电系统的负荷计算方法，包括负荷计算的意义和目的、采用需要系数法和单位指标法求计算负荷的方法，同时介绍了影响功率因数的因素和无功功率补偿的方法，供配电系统中的功率损耗计算，变压器和应急电源容量的选择，最后给出了建筑供配电系统负荷计算实例。

知识目标：

◇ 明确负荷计算的意义，熟悉负荷计算的各种方法，掌握需要系数法进行负荷计算的方法与步骤；了解提高功率因数的目的及方法，掌握无功功率补偿容量的计算方法；掌握变压器的选型及容量计算；了解应急电源的种类、作用及选择方法。

能力目标：

◇ 能够对具体的项目案例进行负荷计算，并正确选择配电变压器的容量。

素质目标：

◇ 具有国家规范、行业标准、产品及技术手册等专业资料查阅分析及应用能力；理论与实践相结合，提高分析计算和解决实际工程问题的能力。

第一节　负荷计算的意义和目的

负荷计算是供配电工程设计的基础，必须正确计算负荷，才能设计出合理的供配电系统。负荷计算主要包括求计算负荷、尖峰电流，确定一、二级负荷和季节性负荷的容量等内容。

计算负荷是指一组用电负载实际运行时，消耗电能最多的半小时的平均功率，用 P_c（有功计算负荷）、Q_c（无功计算负荷）、S_c（视在计算负荷）表示，其计算电流用 I_c 表示。计算负荷也称为半小时最大负荷，故也可分别用 P_{30}、Q_{30} 和 S_{30} 表示有功、无功和视在计算负荷，I_c 也可用 I_{30} 表示。计算负荷将作为按发热条件选择配电变压器、供电线路导体及电气设备的依据，并用来计算电压损失和功率损耗，也可作为电能消耗及无功功率补偿的计算依据。

二维码 4-1　拓展阅读
计算负荷

尖峰电流是指持续 $1\sim2\mathrm{s}$ 的短时最大负荷电流，用 I_{pk} 表示。求尖峰电流的目的是计算电压波动、选择熔断器和断路器、整定继电保护装置及检验电动机自启动条件等。

一、二级负荷是指用电负载中一、二级负荷容量的大小。求一、二级负荷的目的是用以确定备用电源或应急电源的容量。

求季节性负荷的目的是从经济运行出发，用以考虑变压器的台数和容量。

负荷计算中最重要的就是求计算负荷。计算负荷的确定是否合理，将直接影响到电气设备和导线电缆的选择是否经济合理。计算负荷估算过高，将增加供配电设备的容量，造成投资和有色金属的浪费；计算负荷估算过低，设计出的供配电系统的线路和电气设备承受不了实际运行的负荷电流，使电能损耗增大，使用寿命降低，甚至使系统发生事故，影响到供配电统正常可靠的运行。因此，求计算负荷意义重大。

由于负荷情况复杂，影响计算负荷的因素很多，虽然各类负荷的变化有一定规律可言，但准确确定计算负荷却十分困难。实际上，负荷也不可能是一成不变的，它与设备的性能、生产的组织及能源供应的状况等多种因素有关，因此，负荷计算只能力求接近实际，是一种近似计算。

第二节 计算负荷的确定

求计算负荷常用的方法有需要系数法、二项式法、利用系数法和单位指标法等。《民用建筑电气设计标准》（GB 51348—2019）对负荷计算方法的选取做了如下规定：在方案设计阶段可采用单位指标法；在初步设计及施工图设计阶段，宜采用需要系数法。在各类用电负荷尚不够具体或明确的方案设计阶段也可采用单位指标法。

二项式法适用于用电设备台数较少、各台设备容量相差悬殊的情况，加之二项式法已有的系数多数都是工厂的，二项式法目前在民用建筑中实际上已很少使用。利用系数法虽然计算结果比较接近实际，但计算过程烦琐，而且已有的系数也都是工厂的，在民用建筑中实际上也很少使用。

需要系数法计算较为简便实用，经过全国各地的设计单位长期和广泛应用证明，需要系数法能够满足需要，所以《民用建筑电气设计标准》（GB 51348—2019）将需要系数法作为民用建筑电气负荷计算的主要方法。

因此，目前建筑供配电系统设计中的负荷计算常用的是需要系数法和单位指标法，下面详细介绍这两种方法。

一、需要系数法

需要系数法适用于工程初步设计阶段和施工图设计阶段，对变配电所母线、干线进行负荷计算的情况。

二维码 4-2 拓展阅读
需要系数

（一）需要系数

一个单位或一个系统的计算负荷不能简单地等同于把各个用电设备的额定功率直接相加，需要考虑以下几个因素：

① 不可能所有用电设备同时运行——引入"同时运行系数" K_Σ，$K_\Sigma \leqslant 1$；

② 每台设备不可能都满载运行——引入"负荷系数" K_L，$K_L \leqslant 1$；

③ 各设备运行时产生功率损耗——引入"设备组的平均效率" η_s，$\eta_s < 1$；

④ 配电线路也要产生功率损耗——引入"配电线路的效率" η_L，$\eta_L < 1$。

将所有影响负荷计算的因素归成一个系数 K_d，称为需要系数，即

$$K_d = \frac{K_\Sigma \cdot K_L}{\eta_s \cdot \eta_L} \tag{4-1}$$

需要系数均小于1，只有在所有用电设备全部同时连续运转且满载时才为1。求出需要系数后，即可以在计算范围内所有设备总容量的基础上乘以需要系数，来求出该设备组的计算负荷。

由于需要系数的确定对于计算负荷的计算结果影响非常大，准确地确定需要系数是正确确定计算负荷的先决条件。国家标准规范中根据不同的负荷性质、不同的工作环境、不同的建筑类型等条件来确定需要系数。部分工业和民用建筑中常见用电设备的需要系数和功率因数可查阅附表Ⅰ-1，供计算参考。

需要系数的计算结果还与用电设备台数有关，台数多时较为准确，台数少时误差稍大。一般情况下在用电设备组台数少于3台时，需要系数可取为1。

（二）设备功率的确定

从上面的分析过程中可以看出，用需要系数法求计算负荷，首先要求出设备功率。在供配电系统中用电设备的铭牌都标有额定功率，但设备在实际工作中所消耗的功率并不一定就是其额定功率。设备功率和额定功率之间的关系，取决于设备的工作制、工作条件、设备是否有附加元件（即附加损耗）等因素。

二维码 4-3　视频
设备功率的确定

1. 单台用电设备的功率

单台用电设备功率换算的基本原则是：不同工作制用电设备的额定功率统一换算为连续工作制的功率；不同物理量的功率统一换算为有功功率。单台用电设备功率取值的原则是简单方便（如整流器）。

① 连续工作制电动机的设备功率等于额定功率。

② 周期工作制电动机（如起重机）的设备功率是将额定功率统一换算为负载持续率100%的有功功率。即：

$$P_e = \sqrt{\varepsilon_N} P_N \tag{4-2}$$

③ 短时工作制电动机的设备功率是将额定功率换算为连续工作制的有功功率。

为方便计算，可将短时工作制电动机近似地看作某一负载持续率的周期工作制电动机，再按周期工作制电动机进行换算。

a. 0.5h 工作制电动机可按负载持续率 $\varepsilon_N = 15\%$ 考虑；1h 工作制电动机可按 $\varepsilon_N = 25\%$ 考虑。

b. 交流电梯用电动机按工作情况为"较轻""频繁""特重"分别按 $\varepsilon_N = 15\%$、$\varepsilon_N = 25\%$、$\varepsilon_N = 40\%$ 考虑。

④ 电焊机的设备功率是将额定容量换算到负载持续率100%的有功功率。即

$$P_e = \sqrt{\varepsilon_N} P_N = \sqrt{\varepsilon_N} S_N \cos\varphi_N \tag{4-3}$$

⑤ 电炉变压器的设备功率是额定功率因数时的有功功率。即

$$P_e = S_N \cos\varphi_N \tag{4-4}$$

⑥ 整流器的设备功率取额定直流功率。

⑦ 白炽灯、低压卤钨灯、自镇流荧光灯、LED 灯这几类电光源的设备功率应直接取输入功率（已含镇流器或驱动电源的功率）；除此之外，其他电光源的设备功率应取总输入功率，即灯具输入功率加镇流器功率损耗。镇流器功率损耗取值可参见《工业与民用配电设计手册》（第四版）中表1.2-1。

二维码 4-4　电光源镇
流器功率损耗取值表

2. 多台用电设备的功率

原则是计算范围（配电点）内不可能同时出现的负荷不叠加。

（1）用电设备组的设备功率

用电设备组的设备功率是所有单个用电设备的设备功率之和，但不包括下列设备：

① 备用设备。

② 专门用于检修的设备（如动力站房的起重机）和工作时间很短的设备（如电动闸阀）。

（2）计算范围（配电点）的总设备功率

应取所接入的各用电设备组设备功率之和，并符合下列要求：

① 计算正常电源的负荷时，仅在消防时才工作的设备不应计算总设备功率。

② 同一计算范围内的季节性用电设备（如采暖设备和空调制冷设备），应选取两者中较大者计入总设备功率。

③ 计算备用电源的负荷时，应根据负荷性质和供电要求，选取应计入的设备功率。

（三）计算负荷的确定

1. 用电设备组的计算负荷

在计算出单台设备功率 P_e 后，可以根据所提供的用电设备组的需要系数，得到设备组的有功、无功和视在计算负荷：

$$P_c = K_d \cdot \Sigma P_e \ (\text{kW}) \tag{4-5}$$

$$Q_c = P_c \cdot \tan\varphi \ (\text{kvar}) \tag{4-6}$$

$$S_c = \sqrt{P_c^2 + Q_c^2} \ (\text{kV·A}) \tag{4-7}$$

计算电流：

$$I_c = \frac{S_c}{\sqrt{3}U_N} \ (\text{A}) \tag{4-8}$$

设备组的功率因数：

$$\cos\varphi = \frac{P_c}{S_c} \tag{4-9}$$

2. 配电干线或车间变电站的计算负荷

在配电干线或变配电所的低压母线上，常有多个用电设备组同时工作，但这些用电设备组不会同时以最大负荷形式工作，因此，引入一个同时系数，从而得到配电干线或低压母线上多个用电设备组的有功、无功和视在计算负荷公式如下：

$$P_c = K_{\Sigma p} \sum_{i=1}^{n} P_{ci} \ (\text{kW}) \tag{4-10}$$

$$Q_c = K_{\Sigma q} \sum_{i=1}^{n} Q_{ci} \ (\text{kvar}) \tag{4-11}$$

$$S_c = \sqrt{P_c^2 + Q_c^2} \ (\text{kV·A}) \tag{4-12}$$

式中，P_{ci}、Q_{ci} 分别为用电设备组的有功和无功计算负荷；$K_{\Sigma p}$、$K_{\Sigma q}$ 为配电干线或低压母线上的同时系数。

同时系数也称为参差系数或最大负荷重合系数，$K_{\Sigma p}$ 可取 $0.8 \sim 0.9$，$K_{\Sigma q}$ 可取 $0.93 \sim 0.97$，简化计算时可与 $K_{\Sigma p}$ 相同。通常用电设备数量越多，同时系数越小。对于较大的多级配电系统，可逐级取同时系数。

二维码 4-5 拓展阅读
同时系数

还应该注意的是，若低压母线上装有无功补偿用的静止电容器组时，则低压母线上的总无功功率计算负荷，应为按上述方法求出的值减去补偿电容器组的容量所剩余的无功功率的大小。无功补偿容量的计算详见本章第三节。

3. 配电站或总降压变电站的计算负荷

配电站或总降压变电站的计算负荷，为各配电干线或车间变电站计算负荷之和再乘以同时系数 $K_{\Sigma p}$ 和 $K_{\Sigma q}$。配电站的 $K_{\Sigma p}$ 和 $K_{\Sigma q}$ 分别取 $0.85 \sim 1$ 和 $0.95 \sim 1$，总降压变电站的 $K_{\Sigma p}$ 和 $K_{\Sigma q}$ 分别取 $0.8 \sim 0.9$ 和 $0.93 \sim 0.97$。当简化计算时 $K_{\Sigma p}$ 和 $K_{\Sigma q}$ 可都取 $K_{\Sigma p}$ 值。

对于多级高压配电系统，特别是多级降压的供配电系统，应逐级多次取同时系数。

4. 高压进线计算负荷的确定

高压进线计算负荷的确定只需要在低压负荷的基础上考虑相应配电变压器或降压变压器的功率损耗、线路的功率损耗及同时工作系数后确定。

高压侧计算负荷：

$$P_{c1} = K_{\Sigma p} \Sigma P_c + \Delta P_T + \Delta P_L \tag{4-13}$$

$$Q_{c1} = K_{\Sigma q} \Sigma Q_c + \Delta Q_T + \Delta Q_L \tag{4-14}$$

$$S_{c1} = \sqrt{P_{c1}^2 + Q_{c1}^2} \tag{4-15}$$

式中，P_{c1}、Q_{c1}、S_{c1} 为高压侧的计算负荷；ΣP_c、ΣQ_c 为低压侧的总计算负荷；ΔP_T、ΔQ_T 分别为变压器的有功和无功功率损耗，ΔP_L、ΔQ_L 分别为线路的有功和无功功率损耗，其计算参见本章第四节。

在进行用电单位总的设备功率和负荷计算时，一般不将消防负荷、喷淋泵、正压送风机等消防用电负荷计算在内，仅考虑平时与火灾兼用的消防用电设备，如长明的应急照明与疏散指示、疏散标志和地下室的进风机、排风机及消防电梯、排水泵等。

当消防用电设备的计算功率大于火灾时可能同时切除的一般电力及照明的计算功率时，应考虑消防设备的负荷，并进行用电单位的设备功率和负荷计算。

【例 4-1】 某机械制造厂机修车间 0.38kV 低压母线上引出的配电干线向下述设备供电：

① 冷加工机床：7.5kW 4 台，4kW 6 台；

② 通风机：4.5kW 3 台；

③ 水泵：2.8kW 2 台；

试采用需要系数法确定各设备组的计算负荷和配电干线上的总计算负荷，结果用负荷计算书列表。

解：（1）求各设备组的计算负荷

查附表 I-4，得第一组设备的需要系数 $K_{d1} = 0.2$，功率因数 $\cos\varphi_1 = 0.5$，$\tan\varphi_1 = 1.73$；

第二组设备的需要系数 $K_{d2} = 0.8$，功率因数 $\cos\varphi_2 = 0.8$，$\tan\varphi_2 = 0.75$；

第三组设备因台数少于 3 台，需要系数 $K_{d3} = 1$，功率因数 $\cos\varphi_3 = 0.8$，$\tan\varphi_3 = 0.75$。

二维码 4-6 视频
例 4-1 讲解

从而第一组设备的计算负荷为：

$$P_{c1} = K_{d1} \cdot \Sigma P_{e1} = 0.2 \times (4 \times 7.5 + 6 \times 4) = 10.8 \ (\text{kW})$$

$$Q_{c1} = P_{c1} \cdot \tan\varphi_1 = 10.8 \times 1.73 = 18.68 \ (\text{kvar})$$

$$S_{c1} = \sqrt{P_{c1}^2 + Q_{c1}^2} = \sqrt{10.8^2 + 18.68^2} = 21.6 \ (\text{kV·A})$$

第二组设备的计算负荷为：

$$P_{c2} = K_{d2} \cdot \Sigma P_{e2} = 0.8 \times 3 \times 4.5 = 10.8 \text{ (kW)}$$

$$Q_{c2} = P_{c2} \cdot \tan\varphi_2 = 10.8 \times 0.75 = 8.1 \text{ (kvar)}$$

$$S_{c2} = \sqrt{P_{c2}^2 + Q_{c2}^2} = \sqrt{10.8^2 + 8.1^2} = 13.5 \text{ (kV·A)}$$

第三组设备的计算负荷为：

$$P_{c3} = K_{d3} \cdot \Sigma P_{e3} = 1 \times 2 \times 2.8 = 5.6 \text{ (kW)}$$

$$Q_{c3} = P_{c3} \cdot \tan\varphi_3 = 5.6 \times 0.75 = 4.2 \text{ (kvar)}$$

$$S_{c3} = \sqrt{P_{c3}^2 + Q_{c3}^2} = \sqrt{5.6^2 + 4.2^2} = 7 \text{ (kV·A)}$$

（2）求配电干线上的总计算负荷

取同时系数 $K_{\Sigma p} = 0.9$，$K_{\Sigma q} = 0.95$，则配电干线上的总计算负荷为

有功计算负荷：

$$P_c = K_{\Sigma p} \sum_{i=1}^{3} P_{ci} = 0.9 \times (10.8 + 10.8 + 5.6) = 24.48 \text{(kW)}$$

无功计算负荷：

$$Q_c = K_{\Sigma q} \sum_{i=1}^{3} Q_{ci} = 0.95 \times (18.68 + 8.1 + 4.2) = 29.43 \text{ (kvar)}$$

视在计算负荷：

$$S_c = \sqrt{P_c^2 + Q_c^2} = \sqrt{24.48^2 + 29.43^2} = 38.28 \text{ (kV·A)}$$

$$I_c = \frac{S_c}{\sqrt{3}U_N} = \frac{38.28}{\sqrt{3} \times 0.38} = 58.16 \text{ (A)}$$

负荷计算书如表 4-1 所示。

表 4-1 例 4-1 负荷计算书

机械加工厂负荷计算书									
设备	台数（台）	单台功率（kW）	需要系数 K_d	$\cos\varphi$	$\tan\varphi$	P_c（kW）	Q_c（kvar）	S_c（kV·A）	I_c（A）
冷加工机床	4	7.5	0.2	0.5	1.73	6	10.38	11.99	18.22
	6	4	0.2	0.5	1.73	4.8	8.3	9.59	14.57
	小计	11.5				10.8	18.68	21.6	32.82
通风机	3	4.5	0.8	0.8	0.75	10.8	8.1	13.5	20.51
水泵	2	2.8	1	0.8	0.75	5.6	4.2	7	10.64
总计		30.3		0.66	1.14	27.2	30.98	41.23	62.64
配电干线 $K_{\Sigma p} = 0.9$，$K_{\Sigma q} = 0.95$		30.3		0.64	1.2	24.48	29.43	38.28	58.16

注：本书中所有例题和习题，在计算过程中均取 $\sqrt{3} = 1.732$，$\sqrt{2} = 1.414$，计算结果均保留小数点后两位有效数字，有特殊说明者除外。

（四）单相负荷的计算

实际的用电负荷情况是很复杂的，在工业与民用建筑中，负荷可进行如下划分。

① 相负荷：接在 220V 相电压上的单相负荷，如电梯、风机、泵机等动力负荷；灯具、

家用电器及其他电器用单相插座等照明负荷。

② 相间负荷：接在 380V 线电压之间的单相负荷，如单相电焊机等。

负荷的种类不同，其计算负荷的方法也不相同，有的建筑中既存在三相负荷又存在单相负荷，既存在 220V 相负荷，也存在 380V 相间负荷。下面就各种情况分别加以介绍。

1. 计算原则

① 单相用电设备应均衡地分配到三相上，使各相的计算负荷尽量相近，减小不平衡度。

② 当符合式（4-16）条件时，单相负荷可不做换算，直接与三相负荷相加：

$$\sum P_{es} \leqslant 15\% \sum P_{et} \tag{4-16}$$

式中，$\sum P_{es}$ 为计算范围内单相负荷的设备功率之和（kW）；$\sum P_{et}$ 为计算范围内三相负荷的设备功率之和（kW）。

③ $\sum P_{es} > 15\% \sum P_{et}$ 时，单相负荷应换算为等效三相负荷后，再纳入三相负荷计算。

④ 进行单相负荷换算时，一般采用计算功率。如单相负荷为同类用电负荷，也可直接采用设备功率换算。

2. 仅存在三相负荷时计算负荷的确定

不同性质的用电设备，其功率因数、需要系数可能是不同的，当使用需要系数法确定计算负荷时，应将计算范围内的所有用电设备按类型统一分组，每组的用电设备应该具有相同的功率因数和需要系数，然后按照需要系数法求计算负荷的公式求出各组配电干线上的计算负荷，再求出总的计算负荷。计算步骤如下：

① 按用电设备的性质，将设备进行分组；

② 求出各用电设备的设备功率及各设备组的设备功率；

③ 按公式求出各组用电设备的有功计算负荷和无功计算负荷；

④ 按公式分别求出计算范围内总的有功计算负荷和无功计算负荷；

⑤ 按公式求出计算范围内总的视在计算负荷；

⑥ 按公式求出计算范围内总的计算电流。

【例 4-2】　一学生宿舍区共有三栋楼，照明全部为荧光灯（有无功补偿）。第一栋等效三相照明负荷为 21kW，第二栋等效三相照明负荷为 33kW，第三栋等效三相照明负荷为 27kW，试用需要系数法求宿舍区的三相计算负荷。

解：宿舍区总照明负荷设备容量为 $P_e = 21 + 33 + 27 = 81$（kW）

建筑类型为宿舍，查附表 I-2 和附表 I-3，取 $K_d = 0.8$，$\cos\varphi = 0.9$，$\tan\varphi = 0.48$，则计算负荷为

$$P_c = K_d \cdot P_e = 0.8 \times 81 = 64.8 \text{ (kW)}$$

$$Q_c = P_c \cdot \tan\varphi = 64.8 \times 0.48 = 31.1 \text{ (kvar)}$$

$$S_c = \sqrt{P_c^2 + Q_c^2} = \sqrt{64.8^2 + 31.1^2} = 71.88 \text{ (kV·A)}$$

$$I_c = \frac{S_c}{\sqrt{3} U_N} = \frac{71.88}{1.732 \times 0.38} = 109.21 \text{ (A)}$$

3. 单相负荷换算为等效三相负荷的简化法

① 只有相间负荷时，选取各相间负荷较大的两项数据进行计算。

a. 若仅存在单台设备，等效三相负荷的设备功率取相间负荷的 $\sqrt{3}$ 倍。例如，当只有 P_{uv} 时：

$$P_{eq}=\sqrt{3}\,P_{uv} \tag{4-17}$$

b. 若存在多台设备，等效三相负荷的设备功率为最大相间负荷的 $\sqrt{3}$ 倍再加上次大相间负荷的 $(3-\sqrt{3})$ 倍。例如，当 $P_{uv}\geqslant P_{vw}\geqslant P_{wu}$ 时

$$P_{eq}=\sqrt{3}\,P_{uv}+(3-\sqrt{3})\,P_{vw} \tag{4-18}$$

以上式中，P_{eq} 为等效三相负荷（kW），P_{uv}、P_{vw}、P_{wu} 分别为接于 UV、VW、WU 相间的单相负荷（kW）。

② 只有相负荷时，等效三相负荷取最大相负荷的 3 倍。

③ 简化单相负荷换算的措施：相间负荷和相负荷（如电焊机和照明灯），应分别配电，使各配电线路均符合简化的条件。

④ 缩减单相负荷范围的约定：数量多而单台功率小的用电器具（如灯具和家用电器），容易均匀地分接到三相上，在大计算范围中应视同三相负荷，低压母线的负荷通常符合式（4-16）的条件，不必进行换算。

⑤ 按上述方法求出单相负荷等效的三相负荷的设备功率后，再用需要系数法的有关公式求总计算负荷。

【例 4-3】　某七层住宅楼中的一个单元，一梯两户，每户容量按 6kW 计算，每相供电负荷分配如下：L1 供 1、2、3 层，L2 供 4、5 层；L3 供 6、7 层。照明系统图如图 4-1 所示，求此单元的照明计算负荷。

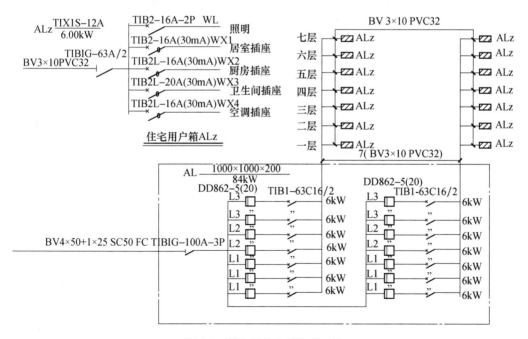

图 4-1　某七层住宅楼照明系统

解：每相容量：

$$P_{eL1}=供电层数×每层户数×每户容量=3×2×6=36（kW）$$

$$P_{eL2}=2×2×6=24（kW）$$

$$P_{eL3}=2×2×6=24（kW）$$

均为相负荷，设备总容量为最大相设备功率的 3 倍，即

$$P_e=3P_{eL1}=3×36=108（kW）$$

查表 4-5 和附表 I-3 可得，$K_d=0.8$，$\cos\varphi=0.9$，$\tan\varphi=0.48$

从而有功计算负荷：$P_c=K_dP_e=0.8×108=86.4（kW）$

无功计算负荷：$Q_c=P_c\tan\varphi=86.4×0.48=41.47（kvar）$

视在计算负荷：$S_c=\sqrt{P_c^2+Q_c^2}=\sqrt{86.4^2+41.47^2}=95.84（kV·A）$

计算电流：$I_c=\dfrac{S_c}{\sqrt{3}U_N}=\dfrac{95.84}{\sqrt{3}×0.38}=145.62（A）$

【例 4-4】 室外一条照明线路采用 380V、600W 高压钠灯（已含镇流器功率损耗），L1、L2 两相间接有 20 盏，L2、L3 两相间接有 21 盏，L3、L1 两相间接有 19 盏。试计算这条照明线路上的等效三相计算负荷。

解：查附表 I-3 可得，$K_d=1$，$\cos\varphi=0.5$，$\tan\varphi=1.73$，则各相间计算负荷为

L1、L2 两相间：$P_{cL12}=K_dP_{e12}=1×20×600=12000（W）=12（kW）$

L2、L3 两相间：$P_{cL23}=K_dP_{e23}=1×21×600=12600（W）=12.6（kW）$

L1、L3 两相间：$P_{cL13}=K_dP_{e13}=1×19×600=11400（W）=11.4（kW）$

等效三相负荷为：

$$P_c=\sqrt{3}P_{cL23}+（3-\sqrt{3}）P_{cL12}=\sqrt{3}×12.6+（3-\sqrt{3}）×12=37.04（kW）$$

$$Q_c=P_c\tan\varphi=37.04×1.73=64.08（kvar）$$

等效三相视在负荷和三相计算电流略。

4. 单相负荷换算为等效三相负荷的精确法

对于既存在相间负荷又存在相负荷的情况，应采用精确法。

这种情况，要先将相线间负荷等效成相负荷，继而求出各个相中所有相负荷的总有功计算负荷和总无功计算负荷，取三相中最大的有功计算负荷和无功计算负荷的 3 倍分别作为所有相负荷的等效三相有功计算负荷和等效三相无功计算负荷，与系统中所接的三相负荷对应相加，最后求出计算范围内的总计算负荷。

二维码 4-8　视频
相间负荷换算为相负荷

相间负荷换算为相负荷的计算公式为

$$\left.\begin{aligned}
P_u&=P_{uv}p_{(uv)u}+P_{wu}p_{(wu)u}\\
Q_u&=P_{uv}q_{(uv)u}+P_{wu}q_{(wu)u}\\
P_v&=P_{vw}p_{(vw)v}+P_{uv}p_{(uv)v}\\
Q_v&=P_{vw}q_{(vw)v}+P_{uv}q_{(uv)v}\\
P_w&=P_{wu}p_{(wu)w}+P_{vw}p_{(vw)w}\\
Q_w&=P_{wu}q_{(wu)w}+P_{vw}q_{(vw)w}
\end{aligned}\right\}\tag{4-19}$$

式中，P_{uv}、P_{vw}、P_{wu} 分别为接于 uv、vw、wu 线电压间的单相用电设备有功功率（kW）；P_u、P_v、P_w 分别为换算为 u、v、w 相的有功负荷（kW）；Q_u、Q_v、Q_w 分别为换算为 u、v、 w 相的无功负荷（kvar）；$p_{(uv)u}$、$p_{(vw)v}$、$p_{(wu)w}$、$p_{(uv)v}$、$p_{(vw)w}$、$p_{(wu)u}$、$q_{(uv)u}$、$q_{(vw)v}$、$q_{(wu)w}$、$q_{(uv)v}$、$q_{(vw)w}$、$q_{(wu)u}$ 分别为有功及无功换算系数，其值可查表 4-2。

表 4-2 有功及无功换算系数

功率换算系数	负荷功率因数								
	0.35	0.4	0.5	0.6	0.65	0.7	0.8	0.9	1.0
$p_{(uv)u}$、$p_{(vw)v}$、$p_{(wu)w}$	1.27	1.17	1.0	0.89	0.84	0.8	0.72	0.64	0.5
$p_{(uv)v}$、$p_{(vw)w}$、$p_{(wu)u}$	−0.27	−0.17	0	0.11	0.16	0.2	0.28	0.36	0.5
$q_{(uv)u}$、$q_{(vw)v}$、$q_{(wu)w}$	1.05	0.86	0.58	0.38	0.3	0.22	0.09	−0.05	−0.29
$q_{(uv)v}$、$q_{(vw)w}$、$q_{(wu)u}$	1.63	1.44	1.16	0.96	0.88	0.8	0.67	0.53	0.29

注：当功率因数与表中数值不同时，需要进行换算，换算系数参见《工业与民用配电设计手册》（第四版）。

二、单位指标法

民用建筑的单位指标法分为负荷密度指标法和综合单位指标法两种。

1. 负荷密度指标法

负荷密度指标也称为单位面积功率，是指荷在单位面积上的需求容量。其估算有功计算负荷 P_c 的公式如下：

$$P_c = \frac{P_0 \cdot A}{1000} \ (kW) \tag{4-20}$$

式中，P_0 为负荷密度指标，即单位面积功率（W/m^2），A 为建筑面积（m^2）。

规划单位建设用地负荷指标和规划单位建筑面积负荷指标参见表 4-3。

表 4-3 规划单位建设用地负荷指标和规划单位建筑面积负荷指标 单位：W/m^2

城市建设用地类别	单位建设用地负荷指标	建筑类别	单位建筑面积负荷指标
居住用地	10～40	居住建筑	30～70
商业服务设施用地	40～120	公共建筑	40～150
公共管理与公共服务设施用地	30～80	仓储物流建筑	15～50
物流仓储用地	2～4		
道路与交通设施用地	1.5～3	市政设施建筑	20～50
公用设施用地	15～20		
绿地与广场用地	1～3		

使用负荷密度指标法的计算负荷是否准确，完全取决于负荷密度指标 P_0 的准确程度。负荷密度指标受到多种因素的影响，如地理位置、气候条件、地区发展水平、居民生活习惯、建筑规模大小、建设标准高低、使用能源种类、节能措施力度等。因此，在选择确定负荷密度指标时，应综合考虑多方面的因素。还应根据同类项目实测数据不断积累、细化和深化。详细示例可参见《工业与民用配电设计手册》（第四版）。

2. 综合单位指标法

综合单位指标法是根据已有的用电单位指标来估算计算负荷的方法，即已知不同类型的负荷在核算单位上的安装量，乘核算单位的数量得到的负荷量。其有功计算负荷的计算公式为：

$$P_c = P'_0 \cdot N \tag{4-21}$$

式中，P'_0 为有功负荷的单位用电指标，如 kW/户、kW/人、kW/床等；N 为单位数量，如户数、人数、床位数等。

单位指标的确定与国家经济形势的发展、电力政策及人民消费水平的高低有直接的关系，不是一成不变的数值。而且由于不同城市的经济发展水平不同，单位用电指标也会有很大的差别。因此，不宜简单地规定硬性的单位指标，尤其是全国通用的指标。这是在采用单位指标法进行负荷计算时需要特别注意的。

二维码 4-9　拓展阅读
住宅电能计量

单位指标法在住宅设计中应用最广。每套住宅的用电指标具有双重属性，用于选择入户线和电能表时，它是计算功率；用于上级计算范围（如一栋建筑、变电站）的负荷计算时，则代替每套住宅的设备功率。表 4-4 列出了每套住宅用电负荷指标，供选用时参考。

表 4-4　每套住宅用电负荷标准及电能表规格

户型	建筑面积 A（m²）	用电负荷标准（kW/户）	单相电能表规格（A）
A	$A \leqslant 60$	3	5（20）
B	$60 < A \leqslant 90$	4	10（40）
C	$90 < A \leqslant 150$	6	10（40）

注：①本表摘自《住宅建筑电气设计规范》（JGJ 242—2011）。②当每套住宅建筑面积大于150m²时，超出的建筑面积可按 40～50W/m² 计算用电负荷。③每套住宅用电负荷不超过 12kW 时，应采用单相电源进户，每套住宅应至少配置一块单相电能表；每套住宅用电负荷超过 12kW 时，宜采用三相电源进户，电能表应能按相序计量。

应用以上需要系数法或者单位指标法计算负荷时，还应结合工程具体情况，乘不同的需要系数。表 4-5 给出了住宅用电负荷的需要系数。

表 4-5　住宅用电负荷需要系数

按单相配电时接于同一相上的基本户数	按三相配电计算时所连接的基本户数	需要系数 K_d
1～3	3～9	0.9～1.0
4～8	12～24	0.65～0.9
9～12	27～36	0.5～0.65
13～24	39～72	0.45～0.5
25～124	75～372	0.4～0.45
125～259	375～777	0.3～0.4
260～300	780～900	0.26～0.3

注：①本表摘自《住宅建筑电气设计规范》（JGJ 242—2011）。②住宅的公用照明及公用电力负荷需要系数，一般按 0.8 选取。

三、其他负荷的计算

1. 季节性负荷

季节性负荷，如冬季采暖和夏季空调，应分别计算冬季采暖负荷和夏季制冷负荷，取较大值计入正常的计算负荷。

2. 临时性负荷

临时性负荷，如大型实验设备、事故处理设备等，投入运行的时间相对较短（一般在 $0.5 \sim 2.0\mathrm{h}$），不应计入正常的计算负荷中。但应校验当这类设备投入运行时变压器、开关及供电线路等不得超过其短时过负荷允许值（包括变压器的短时过负载能力）。

二维码 4-11　拓展阅读
季节性负荷

3. 冲击负荷

在配电系统中出现冲击负荷最多的是电动机瞬时启动这一时刻。电动机启动电流一般是其额定电流的 $4 \sim 7$ 倍，一旦启动完成，电动机立即恢复到正常的额定电流。由于此负荷存在的时间较短，一般不计入正常的负荷计算中，但应校验此冲击负荷对变压器、线路开关的保护设备是否能准确动作的影响。

4. 尖峰电流的计算

尖峰电流是指单台或一组用电设备持续 $1 \sim 2\mathrm{s}$ 的短时最大负荷电流，一般出现在电动机启动过程中。计算电压波动、选择保护电器及校验电动机自启动条件时都需要校验尖峰电流值。

二维码 4-12　视频
尖峰电流计算

对于不同性质的负荷，其尖峰电流的计算公式也不同。

① 单台电动机、电弧炉或电焊变压器的支线，其尖峰电流为：

$$I_{\mathrm{pk}} = K_{\mathrm{st}} I_{\mathrm{r}} \tag{4-22}$$

式中，I_{pk} 为尖峰电流（A）；I_{r} 为电动机、电弧炉或电焊变压器一次侧额定电流（A）；K_{st} 为启动电流倍数，即启动电流与额定电流之比，笼型异步电动机可达 7 倍左右，绕线式转子异步电动机一般不大于 2 倍，直流电动机为 $1.5 \sim 2$ 倍，单台电弧炉为 3 倍，弧焊变压器和弧焊整流器为小于或等于 2.1 倍，电阻焊机为 1 倍，闪光对焊机为 2 倍。

② 接有多台电动机的配电线路，只考虑一台电动机启动时的尖峰电流为：

$$I_{\mathrm{pk}} = (K_{\mathrm{st}} I_{\mathrm{r}})_{\max} + I'_{\mathrm{c}} \tag{4-23}$$

式中，$(K_{\mathrm{st}} I_{\mathrm{r}})_{\max}$ 为启动电流与额定电流差别最大的一台电动机的启动电流（A）；I'_{c} 为除启动电动机以外的配电线路计算电流（A）。

第三节　功率因数和无功功率补偿

电力系统中的送、配电线路及变压器和大部分的电能用户具有电感性质，从电源吸收无功功率，功率因数较低，造成电能损耗和电压损失，使设备使用效率相应降低。尤其是轻载运行时，功率因数将更低。因此，供电部门征收电费时，将用户的功率因数高低作为一项重要的经济指标。要提高功率因数，必须投入容性无功，以抵消部分感性无功，使总的无功功率较小，这就是无功功率补偿。

一、功率因数

功率因数是衡量供配电系统电能利用程度及电气设备使用状况的一个重要参数，随负荷和电源电压的变动而变动。功率因数有瞬时功率因数、平均功率因数和最大负荷功率因数。

瞬时功率因数用于观察功率因数的变化，了解和分析用户或设备在用电过程中无功功率的变化状况，以便采取相应的补偿措施，以及为日后进行设计提供参考依据。

平均功率因数指某段时间内的平均功率因数值，可由式（4-24）计算：

$$\cos\varphi_{av}=\frac{P_{av}}{S_{av}}=\frac{\alpha P_c}{\sqrt{(\alpha P_c)^2+(\beta Q_c)^2}}=\frac{1}{\sqrt{1+\left(\frac{\beta Q_c}{\alpha P_c}\right)^2}} \tag{4-24}$$

式中，α 为有功负荷系数（一般为 0.7～0.75）；β 为无功负荷系数（一般为 0.76～0.82）。

供电部门根据月平均功率因数调整用户的电费电价，平均功率因数低于规定标准的，增加一定比例的电费；高于规定标准的，减少一定比例的电费。以鼓励用户提高功率因数，达到节能和提高系统经济运行性能的目的。

最大负荷功率因数是在年最大计算负荷时的功率因数，由年最大有功计算负荷与年最大计算容量的比值确定：

$$\cos\varphi=\frac{P_{c\,max}}{S_{c\,max}} \tag{4-25}$$

用户供电系统的最大负荷功率因数应满足当地供电部门的要求，当无明确要求时，高压用户的功率因数应为 0.9 以上，低压用户的功率因数应为 0.85 以上。

功率因数过低，将对供配电系统产生下列影响。

① 设备及供电线路的有功功率损耗增大。由于无功损耗的增大而引起的总电流的增加，使得系统中有功功率损耗增加。

② 系统中的电压损失增大。总电流增大，正比于系统中流过的电流的电压损失增加，使得调压困难、电压偏低，对生产和生活带来很大影响。

③ 系统中电气元件容量增大。系统中输送的总电流增加，使得供电系统中的电气元件（如变压器、电气设备、导线）容量增大，从而使工厂内部的启动控制设备、测量仪表等规格尺寸增大，导致初始投资增大。

④ 发电设备出力降低。无功电流的增大，使发电机转子的去磁效应增加，电压降低，过度增加励磁电流，则使转子绕组的温升超过允许范围，为了保证转子绕组的正常工作，发电机就不能达到预定的出力。

应优先采取措施提高自然功率因数，当采用提高自然功率因数措施后仍达不到要求时，应进行无功功率补偿。

二、提高自然功率因数的方法

不添置任何补偿设备，采取措施减小供电系统自身无功功率的需要量，即为提高自然功率因数。它不需要增加投资，是最经济的提高自然功率因数的方法。

电力系统的无功功率中异步电动机约占 70%，变压器约占 20%，线路约占 10%。合理选择电动机和变压器，减小无功功率消耗，是提高自然功率因数的主要措施。

① 合理选择电动机的容量，尽量提高其负荷率，避免"大马拉小车"。平均负荷率低于 40% 的电动机，应予以更换。

② 合理选择变压器容量，负荷率宜在 70%～85%。合理选择变压器台数，适当设置低压联络线，以便切除轻载运行的变压器。

③ 优化系统接线和线路设计，减少线路感抗。

④ 功率较大、经常恒速运行的机械，应尽量采用同步电动机。

三、无功功率补偿

当采用提高自然功率因数的方法仍不能满足电力部门所要求的功率因数数值时，就要采取人工补偿方法，利用专门的补偿设备来提高功率因数。

（一）人工补偿改善功率因数的方法

① 采用同步电动机补偿。使用同步电动机在过励磁方式呈现容性时运转，其功率因数超前，向供电系统输出无功功率，用来补偿感性用电设备所需要的无功功率，从而提高功率因数。

② 利用同步调相机作为无功功率电源（无功发电机），用来补偿用户运行所需要的无功功率。同步调相机是轴上不带任何负载的同步电动机，调节同步调相机的励磁电流大小，可以改变其输出无功功率的大小，从而提高功率因数。

③ 采用并联静电电容器补偿。将电容器与感性负荷（用电设备）并联，改善的是包括电容器在内的整个线路的功率因数。

④ 静止无功补偿器。是由可控硅控制的可调电抗器与电容器并联组成的新型无功补偿装置，具有极好的调节性能，能快速跟踪负荷变动，改变无功功率的大小，能根据需要改变无功功率的方向，响应速度快，不仅可以作为一般的无功补偿装置，而且是唯一能用于冲击性负荷的无功补偿装置。

（二）无功补偿容量的计算

一般供配电工程的无功功率补偿装置均为并联静电电容器装置，因此，下面介绍并联静电电容器无功补偿容量的计算。

最大负荷时无功功率补偿所需的并联静电电容器装置总容量 Q_{Nc} 的计算公式为：

二维码 4-13　视频
无功补偿容量的计算

$$Q_{Nc} = P_c(\tan\varphi_1 - \tan\varphi_2) \tag{4-26}$$

$$\tan\varphi_1 = \frac{Q_c}{P_c} \tag{4-27}$$

式中，P_c 为计算负荷有功功率（kW），Q_c 为计算负荷无功功率（kvar），$\tan\varphi_1$ 为补偿前功率因数角的正切值；$\tan\varphi_2$ 为要求达到的补偿后功率因数角的正切值，一般民用建筑补偿后的功率因数高压侧按 0.9、低压侧按 0.92 考虑。

定义无功功率补偿率 Δq_c 为

$$\Delta q_c = \frac{Q_{Nc}}{P_c} = \tan\varphi_1 - \tan\varphi_2 \tag{4-28}$$

无功补偿率 Δq_c 的数值见表 4-6。

表 4-6　无功功率补偿率 Δq_c　　　　单位：kvar/kW

补偿前 $\cos\varphi_1$	补偿后 $\cos\varphi_2$							
	0.85	0.88	0.90	0.92	0.94	0.95	0.96	0.97
0.50	1.112	1.192	1.248	1.306	1.369	1.404	1.442	1.481
0.55	0.899	0.979	1.035	1.093	1.156	1.191	1.228	1.268
0.60	0.714	0.794	0.850	0.908	0.971	1.006	1.043	1.083
0.65	0.549	0.629	0.685	0.743	0.806	0.841	0.878	0.918
0.68	0.458	0.538	0.594	0.652	0.715	0.750	0.788	0.828

补偿前 $\cos\varphi_1$	补偿后 $\cos\varphi_2$							
	0.85	0.88	0.90	0.92	0.94	0.95	0.96	0.97
0.70	0.401	0.481	0.537	0.595	0.658	0.693	0.729	0.769
0.72	0.344	0.424	0.480	0.538	0.601	0.636	0.672	0.712
0.75	0.262	0.342	0.398	0.456	0.519	0.554	0.591	0.631
0.78	0.182	0.262	0.318	0.376	0.439	0.474	0.512	0.552
0.80	0.130	0.210	0.266	0.324	0.387	0.422	0.459	0.499
0.81	0.104	0.184	0.240	0.298	0.361	0.396	0.433	0.483
0.82	0.078	0.158	0.214	0.272	0.335	0.370	0.407	0.447
0.85	—	0.08	0.136	0.194	0.257	0.292	0.329	0.639

在确定了总补偿容量后，可以根据所选并联电容器的单个容量 q_c 来确定电容器的个数：

$$n = \frac{Q_{Nc}}{q_c} \text{。} \tag{4-29}$$

部分常用并联电容器的主要技术数据见表 4-7。

表 4-7 部分并联电容器的主要技术数据

型号	额定容量（kvar）	额定电容（μF）	型号	额定容量（kvar）	额定电容（μF）
BCMJ0.4-4-3	4	80	BGMJ0.4-3.3-3	3.3	66
BCMJ0.4-5-3	5	100	BGMJ0.4-5-3	5	99
BCMJ0.4-8-3	8	160	BGMJ0.4-10-3	10	198
BCMJ0.4-10-3	10	200	BGMJ0.4-12-3	12	230
BCMJ0.4-15-3	15	300	BGMJ0.4-15-3	15	298
BCMJ0.4-20-3	20	400	BGMJ0.4-20-3	20	398
BCMJ0.4-25-3	25	500	BGMJ0.4-25-3	25	498
BCMJ0.4-30-3	30	600	BGMJ0.4-30-3	30	598
BCMJ0.4-40-3	40	800	BWF0.4-14-1/3	14	279
BCMJ0.4-50-3	50	1000	BWF0.4-16-1/3	16	318
BKMJ0.4-6-1/3	6	120	BWF0.4-20-1/3	20	398
BKMJ0.4-7.5-1/3	7.5	150	BWF0.4-25-1/3	25	498
BKMJ0.4-9-1/3	9	180	BWF0.4-75-1/3	75	1500
BKMJ0.4-12-1/3	12	240	BWF10.5-16-1	16	0.462
BKMJ0.4-15-1/3	15	300	BWF10.5-25-1	25	0.722
BKMJ0.4-20-1/3	20	400	BWF10.5-30-1	30	0.866
BKMJ0.4-25-1/3	25	500	BWF10.5-40-1	40	1.155
BKMJ0.4-30-1/3	30	600	BWF10.5-50-1	50	1.44
BKMJ0.4-40-1/3	40	800	BWF10.5-100-1	100	2.89
BKMJ0.4-2.5-1/3	2.5	55			

注：①额定频率 50Hz。②型号末标有"1/3"标识者，为有单相和三相两种规格。

由式（4-29）计算所得的并联电容器个数 n，对于单相电容器来说，应取 3 的倍数，以使三相均衡分配。采用自动调节补偿方式时，补偿电容器的安装容量宜留有适当的余量。

（三）无功补偿后的功率因数

无功补偿后有功计算负荷保持不变，而无功计算负荷和视在计算负荷会发生变化，从而使功率因数发生改变。无功补偿后的功率因数为

$$\cos\varphi' = \frac{P_c}{\sqrt{P_c^2 + (Q_c - Q_{Nc})^2}} \tag{4-30}$$

功率因数是用电单位与供电部门产权分界点的功率因数，因此，对于高压供电的用电单位，功率因数是高压侧的功率因数，在计算补偿容量时，应考虑变压器的无功功率损耗，要求功率因数按不低于 0.9 考虑。此处的功率因数是用电单位最大负荷时的功率因数，不需要再考虑有功和无功负荷的负荷系数。

（四）静电电容器无功补偿的形式

静电电容器无功补偿可以采用分散补偿和集中补偿的方式，如图 4-2 所示。

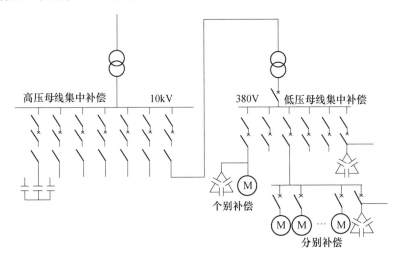

高压母线集中补偿　　10kV　　380V　低压母线集中补偿

个别补偿

分别补偿

图 4-2　静电电容器无功补偿位置示意图

分散补偿是低压部分的无功负荷由低压电容器补偿，高压部分由高压电容器补偿。分散补偿又分为个别补偿和分组补偿。个别补偿就是将电容器装设在需要补偿的电气设备附近，与电气设备同时运行和退出。分组补偿，是对于容量较大、负荷平稳且经常使用的用电设备组的无功功率单独就地补偿。环境正常场所的低压电容器宜采用分散补偿。

二维码 4-14　拓展阅读
静电电容器无功补偿

集中补偿则通常将电容器设置在变、配电所的高、低压母线上，电容器组宜在变电所内集中补偿，居住区的无功负荷宜在小区变电所低压侧集中补偿。单相负荷较多的供配电系统，变电所集中设置的无功补偿装置宜采用部分分相无功自动补偿装置。

个别补偿处于供电末端的负荷处，能最大限度地减少系统的无功输送量，有最好的补偿效果，缺点是补偿电容通常随着设备一起投切，使用效率不高。分组补偿电容器的利用率比

个别补偿大，因此，电容器总容量比个别补偿小，投资相对小些。集中补偿的电容器通常设置在变配电所的高低压母线上，投资少，便于集中管理。电容器设置在低压母线上的补偿效果要好于高压母线补偿。供配电系统中的电力电容器通常采用高、低压混合补偿的形式，以发挥各补偿方式的特点，相互补充。

补偿电容器组的投切方式分为手动和自动两种。对于补偿低压基本无功功率的电容器组，以及常年稳定的无功功率和投切次数较少的高压电容器组，宜采用手动投切；为避免过补偿或在轻载时电压过高，造成某些用电设备损坏等，宜采用自动投切。在采用高低压自动补偿装置效果相同时，宜采用低压自动补偿装置。

第四节　建筑供配电系统中的功率损耗

当电流流过供配电线路和变压器时，引起的功率损耗和电能损耗也要由电力系统供给，在确定计算负荷时，应计入这部分损耗。供电系统在传输电能过程中，线路和变压器损耗能量占总供电能量的百分数，称为线损率。为计算线损率，应掌握供电总量，同时要分别计算线路、变压器中损失的电量。线路和变压器均具有电阻和阻抗，其功率损耗分为有功和无功功率损耗两部分。

一、变压器的功率损耗

变压器的功率损耗包括有功功率损耗 ΔP_T 和无功功率损耗 ΔQ_T。

1. 有功功率损耗

有功功率损耗由空载损耗（铁损）和短路损耗（铜损）两部分组成。

$$\Delta P_T = \Delta P_0 + \Delta P_k \left(\frac{S_c}{S_N} \right)^2 \tag{4-31}$$

式中，ΔP_T 为变压器的有功功率损耗（kW），ΔP_0 为变压器的空载有功功率损耗（kW），ΔP_k 为变压器的满载（短路）有功功率损耗（kW），均可在产品手册中查出；S_c 为视在计算负荷（kV·A）；S_N 为变压器的额定容量（kV·A）。

2. 无功功率损耗

无功功率损耗由变压器的空载无功损耗和额定负载下的无功损耗两部分组成。

$$\Delta Q_T = \Delta Q_0 + \Delta Q_k \left(\frac{S_c}{S_N} \right)^2 \tag{4-32}$$

式中，ΔQ_T 为变压器的无功功率损耗（kvar）；ΔQ_0 为变压器的空载无功功率损失（kvar），$\Delta Q_0 = \frac{I_0\%}{100} S_N$；$\Delta Q_k$ 为变压器的满载无功功率损失（kvar），$\Delta Q_k = \frac{\Delta u_k\%}{100} S_N$；$I_0\%$ 为变压器空载电流占额定电流百分数，$\Delta u_k\%$ 为变压器阻抗电压占额定电压百分数，两者均可在产品手册中查出。

在负荷计算中，当变压器负荷率不大于 85% 时，其功率损耗可以概略计算如下：

$$\Delta P_T = 0.01 S_c \tag{4-33}$$

$$\Delta Q_T = 0.05 S_c \tag{4-34}$$

【例 4-5】　某 SC10-1000/10 型电力变压器额定容量为 $1000\mathrm{kV \cdot A}$，一次电压为 $10\mathrm{kV}$，二次电压为 $0.4\mathrm{kV}$，低压侧有功计算负荷为 $662\mathrm{kW}$，无功计算负荷为 $450\mathrm{kvar}$。求变压器的有功功率损耗和无功功率损耗。

解：查附表 I -19 得 SC10-1000/10 型电力变压器参数：

$$\Delta P_0=1.77kW,\quad \Delta P_k=7.32kW,\quad I_0\%=0.6,\quad \Delta u_k\%=6。$$

可计算得

$$\Delta Q_0=\frac{I_0\%}{100}S_N=\frac{0.6}{100}\times 1000=6\ (kvar),\quad \Delta Q_k=\frac{\Delta u_k\%}{100}S_N=\frac{6}{100}\times 1000=60\ (kvar),$$

$$S_c=\sqrt{P_c^2+Q_c^2}=\sqrt{662^2+450^2}=800.46\ (kV\cdot A)$$

故变压器有功功率损耗为

$$\Delta P_T=\Delta P_0+\Delta P_k\left(\frac{S_c}{S_N}\right)^2=1.77+7.32\times\left(\frac{800.46}{1000}\right)^2=6.46\ (kW)。$$

变压器的无功功率损耗为

$$\Delta Q_T=\Delta Q_0+\Delta Q_k\left(\frac{S_c}{S_N}\right)^2=6+60\times\left(\frac{800.46}{1000}\right)^2=44.44\ (kvar)。$$

二、供电线路的功率损耗

三相供电线路的有功功率损耗 ΔP_L 和无功功率损耗 ΔQ_L 分别可通过式（4-35）、式（4-36)计算：

$$\Delta P_L=3I_c^2r_0l\times 10^{-3}, \tag{4-35}$$

$$\Delta Q_L=3I_c^2x_0l\times 10^{-3}。 \tag{4-36}$$

式中，l 为线路每相计算长度（km）；r_0、x_0 为线路单位长度的交流电阻和电抗（Ω/km），参见附表 I -7 或相关设计手册。

【例 4-6】 有 10kV 送电线路，线路长 30km，采用 LJ-70 型铝绞线，导线几何均距 $aan=1.25m$，输送的计算功率为 1000kV·A，试求该线路的有功功率和无功功率损耗。

解：查附表 I -7 可得 LJ-70 型铝绞线电阻 $r_0=0.48\Omega$/km，当 $aan=1.25m$ 时，$x_0=0.36\Omega$/km。

所以：

$$\Delta P_L=3I_c^2r_0l\times 10^{-3}=3\times\left(\frac{S_c}{\sqrt{3}U_N}\right)^2r_0l\times 10^{-3}=144\ (kW)$$

$$\Delta Q_L=3I_c^2x_0l\times 10^{-3}=3\times\left(\frac{S_c}{\sqrt{3}U_N}\right)^2x_0l\times 10^{-3}=108\ (kvar)$$

一般变配电所的高压线路不长，其线路损耗不大，在负荷计算时往往可以忽略不计。

第五节　配电变压器容量的计算

配电变压器指民用建筑中采用的 35/10kV，35/0.4kV，10/0.4kV 3 种电压等级的变压器。应根据建筑物的性质和负荷情况、城市电网情况，进行经济、技术比较后确定，应优选节能型变压器。

一、按变压器效率最高时的负荷率来计算容量

当建筑物的计算负荷确定后，配电变压器的总装机容量为

$$S_N=\frac{P_c}{\beta\cos\varphi} \tag{4-37}$$

式中，P_c 为建筑物的有功计算负荷（kW）；$\cos\varphi$ 为补偿后的平均功率因数，不小于 0.9；β 为变压器的负荷率。

因此，变压器容量的最终确定就在于选定变压器的负荷率 β。当变压器的负荷率 $\beta=\beta_m$ $=\sqrt{\dfrac{\Delta P_0}{\Delta P_k}}$ 时变压器的效率最高。

高层建筑中设备用房多设于地下层，为满足消防的要求，配电变压器一般选用干式或环氧树脂浇注变压器，表 4-8 为国产 SGL 型电力变压器最佳负荷率。

表 4-8 国产 SGL 型电力变压器最佳负荷率

容量（kV·A）	500	630	800	1000	1250	1600
空载损耗（W）	1850	2100	2400	2800	3350	3950
负荷损耗（W）	4850	5650	7500	9200	11000	13300
损失比 α_2	2.62	2.69	3.13	3.20	3.28	3.37
最佳负荷率 β_m（%）	61.8	61.0	56.6	55.2	55.2	54.5

如果以 β_m 来计算变压器的容量，必将造成容量过大，使用户初始投资大量增加。另外，P_c 是 30min 平均最大负荷的统计值，而民用建筑的用电一般在深夜至次日清晨时处于轻载，且一天运行过程中负荷也时有变化，大部分时间实际负荷均小于计算负荷 P_c，如果按 β_m 计算变压器容量，则不可能使变压器运行在最高效率 β_m 上。这样不仅不能节约电能且运行在低 β 值上，会消耗更多的电能。因此，按变压器的最佳负荷率 β_m 来计算变压器容量是不完全合理的。

二、按计算负荷来确定变压器容量

选择变压器的容量应以计算负荷为基础，即

$$S_N \geqslant S_c \tag{4-38}$$

根据总降压变电所变压器的数量不同，变压器的运行方式有以下两种。

1. 明备用

明备用即两台变压器正常运行时，一台工作，另一台作为备用，变压器故障或者检修时，备用变压器投入运行，并要求带全部负荷。每台变压器的容量按 100% 的计算负荷确定，即

$$S_N \geqslant 100\% S_c \tag{4-39}$$

2. 暗备用

变压器的暗备用是指正常运行时，两台变压器同时工作，每台变压器各承担接近一半的负荷量；当变压器故障或者检修时，由另一台变压器尽量带全部负荷，此时变压器可能会出现短时过负荷现象。国产变压器的短时过载运行数据如表 4-9 所示。

表 4-9 变压器的短时过载运行数据

油浸式变压器（自冷）		干式变压器（空气自冷）	
过电流（%）	允许运行时间（min）	过电流（%）	允许运行时间（min）
30	120	20	60
45	80	30	45
60	45	40	32
75	20	50	18
100	10	60	5

暗备用方式的变压器每台容量按 50% 的总计算负荷选取，即：

$$S_N \geqslant 50\% S_c \tag{4-40}$$

同时，当任一台变压器单独运行时，应满足全部一、二级负荷 $S_{cI}+S_{cII}$ 的需要，即：

$$S_N \geqslant S_{cI}+S_{cII} \tag{4-41}$$

这样选择的变压器正常运行时的负荷率不应超过 85%。

3. 设计规范的要求［《民用建筑电气设计标准》(GB 51348—2019)］

① 配电变压器长期工作负荷率不宜大于 85%。

② 当符合下列条件之一时，可设专用变压器：

a. 电力和照明采用公用变压器将严重影响照明质量及光源寿命时，可设照明专用变压器；一般情况下动力和照明宜共用变压器。

b. 季节性负荷容量较大（如大型民用建筑中的冷冻机组等负荷）或冲击性负荷严重影响电能质量时，可设专用变压器。

c. 单相容量较大，由于不平衡负荷引起中性导体电流超过变压器低压绕组额定电流的 25% 时，或只有单相负荷其容量不是很大时，也可设置单相变压器。

d. 出于功能需要的某些特殊设备（如较大容量的 X 光机等），可设专用变压器。

e. 当 220/380V 电源系统为不接地或经高阻抗接地的 IT 接地形式，且无中性线（N）时，照明系统应设专用变压器。

③ 变压器的容量应满足大型电动机及其他冲击性负荷的启动要求。

④ 设置在民用建筑内的变压器，宜选用干式、气体绝缘或非可燃性液体绝缘的变压器。

⑤ 变压器低压侧电压为 0.4kV 时，单台变压器容量不宜大于 2000kV·A（注：当用电设备容量较大，负荷集中且运行合理时，可选用较大容量的变压器），当仅有一台时，不宜大于 1250kV·A；户外预装式变电站变压器容量采用干式变压器时不宜大于 800kV·A，采用油浸式变压器时不宜大于 630kV·A。

三、变压器数量和型式的选择

1. 35kV 变电所主变压器的选择

① 在有一、二级负荷的变电所中宜装设两台主变压器，当技术经济合理时，可装设两台以上变压器。如变电所可由中、低压侧电力网取得足够容量的备用电源时，可装一台主变压器。

② 装有两台及以上主变压器的变电所，当断开一台时，其余主变压器的容量不应小于 60% 的全部负荷，并应保证用户的一、二级负荷。

③ 具有 3 种电压的变电所，通过主变压器各侧线圈的功率均达到该变压器容量的 15% 以上，主变压器宜采用 3 线圈变压器。

2. 10kV 变电所配电变压器的选择

① 当符合下列条件之一时，宜装设两台及以上变压器：

a. 有大量一、二级负荷；

b. 季节性负荷变化较大；

c. 集中负荷较大。

② 装有两台及以上变压器的变电所，当其中任一台变压器断开时，其余变压器的容量应满足全部一、二级负荷的用电。

③ 变电所中单台变压器（低压为 0.4kV）的容量不宜大于 1250kV·A。当用电设备容量

较大，负荷集中且运行合理时，可选用较大容量的变压器。

3. 变压器绕组连接组别的选择

三相变压器有星形、三角形、曲折形等连接方式，其表示方法如表 4-10 所示。

表 4-10　变压器绕组联结方式

类别及连接方式	高压	中、低压
单相	I	i
三相星形	Y	y
三相三角形	D	d
三相曲折形	Z	z
有中性线时	YN，ZN	yn，zn

不同绕组间电压相位差，即相位移为 30°的倍数，故有 0，1，2，3，…，11 共 12 个组别。通常绕组的绕向相同，端子和相别标志一致，联结组别仅有 0 和 11 两种，中、低压绕组联结组别号有 Yyn0 和 Dyn11。

现在国际上大多数国家的配电变压器均采用 Dyn11 联结，主要是由于采用 Dyn11 联结较之采用 Yyn0 联结有以下优点。

① D 联结对抑制高次谐波的恶劣影响有很大作用。

② Dyn11 联结变压器的零序阻抗比 Yyn0 联结变压器小得多，有利于低压单相接地短路故障的切除。

③ Dyn11 联结变压器允许中性线电流达到相电流的 75% 以上。因此，其承受不平衡负载的能力远比 Yyn0 联结变压器大。

④ 当高压侧一相熔丝熔断时，Dyn11 联结变压器另两相负载仍可运行，而 Yyn0 却不行。

下列情况宜选用 Dyn11 联结组别变压器：

① 当单相不平衡负荷引起的中性线电流超过变压器低压侧绕组额定电流的 25% 时。

② 为了控制各类非线性用电设备所产生的谐波引起的电网电压正弦波形畸变率，35/0.4kV、10/0.4kV 双绕组变压器宜选用 Dyn11 联结组别的三相配电变压器，即可限制三次谐波的含量。

③ 当需要提高单相短路电流值，确保单相保护动作灵敏度时。

四、干式变压器的过载能力

干式变压器的冷却方式分为自然空气冷却和强迫空气冷却。自然空气冷却时，变压器可在额定容量下长期连续运行。强迫空气冷却时，变压器输出容量可提高 50%，适用于断续过负荷运行，或应急事故过负荷运行，由于过负荷损耗和阻抗电压增幅较大，处于非经济运行状态，故不应使其处于长时间连续过负荷运行。

干式变压器的过载能力与环境温度、过载前的负荷情况（起始负荷）、变压器的绝缘散热情况和发热时间常数等有关，如有需要，可向厂家索取干式变压器的过负荷曲线。

1. 选择计算变压器容量时可适当减小

① 充分考虑某些轧钢、焊接等设备短时冲击过负荷的可能性，尽量利用干式变压器较强的过载能力而减小变压器容量；

② 对某些不均匀负荷的场所，如供夜间照明等为主的居民区、

二维码 4-16　拓展阅读
干式变压器

文化娱乐设施和以空调及白天照明为主的商场等，可充分利用其过载能力，适当减小变压器容量，使其主运行时间处于满载或短时过载。

2. 可减少设备容量或台数

在某些场所，对变压器的备用系数要求较高，使得工程选配的变压器容量大、台数多。而利用干式变压器的过载能力，在考虑其备用容量时可予以压缩，在确定备用台数时亦可减少。

变压器处于过载时，一定要注意监测其运行温度。若温度上升达 155℃（有报警发出）即应采取减载措施（减去某些次要负荷），以确保对主要负荷的安全供电。

五、变压器节能

民用建筑电气节能设计应在满足建筑功能要求的前提下，通过合理的系统设计、设备配置、控制与管理，减少能源和资源消耗，提高能源利用率。应选择符合国家能效标准规定的电气产品和节能型电气产品。采用变压器容量指标作为建筑电气节能设计的一项指标，建筑电气的设计宜符合表 4-11 中变压器容量指标的要求，同时还应工作在经济运行范围内。

二维码 4-17　拓展阅读
建筑电气节能

表 4-11　变压器容量指标

建筑类型	限定值（V·A/m²）	节能值（V·A/m²）	备注
办公	110	70	对应一类和二类办公建筑
商业	170	110	对应大型商店建筑
旅馆	125	80	对应三星级及以上宾馆

注：①商业综合体应按照各建筑类型的建筑面积比例进行核实；②建筑物中包含数据中心，数据中心部分应符合相关规范的规定。

【例 4-7】　已知高层建筑内 10/0.4kV 变电所 $P_c=3760$kW，$Q_c=1480$kvar。一、二级负荷占 60%，$K_{\Sigma p}=0.9$，$K_{\Sigma q}=0.95$，功率因数要求 $\cos\varphi \geqslant 0.9$，三相负荷不平衡大于每相负荷的 15%，系统为不接地系统。试为该系统选择变压器的型式、容量和台数。

解：（1）高层建筑内，宜选干式变压器。三相负荷不平衡，宜选 Dyn11 联结组别的变压器。

（2）$P'_c = 0.9 \times 3760 = 3384$ （kW）

$Q'_c = 0.95 \times 1480 = 1406$ （kvar）

$$\cos\varphi = \frac{P'_c}{\sqrt{P'^2_c + Q'^2_c}} = \frac{3384}{\sqrt{3384^2 + 1406^2}} = 0.92 > 0.9$$

功率因数满足要求，不用进行无功补偿。

二维码 4-18　视频
例 4-7 讲解

$$S'_c = \sqrt{P'^2_c + Q'^2_c} = \sqrt{3384^2 + 1406^2} = 3664.46 \ (\text{kV·A})$$

变压器损耗为

$\Delta P_T = 0.01 S'_c = 36.64$ （kW），$\Delta Q_T = 0.05 S'_c = 183.22$ （kvar）

从而

$P_{c1} = P'_c + \Delta P_T = 3384 + 36.64 = 3420.64$ （kW）

$Q_{c1} = Q'_c + \Delta Q_T = 1406 + 183.22 = 1589.22$ （kvar）

$S_{c1} = \sqrt{P^2_{c1} + Q^2_{c1}} = \sqrt{3420.64^2 + 1589.22^2} = 3771.79$ （kV·A）

由于该高层建筑一、二级负荷的量大（60％），需选择两台以上变压器。按（3771.79/2＝1885.9kV·A）且大于全部一、二级负荷（60％×3771.79kV·A＝2263.07kV·A）需选择两台2500kV·A的变压器，不满足规范单台变压器容量不能超过2000kV·A的要求。改选4台变压器，每台变压器负担1/4的负荷（3771.79/4＝942.95kV·A）且大于1/2的一、二级负荷（2263.07/2＝1131.54kV·A）。

综上，应该选择单台变压器容量为1250kV·A，长期运行负荷率为942.95/1250＝75.4％，满足规范要求的变压器负载率不超过85％的要求。

故选择4台容量为1250kV·A的Dyn11联结组别的干式变压器。

第六节　应急电源容量的计算

一级负荷中特别重要负荷的供电，除应由双重电源供电外，尚应增设应急电源。独立于正常电源的发电机组、供电网络中独立于正常电源的专用馈电线路及蓄电池组均可作为应急电源，与正常电源之间，应采取防止并列运行的措施。应根据允许中断供电的时间选择应急电源，并应符合下列规定：

① 允许中断供电时间为30s（高压60s）的供电，可选用快速自动启动的应急发电机组。

② 自动投入装置的动作时间能满足允许中断供电时间时，可选用独立于正常电源之外的专用馈电线路。

③ 不允许中断供电或允许中断供电时间为毫秒级的重要场所的供电，可选用不间断供电装置（UPS）。

④ 除上述第③条之外，允许中断供电时间为毫秒级的应急照明供电，可选用应急电源装置（EPS）。

在民用建筑供配电中，要取得供电网络中有效独立于正常电源的专用馈电线路是比较困难的，通常选用独立于正常电源的柴油发电机组和蓄电池作为应急电源。

一级负荷应由双重电源供电，二级负荷宜由两回线路供电。一级负荷或二级负荷从电力系统中取得第二电源困难或技术经济不合理时，也可增设柴油发电机组作为备用电源。

随着我国经济的发展，强调以人为本、重视电气安全的理念，在一些高层建筑中，即使城市电网供电相当安全可靠，为了确保建筑物内的消防及其他重要负荷用电，也设置了柴油发电机组，以防止市网中断供电时，能保证消防用电及基本供电的要求。柴油发电机组在火灾时为消防负荷提供应急电源，平时为重要负荷（保证负荷）提供备用电源。

一、柴油发电机组

在配置柴油发电机组时，最重要的就是机组额定功率和容量的选择。过大的功率会造成运输、安装的困难和浪费，增加维护工作量；过小的功率又会使发电机组负荷过重，降低机组可靠性和寿命，甚至在关键时刻超载停机，造成事故。因此，要根据柴油发电机组的使用条件、供电负荷大小和种类，合理选择机组的容量。

（一）容量的计算

柴油发电机组的功率是发电机端子处为用户负载输出的功率，指在额定频率、功率因数为0.8时的有功功率，容量为此时的视在功率。

1. 柴油发电机组容量选择的原则

① 应根据应急负荷的大小和投入顺序及单台电动机最大启动容量等因素综合考虑确定。当应急负荷较大时，可采用多机并列运行，机组台数不宜超过 4 台。

② 柴油发电机组的长期允许容量，应能满足机组安全停机最低限度连续运行的负荷的需要。

③ 用成组启动或自启动时的最大视在功率校验发电机的短时过载能力。

④ 事故保安负荷中的短时不连续运行负荷，在计算柴油发电机组的容量时，不予考虑，仅在校验机组过载能力时计及。

⑤ 机组容量要满足电动机自启动时母线最低电压不得低于额定电压的 75%，当有电梯负荷时，不得低于额定电压的 80%。当电压不能满足要求时，可在运行情况允许的条件下将负荷分批启动。

2. 方案或初步设计阶段

可按配电变压器总容量的 10%～20% 估算柴油发电机的容量。

3. 施工图设计阶段

可根据一级负荷、消防负荷及某些重要二级负荷的容量，按下述方法确定柴油发电机组的容量。

（1）按稳定计算负荷计算发电机组容量

按以下稳定负荷计算柴油发电机组容量：

① 消防设备用电，包括消防控制室、消防水泵、消防电梯、消防广播、消防排烟设备、火灾自动报警系统、电动防火门窗、卷帘门、电动阀门等有关用电设备设施。

② 重要照明用电，包括疏散用应急照明、备用应急照明（当正常照明熄灭后，为确保正常工作和得以继续进行的非正常工作照明，如应急发电及消防监控中心等场所的照明）、安全照明。

③ 保安设备用电，包括保安监视、警报、通信等用电设备。

④ 给排水设备用电，包括生活水泵、污水泵、潜水泵等。

⑤ 重要场所的设备用电，包括重要会议厅、证券交易所等重要部位的设备用电。

应分别计算消防负荷和保证负荷，以二者较大值作为应急负荷的设备容量，作为选择柴油发电机容量的依据。当消防设备的计算负荷大于火灾时切除的非消防设备的计算负荷时，应按消防设备的计算负荷加上火灾时未切除的非消防设备的计算负荷进行计算。当消防设备的计算负荷小于火灾时切除的非消防设备的计算负荷时，可不计入消防负荷。

进行消防负荷计算时，不能盲目地将所有消防用电设备同时计入。推荐的计算原则是，只考虑一个防火分区发生火灾，即不认为两个及以上的防火分区同时发生火灾。通常，主要消防泵类作为固定负荷必须计入，而消防电梯、防排烟风机、应急照明等负荷计入的多少，则要视其在某防火分区火灾时投入服务的负荷大小而定。通常，应以最不利的一个防火分区发生火灾时同时投入运行的消防负荷为准。

总计算负荷统计出来后，应急柴油发电机组的功率和容量按式（4-42）计算：

$$P_{cl} = \alpha \frac{P_\Sigma}{\eta_\Sigma} \tag{4-42}$$

$$S_{cl} = \alpha \frac{P_\Sigma}{\eta_\Sigma \cos\varphi} \tag{4-43}$$

式中，P_{c1} 为应急柴油发电机功率（kW）；S_{c1} 为应急柴油发电机容量（kV·A）；P_Σ 为总有功计算负荷（kW）；η_Σ 为总负荷的计算效率，一般取 $0.82\sim0.88$，单台取 1；α 为负荷率；$\cos\varphi$ 为柴油发电机功率因数，取 0.8。

（2）按最大的单台电动机或成组电动机启动的需要计算发电机容量

$$P_{c2}=\frac{P_\Sigma-P_m}{\eta_\Sigma}+K_{st}C\cos\varphi_m P_m \tag{4-44}$$

$$S_{c2}=\left(\frac{P_\Sigma-P_m}{\eta_\Sigma}+K_{st}C\cos\varphi_m P_m\right)\frac{1}{\cos\varphi} \tag{4-45}$$

式中，P_{c2} 为按最大的单台电动机或成组电动机启动计算的应急柴油发电机功率（kW），S_{c2} 为按最大的单台电动机或成组电动机启动计算的应急柴油发电机容量（kV·A）；P_m 为启动容量最大的电动机或成组电动机的容量（kW）；$\cos\varphi_m$ 为电动机的启动功率因数，一般为 0.4；K_{st} 为电动机的启动倍数，参见本章第二节；C 为按电动机启动方式确定的系数：全压启动 $C=1.0$，Y-$\triangle$启动 $C=0.67$，自耦变压器启动 50％抽头 $C=0.25$，65％抽头 $C=0.42$，80％抽头 $C=0.64$。

（3）按启动电动机时母线运行电压降计算发电机容量

$$S_{c3}=K_{st}CX''_d\left(\frac{1}{\Delta E}-1\right)P_n \tag{4-46}$$

式中，S_{c3} 为按启动电动机时母线运行电压降计算的应急柴油发电机容量（kV·A）；P_n 为电动机总负荷（kW）；X''_d 为发电机的暂态电抗（标幺值），一般取 0.25；ΔE 为应急负荷中心母线允许的瞬时电压降（百分比值），一般取 0.25（有电梯时取 0.20）。

式（4-46）适用于柴油发电机与应急负荷中心距离很近的情况。

近年来，随着变频启动装置在民用建筑中应用越来越广泛，变频启动与其他启动方式相比，启动电流小而启动力矩大，对电网无冲击电流，引起的母线电压降也很小。因此，当电动机采用变频调速启动时，可以只考虑用计算负荷来计算发电机的容量，而无须考虑电动机启动的因素。表 4-12 给出了某柴油发电机组的额定功率系列可供选型参考。

表 4-12　某柴油发电机组的额定功率系列

机组型号	输出功率（kW/kV·A）	额定电流
XG-30GF	30/37.5	54
XG-50GF	50/62.5	90
XG-75GF	75/94	135
XG-100GF	100/125	180
XG-120GF	120/150	216
XG-150GF	150/187.5	271
XG-180GF	180/225	324
XG-200GF	200/250	360
XG-250GF	250/312.5	450
XG-300GF	300/375	540
XG-320GF	320/400	576

续表

机组型号	输出功率（kW/kV·A）	额定电流
XG-350GF	350/437.5	630
XG-400GF	400/500	720
XG-500GF	500/625	900
XG-550GF	550/687.5	990
XG-630GF	630/787.5	1134
XG-800GF	800/1000	1440
XG-850GF	850/1062.5	1530
XG-1000GF	1000/1250	1800

二维码 4-19　视频
例 4-8 讲解

【例 4-8】　某一类高层商住楼，该工程建筑面积约 $50000m^2$，25 层，拟设一台容量最小的柴油发电机组，消防时做消防负荷电源，平时做保证负荷备用电源。其中消防负荷总容量为 673.8kW，保证负荷计算值为 457kW。而且最不利防火分区被认定为地下室，若地下室火灾，则投入服务的消防设备总安装功率最大，其值为 378.6kW。其中功率最大的为消防水泵，每台 37kW，采用自耦降压 80％抽头降压启动。

解：（1）按稳定计算负荷计算

由于保证负荷大于最不利的防火分区的消防负荷，所以

$$P_{\Sigma}=457kW$$

$$P_{c1}=\alpha\frac{P_{\Sigma}}{\eta_{\Sigma}}=1\times457/1=457\ (kW)$$

$$S_{c1}=\frac{P_{c1}}{\cos\varphi}=\frac{457}{0.8}=571.25\ (kV\cdot A)$$

（2）按最大的单台电动机启动的需要计算

$$P_{c2}=(P_{\Sigma}-P_{m})/\eta_{\Sigma}+P_{m}K_{st}C\cos\varphi_{m}$$
$$=（378.6-37）/0.85+37\times7\times0.64\times0.4$$
$$=468.19\ (kW)$$

$$S_{c2}=\frac{P_{c2}}{\cos\varphi}=\frac{468.19}{0.8}=585.24\ (kV\cdot A)$$

（3）按启动电动机时发电机母线允许电压降计算，引用式（4-46）可得

$$S_{c3}=K_{st}CX''_{d}\left(\frac{1}{\Delta E}-1\right)P_{n}=7\times0.64\times37\times0.25\times\left(\frac{1}{0.2}-1\right)=165.76\ (kV\cdot A)$$

根据以上计算，应按以上三者容量最大的选择，即应选择大于等于 468.19kW/585.24kV·A 的发电机组一台，从表 4-12 中可选一台 XG-500GF 500kW/625kV·A 的发电机组，满足工程实际需要。

（二）应急柴油发电机组与市电电源的联锁

应急柴油发电机组接入低压配电系统时对主接线应满足：

① 一级负荷要求双电源供电；

② 消防负荷应在最末一级的配电箱处设置自动切换装置，即低压配电室对消防负荷必须是独立的双回路供电；

③ 与外网电源间应设联锁，不得并网运行；

④ 避免与外网电源的计费相混淆；

⑤ 在接线上要具有一定的灵活性，以满足在非事故情况下能给部分重要负荷供电的可能。

（三）机组的选择

当用电动机启动容量来选择发电机组的容量时，发电机台数不能多，因为台数增加，单机容量小，有可能满足不了电动机的启动要求。一般当容量不超过 800kW 时，选用单机为好；当容量在 800kW 以上时，宜选择两台，且两台机组的各种物理参数应相同，便于机组并列运行。

民用建筑应急发电机组宜选用高速柴油发电机组和无刷型自动励磁装置。选用的机组应装设快速自启动及电源自动切换装置，并应具有连续 3 次自动启动功能。不宜采用压缩空气启动，一般采用 24V 蓄电池组作为启动电源。

当应急柴油发电机组有两台时，自动启动装置应使两台机组能互为备用，即市电电源故障停电经过延时确认以后，发出自启动指令，如果第一台机组连续 3 次自启动失败，应发出报警信号并自动启动第二台柴油发电机组。

二、不间断电源装置

不间断电源装置（Uninterruptible Power Supply，UPS）适用于实时性数据处理装置系统的计算机设备的电源保障，如互联网数据中心、银行的清算中心和通存通取网控系统、证券交易及期货贸易系统、民航和铁路的售票系统、卫星地面站及民航的航管调度系统、财税信息系统、气象和地震预报及监控系统等提供高质量电压、频率、波形的无时间中断的交流电源。

（一）UPS 的工作原理

UPS 是由电力变流器（整流器、逆变器）、转换开关（电子式或机械式）、储能装置（如蓄电池）及控制系统等组成的，在输入电源故障时维持负载电力连续性的电源设备。UPS 宜用于电容性和电阻性负荷。

UPS 首先将市电输入的交流电源变成稳压直流电源，供给蓄电池和逆变器，再经逆变器重新变成稳定的、纯洁的、高质量的交流电源。它可完全消除在输入电源中可能出现的任何电源问题（电压波动、频率波动、谐波失真和各种干扰）。

通常采用的是在线式 UPS，即不论市电是否正常，它都一直由逆变器供电，即按照"市电输入—整流（充电）—逆变—输出"的步骤进行，只有在逆变器故障或过载时，才改由静态旁路供电。UPS 在当市电异常转换为电池供电或市电恢复正常后将负荷切换至市电的切换时间一般为 2~10ms。

（二）UPS 的配置类型

1. 单台 UPS

因只有一台不间断电源设备，一般用于系统容量较小、可靠性要求不高的场所。

2. 并联 UPS

可组成大型 UPS 供电系统，供电可靠性高，运行比较灵活，便于检修。

3. 冗余 UPS

增设一个或多个不间断电源设备作为备用，从而确保了供电系统的连续性、可靠性，对已出现的事故有冗余处理措施。

（三）UPS 设备的选择

UPS 的选择，应按负荷性质、负荷容量、允许中断供电时间等要求确定，并应符合下列规定：

① UPS 为信息网络系统供电时，UPS 的额定输出功率应大于信息网络设备额定功率总和的 1.2 倍；对其他用电设备供电时，额定输出功率应为最大计算负荷的 1.3 倍。

② 当选用两台 UPS 并列供电时，每台 UPS 的额定输出功率应大于信息网络设备额定功率总和的 1.2 倍。

③ UPS 的蓄电池组容量应由用户根据具体工程允许中断供电时间的要求选定。

④ UPS 的工作制，宜按连续工作制考虑。UPS 与快速自动启动的备用发电机配合使用时，其储能时间宜按不少于 15min 设计；UPS 与无备用发电设备或手动启动的备用发电设备配合使用时，其工作时间宜按不少于 1h 或按工艺设置安全停车时间考虑。

⑤ 当 UPS 的输入电源直接由自备柴油发电机组提供时，其与柴油发电机容量的配比不宜小于 1：1.2。蓄电池初装容量的供电时间不宜小于 15min。

⑥ UPS 宜分区域相对集中设置。

⑦ 当不间断电源设备容量较大时，宜在电源侧采取高次谐波治理措施。

三、应急电源装置的选择

应急电源装置（Emergency Power Supply，EPS）是利用 IGBT 大功率模块及相关的逆变技术而开发的一种将直流电能转化为正弦波交流电能的应急电源。它的额定输出功率为 0.5kW～1MW，是一种新颖的、静态无公害的免维护无人值守的安全可靠的集中供电式应急电源设备。宜用作应急照明的应急电源，适用于电感性及混合性的照明负荷，不宜作为消防水泵、消防电梯、消防风机等电动机类负载的应急电源。EPS 应按负荷性质、负荷容量及备用供电时间等要求选择。

（一）EPS 的工作原理

EPS 是由充电器、蓄电池（组）、逆变器、控制器、转换开关、保护装置等组合而成的一种电源设备。在交流输入电源正常时，交流输入电源通过转换开关直接输出，同时通过充电器对蓄电池（组）充电。当控制器检测到主电源中断或输入电压低于规定值时，转换开关转换，逆变器工作，EPS 处于逆变应急运行方式向负载提供需要的交流电能。当主电网恢复正常供电时，转换开关接通主电源为负载正常供电，此时逆变器关闭。

（二）EPS 的类型

EPS 分为交流制式和直流制式。电感性和混合性的照明负荷宜选用交流制式，纯阻性及交直流共用的照明负荷宜选用直流制式。

（三）EPS 的容量选择

① EPS 的额定输出功率不应小于所连接的应急照明负荷总容量的 1.3 倍。

② EPS 的蓄电池初装容量应按疏散照明时间的 3 倍配置，有自备柴油发电机组时 EPS 的蓄电池初装容量应按疏散照明时间的 1 倍配置。

③ EPS 单机容量不应大于 90kV·A。

④ 当负荷过载为额定负荷的 120％时，EPS 应能长期工作。

⑤ EPS 的逆变工作效率应大于 90％。

（四）EPS 的转换时间和供电时间

1. 转换时间

当主电源中断或电压低于规定值时，EPS 从正常运行方式转换到逆变应急运行方式的转换时间，应保证使用场所的应急要求，一般为 0.1～0.25s；使用条件不符合上述转换时间要求或特殊使用条件的用户可与制造商协商解决。当 EPS 作为应急照明系统的应急电源时，其转换时间应满足下列要求：

① 用作安全照明电源装置时，不应大于 0.25s。

② 用作人员密集场所的疏散照明电源装置时，不应大于 0.25s；其他场所不应大于 5s。

③ 用作备用照明电源装置时，不应大于 5s；金融、商业交易场所不应大于 1.5s。

④ 当需要满足金属卤化物灯或 HID 气体放电灯的电源切换要求时，EPS 的切换时间不应大于 3ms。

2. 供电时间

EPS 在额定输出功率下，应急供电时间不应小于标称额定工作时间，应急供电时间一般为 30min、60min、90min、120min、180min 5 种规格，还可以根据用户需要选择更长的，但其初装容量应保证应急时间不小于 90min。

第七节　建筑供配电工程负荷计算实例

在进行建筑供配电系统施工图设计时，变配电所计算负荷的确定，一般采用逐级计算法由用电设备末端处逐步向电源进线侧计算。各级计算点的选取，一般为各级配电箱（屏）的出线和进线、变配电所低压出线、变压器低压母线、高压进线等处。确定变配电所的计算负荷时，应计入较长配电干线的功率损耗及变压器的功率损耗，并且取无功功率补偿后的负荷进行计算。

二维码 4-20　视频
例 4-9 讲解

【例 4-9】　某二类高层商业建筑，建筑高度 48m，共 16 层。其中一般照明（光源为荧光灯）容量为 640kW，应急照明（兼作一般照明，光源为白炽灯）容量为 56kW；垂直消防电梯（交流，兼作普通客梯）8 台，每台 15kW；扶梯（交流）30 台，每台 7.5kW；冷冻机 3 台，每台 248kW；防排烟风机 10 台，每台 15kW；通风机 12 台，每台 11kW；消防泵 2 台（一用一备），每台 37kW；喷淋泵 2 台（一用一备），每台 22kW；生活水泵 2 台（一用一备），每台 22kW。若欲将整个建筑低压系统的功率因数提高到 0.92 以上，试求该建筑总的计算负荷。

解：本工程为二类高层建筑，除普通照明为三级负荷外，均为二级负荷。根据用电负荷的使用性质和功能进行分组，并列出负荷计算书如表 4-13 所示。

表 4-13 例 4-9 负荷计算书

负荷类型及分级		设备	台数（台）	单台容量（kW）	运行容量（kW）	K_d	$\cos\varphi$	$\tan\varphi$	P_c（kW）	Q_c（kvar）	S_c（kV·A）
消防负荷	二级	消防电梯	8	15	120	1	0.7	1.02	120	122.40	
	二级	防排烟风机	10	15	150	1	0.8	0.75	150	112.50	
	二级	消防泵	2（一用一备）	37	37	1	0.8	0.75	37	27.75	
	二级	喷淋泵	2（一用一备）	22	22	1	0.8	0.75	22	16.50	
	二级	应急照明		56	56	1	1	0	56	0	
消防负荷合计									385	279.15	475.55
非消防负荷	三级	一般照明		640	640	0.9	0.9	0.48	576	276.48	
	二级	扶梯	30	7.5	225	0.8	0.7	1.02	180	183.60	
	二级	冷冻机	3	248	744	0.7	0.8	0.75	520.8	390.60	
	二级	通风机	12	11	132	0.6	0.8	0.75	79.2	59.40	
	二级	生活水泵	2（一用一备）	22	22	1	0.8	0.75	22	16.50	
非消防负荷合计									1378	926.58	
平时工作消防负荷	二级	消防电梯							120	122.40	
	二级	应急照明							56	0	
平时运行总负荷	总计						0.83	0.67	1554	1048.98	1874.91 >475.55
	其中二级负荷						0.8	0.75	978	722.5	1215.93
取同时系数 $K_{\Sigma p}=K_{\Sigma q}=0.9$											
低压母线	总负荷						0.83	0.67	1398.6	944.08	1687.41
	其中二级负荷						0.80	0.75	880.2	650.25	1094.34
低压无功补偿	总负荷									335.66	
	其中二级负荷									281.66	
实际对于总负荷选择电容器 30kvar12 个，补偿容量 360kvar，二级负荷选择电容器 30kvar10 个，补偿容量 300kvar											
补偿后	总负荷						0.92	0.43	1398.6	584.08	1515.66
	其中二级负荷						0.92	0.43	880.2	350.25	947.33
变压器损耗									15.16	75.78	
高压侧计算负荷							0.91		1413.76	659.86	1560.17
变压器选择		选择两台 SC10-1000kV·A 干式变压器，单台容量大于全部二级负荷 947.33kV·A，负荷率为 β =78%										

思考与练习题

4-1 什么是计算负荷？负荷计算有何意义？

4-2 什么情况下设备的额定功率与其设备功率相等？

4-3 设备容量怎样确定？

4-4 什么是需要系数？需要系数法求负荷计算的方法步骤有哪些？

4-5 台数少于3的设备需要系数如何选取？

4-6 已知小型冷加工机床车间0.38kV系统，拥有设备如下：

① 机床35台总计98kW；

② 通风机4台总计5kW；

③ 工频感应炉（不带无功补偿装置）4台总计10kW；

④ 行车2台总计10kW；

⑤ 点焊机3台总计17.5kV·A（负载持续率65%）。

试采用需要系数法求：①每组设备的计算负荷；②有功功率同时系数和无功功率同时系数分别为0.9和0.95时，求车间总的计算负荷。

4-7 某线路上装有单相220V电热干燥箱40kW 2台、20kW 2台、电加热器20kW 1台，以及单相380V自动焊接机（负载持续率为65%）46kW 3台、51kW 2台、32kW 1台，试采用需要系数法进行负荷计算。

4-8 某住宅楼有住户120户，每户4kW，整个建筑用低压0.38kV线路供电，且三相负荷均匀分配，求该建筑的计算负荷。

4-9 某7层住宅楼有两个单元，每单元均为一梯两户，每户容量按6kW计算，供电负荷分配如下，第一单元：L1供1、2、3层，L2供4、5层；L3供6、7层。第二单元：L2供1、2、3层，L3供4、5层，L1供6、7层。求此住宅的计算负荷。

4-10 已知室外一条三相照明线路上采用380V、600W的高压钠灯（已含镇流器功率损耗），L1、L2两相间接有45盏，L2、L3间接有44盏，L3、L1间接有46盏。试用需要系数法计算这条照明线路上的等效三相计算负荷。

4-11 功率因数降低对供配电系统的影响有哪些？如何改善？

4-12 某厂拟建一降压变电所，装设一台10/0.4kV的低损耗变压器。已求出变电所低压侧有功计算负荷为540kW，无功计算负荷为730kvar。遵照规定，其低压侧功率因数不得低于0.92，试问此变电所需在低压侧补偿多少无功功率？

4-13 建筑供配电系统中的功率损耗有哪些？各是如何引起的？

4-14 某厂设有3个车间，其中1号车间：工艺设备容量250kW、空调及通风设备容量78kW、车间照明40kW，共计设备容量418kW；2号车间：共计设备容量736kW；3号车间：共计设备容量434kW。各车间设备安装容量、需要系数和功率因数如表4-14所示。采用需要系数法进行全厂负荷计算并为该厂变电所选择供电变压器台数和容量，结果以负荷计算书的形式给出。

表 4-14　各车间设备安装容量、需要系数和功率因数

车间名称	用电设备名称	安装容量（kW）	K_d	$\cos\varphi$	$\tan\varphi$
1 号车间	车间工艺设备	250	0.7	0.75	0.88
	空调、通风设备	78	0.8	0.8	0.75
	车间照明	40	0.85	0.85	0.62
	其他	50	0.6	0.7	1.02
	共计	418			
2 号车间	共计	736	0.8	0.8	0.75
3 号车间	共计	434	0.8	0.8	0.75

二维码 4-21　思考与练习　二维码 4-22　思考与练习　二维码 4-23　思考与练习　二维码 4-24　思考与练习
题 4-6 参考答案　　　题 4-7 参考答案　　　题 4-8 参考答案　　　题 4-9 参考答案

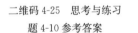

二维码 4-25　思考与练习　　　二维码 4-26　思考与练习　　　二维码 4-27　思考与练习
题 4-10 参考答案　　　　　题 4-12 参考答案　　　　　题 4-14 参考答案

第五章 短路电流及其计算

本章主要介绍电力系统短路的基本概念，重点介绍短路电流的计算方法、短路电流的效应和短路动稳定性与热稳定性的校验方法。

知识目标：

◇ 了解电力系统短路的概念、原因和后果，以及不同类型短路的特点；掌握无限大容量电源三相短路后的过渡过程和分析方法。

能力目标：

◇ 掌握短路电流的计算方法及短路动稳定性和热稳定性校验方法；能够对实际电力系统不同短路点的短路电流进行计算。

素质目标：

◇ 能够将所学专业知识和数学模型用于短路计算，提高综合分析和理论联系实际的能力；理解短路的严重性，认识短路计算对于设备选择校验、电气主接线设计、继电保护和自动装置配置的重要作用和意义，增强安全意识、质量意识和高度的责任感；提高工程实践能力，培养良好的职业道德和工匠精神。

第一节 短路概述

为保证电力系统安全、可靠运行，在电力系统设计和运行分析中，不仅要考虑系统在正常状态下的运行情况，还应考虑系统发生故障时的运行情况及故障产生的后果等。电力系统短路是各种系统故障中发生概率最高、对系统危害最为严重的一种。

在正常运行时，除中性点外，相与相或相与地之间是相互绝缘的。所谓"短路"，则是指电力系统中正常情况以外的一切相与相之间或相与地（或中性点）之间的非正常连接情况。

一、短路的原因及其后果

发生短路的原因主要有下列几种。

① 电气设备载流部分的绝缘损坏。例如，由于设备长期运行，绝缘自然老化或由于设备本身质量问题、绝缘强度不够而被正常电压击穿，或设备质量合格、绝缘合乎要求而被过电压击穿，或是设备绝缘受到外力损伤而造成短路。

② 运行人员违反安全规程的误操作。如带负荷拉隔离刀闸、设备检修后遗忘拆除临时接地线而误合刀闸或误将低压设备接入较高电压的电路中等均会造成短路。

③ 电气设备因设计、安装及维护不良所导致的设备缺陷引发的短路。

④ 鸟兽跨接在裸露的载流部分，以及风、雪、雹等自然灾害也会造成短路。

发生短路时，由于供电回路的阻抗减小及突然短路时的暂态过程，使短路点及其附近设备中流过的短路电流值大大增加，可能超过该回路额定电流许多倍，电力系统中的短路电流可达数十千安甚至更高。短路点距发电机的电气距离越近（即阻抗越小），短路电流越大。强大的短路电流将对电气设备和电力系统的正常运行产生很大的危害。主要体现在以下几个方面：

① 短路电流的热效应会使设备发热急剧增加，可能导致设备过热而损坏甚至烧毁。

② 短路电流将在电气设备的导体间产生很大的电动力，可引起设备机械变形、扭曲甚至损坏。

③ 由于短路电流基本上是电感性电流，它将在发电机中产生较强的去磁性电枢反应，从而使发电机的端电压下降，同时短路电流流过线路、电抗器等时还使其电压损失增加，造成系统电压大幅下降，短路点附近电压下降得最多，严重影响电气设备的正常工作。

④ 严重的短路可破坏系统的稳定性，甚至导致并列运行的发电厂失去同步而解列，造成大面积的停电，这是短路所导致的最严重的后果。

⑤ 不对称短路将产生负序电流和负序电压而危及机组的安全运行，如汽轮发电机长期允许的负序电压一般不超过额定电压的 8%～10%，异步电动机长期允许的负序电压一般不超过额定电压的 2%～5%。

⑥ 不对称短路产生的不平衡磁场，会对附近的通信系统及弱电设备产生电磁干扰，影响其正常工作，甚至危及设备和人身安全。

二、短路的类型

在三相系统中，可能发生的短路有：三相短路（$k^{(3)}$）、两相短路（$k^{(2)}$）、两相接地短路（$k^{(1,1)}$）及单相接地短路（$k^{(1)}$）。三相短路时，由于被短路的三相阻抗相等，因此，三相电流和电压仍是对称的，又称为对称短路。其余几种类型的短路，因系统的三相对称结构遭到破坏，网络中三相电压、电流不再对称，故称为不对称短路。短路的类型如图 5-1 所示。

各种类型短路事故所占的比例，与电压等级、中性点接地方式等有关。具体而言，在中性点接地的高压和超高压电力系统中，以单相接地（短路）所占的比例最高，约占全部短路故障的 90%，其余是各种相间短路故障。表 5-1 为我国某 220kV 电力系统多年间短路故障的统计数据。

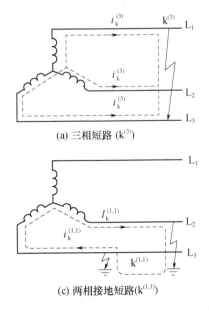

(a) 三相短路 ($k^{(3)}$)　　(c) 两相接地短路($k^{(1,1)}$)

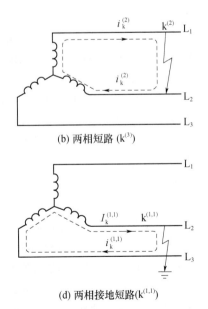

(b) 两相短路 ($k^{(3)}$)　　(d) 两相接地短路($k^{(1,1)}$)

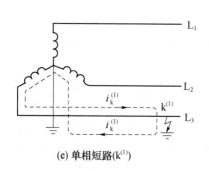 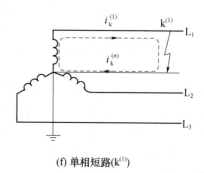

图 5-1　三相短路的种类

表 5-1　某 220kV 中性点直接接地电力系统短路故障数据

短路种类	三相短路	两相短路	两相接地短路	单相接地短路	其他
故障率	2.0%	1.6%	6.1%	87.0%	3.3%
备注					包括断线等

在电压较低的输配电网络中，单相短路约占 65%，两相接地短路约占 20%，两相短路约占 10%，三相短路仅占 5%左右。

三、短路计算的目的和简化假设

为了减少短路故障对电力系统的危害，一方面必须采取限制短路电流的措施，如在线路上装设电抗器；另一方面是将发生短路的部分与系统其他部分迅速隔离开来，使无故障部分恢复正常运行。这都离不开对短路故障的分析和短路电流的计算。概括来说，短路电流的计算有以下目的。

① 计算短路电流和短路冲击电流，为选择和校验各种电气设备的机械（动）稳定性和热稳定性提供依据。

② 为设计和选择发电厂和变电站的电气主接线提供必要的数据，如比较各种接线方案，确定某一接线是否需要采取限制短路电流的措施、设计屋外高压配电装置时校验软导线的相间和相对地的安全距离等。

③ 为合理配置电力系统中各种继电保护和自动装置并正确整定其参数提供可靠的依据。根据实际情况，应考虑系统的最大运行方式和最小运行方式下的短路计算结果。

二维码 5-1　拓展阅读
最大运行方式与
最小运行方式

最大运行方式是指在各种运行方式中，投入运行的电源容量最大，系统的等值阻抗最小，发生故障时短路电流最大。最小运行方式是指系统投入运行的电源容量最小，系统的等值阻抗最大，发生故障时短路电流最小。例如，在一个有 4 台发电机的电厂一般规定最大运行方式是 4 台发电机都运行，有两台主变的中性点直接接地，最小运行方式规定为两台发电机运行，另两台停运，有一台主变的中性点接地。如果是变电站，最大运行方式是所有负荷和变压器都正常运行，220kV、110kV 的双母线并列运行，最小运行方式一般规定为每条母线上只有一进、一出两个设备运行。

在实际短路计算中，为了简化计算工作，通常采用一些简化假设，其中主要包括：

① 负荷用恒定电抗表示或者忽略不计。

② 认为系统中各元件参数恒定，在高压网络中不计元件电阻和导纳，即各元件均用纯电抗表示，并认为系统中各发电机的电势同相位，从而避免了复数运算。

③ 系统除去不对称故障时出现局部不对称外，其余部分均是三相对称的。

实际上，采用上述简化假设所带来的计算误差，一般仍在工程计算的允许范围之内。

四、无穷大功率电源及其特征

无穷大功率电源是指供电容量相对于用户供电系统容量大得多的电力系统。

从理论上讲，系统容量趋于无穷大，即 $S_s \rightarrow \infty$，系统阻抗趋于零，即 $Z_s \rightarrow 0$，发生短路时，系统母线前端无电压降落，系统母线电压能在短路时保持不变，即 $U_s =$ 常数。

实际上，系统再庞大，容量也总是有限的，系统阻抗再小也不会为零，但工程上却可以通过某些技术措施实现在短路发生时能保持系统母线电压不变。

无穷大功率电源的特征为：当用户供电系统的负荷变动甚至发生短路时，电力系统变电所馈电母线上的电压基本保持不变。

如果电力系统的电源总阻抗不超过短路电路总阻抗的 $5\% \sim 10\%$，或者电力系统容量超过用户供电系统容量的 50 倍时，可将电力系统视为无穷大功率电源。

对一般供电系统而言，其容量远比电力系统总容量小，而阻抗又较电力系统大得多，因此，供电系统内发生短路时，电力系统变电所馈电母线上的电压几乎维持不变，也就是说可将电力系统视为无穷大功率的电源。

五、系统的短路容量

所谓系统的短路容量是指系统母线上的短路容量，即发生三相短路时该母线电压与短路电流乘积的 $\sqrt{3}$ 倍，表征了系统供电能力的强弱。此处的母线一般为系统枢纽变电站的高压母线。

由于供电部门通常只向用户或设计单位提供上一级变电站引出母线的短路容量数据，在取得系统短路容量有困难时，用户可采用向上一级变电站引出母线的短路容量值作为系统短路容量。若仍无法获得向上一级变电站引出母线的短路容量，可将电源线路出线断路器的断流容量作为系统的短路容量进行短路电流计算。

值得一提的是，用上述的方法近似后，短路电流的计算误差是正的，即计算误差结果偏大，是偏于安全的。随着系统容量的自然增大，这一误差会逐渐自动消失。

第二节　三相短路的过渡过程及其相关物理量

一、三相短路时的物理过程

图 5-2（a）是一个无穷大功率电源供电的三相系统电路图。图中 R_{WL}、X_{WL} 为每相线路（WL）的电阻和电抗，R_L、X_L 为每相负荷（L）的电阻和电抗。因三相系统对称，这一三相电路可用图 5-2（b）所示的等效单相电路来表示。

系统正常运行时，处于稳态。电路中的电流取决于电源电压和电路中所有元件包括负荷在内的所有阻抗。设电压和电流分别为

$$\left.\begin{array}{l} u = U_m \sin(\omega t + \alpha) \\ i = I_m \sin(\omega t + \alpha - \varphi) \end{array}\right\} \tag{5-1}$$

式中，U_m、I_m 分别为短路前系统电压幅值（V）和负荷电流幅值（A）；α、φ 分别为电源电

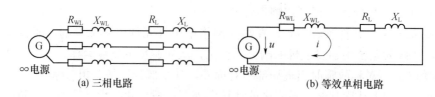

图 5-2　无穷大功率电源供电的三相供电系统

压的初相角和短路前负荷的阻抗角。

图 5-3（a）是无穷大功率电源系统发生三相短路的电路图。由于三相对称短路，可以用图 5-3（b）所示的等效单相电路来进行分析和研究。

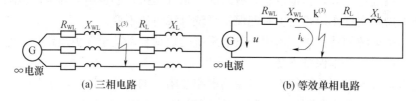

图 5-3　无穷大功率电源系统发生三相短路的电路图

当发生三相短路时，负荷阻抗和部分线路阻抗被短路，电路电流根据欧姆定律要突然增大。但是由于电路中存在着电感，电流不能突变，因而会引起一个过渡过程，即短路暂态过程，最后短路电流才达到一个新的稳定状态。图 5-3（b）所示的电路可列出如下方程：

$$Ri_k + L\frac{di_k}{dt} = u \tag{5-2}$$

式中，R 为短路时每相等效电阻（Ω）；L 为短路时每相等效电抗（Ω）；i_k 为短路全电流（A）。

这是一阶常系数线性非齐次微分方程，其解即为短路时的全电流，由两部分组成，第一部分是方程（5-2）的特解，代表短路电流的强制分量；第二部分是方程（5-2）所对应的齐次方程 $Ri_k + L\frac{di_k}{dt} = 0$ 的通解，代表短路电流的自由分量。

解微分方程（5-2）得：

$$i_k = \frac{U_m}{|Z|}\sin(\omega t + \alpha - \varphi_k) + Ce^{-\frac{t}{\tau}} = I_{pm}\sin(\omega t + \alpha - \varphi_k) + Ce^{-\frac{t}{\tau}} = i_p + i_{np} \tag{5-3}$$

式中，I_{pm} 为短路电流周期分量的幅值；$|Z|$ 为短路回路每相阻抗 $Z = R + jX$ 的模；α 为电源电势的初始相角，也称为合闸角；φ_k 为短路电流与电源电压相位之间的相位角，也即短路时每相阻抗 $R + j\omega X$ 的阻抗角，$\varphi_k = \arctan \omega L/R$；$C$ 为积分常数，由初始条件决定，即非周期分量的初值 i_{np0}；τ 为短路回路的时间常数，它反映自由分量衰减的快慢，$\tau = L/R$；i_p 为短路电流的强制分量，是由于电源电势的作用产生的，与电源电势具有相同的变化规律，其幅值在暂态过程中保持不变，由于此分量是周期变化的，故又称为周期分量；i_{np} 为短路电流的自由分量，与外加电源无关，将随着时间而衰减至零，它是一个依指数规律而衰减的直流电流，通常称为非周期分量。

由于系统阻抗主要为感性，而电感中的电流不能突变，则短路前一瞬间的电流应与短路后一瞬间的电流相等。由式（5-1）和式（5-3）可得：

$$I_m\sin(\alpha - \varphi) = I_{pm}\sin(\alpha - \varphi_k) + C \tag{5-4}$$

则 $C = I_m\sin(\alpha - \varphi) - I_{pm}\sin(\alpha - \varphi_k) = i_{np0}$，将 C 代入式（5-3），则得

$$i_k = I_{pm}\sin(\omega t + \alpha - \varphi_k) + [I_m\sin(\alpha - \varphi) - I_{pm}\sin(\alpha - \varphi_k)]e^{-\frac{t}{\tau}} \tag{5-5}$$

由于三相电路对称，若式（5-5）为 U 相电流表达式，只要用 $\alpha - 120°$ 和 $\alpha + 120°$ 代替式（5-5）中的 α 就可分别得到 V 相和 W 相电流表达式。即三相短路电流表达式如式（5-6）所示：

$$\left.\begin{aligned}
i_u &= I_{pm}\sin(\omega t + \alpha - \varphi_k) + [I_m\sin(\alpha - \varphi) - I_{pm}\sin(\alpha - \varphi_k)]e^{-\frac{t}{\tau}} \\
i_v &= I_{pm}\sin(\omega t + \alpha - 120° - \varphi_k) + [I_m\sin(\alpha - 120° - \varphi) - I_{pm}\sin(\alpha - 120° - \varphi_k)]e^{-\frac{t}{\tau}} \\
i_w &= I_{pm}\sin(\omega t + \alpha + 120° - \varphi_k) + [I_m\sin(\alpha + 120° - \varphi) - I_{pm}\sin(\alpha + 120° - \varphi_k)]e^{-\frac{t}{\tau}}
\end{aligned}\right\}$$

$$\tag{5-6}$$

由此可见，短路至稳态时，三相中的稳态短路电流为 3 个幅值相等、相角相差 120° 的交流电流，其幅值大小取决于电源电压幅值和短路回路的总阻抗。从短路发生到短路稳态之间的暂态过程中，每相电流还包含有逐渐衰减的直流电流，它们出现的物理原因是电感中电流在突然短路瞬时的前后不能突变。很明显，三相的直流电流是不相等的。

在短路回路中，通常电抗远大于电阻，即 $\omega L \gg R$，可认为 $\varphi_k \approx 90°$，故

$$i_k = -I_{pm}\cos(\omega t + \alpha) + [I_m\sin(\alpha - \varphi) + I_{pm}\cos\alpha]e^{-\frac{t}{\tau}} \tag{5-7}$$

由式（5-7）可知，当非周期分量电流的初始值最大时，短路全电流的瞬时值为最大，短路情况最严重，短路电流的非周期分量是由磁链守恒定理（即电感中的电流不能突变）决定的。短路前后的电流变化越大，非周期分量的初值就越大，所以电路在空载状态下发生三相短路时的非周期分量初始值要比短路前有负载电流时大。因此，在短路电流的实用计算中可取 $I_m = 0$，而且短路瞬间电源电压过零值，即初始相角 $\alpha = 0$，因此：

$$i_k = -I_{pm}\cos\omega t + I_{pm}e^{-\frac{t}{\tau}} \tag{5-8}$$

无穷大功率电源供电系统发生三相短路时产生最大短路电流的变化曲线如图 5-4 所示。

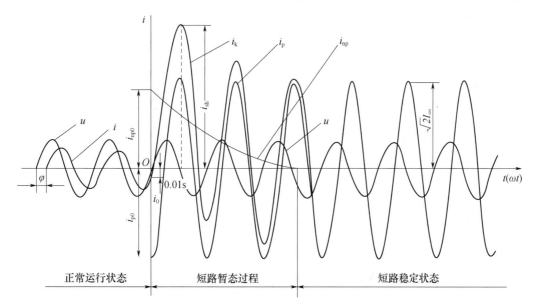

图 5-4　无穷大功率电源供电系统三相短路时短路电流的变化曲线

应当指出，三相短路虽然称为对称短路，但实际上只有短路电流的周期分量才是对称的，而各相短路电流的非周期分量并不相等。

二、短路相关物理量

（一）短路电流的周期分量

设在电压 $u=0$ 时发生三相短路，如图 5-4 所示。短路电流周期分量为：

$$i_p = I_{pm}\sin(\omega t - \varphi_k) \tag{5-9}$$

式中，短路电流周期分量幅值 $I_{pm} = \dfrac{U_m}{\sqrt{3}\,|Z_\Sigma|}$；短路电路总阻抗

$|Z_\Sigma| = \sqrt{R_\Sigma^2 + X_\Sigma^2}$（$R_\Sigma$ 为短路电路总电阻，X_Σ 为短路电路总电

抗）；短路电路的阻抗角 $\varphi_k = \arctan\dfrac{\omega L_\Sigma}{R_\Sigma}$。由于短路电路存在 $X_\Sigma \gg$

R_Σ，因此 $\varphi_k = 90°$，故短路瞬间（$t=0$ 时）的短路电流周期分量为：

二维码 5-2　图片
短路电流的周期分量

$$i_{p(0)} = -I_{pm} = -\sqrt{2}\,I'' \tag{5-10}$$

式中，I'' 为短路次暂态电流有效值，即短路后第一个周期的短路电流周期分量 i_p 的有效值（kA）。

（二）短路电流的非周期分量

因短路电路存在电感，因此，在短路瞬间电感上要感应一个电动势，以维持短路初瞬间（$t=0$ 时）电路内的电流和磁链不致突变。电感的感应电动势所产生的与初瞬间短路电流周期分量反向的这一电流，即为短路电流非周期分量。

短路电流非周期分量的初始绝对值为：

$$i_{np} = (I_{pm}\sin\varphi_k - I_m\sin\varphi)e^{-\frac{t}{\tau}} \tag{5-11}$$

因 $\varphi_k \approx 90°$，$\sin\varphi_k \approx 1$，$I_{pm} \gg I_m\sin\varphi$，因此有

二维码 5-3　图片　短路电流的非周期分量

$$i_{np} \approx I_{pm}e^{-\frac{t}{\tau}} = \sqrt{2}\,I''e^{-\frac{t}{\tau}} \tag{5-12}$$

可见，短路电路电阻的存在，使短路电流非周期分量逐渐衰减，电路内的电阻越大，电感越小，则衰减越快。

（三）短路全电流

短路电流周期分量 i_p 与非周期分量 i_{np} 之和称为短路全电流 i_k，即

$$i_k = i_p + i_{np} \tag{5-13}$$

如果某一瞬时 t 的短路全电流有效值用 $I_{k(t)}$ 表示，它是以时间 t 为终点的一个周期内的 i_p 有效值 $I_{p(t)}$ 与 i_{np} 在 t 的瞬时值 $i_{np(t)}$ 的均方根，即

$$I_{k(t)} = \sqrt{I_{p(t)}^2 + i_{np(t)}^2} \tag{5-14}$$

（四）短路冲击电流

短路冲击电流是指短路全电流中的最大瞬时值。从图 5-4 所示短路全电流 i_k 的曲线可以看出，短路后经过半个周期（即为 0.01s），i_k 达到最大值，此时的短路全电流即短路冲击电流 i_{sh}，可由式（5-15）计算：

$$i_{sh} = i_{p(0.01)} + i_{np(0.01)} \approx \sqrt{2}\,I''(1 + e^{-\frac{0.01}{\tau}}) = \sqrt{2}\,K_{sh}I'' \tag{5-15}$$

式中，K_{sh} 为短路电流冲击系数，其值为

二维码 5-4　图片
短路冲击电流

$$K_{sh} = 1 + e^{-\frac{0.01}{\tau}} = 1 + e^{-\frac{0.01R_\Sigma}{L_\Sigma}} \tag{5-16}$$

由式（5-16）可知，当 $R_\Sigma \to 0$，$K_{sh} \to 2$；当 $L_\Sigma \to 0$ 时，$K_{sh} \to 1$，所以 $1 \leqslant K_{sh} \leqslant 2$。

（五）短路全电流的有效值

定义短路全电流 i_k 的最大有效值是短路后第一个周期的短路电流有效值，用 I_{sh} 表示，也可称为短路冲击电流有效值，其表达式为

$$I_{sh} = \sqrt{i^2_{p(0.01)} + i^2_{np(0.01)}} \approx \sqrt{I^{n2} + (\sqrt{2} I'' e^{-\frac{0.01}{\tau}})^2} = \sqrt{1 + 2(K_{sh} - 1)^2} I'' \tag{5-17}$$

在高压电路发生短路时，一般取 $K_{sh} = 1.8$，则有

$$i_{sh} = 2.55 I'' \tag{5-18}$$

$$I_{sh} = 1.51 I'' \tag{5-19}$$

在 1000kV·A 及以下的电力变压器二次侧及低压电路中发生三相短路时，一般取 $K_{sh} = 1.3$，则有

$$i_{sh} = 1.84 I'' \tag{5-20}$$

$$I_{sh} = 1.09 I'' \tag{5-21}$$

（六）短路稳态电流

短路稳态电流指短路电流非周期分量衰减完毕之后的短路全电流，其有效值用 I_∞ 表示。

在无穷大功率电源供电系统中，系统母线电压是不变的，所以其短路电流周期分量有效值（一般用 I_k 表示）在短路全过程中维持不变，即

二维码 5-5　图片
短路稳态电流

$$I'' = I_\infty = I_k \tag{5-22}$$

（七）短路容量

短路点的短路容量是短路点所在网络的平均额定电压与短路电流稳态值的乘积，如三相短路容量为

$$S_k^{(3)} = \sqrt{3} U_{av} I_k^{(3)} \tag{5-23}$$

第三节　短路电流的计算

按短路的对称特性来分，三相短路属于对称性短路，而其他形式的短路均为不对称短路。电力系统中，发生单相短路的可能性最大，而发生三相短路的可能性最小。但一般情况下特别是远离电源（发电机）的供电系统中，三相短路的短路电流最大，因此，造成的危害也最为严重。为了使电力系统中的电气设备在最严格的短路状态下也能可靠地工作，在作为选择和校验电气设备用的短路计算中，应以三相短路计算为主。实际上，不对称短路

二维码 5-6　拓展阅读
不对称短路的分解

也可以按对称分量法将不对称的短路电流分解为三相对称的正序、负序、零序分量，其中正序分量彼此大小相等，相位按顺时针方向依次相差 120°；负序分量彼此也大小相等，相位按逆时针方向依次相差 120°；零序分量的大小相等，相位相同；然后按对称分量来分析和计算。所以对称三相短路进行分析计算也是不对称短路分析和计算的基础。

一、元件的正序阻抗

正序阻抗是指元件通过一个正序电流 $\dot{I}_1$，在其上产生正序压降 $\dot{U}_1$，则元件的正序阻抗

是正序压降与正序电流的比值，即 $Z_1 = \dfrac{\dot{U}_1}{\dot{I}_1}$。

在计算三相短路电流时所用的阻抗称为正序阻抗，正序阻抗就是各元件在对称工作时的阻抗值。

在无穷大功率电源供电系统中发生三相短路时，其三相短路电流周期分量有效值按式（5-24）计算：

$$I_k^{(3)} = \frac{U_{av}}{\sqrt{3}\,|Z_\Sigma|} = \frac{U_{av}}{\sqrt{3}\sqrt{R_\Sigma^2 + X_\Sigma^2}} \tag{5-24}$$

式中，$|Z_\Sigma|$、R_Σ、X_Σ 为短路电路的总阻抗的模、总电阻和总电抗值（Ω）；U_{av} 为短路点的短路计算电压（即平均额定电压，kV）。按我国电压标准，U_{av} 主要有 0.4kV、0.69kV、3.15kV、6.3kV、10.5kV、21kV、37kV、69kV、115.5kV 等，即为相应电力线路额定电压的 1.05 倍。

在高压电路的短路计算中，通常 $X_\Sigma \gg R_\Sigma$，所以一般忽略电阻。在计算低压侧短路时，也只有当 $R_\Sigma > X_\Sigma/3$ 时才需计入电阻。

如果不计电阻，则三相短路电流周期分量的有效值 $I_k^{(3)}$（单位为 kA）为

$$I_k^{(3)} = \frac{U_{av}}{\sqrt{3}\,X_\Sigma} \tag{5-25}$$

由式（5-25）可见，求三相短路电流周期分量有效值的关键是要求出短路回路总电抗值。在电力系统中，母线、线圈型电流互感器一次绕组、低压断路器过电流脱扣器线圈等阻抗及开关触头的接触电阻，相对来说较小，在一般短路计算中都可以忽略不计，而只考虑电力系统（电源）、电力变压器和电力线路的阻抗计算。在略去上述阻抗后，计算所得的短路电流会比实际值略偏大，但用略有偏大的短路电流来选择和校验电气设备，却可以使其运行的安全性更有保证。下面介绍供电系统中主要元件的阻抗计算。

（一）电力系统的阻抗

电力系统中的电阻相对于电抗来说很小，一般不予考虑。电力系统中的电抗，可用电力系统变电所馈电线出口断路器的短路容量 S_{oc}（MV·A）来估算。将 S_{oc} 看作电力系统的极限短路容量 S_k，则电力系统的电抗为

$$X_s = \frac{U_{av}^2}{S_{oc}} \tag{5-26}$$

为了便于短路回路总阻抗的计算，免去阻抗换算的麻烦，式（5-26）中的 U_{av} 可直接采用短路点的短路计算电压；S_{oc} 为系统出口断路器的断流容量，可查有关手册或产品样本。如果只有断路器的开断电流 I_{oc} 数据，则其断流容量 $S_{oc} = \sqrt{3}\,I_{oc}U_N$，$U_N$ 为断路器的额定电压（kV）。

（二）电力变压器的阻抗计算

1. 电力变压器的电阻

电力变压器的电阻 R_T 可由变压器的短路损耗近似地计算，因为

$$\Delta P_k \approx 3I_N^2 R_T = 3\left(\frac{S_N}{\sqrt{3}\,U_{av}}\right)^2 R_T = \left(\frac{S_N}{U_{av}}\right)^2 R_T \tag{5-27}$$

则有

$$R_T = \Delta P_k \left(\frac{U_{av}}{S_N}\right)^2 \tag{5-28}$$

式中，I_N 为变压器额定电流（A）；S_N 为变压器的额定容量（MV·A）；ΔP_k 为变压器的短路损耗（亦称负荷损耗）（kW），可查阅有关产品手册。

2. 电力变压器的电抗

电力变压器的电抗 X_T 可由变压器的短路电压百分比 $U_k\%$ 近似算得。因为

$$U_k\% \approx \frac{\sqrt{3}\,I_N X_T}{U_{av}} \times 100\% \approx \frac{S_N X_T}{U_{av}^2} \times 100\% \tag{5-29}$$

则有

$$X_T \approx \frac{U_k\%}{100} \cdot \frac{U_{av}^2}{S_N} \tag{5-30}$$

式中，$U_k\%$ 为变压器的短路电压（或称阻抗电压）百分比，可查阅有关产品手册。

（三）电力线路的阻抗计算

1. 电力线路的电阻

电力线路的电阻 R_{WL} 可用导线或电缆单位长度电阻 r_0 与线路长度 l 的乘积求得，即

$$R_{WL} = r_0 l \tag{5-31}$$

式中，r_0 为导线或电缆单位长度电阻（Ω/km），可查阅有关产品手册；l 为线路长度（km）。

2. 电力线路的电抗

电力线路的电抗 X_{WL} 可用导线或电缆单位长度电抗 x_0 与线路长度 l 的乘积求得，即

$$X_{WL} = x_0 l \tag{5-32}$$

式中：x_0 为导线或电缆单位长度电抗（Ω/km），可查阅有关产品手册；l 为线路长度（km）。

如果线路的结构数据不详时，x_0 可按表 5-2 取其电抗平均值。

表 5-2 电力线路每相的单位长度电抗平均值 单位：Ω/km

线路结构	线路电压		
	35kV 及以上	6～10kV	380/220V
架空线路	0.40	0.35	0.32
电缆线路	0.12	0.08	0.066

（四）电抗器的电抗

电抗器在电路系统中的作用是限制短路电流及提高短路后母线上的残压。在产品样本中可查得电抗器的额定电压 U_{NK}（kV）、额定电流 I_{NK}（kA）和电抗额定相对值的百分数（$X_K\%$），电抗器的电抗 X_K 可由式（5-33）计算

$$X_K = \frac{X_K\%}{100} \times \frac{U_{NK}}{\sqrt{3}\,I_{NK}} \tag{5-33}$$

需要注意的是，当安装电抗器的线路电压和电抗器的额定电压不相等时，如 10kV 的电抗器用在 6kV 的线路中，电抗器的电抗值还须进行折算。

二、三相短路电流的计算

三相短路电流的计算方法，常用的有欧姆法（有名单位制法）和标幺值法（又称相对单位制法）。

短路计算中的物理量一般采用以下单位：电压——千伏（kV）；电流——千安（kA）；短路容量（短路功率）和断流容量（断流功率）——兆伏安（MV·A）；设备容量——千瓦（kW）或千伏安（kV·A）；电阻、电抗和阻抗——欧姆（Ω）。

（一）欧姆法

欧姆法因其短路计算中的阻抗都采用有名单位"欧姆"而得名，亦称"有名单位制法"。

在无穷大功率电源供电系统中发生三相短路时，其三相短路电流周期分量的有效值可按式（5-24）计算。在高压电路或者低压电路中短路电路的 $R_\Sigma \leqslant X_\Sigma/3$ 时，可以只计电抗，此时三相短路电流周期分量的有效值按式（5-25）计算。三相短路容量按式（5-23）计算。

用欧姆法进行短路电流计算的步骤为：

① 绘出计算电路图，将短路计算中各元件的额定参数都表示出来，并将各元件依次编号；确定短路计算点，短路计算点应选择在可能产生最大短路电流的地方。一般来说，高压侧选在高压母线位置，低压侧选在低压母线位置；系统中装有限流电抗器时，应选在电抗器之后。

② 按所选择的短路计算点绘出等效电路图，在图上将短路电流所流经的主要元件标示出来，并标明其序号。

③ 计算电路中各主要元件的阻抗，并将计算结果标于等效电路元件序号下面分母的位置。

④ 将等效电路化简，求系统总阻抗。对于供电系统来说，由于将电力系统当作无限大容量电源，而且短路电路也比较简单，因此，一般只需采用阻抗串、并联的方法即可将电路化简，求出其等效总阻抗。

⑤ 计算三相短路电流周期分量有效值 $I_k^{(3)}$，然后分别求出其他短路电流参数，最后求出三相短路容量 $S_k^{(3)}$。

必须注意，在计算短路电路的阻抗时，假如电路内含有电力变压器，则电路内各元件的阻抗都应统一换算到短路点的短路计算电压中去。阻抗等效换算的条件是元件的功率损耗不变。

由 $\Delta P = \dfrac{U^2}{R}$ 和 $\Delta Q = \dfrac{U^2}{X}$ 可知，元件的阻抗值与电压平方成正比。因此，阻抗换算的公式

$$R' = R \left(\frac{U'_{av}}{U_{av}} \right)^2 \tag{5-34}$$

$$X' = X \left(\frac{U'_{av}}{U_{av}} \right)^2 \tag{5-35}$$

式中，R、X、U_{av} 分别为换算前元件的电阻（Ω）、电抗（Ω）和元件所在短路点的短路计算电压（kV）；R'、X'、U'_{av} 分别为换算后元件的电阻（Ω）、电抗（Ω）和短路点的短路计算电压（kV）。

二维码 5-7 视频
平均电压的折算

就短路计算中所需的几个主要元件来说，实际上只有电力线路的阻抗有时需要按上述公式计算，如计算低压侧短路电流时，高压侧的线路阻抗就需折算到低压侧。而电力系统和电力变压器的阻抗，计算公式中均含有 U_{av}，因此，计算其阻抗时，公式中的 U_{av} 均直接以短路点的短路计算电压代入，就相当于阻抗已经折算到短路点的那一侧了。

【例 5-1】 某供电系统如图 5-5 所示。已知电力系统出口断路器的断流容量为 500MVA，试用欧姆法计算变电所 10kV 母线上 k-1 点短路和变压器低压 380V 母线上 k-2 点短路的三相短路电流和短路容量。

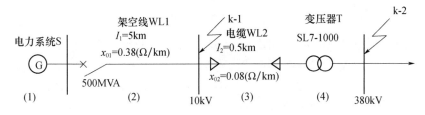

图 5-5　例 5-1、例 5-2 的短路计算电路

解：　（1）求 k-1 点的三相短路电流和短路容量（$U_{av1}=$ 1.05$U_{N1}=1.05\times10=10.5$ kV）

1）计算短路电路中各元件的电抗及总电抗

电力系统电抗为

$$X_1=\frac{U_{av1}^2}{S_{oc}}=\frac{(10.5)^2}{500}=0.22\ （\Omega）$$

架空线路电抗为

$$X_2=x_{01}l_1=0.38\times5=1.9\ （\Omega）$$

绘制 k-1 点的短路等效电路如图 5-6（a）所示。其总电抗为

$$X_{\Sigma1}=X_1+X_2=0.22+1.9=2.12\ （\Omega）$$

2）计算 k-1 点的三相短路电流和短路容量

三相短路电流周期分量的有效值为

$$I_{k-1}^{(3)}=\frac{U_{av1}}{\sqrt{3}\,X_{\Sigma1}}=\frac{10.5}{\sqrt{3}\times2.12}=2.86\ （kA）$$

三相次暂态短路电流及短路稳态电流为

$$I''_{k-1}^{(3)}=I_{\infty k-1}^{(3)}=I_{k-1}^{(3)}=2.86\ （kA）$$

三相短路冲击电流为

$$i_{shk-1}^{(3)}=2.55\times2.86=7.29\ （kA）$$

$$I_{shk-1}^{(3)}=1.51\times2.86=4.32\ （kA）$$

三相短路容量为

$$S_{k-1}^{(3)}=\sqrt{3}\,I_{k-1}^{(3)}U_{av1}=1.732\times2.86\times10.5=52.0\ （MV\cdot A）$$

（2）求 k-2 点的短路电流和短路容量（$U_{av2}=1.05U_{N2}=1.05\times0.38=0.4kV$）

1）计算短路电路中各元件的电抗及总电抗

电力系统电抗为

$$X'_1=\frac{U_{av2}^2}{S_{oc}}=\frac{(0.4)^2}{500}=3.2\times10^{-4}\ （\Omega）$$

架空线路电抗为

$$X'_2=x_{01}l_1\left(\frac{U_{av2}}{U_{av1}}\right)^2=0.38\times5\times\left(\frac{0.4}{10.5}\right)^2=2.76\times10^{-3}\ （\Omega）$$

电缆线路电抗为

$$X'_3=x_{02}l_2\left(\frac{U_{av2}}{U_{av1}}\right)^2=0.08\times0.5\times\left(\frac{0.4}{10.5}\right)^2=5.8\times10^{-5}\ （\Omega）$$

电力变压器电抗（$S_N=1000kV\cdot A=1\ MV\cdot A$）为

$$X'_4 = U_k\% \times \frac{U_{av2}^2}{100 S_N} = 4.5 \times \frac{0.4^2}{100 \times 1} = 7.2 \times 10^{-3} \quad (\Omega)$$

绘制 k-2 点的短路等效电路图如图 5-6（b）所示。其总电抗为

$$X_{\Sigma 2} = X'_1 + X'_2 + X'_3 + X'_4$$
$$= 3.2 \times 10^{-4} + 2.76 \times 10^{-3} + 5.8 \times 10^{-5} + 7.2 \times 10^{-3}$$
$$= 0.01034 \quad (\Omega)$$

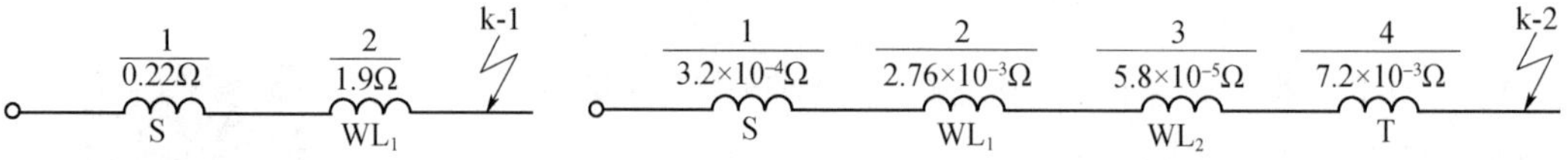

(a) k-1 点短路等效电路　　　　　　　　(b) k-2 点短路等效电路

图 5-6　例 5-1 的短路等效电路

2）计算 k-2 点的三相短路电流和短路容量

三相短路电流周期分量的有效值为

$$I_{k\text{-}2}^{(3)} = \frac{U_{av2}}{\sqrt{3}\, X_{\Sigma 2}} = \frac{0.4}{\sqrt{3} \times 0.01034} = 22.34 \quad (kA)$$

三相次暂态短路电流及短路稳态电流为

$$I''^{(3)}_{k\text{-}2} = I^{(3)}_{\infty k\text{-}2} = I^{(3)}_{k\text{-}2} = 22.34 \quad (kA)$$

三相短路冲击电流为

$$i_{shk\text{-}2}^{(3)} = 1.84 I_{k\text{-}2}^{(3)} = 1.84 \times 22.34 = 41.11 \quad (kA)$$
$$I_{shk\text{-}2}^{(3)} = 1.09 I_{k\text{-}2}^{(3)} = 1.09 \times 22.34 = 24.35 \quad (kA)$$

三相短路容量为

$$S_{k\text{-}2}^{(3)} = \sqrt{3}\, I_{k\text{-}2}^{(3)} U_{av2} = 1.732 \times 22.34 \times 0.4 = 15.48 \quad (MV\cdot A)$$

（二）标幺值法

标幺值法，又称相对单位制法，因其短路计算中的有关物理量采用标幺值即相对单位而得名。

1. 标幺值的定义

标幺值 A_d^* 可定义为物理量的实际值（有名值）A 与所选定的基准值 A_d 之间的比值，即

$$A_d^* = \frac{A}{A_d} \tag{5-36}$$

由于相比的两个值具有相同的单位，因而标幺值没有单位。

在进行标幺值计算时，首先需选定基准值。例如，某电气设备的实际工作电压是 35kV，若选定 35kV 为电压的基准值，则依据式（5-36），此电气设备工作电压的标幺值为 1。基准值可以任意选定，基准值选得不同，其标幺值也各异。当说一个量的标幺值时，必须同时说明它的基准值才有意义。但对同一个短路点的短路计算，选择不同的标幺值，计算结果相同。

按标幺值法进行计算时，一般先选定基准容量 S_d 和基准电压 U_d。基准容量的选择，工程设计中通常取 $S_d = 100MV\cdot A$；而基准电压的选择，通常取元件所在线路的平均电压，即取 $U_d = U_{av}$。

选定了基准容量 S_d 和基准电压 U_d 以后，基准电流可按式（5-37）计算：

$$I_d = \frac{S_d}{\sqrt{3}\,U_d} = \frac{S_d}{\sqrt{3}\,U_{av}} \tag{5-37}$$

基准电抗 X_d 则可按式（5-38）计算：

$$X_d = \frac{U_d}{\sqrt{3}\,I_d} = \frac{U_{av}^2}{S_d} \tag{5-38}$$

2. 电力系统中各主要元件的电抗标幺值

（1）电力系统的电抗标幺值：

$$X_s^* = \frac{X_s}{X_d} = \frac{U_{av}^2/S_{oc}}{U_d^2/S_d} = \frac{S_d}{S_{oc}} \tag{5-39}$$

（2）电力线路的电抗标幺值：

$$X_{WL}^* = \frac{X_{WL}}{X_d} = \frac{x_0 l}{U_{av}^2/S_d} = x_0 l \frac{S_d}{U_{av}^2} \tag{5-40}$$

（3）电力变压器的电抗标幺值：

$$X_T^* = \frac{X_T}{X_d} = \frac{U_k\%}{100}\frac{U_{av}^2}{S_N}\frac{S_d}{U_d^2} = \frac{U_k\%}{100}\frac{S_d}{S_N} \tag{5-41}$$

（4）电抗器的电抗标幺值：

$$X_K^* = \frac{X_K}{X_d} = \frac{X_K\%}{100}\frac{I_d}{I_{NK}}\frac{U_{NK}}{U_{av}} \tag{5-42}$$

短路电路中各元件的电抗标幺值求出来以后，即可利用其等效电路图进行电路简化，求出其总电抗标幺值 X_Σ^*。由于各元件均采用相对值，与短路计算点的电压无关，因此电抗标幺值无须进行电压折算，这也是标幺值法较之欧姆法的优越之处。

3. 用标幺值法计算三相短路电流

无穷大功率电源供电系统的三相短路电流周期分量有效值的标幺值为

$$I_k^{(3)*} = \frac{I_k^{(3)}}{I_d} = \frac{\dfrac{U_{av}}{\sqrt{3}\,X_\Sigma}}{\dfrac{S_d}{\sqrt{3}\,U_{av}}} = \frac{U_{av}^2}{S_d X_\Sigma} = \frac{1}{X_\Sigma^*} \tag{5-43}$$

标幺值法一般用于高压电路短路计算，通常只计算电抗，如果要计及电阻，则式（5-43）中 X_Σ^* 应替换为 $|Z_\Sigma|^* = \sqrt{R_\Sigma^{2*} + X_\Sigma^{2*}}$。

三相短路电流周期分量有效值为

$$I_k^{(3)} = I_k^{(3)*}I_d = \frac{I_d}{X_\Sigma^*} \tag{5-44}$$

根据 $I_k^{(3)}$，再利用式（5-18）～式（5-22），便可求出 $I''^{(3)}$、$I_\infty^{(3)}$、$i_{sh}^{(3)}$、$I_{sh}^{(3)}$ 等。

代入式（5-23），可得三相短路容量为

$$S_k^{(3)} = \sqrt{3}\,U_{av}I_k^{(3)} = \frac{\sqrt{3}\,U_{av}I_d}{X_\Sigma^*} = \frac{S_d}{X_\Sigma^*} \tag{5-45}$$

标幺值法进行短路电流计算的步骤为：

① 绘制短路计算电路图，确定短路计算点。

② 确定标幺值基准，一般取 $S_d = 100\text{MV·A}$ 和 $U_d = U_{av}$（不同的短路点有几个电压等级就取几个 U_d），并求出所有短路计算点电压下的 I_d。

③ 绘出短路电路的等效电路图，并计算各元件的电抗标幺值，标示在图上。

④ 根据不同的短路计算点分别求出各自的总电抗标幺值，再计算各短路点的短路电流和短路容量。

【例 5-2】 试用标幺值法求图 5-5 所示的供电系统中 k-1 点及 k-2 点的短路电流及短路容量。

二维码 5-9　视频
例 5-2 讲解

解：（1）选定基准值：$S_d = 100$ MV·A，$U_{av1} = 10.5$kV，$U_{av2} = 0.4$ kV，已知 $S_{oc} = 500$MV·A。

$$I_{d1} = \frac{S_d}{\sqrt{3}U_{av1}} = \frac{100}{1.732 \times 10.5} = 5.5 \ (\text{kA})$$

$$I_{d2} = \frac{S_d}{\sqrt{3}U_{av2}} = \frac{100}{1.732 \times 0.4} = 144.34 \ (\text{kA})$$

（2）绘出标幺值法短路计算的等效电路如图 5-7 所示，并求各元件电抗标幺值。

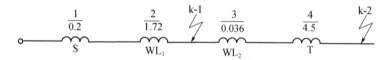

图 5-7　例 5-2 的短路等效电路

电力系统电抗标幺值为

$$X_s^* = \frac{S_d}{S_{oc}} = \frac{100}{500} = 0.2$$

架空线路电抗标幺值为

$$X_{WL1}^* = \frac{X_{WL1}}{X_d} = x_{01} l_1 \frac{S_d}{U_{av1}^2} = 0.38 \times 5 \times \frac{100}{10.5^2} = 1.72$$

电缆线路电抗标幺值为

$$X_{WL2}^* = \frac{X_{WL2}}{X_d} = x_{02} l_2 \frac{S_d}{U_{av1}^2} = 0.08 \times 0.5 \times \frac{100}{10.5^2} = 0.036$$

变压器电抗标幺值为

$$X_T^* = \frac{U_k\%}{100} \frac{S_d}{S_N} = \frac{4.5}{100} \times \frac{100}{1} = 4.5$$

（3）计算短路电流和短路容量

k-1 点短路时的总电抗标幺值为：

$$X_{\Sigma 1}^* = X_s^* + X_{WL1}^* = 0.2 + 1.72 = 1.92$$

k-1 点短路时的三相短路电流和三相短路容量为：

$$I_{k-1}^{(3)} = \frac{I_{d1}}{X_{\Sigma 1}^*} = \frac{5.5}{1.92} = 2.86 \ (\text{kA})$$

$$I''^{(3)}_{k-1} = I_{\infty k-1}^{(3)} = I_{k-1}^{(3)} = 2.86 \ (\text{kA})$$

$$i_{shk-1}^{(3)} = 2.55 \times 2.86 = 7.29 \ (\text{kA})$$

$$I_{shk-1}^{(3)} = 1.51 \times 2.86 = 4.32 \ (\text{kA})$$

$$S_{k-1}^{(3)} = \frac{S_d}{X_{\Sigma 1}^*} = \frac{100}{1.92} = 52.1 \ (\text{MV·A})$$

k-2 点短路时的总电抗标幺值为

$$X_{\Sigma 2}^* = X_s^* + X_{WL1}^* + X_{WL2}^* + X_T^* = 0.2 + 1.72 + 0.036 + 4.5 = 6.456$$

k-2 点短路时的三相短路电流和三相短路容量为

$$I_{k-2}^{(3)} = \frac{I_{d2}}{X_{\Sigma 2}^*} = \frac{144.34}{6.456} = 22.36 \ (kA)$$

$$I''^{(3)}_{k-2} = I^{(3)}_{\infty k-2} = I^{(3)}_{k-2} = 22.36 \ (kA)$$

$$i^{(3)}_{shk-2} = 1.84 \times 22.36 = 41.14 \ (kA)$$

$$I^{(3)}_{shk-2} = 1.09 \times 22.36 = 24.37 \ (kA)$$

$$S_{k-2}^{(3)} = \frac{S_d}{X_{\Sigma 2}^*} = \frac{100}{6.456} = 15.49 \ (MV \cdot A)$$

由例 5-1 和例 5-2 可知，采用标幺值法计算的结果和采用欧姆值法计算的结果基本相同。

三、两相不对称短路电流的计算

无穷大功率电源供电系统中发生两相短路时如图 5-8 所示。

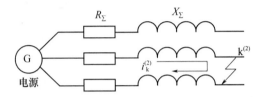

图 5-8　两相短路电流估算时的计算电路

其短路电流可由式（5-46）估算：

$$I_k^{(2)} = \frac{U_{av}}{2 |Z_\Sigma|} \qquad (5-46)$$

如果只计电抗，则两相短路电流为

$$I_k^{(2)} = \frac{U_{av}}{2 X_\Sigma} \qquad (5-47)$$

其他两相短路电流 $I''^{(2)}$、$I_\infty^{(2)}$、$i_{sh}^{(2)}$、$I_{sh}^{(2)}$ 等，都可按照前面三相短路对应的短路电流计算公式计算。

两相短路电流与三相短路电流之间存在如下关系：

$$I_k^{(2)} = \frac{\sqrt{3}}{2} I_k^{(3)} = 0.866 I_k^{(3)} \qquad (5-48)$$

式（5-48）表明，在无穷大功率电源供电的系统中，同一地点的两相短路电流为三相短路电流的 $\sqrt{3}/2$ 倍，即 0.866 倍。因此，可在求出三相短路电流后利用式（5-48）直接求得。

【例 5-3】　短路电路图及各元件参数与例 5-1 相同，求 k-1 和 k-2 点的两相短路电流。

解：（1）求 k-1 点两相短路电流

由例 5-1 解得的 k-1 点的三相短路电流分别为

$$I''^{(3)}_{k-1} = I^{(3)}_{\infty k-1} = I^{(3)}_{k-1} = 2.86 kA, \ i^{(3)}_{shk-1} = 7.29 kA, \ I^{(3)}_{shk-1} = 4.32 kA$$

所以有

$$I''^{(2)}_{k-1} = I^{(2)}_{\infty k-1} = I^{(2)}_{k-1} = 0.866 I^{(3)}_{k-1} = 0.866 \times 2.86 = 2.48 \ (kA)$$

$$i^{(2)}_{shk-1} = 0.866 i^{(3)}_{shk-1} = 0.866 \times 7.29 = 6.31 \ (kA)$$

$$I^{(2)}_{shk-1} = 0.866 I^{(3)}_{shk-1} = 0.866 \times 4.32 = 3.74 \ (kA)$$

（2）求 k-2 点的两相短路电流

由例 5-1 解得的 k-2 点的三相短路电流分别为

$$I''^{(3)}_{k-2}=I^{(3)}_{\infty k-2}=I^{(3)}_{k-2}=22.34\text{kA}, \quad i^{(3)}_{shk-2}=41.11\text{kA}, \quad I^{(3)}_{shk-2}=24.35\text{kA}$$

所以有

$$I''^{(2)}_{k-2}=I^{(2)}_{\infty k-2}=I^{(2)}_{k-2}=0.866I^{(3)}_{k-2}=0.866\times22.34=19.35 \text{（kA）}$$

$$i^{(2)}_{shk-2}=0.866i^{(3)}_{shk-2}=0.866\times41.11=35.60 \text{（kA）}$$

$$I^{(2)}_{shk-2}=0.866I^{(3)}_{shk-2}=0.866\times24.35=21.09 \text{（kA）}$$

四、低压系统的单相短路电流计算

低压系统是指电压为 1000V 以下的系统。在低压系统中常会发生相线与零线之间的单相短路。单相短路电流可以直接按照单相短路时相线、零线构成的回路引入"相-零"回路阻抗进行计算，公式为：

$$I^{(1)}_k=\frac{U_{ph}}{|Z_{L\text{-}PE\Sigma}|}=\frac{U_{ph}}{\sqrt{R^2_{L\text{-}PE\Sigma}+X^2_{L\text{-}PE\Sigma}}} \quad \text{（kA）} \tag{5-49}$$

式中，U_{ph} 为电源的相电压（V）；$|Z_{L\text{-}PE\Sigma}|$、$R_{L\text{-}PE\Sigma}$、$X_{L\text{-}PE\Sigma}$ 分别为相-零回路总电抗的模、总电阻和总电抗（mΩ）。

相-零回路中的阻抗应包括变压器的单相阻抗、供配电回路载流导体的阻抗、开关电气设备的接触电阻、零线回路中的阻抗等。

第四节　电动机对短路冲击电流的影响

系统发生短路时，对于短路点附近接有容量大于 10kW 或总容量大于 100kW 的电动机而言，由于短路时电动机端电压骤降，使电动机定子绕组电动势高于外加电压，此时电动机将向短路点反馈冲击电流，使得短路冲击电流效应叠加，如图 5-9 所示。在高压异步电动机与短路点的连接已相隔一个变压器和计算不对称短路电流时，可不考虑高压异步电动机馈送电流对短路冲击电流的影响。

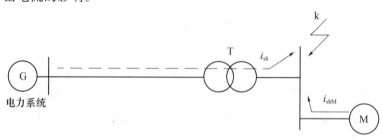

图 5-9　电动机对短路冲击电流的影响

由于反馈冲击电流使异步电动机迅速制动，反馈电流衰减很快，因此，只在考虑短路冲击电流的影响时才需计入异步电动机的反馈冲击电流。

由异步电动机提供的反馈冲击电流 i_{shM} 值可按式（5-50）进行计算：

$$i_{shM}=K\sqrt{2}\sum_{i=1}^{n}K_{shMi}K_{stMi}I_{NMi} \tag{5-50}$$

式中，K 为不同类型异步电动机的修正系数，6kV、10kV 电动机取 1.1，低压异步电动机取 0.9，同步电动机取 1.1；K_{shM} 为电动机反馈冲击电流系数，一般取 1.4～1.7，准确数据可查阅手册；K_{stM} 为电动机的启动电流倍数；I_{NM} 为电动机额定电流（kA）。

计及异步电动机反馈冲击电流后，短路点的总冲击电流 $i_{sh\Sigma}$ 为

$$i_{sh\Sigma} = i_{sh} + i_{shM} \tag{5-51}$$

式中，i_{sh} 为未计及异步电动机反馈冲击电流时的三相短路冲击电流（kA）。

【例 5-4】 设例 5-1 所示低压侧 380V 母线上接有 380V 感应电动机 250kW，平均功率因数 $\cos\varphi = 0.7$，效率 $\eta = 0.75$，启动电流倍数 $K_{stM} = 6.5$。取 $K_{shM} = 1.4$，试计算计及电动机对短路冲击电流的影响后，短路点的总冲击电流是多少？

解：由例 5-1 知，380V 母线的短路冲击电流 $i_{sh}^{(3)} = 7.29$kA，而接于 380V 母线的感应电动机额定电流为

$$I_{NM} = \frac{250}{\sqrt{3} \times 380 \times 0.7 \times 0.75} = 0.72 \text{ (kA)}$$

电动机向短路点反馈的冲击电流为

$$i_{shM} = K\sqrt{2}K_{shM}K_{shM}I_{NM} = 0.9 \times \sqrt{2} \times 1.4 \times 6.5 \times 0.72 = 8.3 \text{ (kA)}$$

当计及电动机反馈冲击电流时，短路点的总冲击电流为

$$i_{sh\Sigma} = i_{sh}^{(3)} + i_{shM} = 7.29 + 8.34 = 15.63 \text{ (kA)}$$

第五节　短路电流的效应

系统发生短路时，巨大的短路电流通过电气设备或者载流导体，一方面要产生很大的电动力，即力效应，使设备损坏或变形；另一方面要产生很高的温度，即热效应，使设备温度骤升，加速设备绝缘老化或损坏绝缘。力效应和热效应对电气设备和导体的安全运行威胁较大。为了保证电气设备和导体可靠工作，必须对其进行短路电流的力效应稳定性（动稳定）和热效应稳定性（热稳定）的校验。

一、短路时的最大电动力和动稳定校验

（一）短路时的最大电动力

供电系统短路时，短路电流特别是短路冲击电流将使相邻导体之间产生很大的电动力，有可能使电器和载流部分遭受严重破坏。为此，要找出短路的最大电动力的作用。

设处在空气中的两平行导体分别通以电流 i_1 和 i_2 时，两导体间的电磁相互作用产生力，即电动力 F 为

$$F = \int_0^l K_f \frac{i_1 i_2}{a} \times 2 \times 10^{-7} \, \mathrm{d}x = K_f \frac{i_1 i_2}{a} l \times 2 \times 10^{-7} \tag{5-52}$$

式中，l 为导体的两支持点间的距离，即档距（又称跨距，m）；a 为两载流导体轴线间的距离（m）；K_f 为与载流导体形状和相对位置有关的截面形状系数，对于圆形和管形导体，$K_f = 1$；对于宽为 b、高为 h、两导体轴线间距为 a 的矩形导体，则形状系数 K_f 值可查图 5-10 所示的曲线求得。

若三相电路中发生三相短路，则三相短路电流 i_{kU}、i_{kV} 和 i_{kW} 通过三相母线时，因为短路电流周期分量的瞬时值不会在同一时刻同方向，至少有一相电流方向与其余两相方向相反，可分为图 5-11 所示的两种情况：①边相电流与其余两相方向相反；②中间相电流与其余两相电流方向相反。图 5-11 中画出了三相母线中每条母线的受力情况。

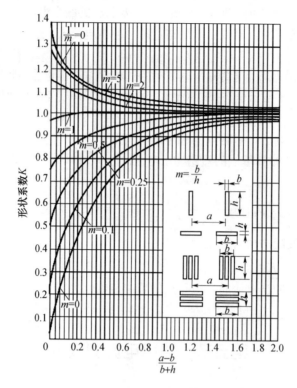

图 5-10　矩形母线的截面形状系数曲线

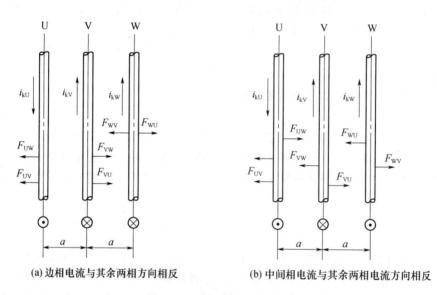

(a) 边相电流与其余两相方向相反　　　(b) 中间相电流与其余两相电流方向相反

图 5-11　三相母线的受力情况

经分析可知，当边相电流与其余两相电流方向相反时，中间相（V 相）受力最大，此时 V 相所受电动力为：

$$F_V = F_{VU} + F_{VW} = 2K_f i_{kV}^{(3)}(i_{kU}^{(3)} + i_{kW}^{(3)})\frac{l}{a} \times 10^{-7} \qquad (5-53)$$

式中，F_{VU} 为 U、V 两相互相作用对 V 相形成的电动力（N），F_{VW} 为 W、V 两相互相作用对 V 相形成的电动力（N），$i_{kU}^{(3)}$、$i_{kV}^{(3)}$ 和 $i_{kW}^{(3)}$ 分别为三相短路时 U、V、W 各相的短路电流（A）。

　　母线间产生电动力最严重的时刻是通过短路冲击电流的瞬间，因此，最大电动力发生在中间相（V 相）通过最大短路冲击电流的时候，即

$$F_{\text{Vmax}} = 2K_{\text{f}}i_{\text{sh.V}}^{(3)}(i_{\text{sh.U}}^{(3)} + i_{\text{sh.W}}^{(3)})\frac{l}{a} \times 10^{-7} \tag{5-54}$$

二维码 5-10　视频
三相母线中每条
母线的受力情况分析

式中，$i_{\text{sh.U}}^{(3)}$、$i_{\text{sh.V}}^{(3)}$、$i_{(3)}\text{sh.W}$ 分别为通过各相导体的短路冲击电流（A）。

　　由于最大的短路冲击电流值只可能发生在一相，如 $i_{\text{sh.V}}^{(3)}$，则 $i_{\text{sh.U}}^{(3)} + i_{\text{sh.W}}^{(3)}$ 的合成值将比 $i_{\text{sh.V}}^{(3)}$ 略小，大约为 $i_{\text{sh.V}}^{(3)}$ 的 $\sqrt{3}/2$ 倍。从而，三相母线的最大电动力可按式（5-55）计算：

$$F_{\text{max}^{(3)}} = \sqrt{3}K_{\text{f}}i_{\text{sh}}^{2(3)}\frac{l}{a} \times 10^{-7} \tag{5-55}$$

式中，$F_{\text{max}^{(3)}}$ 为三相母线所受的最大电动力（N）；$i_{\text{sh}}^{(3)}$ 为三相最大短路冲击电流峰值（A）。

　　如果三相电路中发生两相短路，则两相短路冲击电流通过导体时产生的电动力最大，其值为

$$F_{\text{max}^{(2)}} = 2K_{\text{f}}i_{\text{sh}}^{2(2)}\frac{l}{a} \times 10^{-7} \tag{5-56}$$

　　由于三相短路冲击电流 $i_{\text{sh}}^{(3)}$ 与两相短路冲击电流 $i_{\text{sh}}^{(2)}$ 有下列关系：

$$i_{\text{sh}}^{(3)}/i_{\text{sh}}^{(2)} = 2/\sqrt{3} \tag{5-57}$$

　　因此，三相短路与两相短路产生的最大电动力之比为

$$F_{\text{max}}^{(3)}/F_{\text{max}}^{(2)} = 2/\sqrt{3} = 1.15 \tag{5-58}$$

　　由此可见，在无穷大功率电源供电系统中发生三相短路时中间相导体所受的电动力比两相短路时导体所受的电动力大。因此，校验电器和载流部分的短路动稳定性，一般应采用三相短路冲击电流 $i_{\text{sh}}^{(3)}$ 或短路后第一个周期的三相短路全电流有效值 $I_{\text{sh}}^{(3)}$。

（二）短路动稳定校验

电器和导体在短路情况下的动稳定校验，依校验对象的不同而采用不同的方法。

1. 一般电气设备的动稳定校验条件

$$I_{\text{max}} \geqslant I_{\text{sh}}^{(3)} \quad \text{或} \quad i_{\text{max}} \geqslant i_{\text{sh}}^{(3)} \tag{5-59}$$

式中，I_{max} 和 i_{max} 为电气设备允许通过的动稳定电流（等于正常工作时的最大负荷电流）的有效值和峰值，可通过相关手册或产品样本查得。

2. 绝缘子的动稳定校验条件

绝缘子满足动稳定校验条件为

$$F_{\text{al}} \geqslant F_{\text{c}}^{(3)} \tag{5-60}$$

式中，F_{al} 为绝缘子的最大允许载荷，可由相关手册或产品样本查得，若手册或样本中给出的是绝缘子的抗弯破坏载荷值，则可将抗弯破坏载荷值乘以 0.6 作为 F_{al} 值。$F_{\text{c}}^{(3)}$ 为三相短路时作用于绝缘子上的计算力，若母线在绝缘子上平放如图 5-12（a）所示，$F_{\text{c}}^{(3)}$ 按式（5-55）计算，即 $F_{\text{c}}^{(3)} = F_{\text{max}}^{(3)}$；若母线在绝缘子上竖放如图 5-12（b）所示，则 $F_{\text{c}}^{(3)} = 1.4F_{\text{max}}^{(3)}$。

3. 硬母线上的动稳定校验条件

硬母线上的动稳定校验条件为

$$\sigma_{\text{al}} \geqslant \sigma_{\text{c}} \tag{5-61}$$

(a) 平放	(b) 竖放

图 5-12　三相母线的放置方式

式中，σ_{al} 为母线材料的最大允许应力（MPa），硬铜母线（TMY 型），$\sigma_{al}=140$MPa；硬铝母线（LMY 型），$\sigma_{al}=70$MPa；σ_c 为母线通过三相短路冲击电流时所受到的最大计算应力（MPa），其计算公式为

$$\sigma_c = \frac{M}{\omega} \tag{5-62}$$

式中，M 为母线通过三相短路冲击电流时所受到的弯曲力矩（N·m），当母线挡数为 1～2 时，$M=F_{\max}^{(3)}l/8$；当母线挡数大于 2 时，$M=F_{\max}^{(3)}l/10$，这里的 $F_{\max}^{(3)}$ 均按式（5-55）计算。ω 为母线的截面系数，$\omega=b^2h/6$，这里的 b 为母线截面的水平宽度，h 为母线截面的垂直高度。

【例 5-5】　已知某车间变电所 380V 侧采用 80mm×10mm 的铝母线，水平放置，相邻两母线间的轴线距离为 $a=0.2$m，档距为 $l=0.9$m，档数大于 2，它上面接有一台 500kW 的同步电动机，$\cos\varphi=0.85$ 时，$\eta=94\%$，母线的三相短路冲击电流峰值为 67.2kA。试校验此母线的动稳定性。电动机反馈的冲击电流值计算公式中的参数取值用例 5-4 的数据。

二维码 5-11　视频
例 5-5 讲解

解：电动机额定电流为

$$I_{NM}=\frac{500}{\sqrt{3}\times380\times0.85\times0.94}=0.95 \ (\text{kA})$$

电动机反馈冲击电流为

$$i_{shM}=K\sqrt{2}K_{stM}K_{siN}I_{NM}=0.9\times\sqrt{2}\times1.4\times6.5\times0.95=11 \ (\text{kA})$$

则计及电动机反馈冲击电流的短路冲击电流为

$$i_{sh\Sigma}=i_{sh}^{(3)}+i_{shM}=67.2+11=78.2 \ (\text{kA})$$

母线在三相短路时承受的最大电动力为：

$$F_{\max}^{(3)}=\sqrt{3}K_f i_{sh\Sigma}^{2(3)}\frac{l}{a}\times10^{-7}=1.732\times1\times(78.2\times10^3)^2\times\frac{0.9}{0.2}\times10^{-7}=4766.22 \ (\text{N})$$

母线在 $F_{\max}^{(3)}$ 作用下的弯曲力矩为：

$$M=F_{\max}^{(3)}l/10=4766.22\times\frac{0.9}{10}=428.96 \ (\text{N})$$

截面系数为：

$$\omega=b^2h/6=\frac{0.08^2\times0.01}{6}=1.07\times10^{-5} \ (\text{m}^3)$$

应力为：$\sigma_c=\dfrac{M}{\omega}=\dfrac{428.96}{1.07\times10^{-5}}=40.09 \ (\text{MPa})$

而铝母线的允许应力为：$\sigma_{al}=70$MPa$>\sigma_c$，此母线的动稳定满足要求。

二、短路电流的热效应和热稳定校验

(一) 短路电流的热效应

电气设备在运行中，电流通过导体时产生电阻损耗，铁磁物质在交变磁场中产生涡流和磁滞损耗，绝缘材料在强电场作用下产生介质损耗。这3种损耗几乎全部转变为热能，一部分散失到周围介质中，另一部分加热导体和电器使其温度升高。电气设备运行实践证明，当导体和电器的温度超过一定范围以后，将会加速绝缘材料的老化，降低绝缘强度，缩短使用寿命，显著地降低金属导体机械强度，将会恶化导电接触部分的连接状态，以致破坏电器的正常工作。

由正常工作电流引起的发热，称为长期发热。导体通过的电流较小，时间长，产生的热量有充分时间散失到周围介质中，热量是平衡的，达到稳定温升之后，导体的温度保持不变。

由短路电流引起的发热，称为短路时发热。此时导体通过的短路电流大，产生的热量很多，而时间又短，所以产生的热量向周围介质散发的很少，几乎都用于导体温度升高，热量是不平衡的。因此，电气设备的短路时发热是影响其正常使用寿命和工作状态的主要因素。

如果导体在短路时的最高温度不超过设计规程规定的允许温度（表5-3），则认为导体是满足热稳定要求的。所以短路时发热计算的目的是确定导体在短路时的最高温度，再与该类导体在短路时的最高允许温度相比较。

表 5-3　导体在正常和短路时的最高允许温度及热稳定系数

导体材料和种类			最高允许温度（℃）		热稳定系数 C（$A \cdot s^{1/2}/mm^2$）
			正常	短路	
母线	铜芯		70	300	171
	铝芯		70	200	87
油浸纸绝缘电缆	铜芯	1~3kV	80	250	148
		6kV	65	250	150
		10kV	60	250	153
		35kV	50	175	
	铝芯	1~3kV	80	200	84
		6kV	65	200	87
		10kV	60	200	88
		35kV	50	175	
橡皮绝缘导线和电缆	铜芯		65	150	131
	铝芯		65	150	87
聚氯乙烯绝缘导线和电缆	铜芯		65	130	100
	铝芯		65	130	65
交联聚氯乙烯绝缘电缆	铜芯		90	250	135
	铝芯		90	200	80

(二) 短路时导体发热计算的特点

① 由于短路时间很短，温度上升速度很快，可以认为短路过程是一个绝热过程，即短路电流产生的热量不向周围介质散发，全部用来使导体的温度升高。

② 由于导体的温度上升得很高，不能把导体的电阻和比热看作常数，它们是随温度变化而变化的。

③ 由于短路电流的变化规律复杂，要想把短路电流在导体中产生的热量直接计算出来是很困难的，通常用等效发热的方法进行分析计算。

（三）短路时导体的发热计算

图 5-13 表示短路前后导体的温度变化情况。导体在短路前正常负荷时的温度为 θ_L，设在 t_1 时刻发生短路，导体温度按指数规律迅速升高，在 t_2 时刻保护装置动作将故障切除，这时导体的温度为 θ_k。短路切除后，导体内无电流，不再产生热量，只向周围介质散热，最后冷却到周围介质温度 θ_0。

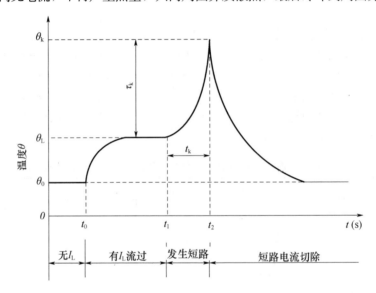

图 5-13　短路前后导体的温度变化情况

要确定短路后导体的最高温度 θ_k，就必须先求出实际的短路电流 i_k 或 I_{kt} 在短路时间内产生的热量，即

$$Q_k = \int_{t_1}^{t_2} I_{kt}^2 R dt = \int_0^{t_k} I_{kt}^2 R dt \tag{5-63}$$

式中，I_{kt} 为短路全电流的有效值（A）；R 为导体的电阻（Ω）；t_k 为短路电流的作用时间（s）。

由于短路电流的变化规律比较复杂，按式（5-63）计算 Q_k 相当困难，因此，一般用稳态短路电流 I_∞ 来代替实际短路电流 I_{kt}，并设定一个假想时间 t_{ima}，认为短路电流 I_{kt} 在短路时间 t_k 内产生的热量 Q_k，恰好等于稳态短路电流 I_∞ 在假想时间 t_{ima} 内产生的热量，如图 5-14 所示，即

$$\int_0^{t_k} I_{kt}^2 R dt = I_\infty^2 R t_{ima} \tag{5-64}$$

1. 假想时间的计算

假想时间与短路电流的变化特性有关。短路电流分为周期分量和非周期分量，根据式（5-14），短路电流的有效值可表示为

$$I_{kt}^2 = I_{pt}^2 + i_{npt}^2 \tag{5-65}$$

代入式（5-64），则有

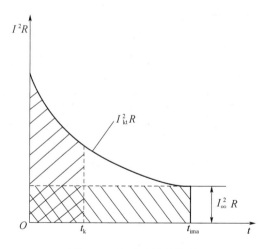

图 5-14　短路发热的等效

$$\int_0^{t_k} I_{kt}^2 R \mathrm{d}t = \int_0^{t_k} I_{pt}^2 R \mathrm{d}t + \int_0^{t_k} i_{npt}^2 R \mathrm{d}t = I_\infty^2 R t_{ima} \tag{5-66}$$

设假想时间 t_{ima} 也分为相应的周期分量假想时间 $t_{ima.p}$ 和非周期分量假想时间 $t_{ima.np}$，即：

$$t_{ima} = t_{ima.p} + t_{ima.np} \tag{5-67}$$

则有

$$\int_0^{t_k} I_{pt}^2 R \mathrm{d}t + \int_0^{t_k} i_{npt}^2 R \mathrm{d}t = I_\infty^2 R t_{ima.p} + I_\infty^2 R t_{ima.np} \tag{5-68}$$

根据式 (5-68)，周期分量假想时间可表示为

$$t_{ima.p} = \frac{1}{I_\infty^2} \int_0^{t_k} I_{pt}^2 \mathrm{d}t \tag{5-69}$$

令系数 $\beta' = I''/I_\infty$，可根据短路电流周期分量的变化曲线做出 β' 与 $t_{ima.p}$ 的关系曲线，如图 5-15 所示，则周期分量假想时间可按 t 查曲线求出。

当短路点距离电源较远时（无限容量系统），可认为 $I'' = I_p = I_\infty$，因此，周期分量假想时间就等于短路的延续时间，即 $t_{ima.p} = t_k$。t_k 等于距离短路点最近的保护装置的实际动作时间 t_{pr} 和断路器的固有分闸时间 t_{ab} 之和。对于快速和中速断路器，可取 $t_{ab} = 0.1 \sim 0.15\mathrm{s}$；低速断路器，可取 $t_{ab} = 0.2\mathrm{s}$。

短路电流非周期分量假想时间 $t_{ima.np}$ 只有在短路时间较短（$t_k < 1\mathrm{s}$）时才考虑，可用式 (5-70) 表示：

$$t_{ima.np} = \frac{1}{I_\infty^2} \int_0^{t_k} i_{npt}^2 \mathrm{d}t \tag{5-70}$$

由于 $i_{npt} = \sqrt{2} I'' \mathrm{e}^{-\frac{t}{\tau}}$，将平均值 $\tau = 0.05\mathrm{s}$ 及 $t = 0.01\mathrm{s}$ 代入式 (5-70) 得：

$$t_{ima.np} = 0.05 (\beta')^2 \tag{5-71}$$

在无限容量系统中，$\beta' = 1$，故 $t_{ima.np} = 0.05\mathrm{s}$。从而总的假想时间为

$$t_{ima} = t_{ima.p} + 0.05 = t_{pr} + t_{ab} + 0.05 \tag{5-72}$$

2. 短路时导体的最高温度

由于短路时间很短，可认为短路电流产生的热量全部用来使导体的温度升高，而不向周围介质散热，则热平衡方程式可表示为

$$Q_k = \int_0^{t_k} I_{kt}^2 R \mathrm{d}t = Gc(\theta_k - \theta) = Al\rho_m c \tau_k \tag{5-73}$$

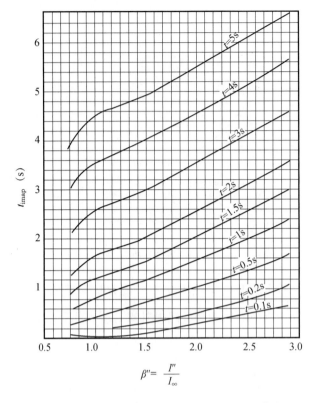

图 5-15　短路电流假想时间周期分量的变化曲线

式中，G 为导体的质量（kg）；A 为导体的截面面积（m²）；l 为导体的长度（m）；ρ_m 为导体材料的密度（kg/m³）；c 为导体材料的比热 $[J/(kg \cdot ℃)]$；τ_k 为导体在短路时间内的温升（℃）。

由式（5-66）和式（5-73）可得

$$I_\infty^2 R t_{ima} = A l \rho_m c \tau_k \tag{5-74}$$

从而

$$\tau_k = \frac{I_\infty^2 R t_{ima}}{A l \rho_m c} \tag{5-75}$$

令 $\rho_m c = c'$，$R = \rho \dfrac{l}{A}$，则式（5-75）变为

$$\tau_k = \rho t_{ima} \frac{(I_\infty/A)^2}{c'} \tag{5-76}$$

式中，ρ 为导体材料的电阻率（Ω·m）。因此，短路时导体的最高温度为

$$\theta_k = \theta + \tau_k = \theta + \rho t_{ima} \frac{(I_\infty/A)^2}{c'} \tag{5-77}$$

由于导体的电阻率 ρ 和比热 c 是随温度变化的，导体的最高温度很难直接计算出来，工程上多采用查曲线的方法近似计算。图 5-16 是按铜、铝、钢的比热、密度、电阻率等的平均值所做出

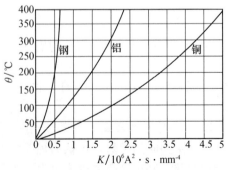

图 5-16　不同材料导体的 $\theta = f(K)$ 曲线

的 $\theta = f(K)$ 曲线，横坐标为导体加热系数 K，纵坐标为导体温度 θ。

3. 根据 $\theta = f(K)$ 曲线确定导体短路时最高温度 θ_k 的方法（图 5-17）

① 根据正常负荷电流确定短路前导体的温度 θ_L。如果难以确定，可选用导体材料的正常最高允许温度。

② 在纵坐标上查出 θ_L，并向右在对应的材料曲线上查出 a 点，再由 a 点在横坐标上查出加热系数 K_L。

③ 利用式（5-78）计算短路时的加热系数 K_k：

$$K_k = K_L + \left(\frac{I_\infty}{A}\right)^2 t_{ima} \tag{5-78}$$

式中，A 为导体的截面面积（mm^2）；I_∞ 为三相短路稳态电流（A）；t_{ima} 为假想时间（s），K_L 和 K_k 分别为正常和短路时的加热系数（$10^6 A^2 \cdot s/mm^4$）。

④ 从横坐标上找出 K_k 的值，并向上在对应的曲线上查出 b 点，再由 b 点向左在纵坐标上查出 θ_k 值，即为导体短路时的最高发热温度。

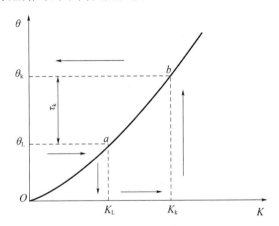

图 5-17　确定导体短路时最高温度 θ_k 的步骤

（四）短路热稳定校验

与短路动稳定校验一样，电器和导体的热稳定校验，也依校验对象的不同而采用不同的校验条件。

1. 一般电器的热稳定校验

$$I_t^2 t \geqslant I_\infty^2 t_{ima} \tag{5-79}$$

式中，I_t 为电气设备在 t 秒时间内的热稳定试验电流（kA）；t 为电气设备的热稳定试验时间（s）。I_t 和 t 均可由相关手册或产品样本获得。

2. 母线及绝缘导线和电缆等导体的热稳定校验

$$\theta_k \leqslant \theta_{kal} \tag{5-80}$$

式中，θ_{kal} 为导体在短路电流通过时的最高允许温度，可查表 5-3。

因确定导体短路后达到的温度 θ_k 比较麻烦，故也可根据短路热稳定的要求来确定其最小允许截面。最小允许截面积计算公式为

$$A_{min} = \frac{I_\infty^{(3)}}{C} \sqrt{t_{ima}} \times 10^3 \tag{5-81}$$

式中，$I_\infty^{(3)}$ 为三相短路电流稳态值（kA）；C 为导体的热稳定系数（$A \cdot s^{1/2}/mm^2$），可

查表 5-3。

【例 5-6】 已知某车间变电所 380V 侧采用 80mm×10mm 的铝母线，其三相短路稳态电流为 36.5kA，短路保护动作时间为 0.5s，低压断路器的断路时间为 0.05s，试校验此母线的热稳定度。

解：查表 5-3，$C = 87\ A \cdot s^{1/2}/mm^2$。

短路假想时间：

$$t_{ima} = t_k + 0.05 = t_{pr} + t_{ab} + 0.05 = 0.5 + 0.05 + 0.05 = 0.6\ (s)$$

最小允许截面：

$$A_{min} = \frac{I_\infty^{(3)}}{C}\sqrt{t_{ima}} = \frac{36.5}{87}\sqrt{0.6} \times 10^3 = 324.97\ (mm^2)$$

取 $A_{min} = 325\ mm^2$。

由于母线的实际截面为 $A = 800\ mm^2$，大于 $A_{min} = 325mm^2$，因此，该母线满足短路热稳定的要求。

思考与练习题

5-1　什么叫短路？短路的类型有哪几种？短路对电力系统有哪些危害？

5-2　什么叫标幺值？在短路计算中，各物理量的标幺值是如何选取的？

5-3　什么叫无限大容量系统，它有什么特征？

5-4　什么叫短路冲击电流、短路次暂态电流和短路稳态电流？在无限大容量系统中，这三者有什么关系？

5-5　如何计算电力系统各元件的正序、负序和零序阻抗？变压器的零序阻抗跟哪些因素有关？

5-6　某工厂变电所装有两台并列运行的 S11-M-800（Yyn0 接线）型变压器，其电源由地区变电站通过一条 8km 的 10kV 架空线路供给（已知线路单位长度电抗 $x_0 = 0.35\Omega/$km。已知地区变电站出口断路器的断流容量为 500MVA，试用标幺值法求该厂变电所 10kV 高压侧（k-1 点）和 380V 低压侧（k-2 点）的三相短路电流 I_k、I''、I_∞、I_{sh} 及三相短路容量 S_k。

5-7　如图 5-18 所示网络，各元件的参数已标于图中，已知地区变电站出口断路器的断流容量为 500MVA，试用标幺值法计算 k 点发生三相短路时短路点的三相短路电流 I_k、I''、I_∞、I_{sh} 及三相短路容量 S_k。

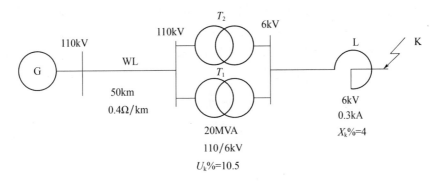

图 5-18　题 5-7、题 5-8 用图

5-8　试用欧姆法计算图 5-18 中 k 点发生三相短路时短路点的 I_k、I''、I_∞、I_{sh} 及三相短路容量 S_k。

二维码 5-16　思考与练习

题 5-8 参考答案

二维码 5-17　思考与练习

题 5-9 参考答案

5-9　试用标幺值法计算图 5-19 中 k1 点发生三相短路时 I_k、I''、I_∞、I_{sh} 及三相短路容量 S_k。取基准容量 $S_d = 100MV\cdot A$，已知系统上一级出口断路器的断流容量 $S_{oc} = 500MV\cdot A$。

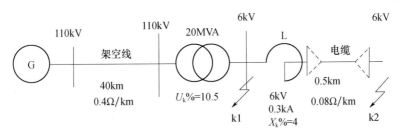

图 5-19　题 5-9、题 5-10 用图

5-10　其他条件保持不变，试用欧姆法计算图 5-19 中 k2 点发生三相短路时 I_k、I''、I_∞、I_{sh} 及三相短路容量 S_k。

二维码 5-18　思考与练习

题 5-10 参考答案

5-11 某 10kV 电力装置矩形母线，最大负荷电流 $I_{max}=334A$，母线发生三相短路时的最大稳态电流 $I_\infty=15.5kA$，继电保护动作时间为 1.25s，断路器全分闸时间为 0.25s，三相母线按水平平放布置，相间距离 0.25m，跨距为 1m，档数大于 2，空气温度为 25℃。试选择铝母线截面并进行动、热稳定性校验。

二维码 5-19　思考与练习

题 5-11 参考答案

第六章 电气设备的选择与校验

本章首先介绍了电气设备选择的一般原则，然后介绍了各种电气设备的具体选择条件和校验方法，并给出了选择实例。

知识目标：

◇ 熟悉电气设备选择与校验的一般原则；熟悉常用高压电气设备的选择条件与校验方法，掌握高压断路器选择与校验的方法及步骤；掌握电流互感器选择与校验的方法及步骤；熟悉常用低压电气设备的选择条件与校验方法，掌握低压断路器选择与校验的方法及步骤。

能力目标：

◇ 在理解常用高、低压电气设备选择与校验一般原则的基础上，理论结合实际学以致用，能够针对具体建筑供配电系统进行主要高、低压电气设备的合理选择与校验。

素质目标：

◇ 在工程实践中认识和理解进行电气设备正确选择和校验计算对电力系统安全可靠运行的重要性，增强安全意识和责任感，培养职业道德和工匠精神。

第一节 电气设备选择与校验的一般原则

正确选择电气设备是使电力系统达到安全、经济运行的重要条件。在进行电气设备选择时，应根据工程实际情况，在保证安全、可靠的前提下采用新技术，并注意节约投资，选择合适的电气设备。

尽管电力系统中各种电气设备的作用和工作条件并不一样，具体选择方法也不完全相同，但基本要求却是一致的。电气设备要可靠地工作，就必须按正常工作条件及环境条件进行选择，并按短路状态来校验。常用高、低压电气设备选择校验项目如表 6-1 所示。

表 6-1 常用高、低压电气设备选择校验项目

设备名称	额定电压	额定电流	开断能力	短路电流校验		环境条件	其他
				动稳定	热稳定		
断路器	√	√	○	○	○	√	操作性能，上、下级间配合
负荷开关	√	√	○	○	○	√	操作性能
隔离开关	√	√		○	○	√	操作性能
熔断器	√	√	○			√	上、下级间配合
电流互感器	√	√		○	○	√	二次负荷、准确度等级
电压互感器	√					√	二次负荷、准确度等级

注：表中"√"为选择项目，"○"为校验项目。

一、按正常工作条件选择电气设备

（一）额定电压

电气设备的额定电压 U_N 就是其铭牌上标出的线电压，另外，电气设备还有所允许的最高工作电压 U_m。

一般要求所选电气设备的允许最高工作电压 U_m 不得低于所在电网的最高运行电压 U_{sm}，即

$$U_m \geqslant U_{sm} \tag{6-1}$$

只要 U_N 不低于电网的额定电压 U_{Ns}，就能满足式（6-1）。因此，按式（6-2）选择电气设备的额定电压：

$$U_N \geqslant U_{Ns} \tag{6-2}$$

（二）额定电流

电气设备的额定工作电流 I_N 不应小于正常工作时的最大负荷电流 I_{max}，即

$$I_N \geqslant I_{max} \tag{6-3}$$

电气设备的最大长期工作电流 I_{max}，在设计阶段即为线路的计算电流 I_c，可根据负荷计算数据确定。

（三）环境条件

电气设备选择还需要考虑电气装置所处的位置（屋内或屋外）、环境温度、海拔高度，以及有无防尘、防腐、防火、防爆等要求。

当地区海拔超过制造部门的规定值时，由于大气压力、空气密度和湿度相应减少，使空气间隙和瓷绝缘的放电性能下降，影响到电气设备的外绝缘强度。一般当海拔在 $1000 \sim 4000\mathrm{m}$ 范围内，若海拔比厂家规定值每升高 $100\mathrm{m}$，则电气设备允许最高工作电压应下降 1%。当最高工作电压不能满足要求时，应采用高原型电气设备，或采用外绝缘提高一级的产品。当污秽等级超过使用规定时，可选用有利于防污的电瓷产品，当经济上合理时可采用屋内配电装置。

二维码 6-1 拓展阅读
环境条件对电气
设备的影响

当实际环境条件不同于额定环境条件时，电气设备的长期允许工作电流 I_{al} 应做校正。经综合校正后的长期允许工作电流 I_{al} 不得低于所在回路的各种可能运行方式下的最大持续工作电流 I_{max}，即

$$I_{al} = KI_N \geqslant I_{max} \tag{6-4}$$

式中，K 为电气设备的综合校正系数，与环境温度、日照、海拔、安装条件等有关，可查阅手册。

一般情况下电气设备的 I_{al} 均按实际环境温度校正，综合校正系数 K 等于温度校正系数 K_θ。设计时多取环境温度为 40°C，若实际装设地点的环境温度高于或低于 40°C，额定电流 I_N 应乘以温度校正系数 K_θ。温度校正系数可通过式（6-5）计算：

$$K_\theta = \sqrt{(\theta_{al} - \theta)/(\theta_{al} - 40)} \tag{6-5}$$

式中，θ 为电气设备的实际环境温度（$^\circ\text{C}$）；θ_{al} 为电气设备正常工作的最高允许温度（$^\circ\text{C}$）。

二维码 6-2 拓展阅读
温度对电气设备
载流能力的影响

当电气设备使用的环境温度高于 40℃但不超过 60℃时，环境温度每增高 1℃，工作电流可减少额定电流 I_N 的 1.8％；当使用的环境温度低于 40℃时，环境温度每降低 1℃，工作电流可增加 I_N 的 0.5％，但其最大过负荷电流不得超过 20％I_N。

二、按短路情况校验电气设备的动稳定性和热稳定性

为保证电气设备在短路故障时不至于损坏，应按通过电气设备的最大短路电流来校验电气设备的动、热稳定性。其中包括：

① 短路电流的计算条件应考虑工程的最终规模及最大运行方式；

② 短路点的选择，应考虑通过设备的短路电流最大值；

③ 短路电流通过电气设备的时间，等于继电保护动作时间（取后备保护动作时间）和开关开断电路的时间（包括电弧持续时间）之和。对于地方变电所和工业企业变电所，断路器全分闸时间可取 0.2s。

（一）电气设备动稳定校验

一般电气设备动稳定校验条件应满足式（5-59）的要求，即电气设备允许通过的动稳定电流 I_{max} 和 i_{max} 应大于三相短路冲击电流 I_{sh} 和 i_{sh}。I_{max} 和 i_{max} 可查阅相关的产品手册。

（二）电气设备热稳定校验

1. 校验载流导体热稳定的方法

（1）允许温度法

允许温度法是利用式（5-77）和图 5-16 的 $\theta = f(K)$ 曲线来求短路时导体的最高发热温度 θ_k，若满足 $\theta_k \leqslant \theta_{kal}$ 就认为导体在短路时发热满足热稳定。θ_{kal} 为导体在短路电流通过时的最高允许温度，可查表 5-3。

（2）最小截面法

由于计算短路时导体的最高温度 θ_k 比较麻烦，对于载流导体可根据式（5-81）计算热稳定最小允许截面面积 A_{min}，只要所选择的导体截面 A 大于或等于 A_{min} 时，热稳定就能满足要求。

2. 校验电气设备热稳定的方法

电气设备热稳定应满足式（5-79）的要求。电气设备的种类多，结构复杂，其热稳定性通常由制造厂给出的热稳定时间 t 秒内的热稳定电流 I_t 来表示。一般 t 的时间有 1s、4s、5s 和 10s。t 和 I_t 可从产品技术数据手册中查得。

（三）开关设备开断能力校验

断路器和熔断器等电气设备，均担负着切断短路电流的任务，因此，必须具备在通过最大短路电流时能够将其可靠切断的能力，选用此类设备时必须使其开断能力大于通过它的最大短路电流或短路容量，即

$$I_{oc} > I_k \quad 或 \quad S_{oc} > S_k \tag{6-6}$$

式中，I_{oc} 和 S_{oc} 分别为制造厂提供的最大开断电流（kA）和开断容量（MV·A）；I_k 和 S_k 分别为安装地点的最大三相短路电流（kA）和三相短路容量（MV·A）。

第二节　高压电气设备的选择与校验

高压断路器、负荷开关和隔离开关的选择条件基本相同。除了按电压、电流、装置类型选择，校验动、热稳定性外，对高压断路器和负荷开关还应校验其开断能力。

一、高压断路器的选择与校验

（一）型式选择

根据目前我国高压电器制造情况，电压等级 6～35kV 的电网中，一般选用真空断路器；电压等级在 35kV 以上的电网中，一般选择用 SF$_6$断路器。对于大容量发电机组采用封闭母线时，如果需要装设断路器，宜选用发电机专用断路器。少油断路器和多油断路器已逐渐被新型的六氟化硫和真空断路器所取代。

根据断路器的安装地点选择，有户内型和户外型两种。装在屋内配电装置中的断路器选用户内型，装在屋外配电装置中的断路器选用户外型。当屋外配电装置处于严重污秽地区或积雪覆冰严重地区时，应采用高一级电压的断路器。

（二）额定电压选择

高压断路器的额定电压 U_N 应不低于所在电网处的额定电压 U_{Ns}，即应按式（6-2）选择。

（三）额定电流选择

高压断路器的额定电流 I_N 应大于或等于所在回路的最大长期工作电流 I_{max}（一般即为计算电流 I_c），即应按式（6-3）选择。

（四）额定开断电流校验

高压断路器在给定的额定电压下，额定开断电流 I_{oc} 不应小于断路器灭弧触头分开瞬间电路的三相短路电流有效值 I_k，额定开断容量 S_{oc} 不应小于所控制回路的最大短路容量 S_k，即应满足式（6-6）。

一般断路器开断单相短路的能力比开断三相短路能力要大 15%，所以在中性点直接接地的系统中，如果单相短路电流比三相短路电流大 15% 以上时，应以单相短路电流为校验条件。

（五）短路动稳定校验

高压断路器允许通过的动稳定极限电流 i_{max} 应大于或等于三相短路时通过断路器的短路冲击电流 i_{sh}，即应满足式（5-59）。

（六）额定关合电流校验

如果在断路器关合前已存在短路故障，则断路器合闸时也会产生电弧，为了保证断路器关合时不发生触头熔焊及合闸后能在继电保护控制下自动分闸切除故障，断路器额定关合电流 i_{Ncl} 不应小于短路电流最大冲击值 i_{sh}，即

$$i_{Ncl} \geqslant i_{sh} \tag{6-7}$$

在断路器产品目录中，部分产品未给出 i_{Ncl}，而凡给出的均有 $i_{Ncl} = i_{max}$，故动稳定校验包含了对 i_{Ncl} 的选择，即 i_{Ncl} 的校验可省略。

（七）短路热稳定校验

高压断路器出厂时，制造厂提供 t 秒（1s、4s、5s、10s）允许通过的热稳定电流 I_t，热稳定条件应满足式（5-79）。

【例 6-1】　降压变电所中一台变压器，容量为 8000kV·A，其短路电压百分值为 10.5%，二次母线电压为 10kV，变电所由无限大容量系统供电，二次母线上短路电流为 $I'' = I_\infty = 5.5$kA。作用于高压断路器的定时限保护装置的动作时限为 $t_{pr} = 1$s，瞬时动作的保护装置的动作时限为 0.05s，拟采用高压断路器，其固有开断时间为 0.05s，灭弧时间为

二维码 6-3　视频
例 6-1 讲解

0.05s，断路器全开断时间则为 $t_{ab}=0.05+0.05=0.1s$，试选择高压断路器。

解：① 断路器的选择。断路器额定电压 U_N 应不小于所在电网处的额定电压 $U_{Ns}=$ 10kV，故选择 $U_N=12kV$。

所在线路的计算电流为

$$I_{max}=\frac{S_N}{\sqrt{3}U_{Ns}}=\frac{8000}{\sqrt{3}\times 10}=461.89\ (A)$$

根据上述计算，查附表 I-20 选择 ZN28-12-630 型的户内真空高压断路器。其主要参数为：

额定电压 $U_N=12kV$，额定电流 $I_N=630A$，额定开断电流 $I_{oc}=20kA$，额定关合电流 $I_{Ncl}=$ 动稳定极限电流 $i_{max}=50kA$，$t=4s$ 时的热稳定电流 $I_t=20kA$。

② 开断电流校验。由于为无限大容量系统，故

$$I_{kt}=I''=I_\infty=5.5kA<I_{oc}=20kA$$

满足条件，所选择断路器的开断能力满足要求。

③ 短路热稳定性校验。由于短路时间

$$t_k=t_{pr}+t_{ab}=1+0.1=1.1\ (s)\ >1\ (s)$$

故可忽略短路电流的非周期分量，则短路电流热效应的等值计算时间为

$$t_{ima}=t_k=1.1\ (s)$$

热稳定校验条件为 $I_t^2 t\geqslant I_\infty^2 t_{ima}$，而

$$I_t^2 t=20^2\times 4=1600(kA^2\cdot s)>I_\infty^2 t_{ima}=5.5^2\times 1.1=33.28(kA^2\cdot s)$$

所选择断路器满足热稳定条件。

④ 短路动稳定性校验。动稳定校验条件为 $i_{max}>i_{sh}$，而

$$i_{sh}=2.55I_\infty=2.55\times 5.5=14.03\ (kA)\ <i_{max}=50\ (kA)$$

所选择断路器动稳定也满足要求。

因而，选择 ZN28-12-630 型的户内真空高压断路器满足要求（表 6-2）。

表 6-2　例 6-1 高压断路器选择额定参数与计算数据比较

设备参数	ZN28-12-630	计算数据	
U_N（kV）	12	U_{Ns}（kV）	10
I_N（A）	630	I_{max}（A）	461.89
I_{oc}（kA）	20	I_{kt}（kA）	5.5
$I_t^2 t$（kA$^2\cdot$s）	1600	$I_\infty^2 t_{ima}$（kA$^2\cdot$s）	33.28
i_{max}（kA）	50	i_{sh}（kA）	14.03

二、高压隔离开关的选择

高压隔离开关的额定电压、额定电流和动、热稳定校验与高压断路器基本相同，但不需校验开断电流。除此之外，还应看其种类和型式的选择，其型式应根据电力装置特点和使用要求及技术经济条件来确定。表 6-3 为隔离开关选型参考表。

表 6-3　隔离开关选型参考

使用场合		特点	参考型号
户内	屋内配电装置成套高压开关柜	三极，10kV 以下	GN2，GN6，GN8，GN19
	发电机回路、大电流回路	单极，大电流 3000~13000A	GN10
		三极，15kV，200~600A	GN11
		三极，10kV，大电流 2000~3000A	GN18，GN22，GN2
		单极，插入式结构，带封闭罩 20kV，大电流 10000~13000A	GN14
户外	220kV 及以下各型配电装置	双柱式，220kV 及以下	GW4
	高型，硬母线布置	V 型，35~110kV	GW5
	硬母线布置	单柱式，220~500kV	GW6
	220kV 及以上中型配电装置	三柱式，220~500kV	GW7

三、熔断器的选择与校验

熔断器应根据负荷的大小、重要程度、短路电流大小、使用环境及安装条件等综合考虑选择。

（一）额定电压的选择

熔断器的额定电压 U_N 应不低于保护线路的额定电压 U_{Ns}，即应按式（6-2）选择。

（二）额定电流的选择

熔断器的额定电流选择，包括熔管额定电流和熔体额定电流的选择。一般所说熔断器的额定电流是指熔管的额定电流。

1. 熔管额定电流的选择

为了保证熔断器载流及接触部分不致过热和损坏，高压熔断器的熔管额定电流应满足式（6-8）的要求，即

$$I_{Nt} \geq I_{Ns} \tag{6-8}$$

式中，I_{Nt} 为熔管的额定电流（A）；I_{Ns} 为熔体的额定电流（A）。

2. 熔体额定电流选择

① 对于保护电力线路的熔断器，其熔体额定电流应按以下条件选择：

a. 为了保证在线路正常运行时熔体不致熔断，应使熔体的额定电流 I_{Ns} 不小于线路的最大工作电流 I_{max}，即

$$I_{Ns} \geq I_{max} \tag{6-9}$$

b. 为了保证在出现尖峰电流时熔体不致熔断，熔体的额定电流 I_{Ns} 要躲过线路的尖峰电流 I_{pk}，即

$$I_{Ns} \geq K I_{pk} \tag{6-10}$$

式中，K 为计算系数，根据熔体的特性和电动机的启动情况来决定：当电动机启动时间小于 3s 时，取 $K=0.25~0.35$；当电动机启动时间为 3~8s 时，取 $K=0.35~0.5$；当电动机启动时间大于 8s 或者电动机为频繁启动、反接制动时，取 $K=0.5~0.6$。

c. 为了使熔断器能可靠地保护导线和电缆，以便在线路发生短路或过负荷时及时切断线路电流，熔断器熔体的额定电流 I_{Ns} 必须与被保护线路的允许电流 I_{al} 相配合，即

$$I_{Ns} \leq K_{OL} I_{al} \tag{6-11}$$

式中，I_{al} 为绝缘导线或电缆的允许载流量；K_{OL} 为绝缘导线或电缆的允许短时过负荷系数。对电缆和穿管绝缘导线，取 $K_{OL}=2.5$；对明敷绝缘导线，取 $K_{OL}=1.5$；对已装设有过负荷保护的绝缘导线或电缆而又要求用熔断器进行短路保护时，取 $K_{OL}=1$。

② 对于保护电力变压器的熔断器，其熔体额定电流应按式（6-12）选择：

$$I_{Ns} = (1.5\sim2)\,I_{NT} \tag{6-12}$$

式中，I_{NT} 为变压器的额定电流，熔断器装在哪侧，就用该侧的额定电流。

③ 对于保护电压互感器的 RN2 型熔断器，其熔体额定电流一般选用 0.5A。

（三）熔断器断流能力校验

对于没有限流作用的熔断器，由于不能在短路电流达到冲击值前将电弧完全熄灭，应选择使用短路冲击电流的有效值 I_{sh} 进行校验，即

$$I_{oc} \geqslant I_{sh} \tag{6-13}$$

式中，I_{oc} 为熔断器的额定开断电流。

对于有限流作用的熔断器，在电流达最大值之前已截断，故可不计非周期分量影响，而采用三相短路电流的次暂态值 I'' 进行校验，即

$$I_{oc} \geqslant I'' \tag{6-14}$$

（四）熔断器保护灵敏度校验

熔断器保护灵敏度应按式（6-15）计算：

$$K_s = \frac{I_{kmin}}{I_{Ns}} \geqslant 4\sim7 \tag{6-15}$$

式中，I_{Ns} 为熔体的额定电流（A）；I_{kmin} 为熔断器保护线路末端的最小短路电流（A），对中性点不接地系统，取两相短路电流 $I_k^{(2)}$；对中性点直接接地系统，取单相短路电流 $I_k^{(1)}$。

四、互感器的选择与校验

（一）电流互感器的选择与校验

1. 电流互感器一次侧额定电压和额定电流选择

电流互感器一次回路额定电压 U_N 应不低于安装处电网的额定电压 U_{Ns}，一次侧额定电流 I_{1N} 应取线路最大工作电流 I_{max} 或者变压器额定电流的 1.2～1.5 倍。

2. 二次侧额定电流的选择

电流互感器的二次侧额定电流有 5A 和 1A 两种。一般强电系统用 5A，弱电系统用 1A。当配电装置距离控制室较远时，为使电流互感器能多带二次负荷或减少电缆截面、提高准确度，应尽量采用 1A。

3. 电流互感器种类和型式的选择

电流互感器按安装方式可分为穿墙式、支持式和装入式；按绝缘可分为干式、浇注式和油浸式。应根据安装条件和工作环境选择相适应的类别和型式。6～10kV 户内用电流互感器，采用穿墙式和浇注式；35kV 及以上户外用电流互感器，采用支持式和套管式。

4. 准确度等级的选择

为保证测量仪表的准确度，电流互感器的准确度等级不得低于所供测量仪表的准确度等级。如装于重要回路（如发电机、调相机、变压器、厂用馈线、出线等）中的电能表和计费的电能表一般采用 0.5～1 级表，相应的电流互感器的准确度级不应低于 0.5 级；对测量精度要求较高的大容量发电机、变压器、系统干线和 500kV 电压等级线路宜用 0.2 级。供运行监视、估算电能的电能表和控制盘上仪表一般皆用 1～1.5 级的，相应的电流互感器应为 0.5～1 级。

供只需估计电参数仪表的互感器可用 3 级的。当一个电流互感器二次回路中装有几个不同类型的仪表时，应按对准确度要求最高的仪表来选择电流互感器的准确度等级。如果同一个电流互感器，既供测量仪表又供保护装置用，应选具有两个不同准确度级二次绕组的电流互感器。

至此，可初选出电流互感器的型号，由产品目录或手册查得其在相应准确度等级下的二次负荷额定阻抗 Z_{N2}、热稳定倍数 K_t 和动稳定倍数 K_{es}。

5. 电流互感器二次容量或二次负负荷的校验

为了保证电流互感器的准确度级，电流互感器二次侧所接实际负荷 Z_2 或所消耗的实际容量 S_2 应不大于该准确度级所规定的额定负荷 Z_{2N} 或额定容量 S_{2N}，即

$$Z_{2N} \geqslant Z_2 \text{ 或 } S_{2N} = I_{2N}^2 Z_{2N} \geqslant S_2 = I_{2N}^2 Z_2 \tag{6-16}$$

式中，Z_{2N} 和 S_{2N} 分别为电流互感器某一准确度级的允许负荷（Ω）和容量（V·A），可从产品样本查得；Z_2 和 S_2 分别为电流互感器二次侧所接实际负荷（Ω）和容量（V·A）。

由于电流互感器二次侧所接仪表或继电器的电流线圈及连接导线的电抗很小，可以忽略，只需计及电阻，则 Z_2 和 S_2 可由式（6-17）和式（6-18）求得。

$$Z_2 = \sum r_i + r_l + r_c \tag{6-17}$$

$$S_2 = I_{2N}^2 \sum r_i + I_{2N}^2 r_l + I_{2N}^2 r_c = \sum S_i + I_{2N}^2 r_l + I_{2N}^2 r_c \tag{6-18}$$

式中，r_l 为电流互感器二次侧连接导线电阻（Ω）；r_c 为电流互感器二次连线的接触电阻（Ω），由于不能准确测量，一般取为 0.1Ω；$\sum r_i$、$\sum s_i$ 分别为电流互感器二次侧所接仪表的内阻总和（Ω）与容量总和（V·A），$\sum r_i = \dfrac{\sum S_i}{I_{2N}^2}$。

因此，满足准确度级的连接导线电阻为

$$r_l \leqslant \frac{S_{2N} - I_{2N}^2(\sum r_i + r_c)}{I_{2N}^2} = Z_{2N} - \sum r_i - r_c \tag{6-19}$$

从而连接导线的截面面积可按式（6-20）选择：

$$A \geqslant \frac{L_c}{\gamma r_l} \tag{6-20}$$

式中，A 为二次侧连接导线的允许截面积（mm^2）；γ 为导线的电导率 [$m/(\Omega \cdot mm^2)$]，铜线取 53$m/(\Omega \cdot mm^2)$，铝线取 32$m/(\Omega \cdot mm^2)$；L_c 为连接导线的计算长度（m），与电流互感器的接线方式有关。假设从电流互感器二次端子到仪表、继电器接线端子的单向长度为 l（m），则互感器为一相式接线时，$L_c = 2l$；为三相完全星形接线时，$L_c = l$；为两相不完全星形接线和两相电流差接线时，$L_c = \sqrt{3}\, l$。

此外，选择二次侧连接导线截面积时，还应按机械强度进行校验，一般要求铜线截面面积不得小于 $1.5mm^2$，铝线截面积不得小于 $2.5mm^2$。

如果电流互感器的实际二次负荷大于允许（额定）二次负荷，则应采取下述措施：

① 增大连接导线截面或缩短连接导线长度，以减小实际二次负荷；

② 选择变比较大的电流互感器，减小一次电流倍数，增大允许二次负荷；

③ 将电流互感器的二次绕组串联起来，使允许二次负荷增大一倍。

6. 热稳定和动稳定校验

（1）热稳定校验

电流互感器的热稳定校验只对本身带有一次回路导体的电流互感器进行。电流互感器热

稳定能力常以 t 秒内允许通过的热稳定电流 I_t 与一次额定电流 I_{1N} 之比——热稳定倍数 K_t 来表示，即

$$K_t = I_t / I_{1N} \tag{6-21}$$

故热稳定应按式（6-22）校验：

$$(K_t I_{1N})^2 t \geqslant I_\infty^2 t_{ima} \tag{6-22}$$

式中，K_t 为由生产厂给出的电流互感器的热稳定倍数；I_∞ 和 t_{ima} 分别为短路稳态电流值（A）及热效应等值计算时间（s）。

（2）动稳定校验

电流互感器动稳定能力，常以允许短时极限通过电流峰值 i_{max} 与一次侧额定电流峰值 $\sqrt{2} I_{1N}$ 之比——动稳定电流倍数 K_{es} 表示，即

$$K_{es} = \frac{i_{max}}{\sqrt{2} I_{1N}} \tag{6-23}$$

故内部动稳定可用式（6-24）校验：

$$\sqrt{2} K_{es} I_{1N} \geqslant i_{sh} \tag{6-24}$$

式中，K_{es} 为由生产厂给出的电流互感器的动稳定倍数；i_{sh} 为故障时可能通过电流互感器的最大三相短路电流冲击值（A）。

如果动、热稳定性校验不满足要求时，应选择额定电流大一级的电流互感器再进行校验，直至满足要求为止。有关电流互感器的参数可查附录或其他有关产品手册。

【例 6-2】　某变电所 10kV 母线处，三相短路电流 $I_k = 10$kA，三相短路冲击电流 $I_{sh} = 25$kA，假想时间 $t_{ima} = 1.2$s。现拟在母线的一出线处安装两只 LQJ-10 型电流互感器，分别装于 U、W 相，其中 0.5 级二次绕组用于测量，接有三相有功电能表和三相无功电能表的电流线圈各一只，每一只电流线圈消耗功率 0.5V·A，电流表一只消耗功率 3V·A。电流互感器为不完全星形连接，二次回路采用 BV-500-1× 2.5mm² 的铜芯塑料线，互感器距仪表的单向长度为 2m。若线路负荷 计算电流为 50A，试选择电流互感器变比并校验其动、热稳定性和准确度级。

二维码 6-4　视频 例 6-2 讲解

解：查附表Ⅰ-22，根据线路计算电流 50A，初选变比为 75/5A 的 LQJ-10 型电流互感器，有 $I_{1N} = 75$A，$I_{2N} = 5$A，$K_{es} = 225$，$K_t = 90$，0.5 级二次绕组的 $S_{2N} = 10$V·A，二次额定负荷 $Z_{2N} = 0.4\Omega$。

（1）动稳定校验

$K_{es} \times \sqrt{2} I_{1N} = 225 \times 1.414 \times 0.075 = 23.86$（kA）$< 25$（kA），不满足动稳定要求。

重选变比为 160/5A，$I_{1N} = 160$A，$I_{2N} = 5$A，$K_{es} = 160$，$K_t = 75$，则

$K_{es} \times \sqrt{2} I_{1N} = 160 \times 1.414 \times 0.16 = 36.2$（kA）$> 25$（kA），满足动稳定要求。

（2）热稳定校验

$(K_t I_{1N})^2 t = (75 \times 0.16)^2 \times 1 = 144$（kA²·s）$> I_\infty^2 t_{ima} = 10^2 \times 1.2 = 120$（kA²·s），满足热稳定要求。

（3）准确度级校验

$$A = 2.5\text{mm}^2, \ L_c = \sqrt{3} l$$

$$r_l = \frac{L_c}{A\gamma} = \frac{\sqrt{3} l}{A\gamma} = \frac{\sqrt{3} \times 2}{2.5 \times 53} = 0.026 \ (\Omega)$$

$$\sum S_{\mathrm{i}} = 0.5 \times 2 + 3 = 4 (\mathrm{V \cdot A})$$

$$S_2 = I_{2N}^2 \sum r_{\mathrm{i}} + I_{2N}^2 r_l + I_{2N}^2 r_c$$

$$= \sum S_{\mathrm{i}} + I_{2N}^2 r_l + I_{2N}^2 r_c$$

$$= 4 + 5^2 \times (0.026 + 0.1)$$

$$= 7.15 (\mathrm{V \cdot A}) < S_{2N} = 10 \mathrm{V \cdot A}$$

满足准确度级要求。

（二）电压互感器的选择

1. 电压互感器一次回路额定电压的选择

为了确保电压互感器安全和在规定的准确度级下运行，电压互感器一次绕组所接电力网电压 U_{Ns} 应在 $(0.9 \sim 1.1)U_{N1}$ 范围内变动，即满足式（6-25）条件：

$$0.9 U_{1N} < U_{Ns} < 1.1 U_{1N} \tag{6-25}$$

式中，U_{1N} 为电压互感器一次侧额定电压；U_{Ns} 为电压互感器一次绕组所接电力网额定电压。选择时，满足 $U_{1N} = U_{Ns}$ 即可。

2. 电压互感器二次侧额定电压的选择

电压互感器二次侧额定线电压为 100V，相电压为 $100/\sqrt{3}$ V。

3. 电压互感器种类和型式的选择

电压互感器的种类和型式应根据装设地点和使用条件进行选择。例如，在 $6 \sim 35$kV 屋内配电装置中，一般采用油浸式或浇注式，110kV 及以上配电装置多采用干式。$110 \sim 220$kV 配电装置通常采用串级电磁式电压互感器，220kV 及其以上配电装置，当容量和准确度级满足要求时，也可采用电容式电压互感器。

4. 准确度级选择

首先根据仪表和继电器接线要求选择电压互感器接线方式，并尽可能地将负荷均匀分布在各相上，然后计算各相负荷大小，按照所接仪表的准确度级和容量选择互感器的准确度级和额定容量。有关电压互感器准确度级的选择原则，可参照电流互感器准确度级选择。一般供功率测量、电能测量及功率方向保护用的电压互感器应选择 0.5 级或 1 级的，只供估计被测值的仪表和一般电压继电器的电压互感器选用 3 级为宜。

至此，可初选出电压互感器的型号，由产品目录或手册查得其在相应准确度级下的额定二次容量。

5. 按额定二次容量选择

电压互感器的额定二次容量（对应于所要求的准确度级）S_{2N}，应不小于电压互感器的二次负荷 S_2，即

$$S_{2N} \geqslant S_2 = \sqrt{\sum_{i=1}^{n} \left[(S_i \cos\varphi_i)^2 + (S_i \sin\varphi_i)^2 \right]} \tag{6-26}$$

式中，S_i、$\cos\varphi_i$ 分别为二次侧所接各仪表并联线圈消耗的功率及其功率因数，可查表得到。

由于电压互感器三相负荷常不相等，为了满足准确度级要求，通常以最大相负荷进行比较。计算电压互感器各相的负荷时，必须注意互感器和负荷的接线方式。表 6-4 列出了电压互感器和负荷接线方式不一致时每相负荷的计算公式。

由于电压互感器两侧均装有熔断器，故无须进行短路电流的动稳定和热稳定校验。

表 6-4　电压互感器二次绕组负荷的计算公式

接线及相量			
U	$P_U=[S_{uv}\cos(\varphi_{uv}-30°)]/\sqrt{3}$ $Q_U=[S_{uv}\sin(\varphi_{uv}-30°)]/\sqrt{3}$	UV	$P_{UV}=\sqrt{3}S\cos(\varphi+30°)$ $Q_{UV}=\sqrt{3}S\sin(\varphi+30°)$
V	$P_V=[S_{uv}\cos(\varphi_{uv}+30°)+S_{vw}\cos(\varphi_{vw}-30°)]/\sqrt{3}$ $Q_V=[S_{uv}\sin(\varphi_{uv}+30°)+S_{vw}\sin(\varphi_{vw}-30°)]/\sqrt{3}$	VW	$P_{VW}=\sqrt{3}S\cos(\varphi-30°)$ $Q_{VW}=\sqrt{3}S\sin(\varphi-30°)$
W	$P_W=[S_{vw}\cos(\varphi_{vw}+30°)]/\sqrt{3}$　　$Q_W=[S_{vw}\sin(\varphi_{vw}+30°)]/\sqrt{3}$		

五、高压开关柜的选择

高压开关柜内设备应按装设地点的电气条件来选择，方法见前述高压电气设备的选择。开关柜生产商会提供开关柜型号、方案号、技术参数、柜内设备的配置，柜内设备的具体规格由用户向生产商提供订货要求。

高压开关柜的选择主要是开关柜的型号和回路方案号的选择。

（一）开关柜型号的选择

根据负荷等级选择开关柜的型号，一般一、二级负荷选择移开式开关柜，如 JYN2-10、JYN1-35 型开关柜。三级负荷选择固定式开关柜，如 KGN-10、XGN2-12 型开关柜。

（二）开关柜回路方案号的选择

每一种型号的开关柜，其回路方案号有几十种甚至上百种，用户可以根据主接线方案，选择与主接线方案一致的开关柜回路方案号，然后选择柜内设备型号规格。每种型号的开关柜主要有电缆进出线柜、架空线进出线柜、联络柜、避雷器柜、电压互感器柜、所用变压器柜等，但各型号开关柜的方案号可能不同。

二维码 6-5　拓展阅读
高压开关柜目前
常用型号，技术发展

第三节　低压电气设备的选择与校验

一、低压断路器的选择与校验

（一）低压断路器选择的一般原则

① 低压断路器的类型及操作机构形式应符合工作环境、保护性能等方面的要求；

② 低压断路器的额定电压应不低于装设处电网的额定电压；

③ 低压断路器的额定电流应不小于它所能安装的最大脱扣器的额定电流；

④ 低压断路器的短路断流能力不小于线路中的最大短路电流。

（二）选择型低压断路器过电流脱扣器的选择与整定

1. 低压断路器过电流脱扣器的选择

① 过电流脱扣器的额定电流 $I_{N·OR}$ 应大于或等于线路的最大负荷计算电流 I_{max}，即

$$I_{\mathrm{N \cdot OR}} \geqslant I_{\max} \qquad\qquad (6\text{-}27)$$

② 同时还应满足大于或等于长延时脱扣器的整定电流 $I_{\mathrm{op}(l)}$，即

$$I_{\mathrm{N \cdot OR}} \geqslant I_{\mathrm{op}(l)} \qquad\qquad (6\text{-}28)$$

2. 低压断路器过电流脱扣器的整定

（1）瞬时脱扣器的整定动作电流 $I_{\mathrm{op}(o)}$

① 瞬时脱扣器的整定动作电流 $I_{\mathrm{op}(o)}$ 应躲过线路的尖峰电流 I_{pk}，即

二维码 6-6 视频
低压断路器选择与整定

$$I_{\mathrm{op}(o)} \geqslant K_{\mathrm{rel}} I_{\mathrm{pk}} \qquad\qquad (6\text{-}29)$$

式中，K_{rel} 为瞬时脱扣器可靠系数，考虑电动机启动电流误差和断路器瞬动电流误差，可取 1.2；I_{pk} 为线路的尖峰电流。

② 为满足被保护线路各级间的选择性要求，瞬时过电流脱扣器的电流整定值 $I_{\mathrm{op}(o)}$，还应大于下一级低压断路器所保护线路的最大短路电流，即还应同时满足式（6-30）：

$$I_{\mathrm{op}(o)} \geqslant 1.2 I_{\mathrm{kmax}(2)} \qquad\qquad (6\text{-}30)$$

式中，$I_{\mathrm{kmax}(2)}$ 为下一级保护电器所保护线路的最大短路电流。

瞬时脱扣器的整定动作电流 $I_{\mathrm{op}(o)}$ 应在满足动作灵敏性的前提下，尽量整定得大些，以免在故障电流很大时导致上、下级断路器均瞬时动作，破坏选择性。

（2）短延时脱扣器的整定动作电流 $I_{\mathrm{op}(s)}$

① 短延时脱扣器的整定动作电流 $I_{\mathrm{op}(s)}$ 应躲过线路的尖峰电流 I_{pk}，即

$$I_{\mathrm{op}(s)} \geqslant K_{\mathrm{rel}(s)} I_{\mathrm{pk}} \qquad\qquad (6\text{-}31)$$

式中，$K_{\mathrm{rel}(s)}$ 为可靠系数，取 $K_{\mathrm{rel}(s)} = 1.2$。

② 为满足被保护线路各级间的选择性要求，短延时过电流脱扣器的电流整定值 $I_{\mathrm{op}(s)}$，还应大于下一级低压断路器瞬时脱扣器的整定电流 $I_{\mathrm{op}(o)(2)}$，即还应同时满足式（6-32）：

$$I_{\mathrm{op}(s)} \geqslant 1.3 I_{\mathrm{op}(o)(2)} \qquad\qquad (6\text{-}32)$$

（3）长延时脱扣器的整定动作电流 $I_{\mathrm{op}(l)}$

① 长延时脱扣器的整定动作电流 $I_{\mathrm{op}(l)}$ 应大于或等于线路的最大负荷计算电流 $I_{\max}$，即

$$I_{\mathrm{op}(l)} \geqslant K_{\mathrm{rel}(l)} I_{\max} \qquad\qquad (6\text{-}33)$$

式中，$K_{\mathrm{rel}(l)}$ 为可靠系数，取 $K_{\mathrm{rel}(l)} = 1.1$。

② 长延时过电流脱扣器的动作电流 $I_{\mathrm{op}(l)}$ 还必须与被保护线路的允许电流 I_{al} 相配合，以便在线路过负荷或短路时，能及时切断线路电流，以保护导线或电缆防止因过热而损坏。即 $I_{\mathrm{op}(l)}$ 还需同时满足式（6-34）：

$$I_{\mathrm{op}(l)} \leqslant K_{\mathrm{OL}} I_{\mathrm{al}} \qquad\qquad (6\text{-}34)$$

式中，K_{OL} 为负荷系数，取 1；I_{al} 为线路的允许载流量（A），可查阅产品手册。

3. 低压断路器选择与整定的注意事项

① 由于长延时过电流脱扣器是用于负荷保护，动作时间有反时限特征。过负荷电流越大，动作时间越短，反之则越长。一般动作时间在 1～2h。

② 短延时过电流脱扣器具有定时限特征，其整定时间通常有 0.1s、0.2s、0.3s、0.4s、0.6s、0.8s 等几种，根据需要确定。上下级时间级差不小于 0.1～0.2s。

③ 过电流脱扣器动作电流整定后，还应选择过电流脱扣器的整定倍数。过电流脱扣器的动作值或倍数，一般是按照其额定电流的倍数来设定的。各种型号的断路器其脱扣器的动作电流整定倍数也不一样。不同类型过电流脱扣器，如瞬时、短延时、长延时，其动作电流

倍数也不一样。有些型号断路器动作电流整定倍数分档设定，而有些型号断路器动作电流倍数可连续调节。应选择与 I_{op} 值最接近的脱扣器的动作电流整定值 KI_N，并满足 $KI_N \geq I_{op}$，K 为整定倍数。

④ 在动作时间选择性配合上，如果后一级采用瞬时过电流流扣器，则前一级要求采用短延时过电流脱扣器，如果前后级都采用短延时脱扣器，则前一级动作时间应至少比后一级短延时时间大一级。由于低压断路器保护特性时间误差为 $\pm 20\% \sim \pm 30\%$，为防止误动作，应把前一级动作时间计入负误差（提前动作），后一级动作时间计入正误差（滞后动作），在这种情况下，仍要保证前一级动作时间大于后一级动作时间，才能保证前后级断路器选择性配合。

⑤ 当上述配合要求得不到满足时，可改选脱扣器动作电流，或者增大线路导线截面。

（三）低压断路器热脱扣器的选择与整定

① 热脱扣器的选择。热脱扣器的额定电流 $I_{N \cdot TR}$ 应不小于线路的最大负荷计算电流 I_{max}，即

$$I_{N \cdot TR} \geq I_{max} \tag{6-35}$$

② 热脱扣器的整定。热脱扣器的动作电流 $I_{op \cdot TR}$ 应躲过线路的尖峰电流 I_{pk}，即

$$I_{op \cdot TR} \geq K_{rel} I_{pk} \tag{6-36}$$

式中，K_{rel} 为可靠系数，取 $K_{rel} = 1.1$。

（四）低压断路器过电流保护灵敏度校验

低压断路器过电流保护的灵敏度应按式（6-37）计算：

$$K_s = \frac{I_{k\,min}}{I_{op}} \geq 1.3 \tag{6-37}$$

式中，I_{op} 为低压断路器瞬时或短延时过电流脱扣器的动作电流（A）；$I_{k\,min}$ 为低压断路器保护的线路末端最小短路电流（A），对中性点不接地系统，取两相短路电流 $I_k^{(2)}$；对中性点直接接地系统，取单相短路电流 $I_k^{(1)}$。

（五）低压断路器断流能力的校验

对于动作时间在 0.02s 以上的万能式断路器，其极限分断电流 I_{oc} 应不小于通过它的最大三相短路电流有效值 I_k，即

$$I_{oc} \geq I_k \tag{6-38}$$

对于动作时间在 0.02s 以下的塑壳式断路器，其极限分断电流 I_{oc} 应不小于通过它的最大三相短路电流冲击值 I_{sh}，即

$$I_{oc} \geq I_{sh} \text{ 或 } i_{oc} \geq i_{sh} \tag{6-39}$$

二维码 6-7　视频
例 6-3 讲解

【例 6-3】 已知某电力线路的最大工作电流 $I_{max} = 125A$，尖峰电流 $I_{pk} = 390A$，采用导线的长期允许电流 $I_{al} = 165A$，线路首端的最大三相短路电流 $I_k = 7.6kA$，最小单相短路电流 $I_k^{(1)} = 2.5kA$，下一级低压断路器所保护线路的最大短路电流 $I_{k\,max(2)} = 800A$，要求选用 DW15 型低压断路器，要求进行短路和长延时过载保护。请确定该断路器的型号及规格。

解：（1）选择型号及规格。根据题意，选择 DW15-200 型低压断路器作为电力线路的短路和长延时过载保护，应配置瞬时和长延时过电流脱扣器。低压断路器额定电流：

$$I_N = 200A > I_{max} = 125A$$

满足条件。

（2）脱扣器额定电流的选择

要求 $I_{N \cdot OR} \geq I_{max} = 125A$，故选取 $I_{N \cdot OR} = 200A$ 的瞬时脱扣器。

（3）瞬时脱扣器动作电流整定

① 要求 $I_{op(o)}$ 躲过线路的尖峰电流 I_{pk}，即

$$I_{op(o)} \geq K_{rel(o)} I_{pk} = 1.2 \times 390 = 468 \text{ (A)}$$

② 与下一级低压断路器所保护线路的最大短路电流的配合，即

$$I_{op(o)} \geq 1.2 I_{k max(2)} = 1.2 \times 800 = 960 \text{ (A)}$$

据此，应选瞬时脱扣器整定倍数 $K = 5$，$I_{op(o)} = 5 I_N = 1000A$ 的瞬时过电流脱扣器。

（4）长延时脱扣器动作电流整定。

① 动作电流整定，即

$$I_{op(l)} \geq K_{rel} I_{max} = 1.1 \times 125 = 137.5 \text{ (A)}$$

选取 $128 \sim 160 \sim 200$ 中整定电流为 160A 的脱扣器，即 $I_{op(l)} = 160A$。

② 与保护线路的配合，即

$$I_{op(l)} = 160A < K_{OL} I_{al} = 1 \times 165 = 165 \text{ (A)}$$

满足要求。

③ 根据要求，还应满足 $I_{N \cdot OR} \geq I_{op(l)}$，此时有 $I_{N \cdot OR} = 200 \text{ (A)} > I_{op(l)} = 160 \text{ (A)}$，满足要求。

（5）断流能力校验

DW15-200 的极限开断电流 $I_{oc} = 50kA$，大于最大三相短路电流 $I_k = 7.6kA$，满足要求。

（6）灵敏度校验

$$K_s = \frac{I_{k min}}{I_{op}} = \frac{I_{k min}^{(1)}}{I_{op(o)}} = \frac{2500}{1000} = 2.5 \geq 1.3$$

灵敏度满足要求。

综合上述，所选择低压断路器为 DW15-200，脱扣器额定电流为 200A（表 6-5）。

表 6-5 例 6-3 低压断路器选择额定参数与计算数据比较

设备参数		DW15-200	比较条件	计算数据	
U_N （V）		380	$\geq$	U_N （V）	380
I_N （A）		200	$\geq$	I_{max} （A）	125
			$\geq$	$I_{N \cdot OR}$ （A）	200
脱扣器额定电流	$I_{N \cdot OR}$ （A）	200	$\geq$	I_{max} （A）	125
			$\geq$	$I_{op(l)}$ （A）	160
长延时脱扣器	$I_{op(l)}$ （A）	160	$\geq$	$K_{rel} I_{max}$ （A）	$1.1 \times 125 = 137.5$
			$\leq$	$K_{OL} I_{al}$ （A）	$1 \times 165 = 165$
瞬时延时脱扣器	$I_{op(o)}$ （A）	$K I_N = 5 \times 200 = 1000$	$\geq$	$K_{rel} I_{pk}$ （A）	$1.2 \times 390 = 468$
			$\geq$	$1.2 I_{k max(2)}$ （A）	$1.2 \times 800 = 960$
灵敏度校验	K_s	$I_k^{(1)} / I_{op(o)} = 2.5$	$\geq$	K_s	1.3
分断能力校验	I_{oc} （kA）	50	$\geq$	I_k （kA）	7.6

二、低压熔断器的选择

（一）类型选择

要根据保护对象和工作环境条件选择适当的熔断器，如对于线路和母线保护应选择全范围的 G 类熔断器；对于电动机应选择 M 类的熔断器；家庭环境中用的熔断器，宜选用螺旋式或半封闭插入式结构。

（二）电压、电流选择、分断能力校验及与被保护线路的配合

参考高压熔断器的选择与校验。

（三）前、后级熔断器选择性配合

低压线路中，熔断器较多，前、后级的熔断器在选择性上必须配合，以使靠近故障点的熔断器最先熔断。前、后级均有熔断器保护的环境下，应按照两只熔断器的安秒特性曲线不相交或上级熔断器熔体的额定电流与下级熔断器熔体额定电流之比不低于过电流选择比来选择。一般只要前一级熔断器熔体额定电流比后一级熔断器熔体额定电流大 2～3 级，就能保证选择性动作。

（四）与其他电器的配合

考虑与熔断器相连的接触器或负荷开关、隔离开关与熔断器动作在时间上的配合，必须保证在发生短路时熔断器要先于接触器或负荷开关、隔离开关动作。一般地，要求可靠系数不小于 2，即接触器的动作时间是熔断器动作时间的 2 倍以上。

三、漏电保护器的选择

（一）漏电保护器额定漏电动作电流的选择

正确合理地选择漏电保护器的额定漏电动作电流非常重要：一方面在发生触电或泄漏电流超过允许值时，漏电保护器可有选择地动作；另一方面，漏电保护器在泄漏电流小于设定值时不应动作，防止供电中断而造成不必要的经济损失。

漏电保护器的额定漏电动作电流应满足以下 3 个条件。

① 为了保证人身安全，额定漏电动作电流应不大于人体安全电流值，国际上公认 30mA 为人体安全电流值；

② 为了保证电网可靠运行，额定漏电动作电流应躲过低压电网正常漏电电流；

③ 为了保证多级保护的选择性，下一级额定漏电动作电流应小于上一级额定漏电动作电流，各级额定漏电动作电流应有级差 1.2～2.5 倍。

二维码 6-8　拓展阅读
人体安全电流值
漏电保护的应用案例

第一级漏电保护器安装在配电变压器低压侧出口处。该级保护的线路长，漏电电流较大，其额定漏电动作电流在无完善的多级保护时，最大不得超过 100mA；具有完善多级保护时，漏电电流较小的电网，非阴雨季节为 75mA，阴雨季节为 200mA；漏电电流较大的电网，非阴雨季节为 100mA，阴雨季节为 300mA。

第二级漏电保护器安装于分支线路出口处，被保护线路较短，用电量不大，漏电电流较小。漏电保护器的额定漏电动作电流应介于上、下级保护器额定漏电动作电流之间，一般取 30～75mA。

第三级漏电保护器用于保护单个或多个用电设备，是直接防止人身触电的保护设备。被保护线路和设备的用电量小，漏电电流小，一般不超过 10mA。

（二）系统的正常泄漏电流要小于漏电保护器的额定不动作电流

漏电保护器的额定不动作电流，由产品的样本给出，可取漏电保护额定动作电流的一半。配电线路及电气设备的正常泄漏电流对漏电保护器的动作正确与否有很大的影响，若泄漏电流过大，会引起保护电器误动作。因此，在设计中必须估算系统的泄漏电流，并使其小于漏电保护器的额定不动作电流。泄漏电流的计算非常复杂，又没有实测的数据，设计中只能参考有关的资料。

（三）按照保护目的选用漏电开关

以触电保护为目的的漏电保护器，可装在小规模的干线上，对下面的线路和设备进行保护，也可以有选择地在分支上或针对单台设备装设漏电保护器，其正常的泄漏电流也相对小。漏电保护器的额定动作电流可以选得小些，但一般不必追求过小的动作电流，过小的动作电流容易产生频繁的动作。IEC 标准规定：漏电保护器的额定动作电流不大于 30mA，动作时间不超过 0.1s；如动作时间过长，30mA 的电流可使人有窒息的危险。

分支线上装高灵敏漏电保护器做触电保护，干线上装中灵敏或低灵敏延时型作为漏电火灾保护，两种办法同时采用相互配合，可以获得理想的保护效果，这时要注意前后两级动作选择性协调。

（四）按照保护对象选用漏电保护器

人身触电事故绝大部分发生在用电设备上，用电设备是触电保护的重点，然而并不是所有的用电设备都必须装漏电保护器，应有选择地对那些危险较大的设备使用漏电保护器保护。必须装漏电保护器（漏电开关）的设备和场所有：

① 属于Ⅰ类的移动式电气设备及手持式电动工具；

② 安装在潮湿、强腐蚀性等恶劣场所的电气设备；

③ 建筑施工工地的电气施工机械设备；

④ 暂设临时用电的电气设备；

⑤ 宾馆、饭店及招待所的客房内插座回路；

⑥ 机关、学校、企业、住宅等建筑物内的插座回路；

⑦ 游泳池、喷水池、浴池的水中照明设备；

⑧ 安装在水中的供电线路和设备；医院中直接接触人体的电气医用设备；

⑨ 其他需要安装漏电保护器的场所。

四、双电源自动转换开关（ATSE）的选择

（一）类别选择

① 不用于分断短路电流，用于放射式配电的重要负荷，选用 PC 级 ATSE，当由树干式配电时需加装过电流保护电器。

二维码 6-9　拓展阅读
双电源自动转换的
必要性-应用案例

二维码 6-10　拓展阅读
PC 级 ATSE 参数

二维码 6-11　拓展阅读
CB 级 ATSE 参数

② 配备有过电流脱扣器，可接通和分断短路电流，选用 CB 级 ATSE，应用时需同时满足配电系统对过电流保护电器的特殊要求。

（二）正常负载特性选择

额定电流应大于线路的计算电流。接通和分断能力不应小于其接通和分断线路的短时最大负荷电流。

（三）短路特性选择

对于 PC 级 ATSE，额定短路（1s）耐受电流应满足 $I_t^2 t \geqslant Q_t$，额定限制短路电流不应小于安装地点的最大三相对称短路电流有效值。

（四）转换时间选择

ATSE 的总动作时间应适应不同备用电源和不同负荷性质的要求。

① 对电动机类负载、变频器、整流器及特殊医疗用电设备，为防止断电后立即接通可能造成机械损伤或对设备产生不良影响，应采用带有延时型 ATSE，且宜为自投不自复，其延时时间还应大于低压分断单母线的母联开关动作时间，一般 ATSE 的总动作时间宜为 3s 以上。具有多级双电源时，应按先后顺序合理确定上下级 ATSE 的总动作时间。

② 当采用发电机作为备用电源时，发电机自动起动时间一般在 15s 以上，应采用"市电-发电机转换"型 ATSE，宜为自投自复，当主电源恢复正常供电时，ATSE 应经延时后（宜为 3s 以上）切换回主电源。

（五）极数选择

在双电源转换系统中，根据配电系统的接地形式，接地保护装置的设置，能否产生中性电流分流和环流及接地故障电流的分流，避免保护装置误动作或拒动作，以确定 ATSE 的极数。

下列场所应采用三极 ATSE 产品：

① 在 TN-C 系统中需要双电源转换开关时；

② 在 TN-S 系统中，采用零序电流动作保护时，其下端的 ATSE 采用三极产品。

下列场所应采用四极 ATSE 产品：

① 在两种不同的接地系统间转换；

② 正常供电电源和备用发电机组之间的双电源转换开关；

③ 在 TN-S 系统中，采用剩余电流动作保护时。

（六）前端隔离与保护电器的设置

ATSE 应设置隔离电器，对 CB 级 ATSE 只设隔离电器；对 PC 级 ATSE，由放射式线路配电时也可只设隔离电器，由树干式线路配电时则应设置符合隔离要求的短路保护电器。

对供电可靠性要求很高的重要负荷，应采用旁路隔离型 ATSE，以便在 ATSE 故障或检修时，保证对重要负荷的连续供电。

（七）控制器的选择

对 ATSE 控制器的选择，应着重考虑控制器的功能实用性和可靠性。

对 CB 级 ATSE 还应选择过电流脱扣器额定电流和整定电流，并应满足配电系统对保护电器动作选择性的要求，参考低压断路器的动作特性选择。

思考与练习题

6-1　高压断路器、高压隔离开关和高压熔断器在选择时，哪些需要校验断流能力？哪些需要校验动、热稳定性？

6-2　熔断器熔体额定电流选择的条件有哪些？如何与导线或电缆的允许电流配合？

6-3　电流互感器按哪些条件选择？准确度级如何选用？

6-4　电压互感器应按哪些条件选择？准确度级如何选用？

6-5　试选择某 10kV 高压配电所进线侧的高压户内断路器和高压户内隔离开关的规格型号。已知该进线的计算电流为 350A，三相短路电流稳态值为 2.8kA，继电保护动作时间为 1.1s，断路器的全分闸时间为 0.2s。

6-6　已知某 10kV 线路的 $I_{max}=150A$，三相短路电流 $I_k=9kA$，三相短路冲击电流 $I_{sh}=23kA$，假想时间 $t_{ima}=1.4s$。装有电流表两只，每只线圈消耗功率 0.5V·A，有功功率表和无功功率表各一只，每只线圈消耗功率 0.6V·A，有功电能表和无功电能表各一只，每只线圈消耗功率 0.5V·A。电流互感器为不完全星型连接，二次回路采用 BV-500-12.5mm^2 的铜芯塑料线，电流互感器至测量仪表的路径长度 $l=10m$。试选择测量用电流互感器型号并进行动、热稳定性和准确度级校验。

6-7　某 380V 低压干线上，计算电流为 250A，尖峰电流为 300A，导线长期允许电流为 500A，安装地点的三相短路冲击电流为 25kA，最小单相短路电流 3.48kA，下一级低压断路器所保护线路的最大短路电流 $I_{kmax(2)}=1000A$。试选择 DW15 型低压断路器的规格（带瞬时和长延时脱扣器），并校验断路器的断流能力和灵敏度。

二维码 6-12　思考与练习题 6-5 参考答案

二维码 6-13　思考与练习题 6-6 参考答案

二维码 6-14　思考与练习题 6-7 参考答案

6-8　漏电保护器额定漏电动作电流应满足什么条件？

6-9　漏电保护为什么要进行分级保护？各级保护器如何安装？各级额定漏电动作电流值分别为多少？

6-10　必须装设漏电保护器的场所有哪些？

6-11　双电源自动转换开关选择时主要考虑哪些方面？

第七章　导线和电缆的选择

本章主要介绍常用导线和电缆的种类及导线和电缆型号的选择，重点介绍导线和电缆截面选择的几种方法。

知识目标：

◇ 了解导线和电缆的分类、线缆型号；了解导线和电缆截面面积的选择原则；掌握导线和电缆截面选择的一般原则；掌握按照发热条件、电压损失条件、经济电流密度等选择线缆截面的方法和步骤；了解线缆短路时动稳定的校验方法，掌握线缆短路时热稳定的校验方法。

能力目标：

◇ 能够选择不同的方法，针对实际工程项目案例进行导线和电缆的正确选择与校验。

素质目标：

◇ 认识导线和电缆作为分配电能的主要传输介质的重要性，充分认识导线和电缆截面选择的合理性对线路投资的经济性和电力网安全运行可靠性的直接影响，增强安全意识和责任感；进一步提高国家规范、行业标准、产品及技术手册等专业资料的查阅分析及应用能力，以及锻炼分析计算和解决实际问题的能力。

第一节　导线和电缆的分类及型号选择

一、裸导线

户外架空线路 10kV 及以上电压等级一般采用裸导线。

① 铝绞线（LJ）。铝绞线导电性能较好，质量轻，价格低廉，抵御风雨作用的能力强，但抗化学腐蚀作用的能力较差。多用于 6～10kV 的线路，受力不大的情况下，杆距不超过 100～125m。

② 钢芯铝绞线（LGJ）。钢芯铝绞线结构的外围为铝线，芯子采用钢线，强化了铝绞线的机械强度。由于交变电流具有集肤效应，所以导体中电流实际只从铝线经过，这样确定钢芯铝绞线的截面面积时只需考虑铝线部分的面积。多用于机械强度要求较高的场合和 35kV 及以上的架空线路。

③ 铜绞线（TJ）。铜绞线导电性能好，机械强度高，抵御风雨和化学腐蚀作用的能力强，但价格较高，应根据实际需要确定是否使用。

④ 防腐钢芯铝绞线（LGJF）。具有钢芯铝绞线的特点，同时防腐性能好，一般用在沿海地区、咸水湖地区及化工工业地区等周围具有腐蚀性物质的高压和超高压架空线路上。

选择裸导线的环境温度应符合以下两点要求：

① 户外：取决于最热月平均最高温度。最热月最高平均温度为最热月每日最高温度的月平均值，取多年平均值。

② 户内：取决于该处通风设计温度，若该处无通风设计温度资料时，可取最热月平均

最高温度加 5℃。

为了识别导线相序，以有利于运行维修，同时也有利于防腐和改善散热条件，《电工成套装置中的导线颜色》（GB 2681—1981）中规定，交流三相系统中的裸导线（包括母线）应按表 7-1 涂色。

表 7-1　交流三相系统中裸导线的涂色

裸导线类别	A 相	B 相	C 相	N 线、PEN 线	PE 线
涂漆颜色	黄	绿	红	淡蓝	黄绿双色

二、母线

母线是裸金属的导电材料，由于它最常用的形状为矩形，也常称为母排，主要用于汇集和分配电能。母线的类型包括以下 4 种。

① 矩形母线。矩形母线具有集肤效应系数小、散热条件好、安装简单、连接方便等优点，一般工作电流不大于 2000A。主要有铜母线（TMY）、铝母线（LMY）、钢母线（GMY）和复合铜铝母线等。

随着片数的增加，集肤效应系数显著增加，附加损耗显著增大，故母线的载流量不随片数的增加而成倍增加。

② 槽形母线。与同截面矩形母线相比，槽形母线电流分布均匀，散热条件好，机械强度高，安装方便，载流能力大。

③ 管形母线。管形母线为空心导体，集肤效应系数小，且有利于提高电晕的起始电压。户外使用可减少占地，架构简明，布置清晰，安装方便，维护工作量少。但导体和设备的连接复杂，户外易产生微风振动。

④ 母线槽。将矩形母线排及其绝缘支持件紧凑地并排安装在密封的槽型金属外壳内构成，故名母线槽，又名封闭式母线。母线槽可用于交流三相三线、三相四线制供配电线路中，频率 50～60Hz，额定工作电压有 400V（500V）、660V、6kV 及 10kV 4 种。额定电流有 25A、40A、63A、100A、160A、200A、250A、400A、630A、800A、1000A、1250A、1600A、2000A、2500A、3150A、4000A、5000A，共 18 种。

母线槽体积小，输送电流大，安装灵活，配电施工方便，互不干扰，是一种相间、相对地均有绝缘层的低压母线。可根据使用者要求，在预订位置留出插接口，形成插接式母线。带插接口的母线槽，可通过插接开关箱方便地引出分支。

母线槽的特点是载流量大，便于分支。通常作为干线使用或向大容量设备提供电源，在开关柜到系统的干线与干支线回路使用。其敷设方式有电气竖井中垂直敷设，用吊杆在天棚下水平敷设及在电缆沟或电缆隧道内敷设。

母线槽按绝缘方式可分为以下 3 种。

① 空气绝缘型：由固定母线的绝缘框架保持每相、相与 N 线间的一定距离的空间绝缘。

② 密集绝缘型：由高电气性能的热合套管罩于母线上，各相、相与 N 线间以密集安装的母线间的绝缘套管作为绝缘，体积最小。

③ 复合绝缘：是上两者之结合，体积也介于上两者之间，使用最为普遍。

空气绝缘型母线槽有普通型、防火型、耐高温型低压母线槽及高压母线槽，质量轻，价格便宜；密集绝缘型散热条件较好，可制成大电流等级。选型时 630A 及以下可选用空气绝缘型，630A 以上应优先考虑采用密集绝缘型。

三、绝缘电线

建筑物或车间内采用的配电线路及从电杆上引进户内的低压线路多为绝缘电线，也称为绝缘导线。绝缘导线的线芯材料有铝芯和铜芯两种。绝缘导线的绝缘外皮材料有塑料绝缘和橡胶绝缘。塑料绝缘的绝缘性能良好，价格低，可以节约橡胶和棉纱，在室内敷设可以取代橡胶绝缘导线。塑料绝缘导线不宜在室外使用，以免高温时软化，低温时变硬变脆。

常用的塑料绝缘导线型号有：BLV（BV）、BLVV（BVV）、BVR。常见的橡皮绝缘导线型号有：BLX（BX）、BBLX（BBX）、BLXF、GLXG（BXG）、BXR等。

绝缘电线材料的选择一般采用铝导线，在下列场合应采用铜导线：

① 供给照明、插座和小型用电设备的分支回路。

② 重要电源、操作回路及二次回路、电机的励磁回路等需要确保长期运行连接可靠的回路。

③ 移动设备的线路及剧烈振动场所的线路。

④ 对铝有严重腐蚀的场合。

⑤ 高温环境、潮湿环境、爆炸及火灾危险环境。

⑥ 应急系统及消防设施的线路。

⑦ 市政工程、户外工程的线路。

四、电力电缆

电缆线路与架空线路相比具有成本高、投资大、维修不便等缺点，但也具有以下优点。

① 由于电力电缆大部分敷设于地下，所以不受外力破坏（如雷击、风灾、鸟害、机械碰撞等），不受外界影响，运行可靠，发生故障的概率较小。

② 供电安全，不会对人身安全造成各种伤害。

③ 维护工作量少，无须频繁地巡视检查。

④ 不需要架设杆塔，使市/厂容整洁，交通方便，还能节省钢材。

⑤ 电力电缆的充电功率为容性，有助于提高功率因数。

所以电力电缆在现代化工厂和城市中，得到了越来越广泛的应用。

（一）电缆结构

电力电缆主要由导体、绝缘层和保护层三部分组成。导体即电缆线芯，一般由多根铜线和铝绞线组合而成。绝缘层作为相间及对地的绝缘，其材料随电缆种类不同而异。例如，油浸纸绝缘电缆是以油浸纸做绝缘层，塑料电缆是以聚氯乙烯或交联聚乙烯塑料做绝缘层。保护层又分为内护层和外护层。内护层用来直接保护绝缘层，常用的材料有铅、铝和塑料等。外护层用以防止内护层免受机械损伤和腐蚀，通常为钢丝或钢带构成的钢铠，外覆沥青、麻被或塑料护套。

多段电力电缆之间或电缆与其他导线之间的连接是通过电缆头实现的。电缆头包括连接两条电缆的中间接头和电缆终端的封端头。中间接头是指电缆敷设完毕后，将各段连接起来使其成为一个连续的线路的接头。封端头的作用是实现电缆和其他电气设备（如架空线路、配电电气设备）之间的连接。电缆头是电缆线路的薄弱环节，在施工和运行中应特别注意，其安装质量尤其要重视，要求密封性好，又具有足够的机械强度，耐压强度不低于电缆本身的耐压强度。

电力电缆型号的表示和含义如图7-1所示。

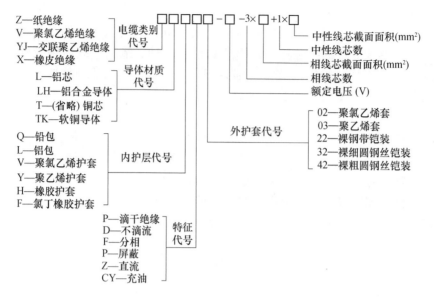

图 7-1 电力电缆型号的表示和含义

（二）常用电力电缆的类型和选用

① 油浸纸滴干绝缘铅包电力电缆。可用于垂直或高落差处，敷设在室内、电缆沟、隧道或土壤中，能承受机械压力，但不能承受大的拉力，已基本淘汰。

二维码 7-1 扩展阅读
常用电力电缆类型

② 塑料绝缘电力电缆。结构简单，质量轻，抗酸碱，耐腐蚀，敷设安装方便，并可敷设在有较大高差或垂直、倾斜的环境中，有逐步取代油浸纸绝缘电缆的趋势。常用的有两种：聚氯乙烯绝缘及护套电缆（已达 10kV 电压等级）和交联聚乙烯绝缘聚氯乙烯护套电缆（已达 110kV 电压等级）。

③ 橡胶绝缘电缆。适用于温度较低和没有油质的场合、低压配电线路、路灯线路，以及信号、操作线路等，特别适用于高低差很大的地方并能垂直安装。

④ 裸铅包电力电缆。通常安装在不易受到机械操作损伤和没有化学腐蚀作用的地方，如厂房的墙壁、天花板上、地沟里和隧道中。有沥青防腐层的铅包电缆，还适应于潮湿和周围环境中含有腐蚀性气体的地方。

⑤ 铠装电力电缆。应用很广，可直接埋在地下，也可敷设在不通航的河道和沼泽地区。圆形钢丝铠装的电力电缆可直接安装在水底，横跨常年通航的河流和湖泊。变配电所的馈电线通常采用这种电缆。

⑥ 无麻防护层的铠装电缆。可适应于有火警、爆炸危险的场所，以及可能受到机械损伤和震动的场所。使用时可将电缆安装在墙壁上、天棚上、地沟内、隧道内等。

⑦ 预分支电缆。预分支电缆是工厂在生产主干电缆时按用户设计图纸预制分支线的电缆，是近年来的一项新技术产品。分支线预先制造在主干电缆上，主干电缆、预分支电缆和电缆头融为一体，分支线截面大小和分支线长度等是根据设计要求决定的，极大地缩短了施工周期，大幅减少了材料费用和施工费用，具有配电可靠性高、气密防水、接头接触电阻小等优点。

预分支电缆由主干电缆、分支线、分支接头和相关附件 4 个部分组成，并具有普通型、阻燃型（ZR）和耐火型（NH）3 种类型。

预分支电缆是高层建筑中母线槽供电的替代产品，具有供电可靠、安装方便、防水性好、占建筑面积小、故障率低、价格便宜、免维修维护等优点，适用于交流额定电压为0.6/1kV 的配电线路中。广泛应用于中高层建筑、住宅楼、商厦、宾馆、医院等建筑的电气竖井内垂直供电，也适用于隧道、机场、桥梁、公路等供电系统。

（三）电力电缆的敷设

工业与民用建筑中采用的电缆敷设方式有直接埋地敷设、电缆沟敷设、沿墙敷设和电缆桥架（托盘）敷设等几种方式。此外，在大型发电厂和变电所等电缆密集的场合，还采用电缆隧道、电缆排管和专用电缆转换层等方式。

第二节　导线和电缆截面选择的一般原则

导线和电缆截面面积的选择既要保证供电的安全可靠，又要充分利用导线的负荷能力。它对配电网的经济性能影响较大，所以要充分考虑技术和经济两个方面。

一、按允许载流量选择导线和电缆截面面积

导线在通过正常最大负荷电流时产生的发热温度，不应超过其正常运行时导体绝缘所能承受的长期允许最高工作温度，防止导线或电缆因过热引起绝缘损坏或老化。这就要求通过导线和电缆的最大负荷电流不应大于其允许的载流量，即按通过电流时的发热条件来选择截面面积。

二、按允许电压损失选择导线和电缆截面面积

在导线和电缆（包括母线）通过正常最大负荷电流时，产生的电压损失不应超过正常运行时允许的电压损失，以保证供电质量。这就要求按照允许电压损失条件来选择导线和电缆截面面积。

三、按经济电流密度条件选择导线和电缆截面面积

经济电流密度是指线路的年运行费用最小的电流密度，按这种原则选择的导线和电缆截面面积称为经济截面面积。对 35kV 及以上的高压线路及电压在 35kV 以下但距离长、电流大的线路，宜按经济电流密度条件选择。对于 10kV 及以下线路，一般不需按此条件选择。

四、按机械强度条件选择导线和电缆截面面积

按机械强度条件，要求所选的导线和电缆截面面积不小于其最小允许截面面积。交流回路的相导体和直流回路中带电导体的截面不应小于表 7-2 中的数值。

表 7-2　按机械强度允许的最小截面

线路类别		导线最小截面（mm²）		
（1）架空线		铝及铝合金	钢芯铝线	铜绞线
35kV 及以上线路		35	35	35
3～10kV 线路	居民区	35	25	25
	非居民区	25	16	16
低压线路	一般	10	16	16
	与铁路交叉跨越	35	16	16

续表

线路类别		导线最小截面（mm²）		
（2）绝缘线		铜芯软线	铜芯线	PE线和PEN线（铜芯线）
照明用灯头引下线	室内	0.5	1.0	有机械性保护时为 2.5 无机械性保护时为 4
照明用灯头引下线	室外	1.0	1.0	有机械性保护时为 2.5 无机械性保护时为 4
移动式设备线路	生活用	0.75		有机械性保护时为 2.5 无机械性保护时为 4
移动式设备线路	生产用	1.0		有机械性保护时为 2.5 无机械性保护时为 4
架设在绝缘子上的绝缘导线（L 为支持点间距）	室内 $L\leqslant2m$		1.0	有机械性保护时为 2.5 无机械性保护时为 4
架设在绝缘子上的绝缘导线（L 为支持点间距）	室外 $L\leqslant2m$	1.0	1.0	有机械性保护时为 2.5 无机械性保护时为 4
架设在绝缘子上的绝缘导线（L 为支持点间距）	室外 $L\geqslant2m$	1.0	1.5	有机械性保护时为 2.5 无机械性保护时为 4
架设在绝缘子上的绝缘导线（L 为支持点间距）	室外 $2m<L\leqslant6m$	1.0	2.5	有机械性保护时为 2.5 无机械性保护时为 4
架设在绝缘子上的绝缘导线（L 为支持点间距）	室外 $6m<L\leqslant15m$	1.0	4	有机械性保护时为 2.5 无机械性保护时为 4
架设在绝缘子上的绝缘导线（L 为支持点间距）	室外 $15m<L\leqslant25m$	1.0	6	有机械性保护时为 2.5 无机械性保护时为 4
穿管敷设的绝缘导线		1.0	1.0	有机械性保护时为 2.5 无机械性保护时为 4
沿墙明敷的塑料护套线			1.0	有机械性保护时为 2.5 无机械性保护时为 4

应当注意的是，《中低压配电网改造技术导则》（DL/T 599—2016）规定，架空线路导线截面的选择应考虑设施标准化，A+、A、B、C、D类供电区域主干线（含联络线、规划干线）截面宜为 120～240mm²，分支线截面不宜小于 70mm²；E类供电区域主干线截面不宜小于 95mm²，分支线截面不宜小于 50mm²。规定主要考虑了从城市电网发展的需求，而不是仅考虑机械强度的要求。这是在使用表 7-2 按照机械强度选取架空裸导线截面时应当注意的。

二维码 7-2 拓展阅读
中低压配电网改造技术
导则 6.2.3 条及附录 A

二维码 7-3 拓展阅读
《住宅设计规范》
（GB 50096—2011）8.7.2 条

使用表 7-2 按机械强度条件选择绝缘导线截面面积时，对于住宅类建筑，还要按照《住宅设计规范》（GB 50096—2011）进行选择：每套住宅的进户线和户内分支回路导线应采用铜芯绝缘线，每套住宅进户线截面不应小于 10mm²，分支回路截面不应小于 2.5mm²。这是综合考虑每套住宅的基本用电需求、适当留有发展余地、住宅进户线一般为暗管一次敷设到位难以改造等因素，提出的每套住宅进户线的最小截面。

五、校验短路稳定性

架空线路因其散热性较好，可不做短路稳定性校验。绝缘电线和电缆不必进行动稳定校验，仅进行热稳定校验。母线应进行动、热稳定性校验，其截面应不小于短路动、热稳定最小截面，母线动、热稳定性校验可参见本书第五章第五节。

六、实际选择中的应用

选择线缆截面面积时，要在按发热条件、电压损失条件、经济电流密度条件和机械强度条件分别选择的导线截面中选择最大的截面面积，再校验短路动、热稳定性。在实际设计中，一般根据经验先按上述条件中的某一个条件选择线缆截面面积，再按其他条件进行校验。

① 对于负荷大的低压配电线路，可以先按发热条件（允许载流量）选择，然后校验其他条件。

② 对于负荷不大而距离较长的线路，可以先按电压损失条件选择，然后校验其他条件。

③ 对于短路容量较大而负荷电流不大者，可以先按短路电流热稳定条件选择，然后校验其他条件。

④ 对长距离大电流线路及 35kV 以上高压线路，可以先按经济电流密度选择，然后校验其他条件。

⑤ 对 10kV 及以下高压线路和低压动力线路，通常先按发热条件（允许载流量）选择，再校验电压损失和机械强度。

⑥ 对低压照明线路，因其对电压质量要求较高，所以通常先按允许电压损失选择，再校验其他条件。

第三节　按发热条件选择线缆截面

一、三相系统相导体截面面积的选择

导线和电缆温度过高时，会使线缆接头氧化加剧，接触电阻增大，使之进一步氧化，如此恶性循环，将导致断线。而绝缘线缆的温度过高，可使绝缘损坏，造成短路甚至引起火灾。因此，导线的正常发热温度不得超过正常额定负荷时的最高允许温度。

按发热条件选择三相相线截面时，应使其允许载流量 I_{al} 不小于通过相线的计算电流 I_c，即

$$I_{al} \geq I_c \tag{7-1}$$

导线的允许载流量 I_{al} 指在规定的环境温度条件下，导线能连续承受而不使其稳定温度超过允许值的最大电流，可查阅附录或相关设计手册。

按允许载流量选择导线截面时应注意以下几点。

① 允许载流量与环境温度有关。当实际环境温度与规定的环境温度不一致时，允许载流量需乘以温度校正系数 K_θ，即

$$K_\theta = \sqrt{\frac{\theta_{al} - \theta'_0}{\theta_{al} - \theta_0}} \tag{7-2}$$

式中，θ_{al} 为导线额定负荷时的最高允许温度，可查阅表 5-3 或相关设计手册，裸导体的 θ_{al} 一般为 70℃；θ_0 为导线允许载流量所采用的环境温度，一般我国生产的裸导体和电缆，设计时多取环境温度为 25℃；θ'_0 为导线敷设地点的实际环境温度。

这里所说的"实际环境温度"，是按允许载流量选择导线和电缆的特定温度。在室外，取当地最热月平均最高气温；在室内，取当地最热月平均最高气温加 5℃；直埋电缆，则取当地最热月地下 0.8~1m 的土壤平均温度，或近似取当地最热月平均气温；室内电缆沟，取当地最热月平均最高气温加 5℃。

② 电缆多根并列时。其散热条件较单根敷设时差，故允许载流量降低，要用电缆并列校正系数 K_p 进行校正，具体数据参考表 7-3。其他敷设方式时多根并列电缆的载流量校正系数可查阅手册。

表 7-3　土壤中直埋多根并列敷设的电缆载流量校正系数 K_p

电缆根数外皮间距（mm）	电缆并列根数					
	1	2	3	4	5	6
100	1	0.9	0.85	0.8	0.78	0.75
200	1	0.92	0.87	0.84	0.82	0.81
300	1	0.93	0.9	0.87	0.86	0.85

③ 电缆在土壤中敷设时。因土壤热阻系数不同，散热条件也不同，其允许载流量也应乘以土壤热阻系数 K_s 校正。具体数据参考表 7-4，适用于埋地深度不大于 0.8m 的情况。

表 7-4　直埋地电缆在不同土壤热阻系数时的载流量校正系数 K_s

土壤热阻系数（K·m/W）	分类特性（土壤特性和雨量）	校正系数
0.8	土壤很潮湿，经常下雨。如相对湿度大于 9% 的沙土，相对湿度大于 14% 的沙泥土等	1.05
1.2	土壤潮湿，规律性下雨。如相对湿度为 7%～9% 的砂土，相对湿度大于 12%～14% 的沙泥土等	1.0
1.5	土壤较干燥，雨量不大。如相对湿度为 8%～12% 的沙泥土等	0.93
2.0	土壤干燥，少雨。如相对湿度大于 4% 但小于 7% 的沙土，相对湿度为 4%～8% 的沙泥土等	0.87
3.0	多石地层，非常干燥。如相对湿度小于 4% 的沙土等	0.75

考虑了上述校正系数后的电缆载流量应修正为

$$I'_{al} = K_\theta K_p K_s I_{al} \tag{7-3}$$

④ 计算电流 I_c 的选取。一般应为由计算负荷得到的计算电流。特别是对降压变压器高压侧的导线，取变压器额定一次电流作为计算电流；选高压电容器的引入线时，按电容器额定电流的 1.35 倍选取；选低压电容器的引入线时，取电容器额定电流的 1.5 倍。

二、中性线和保护线截面的选择

（一）中性线（N 线）截面的选择

三相四线制系统中的中性线，要考虑不平衡电流和零序电流及谐波电流的影响。

① 单相两线制电路中，无论相线截面大小，中性线截面都应与相线截面相同；三相四线制配电系统中，当相线导体为铜导体且截面面积不大于 16mm² 或者铝导体且截面面积不大于 25mm² 时，中性线截面也应与相线截面面积相等，即

$$A_0 = A_\varphi \tag{7-4}$$

二维码 7-4　拓展阅读
中性线（N 线）
截面的选择

② 三相四线制配电系统中，N 线导体的允许载流量不应小于线路中最大的不平衡负荷电流及谐波电流之和，此时

$$A_0 \geqslant A_\varphi \tag{7-5}$$

③ 当相线导体截面面积为大于 16mm² 的铜导体或者大于 25mm² 的铝导体时，若 3 次谐波电流不超过基波电流的 15%，可选择小于相线截面面积，但铜不小于 16mm² 或铝不小于

25mm^2，同时不应小于相线截面面积的 50%，即

$$A_0 \geqslant 0.5A_\varphi \tag{7-6}$$

（二）保护线（PE 线）截面的选择

PE 线截面要满足短路热稳定的要求，按《低压配电设计规范》（GB 50054—2011）规定，单独敷设的保护接地导体的截面面积，当有防机械损伤保护时，铜导体不应小于 2.5mm^2；铝导体不应小于 16mm^2。无防机械损伤保护时，铜导体不应小于 4mm^2；铝导体不应小于 16mm^2。同时其最小截面面积还应满足：

① 当 $A_\varphi \leqslant 16\text{mm}^2$ 时，有

$$A_{PE} \geqslant A_\varphi \tag{7-7}$$

② 当 $16\text{mm}^2 < A_\varphi \leqslant 35\text{mm}^2$ 时，有

$$A_{PE} \geqslant 16\text{mm}^2 \tag{7-8}$$

③ 当 $A_\varphi \geqslant 35\text{mm}^2$ 时，有

$$A_{PE} \geqslant 0.5A_\varphi \tag{7-9}$$

（三）保护中性线（PEN 线）截面的选择

因为 PEN 线具有 PE 线和 N 线的双重功能，所以选择截面时按二者中的最大值选取。

二维码 7-5　视频
例 7-1 讲解

【**例 7-1**】　有一条 220/380V 的三相四线制线路，采用 BV 型铜芯塑料线穿钢管埋地敷设，当地最热月平均最高气温为 $15℃$。该线路供电给一台 40kW 的电动机，其功率因数为 0.8，效率 η 为 0.85，试按允许载流量选择截面。

解：（1）线路中电流的计算

$$P_c = \frac{P_e}{\eta} = \frac{40}{0.85} = 47.06 \text{（kW）}$$

$$I_c = \frac{P_c}{\sqrt{3}U_N\cos\varphi} = \frac{47.06}{\sqrt{3} \times 0.38 \times 0.8} = 89.38 \text{（A）}$$

（2）相线截面的选择

因为是三相四线制线路，所以 4 根单芯线穿钢管敷设。查附表 I-11 得，4 根单芯线穿钢管敷设时，每相芯线截面面积为 25mm^2 的 BV 型导线，在环境温度为 $25℃$ 时的允许载流量为 $I_{al} = 85A$，其正常最高允许温度为 $70℃$。

温度校正系数为：

$$K_\theta = \sqrt{\frac{\theta_{al} - \theta'_0}{\theta_{al} - \theta_0}} = \sqrt{\frac{70 - 15}{70 - 25}} = 1.11$$

导线的实际允许载流量为：

$$I'_{al} = K_\theta I_{al} = 1.11 \times 85 = 94.35 \text{（A）} > I_c = 89.38 \text{（A）}$$

所以所选相线截面面积 $A_\varphi = 25\text{mm}^2$ 满足允许载流量的要求。

（3）中性线 A_0 的选择

按 $A_0 \geqslant 0.5A_\varphi$ 且不小于 16mm^2 要求，选 $A_0 = 16\text{mm}^2$。

由于线路为 220/380V 电压，所选导线绝缘电压等级应为 380V 以上等级，查产品手册 BV 型导线的正常工作电压一般为 450/750 电压等级。

所以选导线 BV-450/750-3×25+1×16。

第四节　按允许电压损失选择线缆截面

由于线路有阻抗，负荷电流通过线路时会产生一定的电压损失。电压损失越大，用电设备端上的电压偏移就越大，当电压偏移超过允许值时将严重影响电气设备的正常运行。按规范要求，线路的电压损失不宜超过规定值，如高压配电线路电压损失，一般不超过线路额定电压的5%；从变压器低压侧母线到用电设备受电端的低压配电线路的电压损失，一般也不超过用电设备额定电压的5%（以满足用电设备要求为准）；对视觉要求较高的照明电路，则为2%～3%。若线路电压损失超过允许值，应适当加大导线截面，使之小于允许电压损失。部分线路及用电设备端子处电压损失的允许值，如表7-5所示。

表 7-5　部分线路及用电设备端子处电压损失的允许值

用电设备及环境		$\Delta U\%$允许值	备注
35kV 及以上用户		≤10%	正负偏差绝对值之和
10kV 用户		±7%	系统额定电压
380V 用户		±7%	
220V 用户		−10%～±7%	
电动机		±5%	
照明	一般场所	±5%	
	要求较高的室内场所	−2.5%～±5%	
	远离变电所面积较小的一般场所，难以满足上述要求时	−10%	
其他用电设备		±5%	无特殊要求时
单位自用电网		±5%	
临时供电线路		±8%	

一、线路末端有一个集中负荷时三相线路电压损失的计算

如图7-2示，线路末端有一个集中负荷 $S = P + jQ$，线路额定电压为 U_N，线路电阻为 R，电抗为 X。

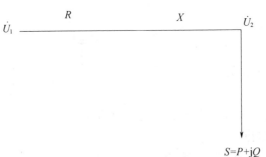

图 7-2　末端接有一个集中负荷的三相线路电压损失模型

设线路首端线电压为 $\dot{U}_1$，末端线电压 $\dot{U}_2$，线路首末两端线电压的相量差即为线路电压

降，用 $\Delta \dot{U}$ 表示。线路首末端线电压的代数差称为线路电压损失，用 ΔU 表示。ΔU 可通过式（7-10）计算：

$$\Delta U = \frac{PR + QX}{U_2} \tag{7-10}$$

在实际计算中，常采用线路的额定电压 U_N 用来代替 U_2，误差极小，所以有：

$$\Delta U = \frac{PR + QX}{U_N} \tag{7-11}$$

线路电压损失一般用百分值 $\Delta U\%$ 表示，即：

$$\Delta U\% = \frac{\Delta U}{1000 U_N} \times 100 = \frac{\Delta U}{10 U_N} \tag{7-12}$$

因此有：

$$\Delta U = \frac{PR + QX}{10 U_N^2} \tag{7-13}$$

式中，P、Q 为负荷的三相有功功率（kW）和无功功率（kvar），R、X 分别为线路电阻和电抗（Ω），可用线路单位长度电阻 r_0 和单位长度电抗 x_0 乘以线路长度而得，r_0 和 x_0 可查阅设计手册。注意，U_N 的单位是 kV，ΔU 的单位是 V，需要把 U_N 的单位转化为 V，所以才会在式（7-12）、式（7-13）中出现系数 10。

二、线路上有多个集中负荷时线路电压损失的计算

以带 3 个集中负荷的三相线路为例，如图 7-3（a）所示。可以分别采用干线法和支线法来进行线路电压损失的计算，图 7-3（b）为干线法示意图，图 7-3（c）为支线法示意图。图中 P_1、Q_1、P_2、Q_2、P_3、Q_3 为通过各段干线的有功功率（kW）和无功功率（kvar）；p_1、q_1、p_2、q_2、p_3、q_3 为各支线的有功功率（kW）和无功功率（kvar）；r_1、x_1、r_2、x_2、r_3、x_3 为各段干线的电阻和电抗（Ω）；R_1、X_1、R_2、X_2、R_3、X_3 为从电源到各支路负荷线路的电阻和电抗（Ω）；l_1、l_2、l_3 为各干线的长度（km）；L_1、L_2、L_3 为电源到各支路负荷的长度（km）。

二维码 7-6　视频线路上有多个集中负荷时线路电压损失的计算

因为供电线路一般较短，所以线路上的功率损耗可略去不计。通过分析可得线路上每段干线的电压损失分别为：

$$\Delta U_1\% = \frac{P_1}{10 U_N^2} r_1 + \frac{Q_1}{10 U_N^2} x_1 \tag{7-14}$$

$$\Delta U_2\% = \frac{P_2}{10 U_N^2} r_2 + \frac{Q_2}{10 U_N^2} x_2 \tag{7-15}$$

$$\Delta U_3\% = \frac{P_3}{10 U_N^2} r_3 + \frac{Q_3}{10 U_N^2} x_3 \tag{7-16}$$

线路上总的电压损失为

$$\begin{aligned}
\Delta U\% &= \Delta U_1\% + \Delta U_2\% + \Delta U_3\% \\
&= \frac{P_1}{10 U_N^2} r_1 + \frac{Q_1}{10 U_N^2} x_1 + \frac{P_2}{10 U_N^2} r_2 + \frac{Q_2}{10 U_N^2} x_2 + \frac{P_3}{10 U_N^2} r_3 + \frac{Q_3}{10 U_N^2} x_3 \\
&= \sum_{i=1}^{3} \frac{(P_i r_i + Q_i x_i)}{10 U_N^2}
\end{aligned} \tag{7-17}$$

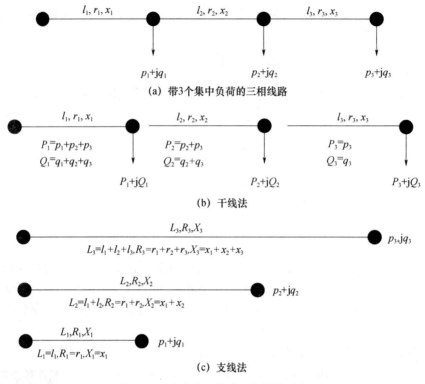

图 7-3 3 个集中负荷的三相线路示意

推广到线路上有 n 个集中负荷时的情况，用干线负荷及各干线的电阻电抗计算，线路电压损失的计算公式为

$$\Delta U\% = \sum_{i=1}^{n} \frac{(P_i r_i + Q_i x_i)}{10 U_N^2} \tag{7-18}$$

若用支线负荷及电源到支线的电阻电抗表示，则有

$$\Delta U\% = \frac{\sum_{i=1}^{n} (p_i R_i + q_i X_i)}{10 U_N^2} \tag{7-19}$$

如果各干线使用的导线截面和结构相同，式（7-18）和式（7-19）可简化为

$$\Delta U\% = \frac{r_0 \sum_{i=1}^{n} P_i l_i + x_0 \sum_{i=1}^{n} Q_i l_i}{10 U_N^2} = \frac{r_0 \sum_{i=1}^{n} p_i L_i + x_0 \sum_{i=1}^{n} q_i L_i}{10 U_N^2} \tag{7-20}$$

低压线路由于距离短，线路电阻值要比电抗值大得多，所以一般忽略电抗。对于线路电抗可略去不计或线路的功率因数接近 1 的"无感"线路（如低压照明线路），电压损失的计算公式可简化为

$$\Delta U\% = \frac{\sum_{i=1}^{n} P_i r_i}{10 U_N^2} = \frac{\sum_{i=1}^{n} p_i R_i}{10 U_N^2} \tag{7-21}$$

对于全线的导线型号规格一致的"无感"线路（均一无感线路），将 $r_i = \dfrac{l_i}{\gamma A}$ 和 $R_i = \dfrac{L_i}{\gamma A}$ 代入式（7-21）后得其电压损失计算公式为

$$\Delta U\% = \frac{\sum\limits_{i=1}^{n} P_i l_i}{10\gamma A U_N^2} = \frac{\sum\limits_{i=1}^{n} p_i L_i}{10\gamma A U_N^2} = \frac{\sum\limits_{i=1}^{n} M_i}{10\gamma A U_N^2} \tag{7-22}$$

式中，γ 为导线的电导率 $[km/(\Omega \cdot mm^2)]$，对于铜线 $\gamma = 0.053km/(\Omega \cdot mm^2)$，对于铝线 $\gamma = 0.032km/(\Omega \cdot mm^2)$；$A$ 为导线的截面（mm^2）；M_i 为各负荷的功率矩（$kW \cdot km$）；L_i 为各支路线路导线的长度（km）；l_i 为各干线线路导线的长度（km）；U_N 为线路的额定电压（kV）。

① 均一无感线路的三相线路，电压损失百分值为

$$\Delta U\% = \frac{\sum\limits_{i=1}^{n} M_i}{10\gamma A U_N^2} = \frac{\sum\limits_{i=1}^{n} M_i}{CA} \tag{7-23}$$

式中，计算系数 $C = 10\gamma U_N^2$。

② 均一无感的单相交流线路和直流线路，由于其负荷电流（或功率）要通过来回两根导线，所以总电压损失应为一根导线上的两倍，故

$$\Delta U\% = \frac{2\sum\limits_{i=1}^{n} M_i}{10\gamma A U_N^2} = \frac{\sum\limits_{i=1}^{n} M_i}{CA} \tag{7-24}$$

式中，计算系数 $C = 5\gamma U_N^2$。

③ 对于均一无感的两相三线线路，有

$$\Delta U\% = \frac{2.25Pl}{10\gamma A U_N^2} = \frac{\sum\limits_{i=1}^{n} M_i}{CA} \tag{7-25}$$

式中，计算系数 $C = 4.44\gamma U_N^2$。

④ 根据式（7-23）～式（7-25），可得均一无感线路，按允许电压损失选择导线截面积的公式为

$$A = \frac{\sum\limits_{i=1}^{n} M_i}{C\Delta U_{al}\%} \tag{7-26}$$

式中，$\Delta U_{al}\%$ 为允许电压损失的百分值；C 为电压损失常数，可查表 7-6。式（7-26）常用于低压照明线路导线截面的选择。

表 7-6　电压损失常数 C 值

线路电压（V）	线路类别	C 的计算公式	电压损失常数 C（$kW \cdot km \cdot mm^{-2}$）	
			铜线	铝线
220/380	三相四线	$10\gamma U_N^2$	0.075	0.0457
	两相三线	$4.44\gamma U_N^2$	0.0333	0.0203
220	单相及直流	$5\gamma U_N^2$	0.0126	0.0078
110			0.0031	0.0019

注：C 值是导体温度在 50℃，负荷矩 M 单位为 $kW \cdot km$、导线截面单位为 mm^2 时的数值。

【例 7-2】 试计算如图 7-4 的 10kV 供电系统的电压损失。已知线路 1WL 导线型号为 LJ-95，$r_0 = 0.34\Omega/km$，$x_0 = 0.36\Omega/km$，线路 2WL、3WL 导线型号为 LJ-70，$r_0 = 0.46\Omega/km$，$x_0 = 0.369\Omega/km$。

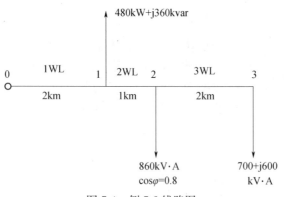

二维码 7-7 视频
例 7-2 支线法解题思路

图 7-4 例 7-2 线路图

解：用干线法求 10kV 供电系统的电压损失。

（1）计算每段干线的计算负荷

$P_1=p_1+p_2+p_3=480+860\times0.8+700=1868$（kW）

$P_2=p_2+p_3=860\times0.8+700=1388$（kW）

$P_3=p_3=700$（kW）

$Q_1=q_1+q_2+q_3=360+860\times\sin$（arccos0.8）$+600=1476$（kvar）

$Q_2=q_2+q_3=860\times\sin$（arccos0.8）$+600=1116$（kvar）

$Q_3=q_3=600$（kvar）

（2）计算各干线的电阻和电抗

$r_1=r_{01}l_1=0.34\times2=0.68$（Ω），$x_1=x_{01}l_1=0.36\times2=0.72$（Ω）

$r_2=r_{02}l_2=0.46\times1=0.46$（Ω），$x_2=x_{02}l_2=0.369\times1=0.369$（Ω）

$r_3=r_{03}l_3=0.46\times2=0.92$（Ω），$x_3=x_{03}l_3=0.369\times2=0.738$（Ω）

（3）计算 10kV 供电系统的电压损失

$$\Delta U\%=\sum\frac{P_ir_i+Q_ix_i}{10U_N^2}$$

$$=\frac{1868\times0.68+1388\times0.46+700\times0.92+1476\times0.72+1116\times0.369+600\times0.738}{10\times10^2}$$

$$=4.47$$

三、逐步试求法求电压损失选择线缆截面

把 $R_i=r_0L_i$，$X_i=x_0L_i$ 代入式（7-19），得

$$\Delta U\%=\frac{r_0}{10U_N^2}\sum_{i=1}^n p_iL_i+\frac{x_0}{10U_N^2}\sum_{i=1}^n q_iL_i=\Delta U_a\%+\Delta U_r\%\leqslant\Delta U_{al}\% \qquad (7-27)$$

式（7-27）可分为两部分，第一部分为由有功负荷在电阻上引起的电压损失 $\Delta U_a\%$，第二部分为由无功负荷在电抗上引起的电压损失 $\Delta U_r\%$，其中

$$\Delta U_a\%=\frac{r_0}{10U_N^2}\sum_{i=1}^n p_iL_i=\frac{1}{10\gamma AU_N^2}\sum_{i=1}^n p_iL_i \qquad (7-28)$$

因此，有

$$\Delta U\%=\frac{1}{10\gamma AU_N^2}\sum_{i=1}^n p_iL_i+\Delta U_r\%\leqslant\Delta U_{al}\% \qquad (7-29)$$

式（7-29）中，有两个未知数 A 和 x_0，但 x_0 一般变化不大，可以采用逐步试求法，即

先假设一个 x_0，求出相应截面 A，再校验 $\Delta U\%$。截面 A 由式（7-30）计算：

$$A = \frac{\sum\limits_{i=1}^{n} p_i L_i}{10\gamma A U_N^2 (\Delta U_{al}\% - \Delta U_r\%)} = \frac{\sum\limits_{i=1}^{n} p_i L_i}{10\gamma A U_N^2 \Delta U_a\%} \qquad (7\text{-}30)$$

逐步试求法的具体计算步骤为：

二维码 7-8 视频
逐步试求法

① 先取导线或电缆的电抗平均值（对于架空线路，可取 $0.35\sim$ $0.40\Omega/\mathrm{km}$，低压取偏低值；对于电缆线路，可取 $0.08\Omega/\mathrm{km}$），求出 $\Delta U_r\%$；

② 根据 $\Delta U_a\% = \Delta U_{al}\% - \Delta U_r\%$，求出 $\Delta U_a\%$；

③ 根据式（7-30）求出导线或电缆截面 A，并根据此值选出相应的标准截面；

④ 校验。根据所选的标准截面及敷设方式，查出 r_0 和 x_0，按式（7-27）计算实际电压损失，与允许电压损失比较，如果不大于允许电压损失则满足要求，否则重取电抗平均值回到第①步重新计算，直到所选截面满足允许电压损失的要求为止。

对均一无感线路，因为不计线路电抗，所以 $\Delta U_r\% = 0$，导线截面按式（7-31）计算：

$$A = \frac{\sum\limits_{i=1}^{n} p_i L_i}{10\gamma U_N^2 \Delta U\%} \qquad (7\text{-}31)$$

【例 7-3】 某变电所架设一条 10kV 的架空线路，向工厂 1 和工厂 2 供电，如图 7-5 所示。已知导线采用 LJ 型铝线，全线导线截面相同，三相导线布置成正三角形，线间距为 1m，干线 01 长度为 3km，干线 12 的长度为 1.5km。工厂 1 的负荷为有功功率 800kW，无功功率 560kvar，工厂 2 的负荷为有功功率 500kW，无功功率 200kvar。允许电压损失为 5%，环境温度为 25℃。按允许电压损失选择导线截面，并校验其发热情况和机械强度。

二维码 7-9 视频
例 7-3 讲解

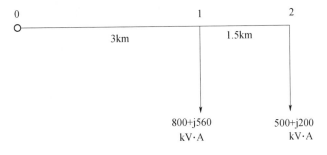

图 7-5 例 7-3 线路图

解：（1）按允许电压损失选择导线截面

因为是 10kV 的架空线路，所以初设 $x_0 = 0.38\Omega/\mathrm{km}$，则

$$\Delta U_r\% = \frac{x_0}{10 U_N^2} \sum_{i=1}^{n} q_i L_i = \frac{0.38}{10 \times 10^2}[560 \times 3 + 200 \times (3 + 1.5)] = 0.98$$

$$\Delta U_a\% = \Delta U_{al}\% - \Delta U_r\% = 5 - 0.98 = 4.02$$

$$A = \frac{\sum\limits_{i=1}^{n} p_i L_i}{10\gamma U_N^2 \Delta U_a\%} = \frac{800 \times 3 + 500 \times (3 + 1.5)}{10 \times 0.032 \times 10^2 \times 4.02} = 36.15 \ (\mathrm{mm}^2)$$

选择 LJ-50，查附表 I-7 可得几何平均距为 1000mm 截面为 50mm² 的 LJ 型铝绞线的 $x_0=0.36\Omega/\text{km}$，$r_0=0.66\Omega/\text{km}$，实际的电压损失为：

$$\Delta U\% = \frac{r_0}{10U_\text{N}^2}\sum_{i=1}^{n}p_iL_i + \frac{x_0}{10U_\text{N}^2}\sum_{i=1}^{n}q_iL_i$$

$$= \frac{0.66}{10\times10^2}(800\times3+500\times4.5) + \frac{0.36}{10\times10^2}(560\times3+200\times4.5)$$

$$= 4.0 < 5$$

故所选导线 LJ-50 满足允许电压损失的要求。

（2）校验发热情况

查附表 I-15 可知，LJ-50 在室外温度为 25℃时的允许载流量为 $I_\text{al}=215\text{A}$。

线路中最大负荷（在 01 段）为：

$$P=p_1+p_2=800+500=1300\ (\text{kW})$$

$$Q=q_1+q_2=560+200=760\ (\text{kvar})$$

$$S=\sqrt{P^2+Q^2}=\sqrt{1300^2+760^2}=1505.86\ (\text{kV·A})$$

$$I_\text{c}=\frac{S}{\sqrt{3}U_\text{N}}=\frac{1505.9}{\sqrt{3}\times10}=86.94\ (\text{A})<I_\text{al}=215\ (\text{A})$$

显然，发热情况也满足要求。

（3）校验机械强度

查表 7-2 可知，10kV 架空裸铝绞线的最小允许截面为 25mm²，所以，所选的截面 50mm² 可以满足机械强度的要求。

从例 7-3 可以看出，对于电压等级较低的线路，线路电抗很小，无功电压损失很小，实际电压损失约等于有功电压损失。因此，在实际计算中，对于 10kV 以上线路采用逐步试求法，10kV 及以下线路都可以视为均一无感线路来进行电压损失的计算。

四、负荷均匀分布线路的电压损失计算

均匀分布负荷是指三相线路上单位长度的负荷相同的情况，如图 7-6 所示。

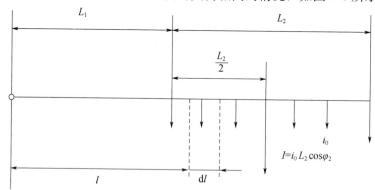

图 7-6　负荷均匀分布的线路

设单位长度线路上的负荷电流为 i_0，所产生的电压损失相当于全部分布负荷集中于线路中点所产生的电压损失，即按集中负荷计算，其公式为

$$\Delta U=\sqrt{3}I(r_0\cos\varphi_2+x_0\sin\varphi_2)\left(L_1+\frac{L_2}{2}\right) \tag{7-32}$$

式中，r_0、x_0 分别为线路单位长度的电阻和电抗（Ω/km），可查阅相关设计手册。

第五节　按经济电流密度选择线缆截面

所选导线或电缆截面的大小直接影响到线路的投资和年运行费用。因此，从经济方面考虑，导线应选择一个比较合理的截面。其选择原则从以下两个方面考虑。

① 选择截面越大，电能损耗越小，但线路投资、有色金属消耗量及维修管理费用就越高。

② 虽然截面选择得小，线路投资、有色金属消耗量及维修管理费用低，但电能损耗大。

从全面经济效益考虑，使线路的年运行费用接近最小的导线截面，称为经济截面，用符号 S_{ec} 表示。对应经济截面的电流密度称为经济电流密度，用符号 j_{ec} 表示。我国现行的经济电流密度如表 7-7 所示。

表 7-7　导线和电缆的经济电流密度　　　　　　　　　　单位：A/mm²

线路类型	导线材质	年最大负荷利用小时（h）		
		<3000	3000～5000	>5000
架空线路	铜	3.00	2.25	1.75
	铝	1.65	1.15	0.90
电缆线路	铜	2.50	2.25	2.00
	铝	1.92	1.73	1.54

按经济电流密度计算截面的公式为

$$A_{ec} = \frac{I_c}{j_{ec}} \qquad (7-33)$$

式中，I_c 为线路计算电流。

根据式（7-33）计算出截面后，从手册中选择取与该值最接近（可稍小）的标准截面，再校验其他条件即可。按经济电流密度选择导线的方法适用于 35kV 及以上的高压输电线路及长距离输送大容量的线路，如大型工厂的电源进线等。

二维码 7-10　拓展阅读
经济电流密度

【例 7-4】　某地区变电站 35kV 的架空线路向容量为 $3800+j2100kV \cdot A$ 的工厂供电，工厂的年最大负荷利用小时为 5600h。架空线路采用 LGJ 型钢芯铝绞线。试选择其经济截面，并校验其发热条件和机械强度。

解：（1）选择经济截面

$$I_c = \frac{S}{\sqrt{3}U_N} = \frac{\sqrt{3800^2+2100^2}}{\sqrt{3}\times 35} = 71.62 \ （A）$$

查表 7-7 可知，$j_{ec}=0.9A/mm^2$，则

$$A_{ec} = \frac{I_c}{j_{ec}} = \frac{71.62}{0.9} = 79.58 \ （mm^2）$$

选择截面 70mm²，即型号为 LGJ-70 的铝绞线。

（2）校验发热条件

查附表 Ⅰ-15 可知，LGJ-70 在室外温度为 25℃ 时的允许载流量为 $I_{al}=275 \ （A）>I_c=71.62 \ （A）$，所以满足发热条件。

（3）校验机械强度

查表 7-2 可知，35kV 的架空裸铝绞线的机械强度最小截面为：

$$A_{\min}=35(\text{mm}^2)<A=70(\text{mm}^2)。$$

因此，所选的导线截面也满足机械强度的要求。

第六节　线缆短路时的热稳定性校验

如前所述，线缆在短路时的动稳定性不必校验，有必要时仅校验短路时的热稳定性，要求线缆截面 A 应不小于热稳定要求的最小截面（mm^2），即满足式（5-81）。

电缆热稳定校验时，短路点应按下列情况选取：

① 单根无中间接头电缆，选在电缆末端短路；长度小于 200m 的电缆，可选电缆首端短路。

② 有中间接头电缆，短路点选在第 1 个中间接头处。

③ 无中间接头的并列电缆，短路点选在并列点后。

思考与练习题

7-1　电线电缆是如何分类的？为什么？

7-2　简述电线电缆选择的基本原则。

7-3　选择导线和电缆截面一般应满足哪几个条件？一般动力线路的导线截面先按什么条件选取？照明线路的导线截面又先按什么条件选择？为什么？

7-4　一般三相四线制线路的 N 线截面如何选择？两相三线线路和单相线路的 N 线截面又如何选择？PE 线截面如何选择？PEN 线截面又如何选择？

7-5　简述按允许载流量条件选择线缆的方法与步骤。

7-6　简述按电压损失条件选择线缆的方法与步骤。

7-7　简述按经济电流密度选择线缆的方法与步骤。

7-8　某工地采用三相四线制 380/220V 供电，其中一支路上需带 30kW 电动机 2 台，8kW 电动机 15 台，平均功率因数为 0.8，需要系数为 0.62，电动机的平均效率为 83%，总配电盘至该临时用电点的距离为 250m，BV 绝缘导线明敷设。试按允许电压损失 7% 选择所需导线的截面并校验发热条件和机械强度。设环境温度为 30℃。

二维码 7-11　思考与练习题 7-8 参考答案

7-9　一条从变电所引出的长 100m 的三相四线制供电干线，接有电压为 380V 的三相电机 22 台，其中 10kW 电机 20 台，4.5kW 电机 2 台。干线敷设地点环境温度为 30℃，拟采用 BLV 绝缘线明敷，设备平均需要系数为 0.35，平均功率因数为 0.7，试按发热条件选择 BLV 导线截面并校验电压损失和机械强度。

二维码 7-12　思考与练习题 7-9 参考答案

7-10　某工地动力负荷，A 为电源所在处，C 点动力负荷 $P_1=66\text{kW}$，D 点动力负荷 $P_2=28\text{kW}$，杆距均为 30m，B 为线路上一点，各点之间距离和关系如图 7-7 所示。按允许压降 5%，$K_d=0.6$，平均功率因数 0.76，采用三相四线制供电时，求 AB 段 BLV 导线截面并校验电压损失和机械强度（穿钢管敷设，环境温度 35℃）。

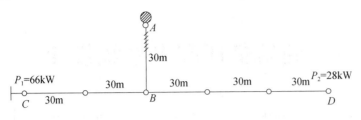

图 7-7　题 7-10 图

7-11　已知供电系统如图 7-8 所示。导线的电气参数，其中 LJ-50 的电气参数：$r_0 = 0.64\,\Omega/\text{km}$，$x_0 = 0.38\,\Omega/\text{km}$；LJ-70 的电气参数：$r_0 = 0.46\,\Omega/\text{km}$，$x_0 = 0.369\,\Omega/\text{km}$；LJ-95 的电气参数：$r_0 = 0.34\,\Omega/\text{km}$，$x_0 = 0.36\,\Omega/\text{km}$。求该供电系统在下列两种情况下的电压损失：

（1）1WL、2WL 的导线型号均为 LJ-70；

（2）1WL 为 LJ-95，2WL 为 LJ-50。

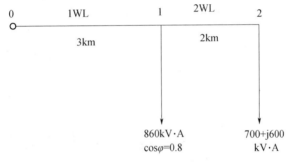

图 7-8　题 7-11 图

7-12　某 10kV 架空线路，计算负荷 1280kW，功率因数 0.9，按年最大负荷利用小时为 4500h，敷设环境温度按 30℃计算，拟选用 LGJ 绝缘线架空敷设，试选择经济截面并按发热和机械条件校验。

7-13　自变电所 10kV 出线，长 50m，末端负荷为 1000kV·A，线路功率因数为 $\cos\varphi = 0.85$，选用交联聚乙烯绝缘钢铠护套电缆直埋敷设，土壤温度为 20℃，年最大负荷利用小时为 5000h，土壤热阻系数为 $0.8\text{K}\cdot\text{m}/\text{W}$，短路电流为 4kA，短路假想时间为 0.5s。试选取电力电缆的经济截面面积 S_{ec}。

7-14　思考导线和电缆的选择对于电力系统稳定运行有什么重要意义？对于建筑供配电系统设计有什么重要作用？

第八章　建筑低压配电系统设计

本章从建筑低压配电系统的设计原则、接地系统形式、低压用电设备和配电线路的保护等几个方面进行了介绍，重点介绍了各类建筑物低压配电系统设计的要点，并给出了低压配电设计系统图实例。

知识目标：

◇ 了解建筑低压配电系统的设计原则、接地系统形式、低压用电设备和配电线路的保护；掌握接地系统的形式分类和特点、低压配电方式；掌握低压配电系统设计方法；掌握规范中常用建筑物低压配电系统设计的要点。

能力目标：

◇ 查阅规范及分析低压配电设计系统图，能够结合实际工程设计合理的低压配电干线系统图、配电箱系统图，具备建筑低压配电系统设计的初步能力。

素质目标：

◇ 具有国家规范、行业标准、产品及技术手册等专业资料查阅分析及应用能力，并能够在工程实践中灵活运用，具备一定的创新意识；提高系统整体设计能力和解决实际问题的能力。

第一节　建筑低压配电系统的设计原则

低压配电系统指工频交流电压等级在 1000V 及以下的配电线路，是从终端降压变电所的低压侧到低压用电设备的电力线路，是电力系统的重要组成部分，是城市建设的重要基础设施。低压配电系统的设计应根据工程的种类、规模、负荷性质、容量及可能的发展等综合因素确定，对于重要工程宜采用智能配电系统。

低压配电系统的电压一般为 380/220V，由配电装置（配电屏、柜、盘或箱）和配电线路（馈电线干线及分支线）组成。馈电线是将电能从变电所低压配电屏（或柜）送至配电盘（或箱）的线路；干线是将电能从总配电盘（或箱）送至各个分配电箱的线路；分支线是由干线分出，将电能送至每一个照明分配电箱的线路，以及从分配电箱分出接至各个用电设备的线路。低压配电系统可分为动力配电系统和照明配电系统。

一、民用建筑低压配电系统的配电要求

民用建筑内用电设备多为低压设备，低压配电系统是建筑内的主要配电方式，必须保障各用电设备的正常运行。

1. 满足供电可靠性要求

低压配电系统首先应当满足民用建筑所必需的供电可靠性要求，保证用电设备的正常运行，杜绝或减少因事故停电造成的政治、经济上的损失。应根据不同的民用建筑对供电可靠性的要求，确定用电负荷等级，进一步确定供电电源和供电方式。供电可靠

二维码 8-1　拓展阅读
低压配电系统的
基本要求

性是由供电电源、供电方式和供电线路共同决定的。

2. 满足电能质量要求

低压配电线路应当满足民用建筑对电能质量的要求。电能质量主要是指电压、频率和波形质量，主要指标为电压偏差、电压波动和闪变、频率偏差及谐波等。电压偏差应符合额定电压的允许范围。不同种类用电设备的配电线路的设计应合理，必须考虑线路的电压损失。低压供电半径不宜过大，一般情况下市区为250m、繁华地区为150m。照明、动力线路的设计，应考虑电力负荷所引起的电压波动不超过照明或其他用电设施对电压质量的要求。

3. 满足用电负荷的发展要求

低压配电线路应能适应用电负荷发展的需要。近年来，由于各类用电设备的发展非常迅速，在设计时应当进行调查研究，参照当地现行有关规定，适当考虑发展的要求。同时，各级低压配电箱（柜）宜根据未来发展预留备用回路。

4. 减少电能损耗

应进行技术经济比较，尽可能采用节能的低压配电系统，可从以下方面考虑：

1）合理确定配电系统的电压等级，减少变压级数，当用户用电负荷容量大于250kW时，宜采用高压供电；

2）变电所应靠近负荷中心，当建筑物内有多个负荷中心时，应进行技术经济比较，合理确定负荷中心；

3）采用变压器容量指标作为建筑电气节能设计的一项指标，还应使变压器工作在经济运行范围；

4）选择符合国家能效标准规定的电气产品和节能型电气产品；

5）冷水机组、冷冻水泵等容量较大的季节性负荷应采用专用变压器供电；

6）在采取提高自然功率因数措施的基础上，在负荷侧应设置集中与就地无功补偿设备，功率因数较低的大功率用电设备，且远离变电所时，应就地设置无功功率补偿，补偿后的功率因数应符合国家标准要求，但不得过补偿；

7）用电设备的冲击负荷及波动负荷引起电网电压波动、闪变时，应采取限制冲击负荷及波动负荷的措施，大型用电设备、大型晶闸管调光设备等应就地设置谐波抑制装置；

8）电缆的选择除应符合国家标准相关规定外，尚宜根据经济电流密度选择长寿命周期电缆，降低运营成本。

5. 其他要求

民用建筑低压配电系统的设计还应满足下列要求：

① 系统接线简单可靠并具有一定灵活性；

② 配电变压器二次侧至用电设备之间的低压配电级数不宜超过三级；

③ 保证人身、财产、操作安全及检修方便；

④ 由建筑物外引入的低压电源线路，应在总配电箱（柜）的受电端装设具有隔离和保护功能的电器；

⑤ 变电所引入的专用回路，在受电端可装设不带保护功能的隔离电器；对于树干式供电系统的配电回路，各受电端均应装设带隔离和保护功能的电器。

二、常用低压配电系统的配电方式

低压配电系统常用配电方式分为放射式、树干式、链式和环网式，如图 8-1 所示。

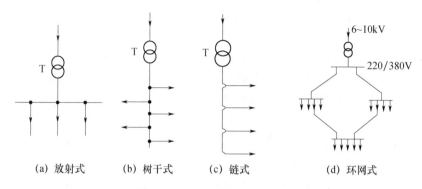

图 8-1　低压配电系统的配电方式

1. 放射式

放射式配电是指每一个用户都采用专线供电，其接线如图 8-1（a）所示。优点是配电相对独立，发生故障互不影响，供电可靠性较高；设备配置比较集中，便于维修。但由于放射式接线要求在变电所低压侧设置配电盘，导致系统灵活性差，再加上干线较多，有色金属消耗较多，需要的开关设备也较多。对于下列情况，低压配电系统应采用放射式配电：

① 容量大、负荷集中或重要的用电设备；

② 每台设备的负荷虽不大，但位于变电所的不同方向；

③ 需要集中联锁启动或停止的设备；

④ 对于有腐蚀性介质或有爆炸危险的场所，其配电及保护启动设备不宜放在现场，必须由与之相隔的房间馈出的线路。

2. 树干式

树干式配电是指每条用电线路都从干线配出，其接线如图 8-1（b）所示。它不需要在变电所低压侧设置配电盘，而是从变电所低压侧的引出线经空气开关或隔离开关直接引至室内。这种配电方式使变电所低压侧结构简化，减少了电气设备需用量，有色金属的消耗也减少，更重要的是提高了系统的灵活性。主要缺点是当干线发生故障时，停电范围很大。

采用树干式配电必须考虑干线的电压质量。有两种情况不宜采用树干式配电：一种是容量较大的用电设备，因为它将导致干线的电压质量明显下降，影响到接在同一干线上的其他用电设备的正常工作，因此，容量大的用电设备必须采用放射式供电；另一种是对于电压质量要求严格的用电设备，不宜接在树干式干线上，而应采用放射式配电。树干式配电一般只适用于设备的布置比较均匀、容量不大、无特殊要求的场合。

3. 链式

链式配电是指在一条供电干线上配出多条用电线路，类似于树干式。与树干式不同的是其线路的分支点在用电设备上或分配电箱内，即后面设备的电源引自前面设备的端子，其接线如图 8-1（c）所示。

链式配电的优点是线路上没有分支点，采用的开关设备少，节省有色金属。其缺点是线路或设备检修或线路故障检修时，相连设备全部停电，供电可靠性差。适用于距离配电屏较远而彼此相距较近、负荷供电可靠性要求不高的小容量设备，如插座回路。一般串联设备不超过 3～4 台，总容量不大于 10kW，单台不大于 5kW。

4. 环网式

由一个或多个供电电源供电的干线线路形成环网式接线，如图 8-1（d）所示。环网式供电经济、可靠，但运行调度复杂，线路发生故障切除后，由于功率重新分配，可能导致线路过载或电压质量过低。一般要使两路干线负荷功率尽可能接近。

在低压配电系统中可以用两个或多个电源向一个用户供电，即双回路配电，形成了双回路放射式、双回路树干式等配电方式，以提高供电可靠性，但需设置用电设备联锁装置和继电保护装置，以保证运行和操作的安全，从而也提高了造价。因此，这种配电方式往往只用于一、二级负荷的配电。

图 8-2 为典型的低压配电系统配电方式。

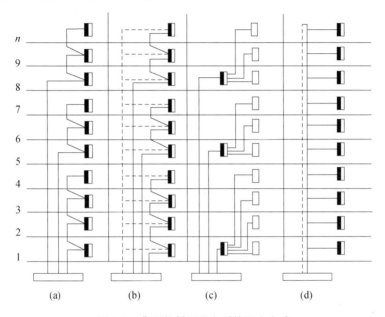

(a)　　　　(b)　　　　(c)　　　　(d)

图 8-2　典型的低压配电系统配电方式

第二节　建筑低压配电系统的接地形式选择

一、低压配电系统的接地形式

低压配电系统接地的形式有两种：一种是设备的外露可导电部分经各自的 PE 线（保护线）分别直接接地；另一种是设备的外露可导电部分经公共的 PE 线或 PEN 线接地。由此形成了低压配电系统接地的几种形式：TN 系统（包括 TN-S、TN-C、TN-C-S 3 类）、TT 系统和 IT 系统，共 3 种 5 类。

第 1 个字母表示电源侧的接地状态：T 表示直接接地；I 表示不直接接地（即对地绝缘）或经高阻抗接地。

二维码 8-2　拓展阅读
低压配电系统接地
形式及条文说明

第 2 个字母表示用电设备外露可导电部分的对地关系：T 表示外露可导电部分直接接地，而与低压系统任何接地点无关；N 表示外露可导电部分与低压系统接地点有直接的电气连接（交流低压系统的接地点通常是中性点）。

第 3 个字母后面的字母则表明中性线与保护线的组合情况：S 表示整个系统的中性线（N 线）与保护线（PE 线）是分开的；C 表示整个系统的中性线与保护线是共用的，即 PEN 线；C-S 系统中有一部分中性线和保护线是分开的。

1. TN 系统

系统有一点直接接地，装置的外露可导电部分用保护线与该点连接。按照中性线与保护线的组合情况，TN 系统有以下 3 种形式，如图 8-3 所示。

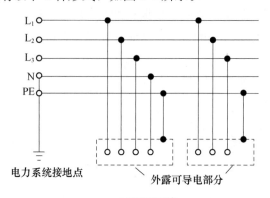

(a) TN-S系统

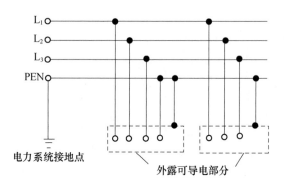

(b) TN-C系统

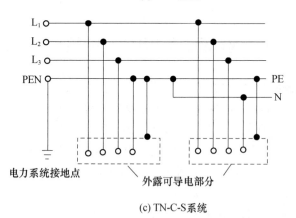

(c) TN-C-S系统

图 8-3　TN 系统

（1）TN-S 系统

这种系统的 N 线和 PE 线是分开的，所有设备的外露可导电部分均与公共的 PE 线相连。在正常情况下，保护线 PE 上没有电流，设备外壳不带电，保证操作人员的人身安全。相线对地短路时，中性线上会出现不平衡电流，但并不影响 PE 线的电位，对接于 PE 线上的其他设备也不会产生电磁干扰。故这种系统应用最广，但消耗的材料增多，增加了投资；

同时三相不平衡或单相使用时，N 线上可出现高电位，要求总开关和末级开关在断开相线的同时断开 N 线，故采用四极或两极开关，也会造成投资的增加。因此 TN-S 系统多用于环境条件较差、对安全可靠性要求较高及设备对电磁干扰要求较严的场合。TN-S 因其安全可靠性较高而广泛应用于民用建筑等低压配电系统中。

（2）TN-C 系统

这种系统的 N 线和 PE 线合为一根 PEN 线，所有设备的外露可导电部分均与 PEN 线相连。当三相负荷不平衡或只有单相用电设备时，PEN 线上有电流通过，设备的外露可导电部分有对地电压存在。由于 N 线不得断线，故在进入建筑物前 N 线或者 PE 线应加做重复接地。在该系统中，如一相绝缘损坏、设备外壳带电，则由该相线、外壳、保护中性线形成闭合回路。只有导线截面及开关保护装置选择恰当，才能够保证将故障设备脱离电源，保障安全。

TN-C 系统适用于三相负荷基本平衡的情况，同时适用于有容量比较小的单相 220V 的便携式、移动式的用电设备。在中性点直接接地 1000V 以下的系统中均采用这种方式。

（3）TN-C-S 系统

这种系统中，N 线和 PE 线有一部分是共同的，局部采用专设的保护线。即系统的前半部分同 TN-C 系统，后半部分同 TN-S 系统，兼有这两个系统的特点。常用于配电系统末端环境条件较差或有数据处理等设备的场所。目前，在一些民用建筑中，在电源入户后，将 PEN 线分为 N 线和 PE 线。该系统适用于工业企业和一般民用建筑。当负荷端装有漏电开关，干线末端装有接零保护时，也可用于新建住宅小区。

在 TN 系统中，为提高安全程度应当采用重复接地。以 TN-C 系统为例，如图 8-4 所示，在没有重复接地的情况下，在 PE 或 PEN 线发生断线并有设备发生一相接地故障时，接在断线后面的所有设备的外露可导电部分都将呈现接近于相电压的对地电压，是很危险的。

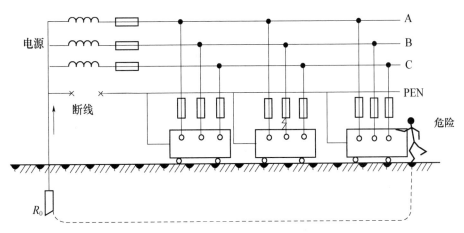

图 8-4　无重复接地时中性线断线时的情况

如果进行了重复接地，如图 8-5 所示，则在发生同样故障时，假设电源中心点接地电阻与重复接地电阻相等，则断线后面一段 PE 线或 PEN 线的对地电压减少为相电压的一半，其危险程度大大降低。当然实际上由于设备外壳仍然带电，对人还是有一定危险的，因此，PE 线或 PEN 线的断线故障应尽量避免。施工时，一定要保证 PE 线和 PEN 线的安装质量。

运行中也要特别注意对 PE 线和 PEN 线状况的检视，同样 PE 线和 PEN 线上一般不允许装设开关或熔断器。

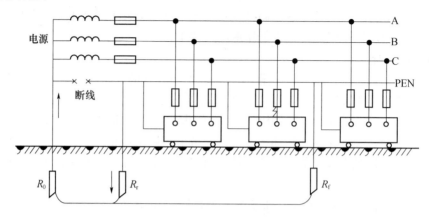

图 8-5　有重复接地时中性线断线时的情况

2. TT 系统

TT 系统有一个直接接地点，电气装置的外露可导电部分经各自的 PE 线直接接至电气上与低压系统接地点无关的接地装置，如图 8-6 所示。TT 系统没有公共的 PE 线，各设备之间无电磁联系，因此，互相之间无电磁干扰。当发生一相接地故障时则形成单相短路，由于有接地保护，可以大大减少触电的危险性；但短路电流不大，影响保护装置动作，此时设备外壳对地电压接近 110V，将会危及人身安全，须配合漏电保护器使用。

TT 系统省去了公共 PE 线，貌似较 TN 系统经济，但单独装设 PE 线，又增加了成本，接地装置耗用的钢材多，而且难以回收，费工费时费料。适用于抗电磁干扰要求高的场所及接地保护点分散的用电系统，用于供给小负荷的接地系统。

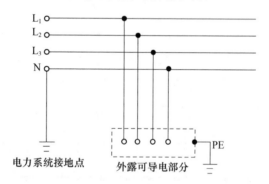

图 8-6　TT 系统

3. IT 系统

IT 系统的带电部分与大地间不直接连接（经高阻抗接地或不接地），而电气装置外露可导电部分则经各自的 PE 线直接接地，互相之间无电磁干扰，如图 8-7 所示。发生一相接地故障时三相用电设备仍能继续工作。应装设单相接地保护装置，以便发生一相接地故障时，给予报警信号。没有 N 线，不适于接相电压的单相设备。

IT 系统在供电距离不是太长时，供电线路对地的分布电容可以忽略，发生短路故障或者漏电使设备外壳带电时，漏电电流较大，可以使保护装置动作，供电可靠性好，安全性高，一般用于不允许停电的场所，或是要求严格连续供电的地方。应用于对连续供电要求高及有易燃易爆的危险场所。适用于三相负荷平衡的配电系统。

IT系统在供电距离很长时，供电线路对地的分布电容不容忽视，发生短路故障或者漏电使设备外壳带电时，漏电电流不足以使保护设备动作，就有危险了。

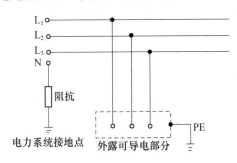

图 8-7　IT 系统

二、低压带电导体系统的型式

低压带电导体指相线（L_1、L_2、L_3）和中性线（N线）及中性线和保护线合二为一（PEN线），系统型式根据相数和带电导体根数分类。我国低压带电导体系统型式主要有以下几种。

二维码 8-3　拓展阅读
低压系统带电导体类型

1. 三相四线制

三相四线制即三根相线 L_1、L_2、L_3 和一根 N 线或 PEN 线形成三相四线制，既可提供 380V 的线电压，也可提供 220V 的相电压。适用于对三相用电设备组和单相用电设备组混合配电的线路，以及对单相用电设备采用三相配电的干线线路。

2. 三相三线制

三相三线制即三根相线 L_1、L_2、L_3，没有 N 线和 PEN 线，只能提供 380V 的线电压。适用于对三相负荷平衡且不需要中性线做电源线的三相用电设备配电的线路。

3. 两相三线制

两相三线制即两根相线（L_1、L_2、L_3 中的任意两相）和一根 N 线，可提供 1 个 380V 的线电压和两个 220V 的相电压。适用于三相负荷不平衡既需要线电压又需要相电压的配电线路。

4. 单相两线制

单相两线制即一根相线（L_1 或 L_2 或 L_3）和一根 N 线，仅能提供 220V 的相电压。适用于对单相用电设备组配电的支线线路，但应将单相负荷均衡地分配在三相系统中。

第三节　低压用电设备和配电线路的保护

为了安全地对各类用电设备供电，要对用电设备及其相应的配电线路进行保护。在民用建筑用电设备中，有些用电设备（如电梯等）是各种电器的组合，由于结构复杂，它自身已设有保护装置，因此，在工程设计中不再考虑设置单独的保护，而将配电线路的保护作为它的后备保护。而有些电气设备（如照明电器、小风扇等）由于结构简单，一般无须装设单独的电气保护，而把配电线路保护作为它的保护。

一、照明用电设备的保护

在民用建筑中，照明电器、小风扇、小型排风机、小容量的空调器和电热器等，一般均从照明支路取用电流，通常划归照明负荷用电设备范围，所以都可由照明支路的保护装置作为它们的保护。

照明支路的保护主要考虑对照明用电设备的短路保护。对于要求不高的场合，可采用熔断器保护；对于要求较高的场合，则采用带短路脱扣器的低压断路器进行保护，同时可作为照明线路的短路保护和过负荷保护。一般只使用其中的一种。

二、电力用电设备的保护

在民用建筑中，常把负载电流为 6A 以上或容量在 1.2kW 以上的较大容量用电设备划归为电力用电设备（即电力负荷）。对于电力负荷，一般不允许从照明插座取用电源，需要单独从电力配电箱或照明配电箱中分路供电。除了本身单独设有保护装置外，其余的设备都在分路供电线路上装设单独的保护装置。

对于电热器类用电设备，一般只考虑短路保护。容量较大的电热器，在单独回路装设短路保护装置时，可采用熔断器或低压断路器作为其短路保护。

对于电动机类用电负荷，在需要单独分路装设保护装置时，除装设短路保护外，还应装设过载保护，可由熔断器和带过载保护的磁力启动器（由交流接触器和热继电器组成）进行保护，或由带短路和过载保护的低压断路器进行保护。

三、低压配电线路的保护

对于低压配电线路，一般主要考虑短路和过负荷两项保护，但从发展情况看，过电压保护也不能忽视。

1. 低压配电线路的短路保护

所有的低压配电线路都应装设短路保护，一般可采用熔断器或低压断路器保护。由于线路的导线截面是根据实际负荷选取的，因此，在正常运行情况下，负荷电流是不会超过导线的长期允许载流量的。但是为了避开线路中短时间过负荷（如大容量异

二维码 8-4　拓展阅读
低压配电线路的保护

步电动机的启动等）的影响，同时又能可靠地保护线路，当采用熔断器做短路保护时，熔体的额定电流应小于或等于电缆或穿管绝缘导线允许载流量的 2.5 倍；对于明敷绝缘导线，由于绝缘等级偏低、绝缘容易老化等原因，熔体的额定电流应小于或等于导线允许载流量的 1.5 倍。当采用低压断路器做短路保护时，由于其过电流脱扣器具有延时性并且可调，可以避开线路中的短时过负荷电流，所以，过电流脱扣器的整定电流一般应小于或等于绝缘导线或电缆允许载流量的 1.1 倍。具体选择与整定可参见本书第六章第三节中"低压断路器的选择"。

短路保护还应考虑线路末端发生短路时保护装置动作的可靠性。当上述保护装置作为配电线路的短路保护时，要求在被保护线路的末端发生单相接地短路及两相短路时，其短路电流值应大于或等于熔断器熔体额定电流的 4 倍；如用低压断路器保护，则应大于或等于低压断路器过电流脱扣器整定电流的 1.5 倍。具体倍数因熔断器和断路器类型的不同和保护动作时间的不同而有所区别，详细可参见《工业与民用配电设计手册》（第四版）。

2. 低压配电线路的过负荷保护

低压配电线路在下列场合应装设过负荷保护：

① 不论在何种房间内，由易燃外层无保护型电线（如 BX、BLX、BXS 型电线）构成的

明敷配电线路。

② 所有照明线路。对于无火灾危险及无爆炸危险的仓库中的照明线路，可不装设过负荷保护。

过负荷保护一般可由熔断器或低压断路器构成，熔断器熔体的额定电流或低压断路器过电流脱扣器的整定电流一般应小于或等于导线允许载流量的 0.8 倍。

3. 低压配电线路的过电压保护

对于民用建筑低压配电线路，一般只要求有短路和过负荷两种保护。但从发展情况来看，还应考虑过电压保护。这是因为某些低压供电线路有时会意外地出现过电压，如高压架空线断落在低压线路上，三相四线制供电系统零线断路引起中性点偏移，以及雷击低压线路等，都可能使低压供电线路上出现超过正常值的电压，使接在该线路上的用电设备因电压过高而损坏。为了避免这种意外，应在低压配电线路上采取适当分级装设过电压保护的措施，如在用户配电盘上装设带过电压保护功能的漏电保护开关等。

4. 上、下级保护电器之间的配合

在低压配电线路中，应注意上、下级保护电器之间的正确配合。这是因为当配电系统的某处发生故障时，为了防止事故扩大到非故障部分，要求电源侧、负荷侧的保护电器之间具有选择性配合。

① 当上、下级均采用熔断器保护时，一般要求上一级熔断器熔体的额定电流比下一级熔体的额定电流大 2～3 级（此处的"级"指同一系列熔断器本身的电流等级）。

② 当上、下级保护均采用低压断路器时，应使上一级断路器脱扣器的额定电流大于或等于下一级脱扣器额定电流的 1.2 倍。

③ 当电源侧采用低压断路器，负载侧采用熔断器时，应满足熔断器在考虑了正误差后的熔断特性曲线在低压断路器的保护特性曲线之下。

④ 当电源侧采用熔断器，负载侧采用低压断路器时，应满足熔断器在考虑了负误差后的熔断特性曲线在低压断路器考虑了正误差的保护特性曲线之上。

四、漏电保护

漏电保护器是一种自动电器，主要用来对有致命危险的人身触电进行保护，以及防止因电气设备或线路漏电而引起的火灾。当在低压线路或电气设备上发生人身触电、漏电和单相接地故障时，漏电保护开关能够快速地自动切断电源，保护人身和电气设备的安全，避免事故的扩大。漏电保护装置的工作原理和选择方法在第二章和第六章中已有详细介绍，在此不再赘述。

第四节　电能计量装置及接线方式

《公共建筑节能设计标准》（GB 50189—2015）中关于电能监测与计量的相关规定如下。

① 主要次级用能单位用电量大于或等于 10kW 或单台用电设备大于等于 100kW 时，应设置电能计量装置。公共建筑宜设置用电能耗监测与计量系统，并进行能效分析和管理。

② 公共建筑应按功能区域设置电能监测与计量系统。

③ 公共建筑应按照明插座、空调、电力、特殊用电分项进行电能监测与计量。办公建筑宜将照明和插座分项进行电能监测与计量。

④ 冷热源系统的循环水泵耗电量宜单独计量。

电能表是用来测量某一段时间内电源提供电能或负载消耗电能的仪表，是低压配电系统中常用的也是不可或缺的一种电能计量装置。

一、电能表的分类

电能表按其使用的电路可分为直流电能表和交流电能表，如我们家庭用的电源是交流电，因此，使用的是交流电能表。

交流电能表按其电路进表接线数量又可分为：单相电能表、三相三线电能表和三相四线电能表。一般家庭使用的是单相电能表，但别墅和大用电住户也有使用三相四线电能表的，工业用户使用三相三线和三相四线电能表。

电能表按其工作原理可分为电气机械式电能表和电子式电能表。在 20 世纪 90 年代以前，使用的一般是机械式电能表，又称为感应式电能表。随着电子技术的发展，电子式电能表的应用越来越多，逐步取代了机械式电能表。

电能表按其用途可分为有功电能表、无功电能表、最大需量表、标准电能表、复费率分时电能表、预付费电能表、多功能电能表等。家庭常用的是有功电能表，但预付费电能表的使用也越来越普及，推广复费率分时电能表也有利于节电。

电能表按准确度等级可分为普通安装式电能表（0.2、0.5、1.0、2.0、3.0 级）和携带式精密电能表（0.01、0.02、0.05、0.1、0.2 级）。

二、电能表的工作原理

1. 机械式电能表的基本原理

传统电能表是指感应式的机械电能表（简称感应表或机械表），它利用的是电磁感应原理，主要由电压线圈、电流线圈、铝盘、永久磁铁、计度器等器件构成。其工作原理为：根据电磁感应原理，电表通电时，在电流线圈和电压线圈中产生电磁场，在铝盘上形成转动力矩，通过传动齿轮带动计度器计数，电流电压越大，转矩越大，计数越快，用电越多。铝盘的转动力矩与负载的有功功率成正比。

2. 电子式电能表的基本原理

电子式电能表是利用电子电路／芯片来测量电能；用分压电阻或电压互感器将电压信号变成可用于电子测量的小信号，用分流器或电流互感器将电流信号变成可用于电子测量的小信号，利用专用的电能测量芯片将变换好的电压、电流信号进行模拟或数字运算，并对电能进行累计，然后输出频率与电能成正比的脉冲信号；脉冲信号驱动步进马达带动机械计度器显示，或送微计算机处理后进行数码显示。

3. 预付费电能表的基本原理

预付费电能表是在电子式电能表基础上增加了微计算机处理单元、存储单元和控制断电装置等。必须先在电能表中预存一定电量或金额后才能合闸供电，用电时电能表一边计量一边从剩余值中扣减已用的电量或金额，如果扣完则断电，为了保证正常用电必须在断电前再次预存并累加到电能表的剩余值中。预存电量或金额必须通过管理部门的售电系统向用户收取预购电费后，才能预存给用户。预存信息通过代码式或写卡式的方式送入电能表中才能使用。

三、电能表的接线方式

电能表的接线原则是电流线圈与负载串联，电压线圈与负载并联，并且遵守电流端钮的接线规则，即电流线圈的电源端钮必须与电源连接，另一端钮与负载连接；电压线圈的电源端钮可与电流线圈的任一端钮连接，另一端钮则跨接到被测电路的另一端，如图 8-8 所示，

图中标有 ＊ 号的一个端钮为电源端钮。下面介绍几种常用的电能表接线方法。

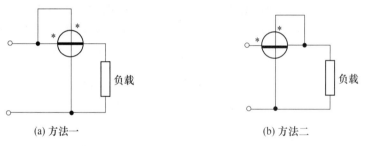

(a) 方法一　　　　　　　　　　　　(b) 方法二

图 8-8　电能表的接线方法

1. 单相电能表的接线方法（适用于单相交流电路）

在低电压（380V 或 220V）小电流（10A 以下）的单相交流电路中，电能表可以直接接在电路上，如图 8-9（a）所示。如果负载电流超过电能表电流线圈的额定值，则需要经过电流互感器接入电路，如图 8-9（b）所示。

(a) 直接接入法　　　　　　　　　　(b) 经电流互感器接入法

图 8-9　单相电能表的接线方法

2. 三相两元件电能表的接线方法（适用于三相三线制电路）

在三相三相制电路中，三相电能可用 2 只单相电能表来测量，三相总电能是两表读数之和。在工业上多数采用三相两元件电能表，其特点是由 2 组电磁元件分别作用在固定于同一转轴的铝盘上，从计数器上可以直接读出三相负载所消耗的总电能。其接线方法也有直接接入法和经电流互感器接入法两种，如图 8-10 所示。

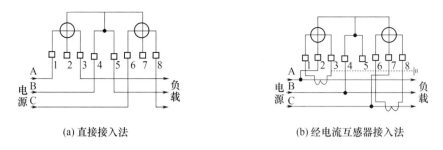

(a) 直接接入法　　　　　　　　　　(b) 经电流互感器接入法

图 8-10　三相两元件电能表的接线方法

3. 三相三元件电能表的接线方法（适用于三相四线制电路）

在负载平衡的三相四线制电路中，可用 1 只单相电能表来测量任意一相负载所消耗的电能，将其读数乘以 3，即得三相电路消耗的总电能。如果负载不平衡，就得用 3 只电能表分别测量每相负载所消耗的电能。这种方法既不直观，又不经济。往往采用三相三元件电能表，它内部有 3 组完全相同的电磁元件，分别作用于装在同一转轴的铝盘上。这样就可以缩小电能表的体积，减轻质量，而且可以直接读出三相负载所消耗的总电能。

三相三元件电能表的接线方法有直接接入法、经 2 只电流互感器接入法及经 3 只电流互感器接入法，如图 8-11 所示，其中图 8-11（b）、图 8-11（c）适用于高压电路中测量三相有功电能。

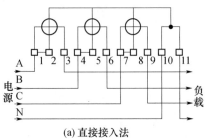

(a) 直接接入法

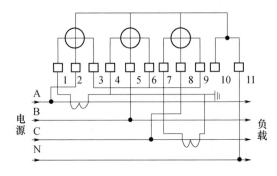

(b) 经2只电流互感器接入

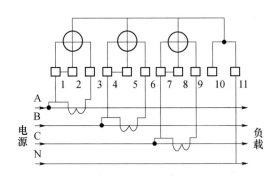

(c) 经3只电流互感器接入

图 8-11　三相三元件电能表的接线方法

四、电能计量与智能化

1. 电能计量

① 对于不同电价类别用电负荷，分别装设计量装置，可更准确地进行电费结算，避免差错；对于执行同一电价的公用设施用电，集中设置公用计量装置，既有利于提高设备的使用效率，又有利于进行一体化采集管理。

② 为实现电量损耗统计分析，需对各区供电量等用电信息进行采集，配电变压器应设置考核计量点，并安装考核计量装置。

二维码 8-5　拓展阅读
电能计量

③ 电能计量装置的设置应符合下列规定：

a. 电能计量装置应满足供电、用电准确计量的要求。

b. 电能计量装置应按其计量对象的重要程度和计量电能的多少分类，并应符合下列规定：

* 月平均用电量 5000MW·h 及以上或变压器容量为 10MV·A 及以上的高压计费用户，应采用Ⅰ类电能计量装置；

* 月平均用电量 1000MW·h 及以上或变压器容量为 2MV·A 及以上的高压计费用户，应采用Ⅱ类电能计量装置；

* 月平均用电量 100MW·h 以上或负荷容量为 315kV·A 及以上的计费用户，以及无功补偿装置的电能计量装置，应采用Ⅲ类电能计量装置；

* 负荷容量为 315kV·A 以下的计费用户，应采用Ⅳ类电能计量装置；

* 单相电力用户计费用电能计量装置，应采用Ⅴ类电能计量装置。

④ 电能计量装置的准确度不应低于表 8-1 的规定。

表 8-1 电能计量装置的准确度要求

电能计量装置类别	准确度（级）			
	有功电能表	无功电能表	电压互感器	电流互感器
Ⅰ类	0.2S	2.0	0.2	0.2S
Ⅱ类	0.5S	2.0	0.2	0.2S
Ⅲ类	1.0	2.0	0.5	0.5S
Ⅳ类	2.0	2.0	0.5	0.5S
Ⅴ类	2.0	—	—	0.5S

⑤ 执行功率因数调整电费的用户，应装设具有计量有功电能、感性和容性无功电能功能的电能计量装置；按最大需量计收基本电费的用户应装设具有最大需量功能的电能表；实行分时电价的用户应装设复费率电能表或多功能电能表。

⑥ 中性点不接地系统及低电阻接地系统的电能计量装置宜采用三相三线的接线方式。照明变压器、照明与动力共用的变压器及三相负荷不平衡率大于 10% 的电力用户线路，应采用三相四线的接线方式。

⑦ 应选用过载 4 倍及以上的电能表。经电流互感器接入的电能表，标定电流不宜超过电流互感器额定二次电流的 30%（对 S 级为 20%），额定最大电流宜为额定二次电流的 120%。直接接入式电能表的标定电流应按正常运行负荷电流的 30% 选择。

⑧ 220/380V 低压供电且负荷电流为 50A 及以下时，宜采用直接接入式电能表；负荷电流为 50A 以上时，宜采用经电流互感器接入式的接线方式。

⑨ 下列装置及回路应装设有功电能表：

a. 35kV、20kV 或 10kV 供配电线路；

b. 用电单位的有功电量计量点；

c. 需要进行技术经济考核的电动机；

d. 根据技术经济考核和节能管理的要求，需计量有功电量的其他装置及回路。

⑩ 下列装置及回路应装设无功电能表：

a. 无功补偿装置；

b. 用电单位的无功电量计量点；

c. 根据技术经济考核和节能管理的要求，需计量无功电量的其他装置及回路。

⑪ 计费用的专用电能计量装置，宜设置在供用电设施的产权分界处，并应按供电企业对不同计费方式的规定确定。

2. 电能计量的智能化和绿色设计要求

① 对于改建和扩建的公共建筑，在条件允许的情况下，应进行分项计量。有些既有建筑已经设置了低压配电监测系统，实施时应优先考虑利用原有系统，当原有配电监测系统设计的表计满足分项计量系统要求时，可利用原有系统，采用合理形式将配电监测系统数据纳入到分项计量系统中。当原有配电监测系统设置的表计无远传功能时，需更换或增加符合要求的具有远传功能的电能表。这样可以大大减少设置表计和数据采集器的数量。

② 公共建筑设置建筑设备能耗计量系统，可利用专用软件对以上分项计量数据进行能耗的监测、统计和分析，以最大化地利用资源，最大限度地减少能源消耗。同时可减少管理人员的配置。此外，现行行业标准《民用建筑节能设计标准》（JGJ 26）要求其对锅炉房、热力站及每个独立的建筑物设置总电表，若每个独立建筑物设置总电表较困难时，应按照照明、动力等设置分项总电表。对能源消耗状况实行监测与计量，这些计量数据可为将来运营管理时按表收费提供可行性，同时可以及时发现、纠正用能浪费现象。

③ 电类分项能耗计量装置设置时，应符合下列规定：

a. 高压供电时，应在高压侧设置电能计量装置，同时在低压侧设置低压总电能计量装置，出线柜回路可直接设置分项电能计量装置；

b. 建筑物供配电系统的设计应满足电能计量装置的设置要求；

二维码 8-6　拓展阅读
能效监管系统

c. 宿舍公共部位和供未成年人使用的宿舍居室，应集中设置多回路电能计量装置；供成年人使用的宿舍居室，应按居室单独设置电能计量装置；

d. 办公建筑和商店建筑的对外出租用房应按经济核算单元设置电能计量装置；

e. 医疗建筑的大型医疗设备应单独设置电能计量装置；病房、手术室等区域宜按楼层或功能分区设置电能计量装置；

f. 旅馆建筑的客房、厨房等区域宜按楼层或功能分区设置电能计量装置；

g. 教育建筑的实验设备应以实验室为单位设置电能计量装置；教室宜按楼层或功能分区设置电能计量装置。

④ 绿色建筑不能各自为政将自己作为孤立的个体，应及时将建筑运行情况上报有关部门，方便统一管理。因此，在设置能耗计量系统时必须注意与上级部门接口的设置。

⑤ 监控中心单独设置，应便于管理，但同时需占用建筑面积，因此，应权衡后选择是否单独设置。

⑥ 表计统一设置，方便管理，统一抄表。

⑦ 能耗计量系统是绿色建筑的重要一环，因此，必须重视设备的选用。能耗计量系统与建筑设备管理系统、电力管理系统部分功能有所重叠，为避免重复设置浪费，做到真正的绿色建筑，应充分利用已有系统的功能，减少前期投入。

⑧ 目前建筑设计中能耗计量系统往往作为后期深化项目，导致后期由于条件限制无法达到前期设计目标。作为绿色建筑，能耗计量系统是建筑非常重要的组成部分，因此，应列

入建设计划，同步设计、建设和验收。

⑨ 设置建筑设备监控管理系统对照明、空调、给排水、电梯等设备进行运行控制，以实现绿色建筑高效利用资源、灵活管理、应用方便、安全舒适等要求，并可达到节约能源的目的。

第五节　低压配电箱

配电箱（盘）是按照配电线路负荷的要求，将各种低压电气设备构成的一个整体装置，并且具有一定功能的小型成套设备。配电箱主要用来接收电能和分配电能，以及用它来对建筑物内的负荷进行直接控制。合理配置配电箱，可以提高用电的灵活性。

一、常用配电箱的分类

配电箱的类型有很多，可按不同的方法归类。

① 按其功能可分为电力配电箱、照明配电箱、计量箱和控制箱；

② 按照结构可分为板式、箱式和落地式；

③ 按使用场所分为户外式和户内式两种。而户内式又分明装在墙壁上和暗装嵌入墙内的不同形式。

国内生产的电力配电箱和照明配电箱还分为标准式和非标准式两种，其中标准式已成为定型产品，国内有许多厂家专门生产这种设备。下面介绍常见的几种配电箱。

1. 照明配电箱

标准照明配电箱是按国家标准统一设计的全国通用的定型产品。照明配电箱内主要装有控制各支路的低压断路器、熔断器，有的还装有电能表、漏电保护开关等。由于建筑物的配置需要，以及小型和微型自动开关、断路器的出现，促使了低压成套电气设备的不断改进，新型产品不断问世。

（1）XM.4 系列配电箱

XM.4 系列配电箱具有过载和短路保护功能，适用于交流 380V 及以下的三相四线制系统，用作非频繁操作的照明配电。按一次线路方案，XM.4 系列的一次线路方案共 5 类 87 种，可参阅有关手册。

（2）XM.7 系列配电箱

XM.7 系列配电箱适用于一般工厂、机关、学校和医院，用来对 380/220V 及以下电压等级且具有中性线的交流照明回路进行控制。XM.7 型为挂墙式安装，XM(R).7 型为嵌入式安装。

（3）$X_R^X M_{23}$ 系列配电箱

$X_R^X M_{23}$ 系列配电箱分为明挂式和嵌入式两种，箱内主要装有低压断路器、交流接触器、瓷插式熔断器、母线、接线端子等，具有短路保护和过载保护的功能。该系列配电箱适用于大厦、公寓、广场、车站等现代化建筑物，可对 380/220V、50Hz 电压等级的照明及小型电力线路进行控制和保护。

2. 电力配电箱

标准电力配电箱是按实际使用需要，根据国家有关标准和规范，进行统一设计的全国通用的定型产品。普遍采用的电力配电箱主要有 XL(F).14、XL(F).15、XL(R).20、XL.21 等型号。XL(F).14、XL(F).15 电力配电箱内部主要有刀开关（为箱外操作）、熔断器等。

刀开关额定电流一般为 400A，适用于交流 500V 以下的三相系统电力配电，随着刀开关的淘汰逐渐退出历史舞台。XL(R).20、XL.21 型是新产品，采用了 DZ10 型低压断路器等开关设备。XL(R).20 采取挂墙安装，可替代 XL.9 型老产品。XL.21 型除装有低压断路器外，还装有接触器、磁力启动器、热继电器等，箱门上还可装操作按钮和指示灯，其一次线路接线方案灵活多样，采取落地式靠墙安装，适合于各种类型的低压用电设备的配电。

3. 其他配电箱

近年来，随着城乡建筑业的迅速发展，对低压成套设备的需求量日益加大，而且对产品性能的要求也越来越高，从而推动了电气设备的不断改进，新型产品陆续问世，在很大程度上克服了老产品的缺点。

(1) $X_R^XM_{24}$ 系列插座箱

这类配电箱具有多个电源插座，适用于 50Hz、500V 以下的单相和三相交流电路中，广泛应用在学校、科研单位等各类实验室，以及一般民用建筑等场所。

插座箱分为明挂式和嵌入式两种。箱内备有工作零线和保护零线端子排，主要装有低压断路器和插座。此外，还可根据需要加装 LA 型控制按钮和 XD 型信号灯等元件。

(2) $X_R^XC_{31}$ 系列计量箱

这类计量箱适用于各种住宅、旅馆、车站、医院等场所计量 50Hz 的单相和三相有功功率。箱内主要装有电能表、电流互感器、低压断路器和熔断器等。计量箱分为封闭挂式和嵌入暗装式两种。箱体由薄钢板焊制而成，上下箱壁均有穿线孔，箱的下部设有接地端子板。

二、配电箱的布置与选择

1. 布置原则

配电箱位置的选择十分重要，若选择不当，对于设备费用、电能损耗、供电质量及使用维修等方面，都会造成不良的后果。在设计选择配电箱位置时，应考虑以下原则。

① 尽可能靠近负荷中心，即电器多、用电量大的地方。

② 在高层建筑中，各层配电箱应尽量布置在同一方向、同一部位上，以便于施工安装与维修管理。

③ 配电箱应设置在方便操作、便于检修的地方，一般多设在门厅、楼梯间或走廊的墙壁内，最好设在专用的房间里。

④ 配电箱应设在干燥、通风和采光良好，且不妨碍建筑物美观的地方。

⑤ 配电箱应设在进出线方便的地方。

2. 配电箱 (盘) 位置的确定

在确定配电箱的位置时，除考虑上述因素外，还有建筑物的几何形状、建筑设计的要求等，都是决定配电箱位置的约束条件。在满足约束条件下确定的配电箱位置，常称为最优位置。

配电箱位置的选择是否最佳，常用各支线的负荷量与相应支线长度乘积的总和（称为目标函数）来衡量，当目标函数趋向最小时，则选择最佳。用数学式可表示为

$$M = \sum P_i L_i (i = 1, 2, \cdots) \tag{8-1}$$

式中，L_i 为第 i 条回路（支线）从配电箱引出线至最后一个用电器的长度（m）；P_i 为第 i 条回路（支线）上的计算负荷（用电设备的总有功计算功率）（kW）。

在满足约束条件下，按式（8-1）求得的配电箱的最优位置，有时还需根据土建设计要

求的条件进行调整。

3. 配电箱的选择

选择配电箱应从以下几个方面考虑。

① 根据负荷性质和用途，确定配电箱的种类。

② 根据控制对象的负荷电流大小、电压等级及保护要求，确定配电箱内主回路和各支路的开关电器、保护电器的容量及电压等级。

③ 应从使用环境和场合的要求，选择配电箱的结构形式，如确定选用明装式还是暗装式，以及尺寸、外观颜色、防潮、防火等要求。

在选择各种配电箱时，一般应尽量选用通用的标准配电箱，以利于设计和施工。若因建筑设计的需要，也可根据设计要求向生产厂家订货加工所要求的配电箱。

第六节　各类建筑物低压配电系统的设计要点

建筑物低压配电系统在不同的建筑和使用场合要求各不相同，系统的设计应满足不同使用功能的需要。

一、低压配电的基本要点

低压配电基本要点参见《供配电系统设计规范》（GB 50052—2009）。

二维码 8-7　拓展阅读
低压配电基本要点

① 带电导体系统的型式宜采用单相两线制、两相三线制、三相三线制和三相四线制。低压配电系统的接地形式，可采用 TN 系统、TT 系统和 IT 系统。

② 在正常工作环境的建筑物内，当大部分用电设备为中小容量，且无特殊要求时，宜采用树干式配电。

③ 当用电设备为大容量，或负荷性质重要，或在有特殊要求的建筑物内，宜采用放射式配电。

④ 当部分用电设备距离供电点较远，而彼此相距很近、容量很小的次要用电设备，可采用链式配电，但每一回路环链设备不宜超过 5 台，其总容量不宜超过 10kW。容量较小用电设备的插座，采用链式配电时，每一条环链回路的设备数量可适当增加。

⑤ 在多层建筑物内，由总配电箱至楼层配电箱宜采用树干式配电或分区树干式配电。对于容量较大的集中负荷或重要用电设备，应从配电室以放射式配电；楼层配电箱至用户配电箱宜采用放射式配电。

在高层建筑物内，当向楼层各配电点供电时，宜采用分区树干式配电；由楼层配电间或竖井配电箱至用户配电箱的配电，宜采用放射式配电；对部分容量较大的集中负荷或重要用电设备，应从变电所低压配电室以放射式配电。

⑥ 平行的生产流水线或互为备用的生产机组，应根据生产要求，宜由不同的回路配电；同一生产流水线的各用电设备，宜由同一回路配电。

⑦ 在低压电网中，宜选用 Dyn11 联结组别的三相变压器作为配电变压器。

⑧ 在系统接地形式为 TN 及 TT 的低压电网中，当选用 Yyn0 联结组别的三相变压器时，其由单相不平衡负荷引起的中性线电流不得超过低压绕组额定电流的 25%，且其一相的电流在满载时不得超过额定电流值。

⑨ 当采用 220/380V 的 TN 及 TT 系统接地形式的低压电网时，照明和其他电力设备宜由同一台变压器供电，必要时亦可单独设置照明变压器供电。

⑩ 由建筑物外引入的配电线路，应在室内分界点便于操作维护的地方装设隔离电器。

二、多层民用建筑低压配电系统的设计要点

① 低压电源进线宜采用电缆并埋地敷设，进线处应设置总电源箱（柜），箱内应设置总开关电器，总电源箱（柜）宜设在室内；当设在室外时，应选用防护等级不低于 IP54 的箱体，箱内电器应适应室外环境的要求。

② 照明、电力、消防及其他防灾用电负荷，宜分别自成配电系统。

③ 当用电负荷较大或用电负荷较重要时，应设置低压配电室，并宜从低压配电室以放射式配电。

④ 由低压配电室至各层配电箱或分配电箱，宜采用树干式或放射式与树干式相结合的混合式配电。

二维码 8-8 拓展阅读 多层民用建筑低压配电系统设计要点

三、高层民用建筑低压配电系统的设计要点

（1）高层民用建筑的低压配电系统应符合下列规定

① 照明、电力、消防及其他防灾用电负荷应分别自成系统。

② 用电负荷或重要用电负荷容量较大时，宜从变电所以放射式配电。

③ 高层民用建筑的垂直供电干线，可根据负荷重要程度、负荷大小及分布情况，采用下列方式供电：

a. 高层公共建筑配电箱的设置和配电回路应根据负荷性质按防火分区划分；

二维码 8-9 拓展阅读 高层民用建筑低压配电系统设计要点条文说明

b. 400A 及以上宜采用封闭式母线槽供电的树干式配电；

c. 400A 以下可采用电缆干线以放射式或树干式配电；当为树干式配电时，宜采用预分支电缆或 T 接箱等方式引至各配电箱；

d. 可采用分区树干式配电。

（2）超高层民用建筑的低压配电系统，尚应符合下列规定

① 长距离敷设的刚性供电干线，应避免预期的位移引起的损伤。

② 固定敷设的线路与所有重要设备、供配电装置之间的连接应选用可靠的柔性连接。

③ 设置在避难层的变电所，其低压配电回路不宜跨越上下避难层。

④ 超高层建筑的垂直干线可采用电缆转接封闭式母线槽方式供电。

（3）供避难场所使用的用电设备，应从变电所采用放射式专用线路配电。

（4）周期性使用的公共建筑，其内部邻近变电所的低压配电系统之间，宜设置联络线。

四、住宅建筑低压配电系统的设计要点

住宅建筑低压配电系统的设计应考虑住宅建筑居民用电、公共设施用电、小商店用电等电价不同的特点，在满足供电等级、电力部门计量要求的前提下，还要考虑便于物业管理。

住宅建筑低压配电系统通常采用放射式和树干式，或两者相结合的方式。为提高配电系统的供电可靠性，亦可采用环形网络配电。住宅建筑低压配电系统的设计，应考虑由于发展需要增加

二维码 8-10 拓展阅读 住宅建筑低压配电系统设计要点

出线回路数和某些回路增容的可能性，且应满足以下要求：

① 住宅建筑单相用电设备由三相电源供配电时，应考虑三相负荷平衡。

② 住宅建筑每个单元或楼层宜设一个带隔离功能的开关电器，且该开关电器可独立设置，也可设置在电能表箱里。

③ 采用三相电源供电的住宅，套内每层或每间房的单相用电设备、电源插座宜采用同相电源供电。

④ 每栋住宅建筑的照明、电力、消防及其他防灾用电负荷，应分别配电。

⑤ 住宅建筑电源进线电缆宜地下敷设，进线处应设置电源进线箱，箱内应设置总保护开关电器。电源进线箱宜设在室内，当电源进线箱设在室外时，箱体防护等级不宜低于 IP54。

⑥ 6 层及以下的住宅单元宜采用三相电源供配电，当住宅单元数为 3 及 3 的整数倍时，住宅单元可采用单相电源供配电。

⑦ 7 层及以上的住宅单元应采用三相电源供配电；当同层住户数小于 9 时，同层住户可采用单相电源供配电。

智能化的住宅建筑宜设置建筑设备管理系统。住宅建筑设备管理系统宜包括建筑设备监控系统、能耗计量及数据远传系统、物业运营管理系统等。其中，能耗计量及数据远传系统可采用有线网络或无线网络传输，宜由能耗计量表具、采集模块/采集终端、传输设备、集中器、管理终端、供电电源组成。且应满足：

① 有线网络进户线可在家居配线箱内做交接，有线网络包括 RS485 总线、局域网、低压电力线载波等。

② 距能耗计量表具 0.3～0.5m 处，应预留接线盒，且接线盒正面不应有遮挡物。

③ 能耗计量及数据远传系统有源设备的电源宜就近引接。

五、建筑物（群）消防用电设备低压配电系统的设计要点

建筑物（群）消防用电设备低压配电系统的设计要点包括以下方面。

① 建筑高度 100m 及以上的高层建筑，低压配电系统宜采用分组设计方案。

② 消防用电负荷等级为一级负荷中特别重要负荷时，应由一段或两段消防配电干线与自备应急电源的一个或两个低压回路切换，再由两段消防配电干线各引一路在最末一级配电箱自动转换供电。

二维码 8-11　拓展阅读
消防用电设备低压配
电系统设计要点条文说明

③ 消防用电负荷等级为一级负荷时，应由双重电源的两个低压回路或一路市电和一路自备应急电源的两个低压回路在最末一级配电箱自动转换供电。

④ 消防用电负荷等级为二级负荷时，应由一路 10kV 电源的两台变压器的两个低压回路或一路 10kV 电源的一台变压器与主电源不同变电系统的两个低压回路在最末一级配电箱自动切换供电。

⑤ 消防用电负荷等级为三级负荷时，消防设备电源可由一台变压器的一路低压回路供电或一路低压进线的一个专用分支回路供电。

⑥ 消防末端配电箱应设置在消防水泵房、消防电梯机房、消防控制室和各防火分区的配电小间内；各防火分区内的防排烟风机、消防排水泵、防火卷帘等可分别由配电小间内的双电源切换箱放射式、树干式供电。

⑦ 消防水泵、消防电梯、消防控制室等的两个供电回路，应由变电所或总配电室放射式供电。**消防水泵、防烟风机和排烟风机不得采用变频调速器控制。**

⑧ 消防系统配电装置，应设置在建筑物的电源进线处或变配电所处，其应急电源配电装置宜与主电源配电装置分开设置。当分开设置有困难，需要与主电源并列布置时，其分界处应设防火隔断。消防系统配电装置应有明显标志。

⑨ 当一级消防应急电源由低压发电机组提供时，应设自动启动装置，并应在 30s 内供电。当采用高压发电机组时，应在 60s 内供电。当二级消防应急电源由低压发电机组提供，且自动启动有困难时，可手动启动。

⑩ 消防用电设备配电系统的分支干线宜按防火分区划分，分支线路不宜跨越防火分区。

⑪ 除消防水泵、消防电梯、消防控制室的消防设备外，各防火分区的消防用电设备，应由消防电源中的双电源或双回线路电源供电，并应满足下列要求：

a. 末端配电箱应安装于防火分区的配电小间或电气竖井内；

b. 由末端配电箱配出引至相应设备或其控制箱，宜采用放射式供电。对于作用相同、性质相同且容量较小的消防设备，可视为一组设备并采用一个分支回路供电。每个分支回路所供设备不应超过 5 台，总计容量不宜超过 10kW。

⑫ 公共建筑物顶层，除消防电梯外的其他消防设备，可采用一组消防双电源供电。由末端配电箱引至设备控制箱，应采用放射式供电。

⑬ 当不大于 54m 的普通住宅消防电梯兼作客梯且两类电梯共用前室时，可由一组消防双电源供电。末端双电源自动切换配电箱，应设置在消防电梯机房内，由配电箱至相应设备应采用放射式供电。

⑭ 除防火卷帘的控制箱外，消防用电设备的配电箱和控制箱应安装在机房或配电小间内与火灾现场隔离。

二维码 8-12　拓展阅读
消防电源及其配电

⑮ 各类消防用电设备在火灾发生期间，最少持续供电时间应符合规范规定。

消防电源及其配电还应满足以下规定：

① **消防控制室、消防水泵房、防烟和排烟风机房的消防用电设备及消防电梯等的供电，应在其配电线路的最末一级配电箱处设置自动切换装置。**

② **消防用电设备应采用专用的供电回路，当建筑内的生产、生活用电被切断时，应仍能保证消防用电。备用消防电源的供电时间和容量，应满足该建筑火灾延续时间内各消防用电设备的要求。**

③ 按一、二级负荷供电的消防设备，其配电箱应独立设置；按三级负荷供电的消防设备，其配电箱宜独立设置。消防配电设备应设置明显标志。

六、建设工程施工现场低压配电系统的设计要点

① 低压配电系统宜采用三级配电，宜设置总配电箱、分配电箱、末级配电箱。

② 低压配电系统不宜采用链式配电。当部分用电设备距离供电点较远，而彼此相距很近、容量小的次要用电设备，可采用链式配电，但每一回路环链设备不宜超过 5 台，其总容量不宜超过 10kW。

二维码 8-13　拓展阅读
建设工程施工现场
供用电安全规范

③ 消防等重要负荷应由总配电箱专用回路直接供电，并不得接入过负荷保护和剩余电流保护器。

④ 消防泵、施工升降机、塔式起重机、混凝土输送泵等大型设备应设专用配电箱。

⑤ 低压配电系统的三相负荷宜保持平衡，最大相负荷不宜超过三相负荷平均值的115%，最小相负荷不宜小于三相负荷平均值的85%。

⑥ 用电设备端的电压偏差允许值宜符合下列规定：

a. 一般照明：宜为+5%、-10%额定电压；

b. 一般用途电机：宜为±5%额定电压；

c. 其他用电设备：当无特殊规定时宜为±5%额定电压。

⑦ 施工现场配电箱的设置应符合以下要求：

a. 总配电箱以下可设若干分配电箱；分配电箱以下可设若干末级配电箱；分配电箱以下可根据需要，再设分配电箱。总配电箱应设在靠近电源的区域；分配电箱应设在用电设备或负荷相对集中的区域；分配电箱与末级配电箱的距离不宜超过 30m。

b. 动力配电箱与照明配电箱宜分别设置。当合并设置为同一配电箱时，动力和照明应分路供电；动力末级配电箱与照明末级配电箱应分别设置。

c. 用电设备或插座的电源宜引自末级配电箱，当一个末级配电箱直接控制多台用电设备或插座时，每台用电设备或插座应有各自独立的保护电器。

d. 当分配电箱直接控制用电设备或插座时，每台用电设备或插座应有各自独立的保护电器。

e. 户外安装的配电箱应使用户外型，其防护等级不应低于 IP44，门内操作面的防护等级不应低于 IP21。

⑧ 施工现场配电线路路径选择应符合下列规定：

a. 应结合施工现场规划及布局，在满足安全要求的条件下，方便线路敷设、接引及维护；

b. 应避开过热、腐蚀，以及储存易燃、易爆物品的仓库等影响线路安全运行的区域；

c. 宜避开易遭受机械性外力的交通、吊装、挖掘作业频繁场所，以及河道、低洼、易受雨水冲刷的地段；

d. 不应跨越在建工程、脚手架、临时建筑物。

⑨ 施工现场配电线路的敷设方式应符合下列规定：

a. 应根据施工现场环境特点，以满足线路安全运行、便于维护和拆除的原则来选择，敷设方式应能够避免受到机械性损伤或其他损伤；

b. 供用电电缆可采用架空、直埋、沿支架等方式进行敷设；

c. 不应敷设在树木上或直接绑挂在金属构架和金属脚手架上；

d. 不应接触潮湿地面或接近热源。

七、民用建筑低压配电线路的防火措施

近年来，由于低压配电线路着火延燃酿成重大火灾，国内外都时有发生，损失惨重，已引起人们的深切关注，并使人们清楚地认识到民用建筑物尤其是高层、超高层建筑物内的电气配电线路，除了选用合适的保护装置进行短路和过负荷保护之外，还必须根据不同用途选用阻燃、难燃和不燃的电缆、电线或母线槽，严格按照消防法规的要求设计、选型及安装敷设。

1. 阻燃型电缆、电线

具有阻燃性能的 PVC 绝缘和护套电缆、电线，耐温有 70℃、90℃和 105℃之分，阻燃特性氧指数为 32 级以上。阻燃型电缆、电线不易着火或是着火后不延燃，离开火源可以自熄。但用阻燃材料做导体的绝缘有一定局限性，它仅适用于有阻燃要求的场所。耐温 105℃的绝缘导线也称作耐热线，用于温度较高的场所。

2. 铜护套铜芯氧化镁绝缘防火电缆

一级负荷的特别重要负荷中，如消防电梯、消防泵、应急发电机等电源线，应积极推广铜护套铜芯氧化镁绝缘防火电缆（简称 MI 电缆）。采用 MI 电缆和耐火母线槽是预防和扑救高层、超高层民用建筑火灾的重要举措之一。MI 电缆价格比阻燃电缆价格要高，敷设方式均为明装敷设。MI 电缆有如下特点：

① 防火、耐火、耐高温。铜护套、铜芯线熔点为 1083℃，无机物氧化镁粉绝缘材料在 2200℃高温不熔化，氧化镁绝缘材料被紧密地挤压在铜护套与铜芯之间，MI 电缆的部件全部为丝扣连接，任何气体、火焰都无法进入设备和电缆内，有很强的防火、耐火性能，且能在 250℃的高温环境中长期安全工作。用在应急发电机、消防电梯和消防泵的低压配电线路上，可为消防人员扑救火灾赢得时间和提供保证。

② 无烟、无毒。有利于人们撤离火灾现场，更有利于消防人员扑救。

③ 防水、耐腐蚀性能高。铜护套本身就具有良好的防腐性能，MI 电缆在民用建筑中无须套塑料护套。铜护套为无缝铜管制成，即使浸泡在水中也可长期安全无故障通电运行。

④ 无辐射、无涡流，过载能力强。铜护套有很高的防磁性能，能起到很好的屏蔽作用，还能防止辐射。单芯电缆无涡流效应，故铜护套不会发热。与相同截面的其他阻燃、难燃型电缆相比较，MI 电缆内无机绝缘的氧化镁材料，短路和过载时不存在绝缘软化和损坏问题，也不会自燃。又由于过载能力很强，根据负荷计算电流选用线芯截面面积没必要放大 1～3 级，这在性能价格比上是可取的。

⑤ 机械强度高，外径小，使用寿命长。MI 电缆的铜护套、绝缘粉、铜芯三位一体的结构，在机械撞击和外力敲打下也不会损坏，确保电气和绝缘性能指标不变。由于特殊的结构和机械强度高，铜护套外部直径比其他阻燃、耐火电缆要小，因此，占地面积就小。氧化镁粉是无机材料，化学性能极为稳定，也不存在老化问题。铜护套在民用建筑中几乎能起到永久性保护作用，而其他有机材料做绝缘的导体，在不过载的情况下其寿命为 15～20 年。阻燃电缆和难燃电缆只要经火烧烤后，外部有机绝缘材料就会软化，失去或降低电气和绝缘性能，火灾燃烧后，一般都要更换。而 MI 电缆在火烤后，氧化镁无机绝缘材料不会降低电气和绝缘性能，仍可继续使用，无须更换。

⑥ 安全可靠性高。MI 电缆的铜护套本身就是很好的 PE 接地线，确保人身和设备安全运行，不必另增设一根 PE 线。

⑦ 使用灵活方便。在民用建筑的配电线路中，只要满足敷设高度在 2.5m 以上，MI 电缆就不必要求机械保护。MI 电缆可直接敷设在天棚内，不需要金属封闭线槽保护。

3. 密集型插接式母线槽

配电线路采用密集型母线槽，与传统的电力电缆配电方式相比较，有许多突出的优点。如体积小、结构紧凑、占用空间位置小；传输电流大，能很方便地通过母线槽插接式开关箱引出电源分支线；选材优良、设计精致，具有较高的电气及机械性能，外壳接地好，安全可靠。因此，在国内外高层与超高层民用建筑的低压配电干线中广泛采用。密集型母线槽不如空气式母线槽插接孔引出分支回路随意性强，但防火性能好。密集型母线槽的敷设必须现场实测，对安装线槽的长度精确度要求较高，母线槽的插接式开关箱高度也应根据设计确定。

4. 电缆桥架

电缆桥架分为梯级式、托盘式、槽式和组合式 4 种类型。材料选用优质冷轧钢板，表面处理可分烤漆、静电喷涂、镀锌等。铝合金抗腐蚀桥架质量轻、耐腐蚀、寿命长、免维护，但只有梯级式、托盘式、槽式 3 种类型。耐火电缆桥架也称作耐燃式汇线桥架，与槽式相同。但耐火电缆桥架在网制槽内底层组装一块无机材料（内胆），上层安装一个无机材料与增强玻璃纤维构成一个内槽。内外两层的空隙平时可起通风散热的作用，槽内温度可限制在电缆安全运行允许值内，但对电缆的载流量将会降低，电缆的载流量需进行修正。电缆桥架适用于 10kV 及以下的电力电缆、控制电缆、室内架空电缆或隧道电缆的架设。

5. 层间及防火分区耐火墙贯通部分防火处理

① 高层、超高层民用建筑的电气竖井比较长，一旦发生火灾，竖井则成为通风道，会产生烟囱效应。因此，要妥善处理每层配电间或竖井的地面，将各种电气线路孔洞的空隙，采用与建筑构件具有相同耐火等级的材料堵塞严实，形成楼层竖井间的防火密封隔离。电缆在楼层间穿过时，穿板套管两端管口空隙也做密封隔离。强、弱电竖井的地面应高出同层地面高度 50～100mm，以防止水进入竖井造成强、弱电线路的二次灾害。尤其在有火情时，确保火灾自动报警系统和消防联动系统的配电和信息系统的畅通非常必要。火灾自动报警系统和消防联动系统应单独设置电气竖井，贯彻"以防为主、防消结合"的方针。电缆桥架、母线槽、金属管等配电线路干线安装位置，应尽量避开可能受到喷淋装置直接喷淋的部位。

② 关于贯穿耐火墙的配电线路，应按防火分区的要求认真考虑。特别是易燃绝缘材料的配电线路，选用电缆桥架、母线槽等贯穿耐火墙时，应采用相同燃烧等级的材料将孔洞堵塞严密。隔墙两侧贯穿的电缆桥架均应铺细砂，长度距墙一般为 1m，以免火势从一个防火分区，经线路通道窜入另一个防火分区的线路通道而扩大火势。

③ 配电线路选用易燃绝缘材料的电缆时，应将易燃线路完全封闭在耐火的电线槽内，外壳应刷防火涂料。

④ 电缆、电线的套管（G25 以下除外），管口两端均应采用与周围相同耐火等级的材料堵塞。

⑤ 在桥架上敷设电缆，电缆分支不应在桥架内分支，而应在桥架外檐附加的分线盒内分支。电气线路敷设及电缆沟在进入建筑物处应设防火墙，电缆隧道进入建筑物及变配电所应设有防火门（带锁）的防火墙，电缆穿墙保护管两端应采用难燃材料封堵。对用易燃绝缘材料防护的导体的电气线路，除要求隔离和封闭外，还应尽量缩短线路的长度。具有防火隔离的不同线路通道间的线路也应防止相互窜通，避免火势从一线路通道窜入另一线路通道扩大火灾的范围。在室内的电缆桥架布线，其电缆不应有黄麻或其他易燃材料的外护套。消防配电线路采用暗敷设时，应敷设在不燃烧体结构内，且保护层厚度不宜小于 30mm；当采用明敷设时，采用金属管或金属线槽上刷防火涂料保护，因为金属管和金属槽本身并不具备防火性能。当采用的绝缘和护套为不延燃材料的电缆时，在竖井内可不穿金属管、金属线槽保护，但线路穿过竖井地板时，必须穿过板管、槽保护，上、下两端管、槽口空隙同样应做密封隔离。

6. 消防配电线路的选择与敷设

① 消防配电线路的选择应满足消防用电设备火灾时持续运行时间的要求，并应符合下列规定：

a. 在人员密集场所疏散通道采用的火灾自动报警系统的报警总线，应选择燃烧性能 B1 级的电线、电缆；其他场所的报警总线应选择燃烧性能不低于 B2 级的电线、电缆。消防联动总线及联动控制线应选择耐火铜芯电线、电缆。电线、电缆的燃烧性能应符合现行国家标准《电缆及光缆燃烧性能分级》（GB 31247）的规定。

二维码 8-14　拓展阅读
消防配电线路的选择与敷设

b. 消防控制室、消防电梯、消防水泵、水幕泵及建筑高度超过 100m 的民用建筑的疏散照明系统和防排烟系统的供电干线，其电能传输质量在火灾延续时间内应保证消防设备可靠运行。

c. 高层建筑的消防垂直配电干线计算电流在 400A 及以上时，宜采用耐火母线槽供电。

d. 消防用电设备火灾时持续运行的时间应符合国家现行有关标准的规定。

e. 为多台防火卷帘、疏散照明配电箱等消防负荷采用树干式供电时，宜选择预分支耐火电缆和分支矿物绝缘电缆。

f. 超高层建筑避难层（间）与消控中心的通信线路、消防广播线路、监控摄像的视频和音频线路应采用耐火电线或耐火电缆。

g. 当建筑物内设有总变电所和分变电所时，总变电所至分变电所的 35kV、20kV 或 10kV 的电缆应采用耐火电缆和矿物绝缘电缆。

h. 消防负荷的应急电源采用 10kV 柴油发电机组时，其输出的配电线路应采用耐压不低于 10kV 的耐火电缆和矿物绝缘电缆。

i. 电压等级超过交流 50V 的消防配电线路在吊顶内或室内接驳时，应采用防火防水接线盒，不应采用普通接线盒。

② 消防配电线路应满足火灾时连续供电的需要，其敷设应符合下列规定：

a. 消防配电线路宜与其他配电线路分开敷设在不同的电缆井、沟内；确有困难需敷设在同一电缆井、沟内时，应分别布置在电缆井、沟的两侧，且消防配电线路应采用矿物绝缘类不燃性电缆。

b. 除有特殊规定外，相同电压等级的双电源回路可在同一专用电缆桥架内敷设，当采用槽盒布线时，应采用金属隔板分隔。

c. 对于综合管廊大型布线场所，当消防配电线路与非消防配电线路布置在同侧时，消防配电线路应敷设在非消防配电线路的下方，并应保持 300mm 及以上的净间距。

d. 当水平敷设的火灾自动报警系统传输线路采用穿导管布线时，不同防火分区的线路不应穿入同一根导管内。

e. 高度 250m 及以上的公共建筑，宜增设一个强电竖井，供备用电源线路及应急防灾系统的备份线缆使用；消防线路布线宜设专用竖井；当增设强电竖井有困难时，可与弱电增设的竖井合用。

f. 火灾自动报警系统线路暗敷时，应采用穿金属导管或 B1 级阻燃刚性塑料管保护并应敷设在不燃性结构内且保护层厚度不应小于 30mm；消防用电设备、消防联动控制、自动灭火控制、通信、应急照明及应急广播等线路暗敷设时，应采用穿金属导管保护。

g. 明敷时（包括敷设在吊顶内），应穿金属导管或采用封闭式金属槽盒保护，金属导管或封闭式金属槽盒应采取防火保护措施；当采用阻燃或耐火电缆并敷设在电缆井、沟内时，可不穿金属导管或采用封闭式金属槽盒保护；当采用矿物绝缘类不燃性电缆时，可直接明敷。

第七节　建筑低压配电系统图

在建筑低压配电系统中，常用配电干线系统图和配电箱系统图来描述低压配电关系。

一、配电干线系统图

当配电系统较复杂时，为了描述从变电室低压配电系统到各配电箱（盘）之间的关系，往往需绘制配电干线系统图。

配电干线系统图相对比较简单，主要是概略描述从变电室低压配电系统配出后低压配电的概况，包括每条配电干线上的负荷大小、在建筑物层面上的分布及配电导线的截面面积等，是施工的重要依据。其特点如下。

① 以变电室低压配电屏为参考，描述整个建筑竖向配电分配情况。

② 以配电干线上的配电箱为负荷，以配电干线为基础描述低压配电系统。

③ 以建筑物的层为参考，描述各层分配电箱的分布情况。

④ 对配电箱的描述仅有配电箱编号、负荷大小及配电线路的导线截面面积。

扫描二维码可查看某 15 层高层综合楼建筑（地下 1 层、地上 15 层）低压配电干线系统图。从图中可以看出，两路 10kV 高压进线供设在一层的变电所，一路为主电源，另一路为备用电源，可为一级负荷提供供电可靠性保障。设两台变压器，分别提供两回路低压出线到低压母线，两段母线间设母线联络开关。低压配电屏出线为 TN-S 接地形式，从低压配电室放射式、分区树干式配电给各动力设备和楼层配电箱。消防负荷、变电所用电及消防控制室用电、应急照明用电、公共照明用电等为一、二级负荷，双电源供电，末端设双电源自动切换箱。一般照明和空调配电为单电源供电。由于各层的房间配电箱多，负荷较大，由低压配电室分区树干式给各层配电箱三相配电，再由各层配电箱放射式分配给本层若干个房间单相配电箱，在分配时尽力保证三相负荷均衡分配。

扫描二维码可查看某 11 层住宅建筑一个单元的低压配电干线系统图。和作为公共建筑的综合楼不同之处在于，住宅每户都需要进行计量，楼层配电箱兼做电表箱。由于楼层不很高，每 3 层设一个电表箱，放射式向这 3 层的各住户配电箱配电。

二维码 8-15　图纸
某 15 层高层综合楼建筑
（地下 1 层、地上 15 层）
低压配电干线系统图

二维码 8-16　视频
综合楼建筑低压
配电干线系统图讲解

二维码 8-17　图纸
某 11 层住宅建筑
一个单元的低压
配电干线系统图

二维码 8-18　视频
住宅建筑低压配电
干线系统图讲解

二、配电箱系统图

配电箱系统图较为详细具体，需标注配电箱编号、型号、进线回路编号，标注各开关（或熔断器）型号、规格、整定值，配出回路编号，进、出导线规格型号、负荷名称或下一级配电箱名称、负荷大小等，辅助系统图和平面图的识读。图 8-12 为某事故照明配电箱系统图，图 8-13 为某动力配电箱系统图。

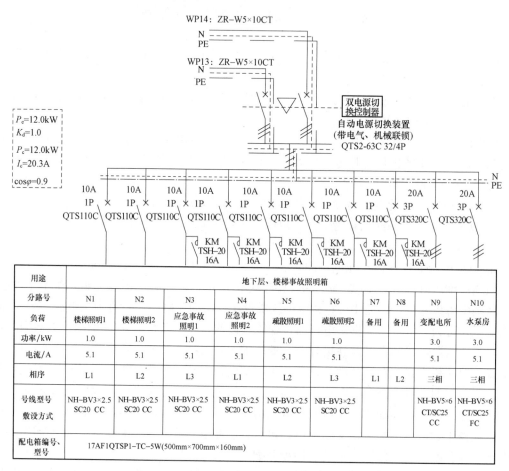

用途	地下层、楼梯事故照明箱									
分路号	N1	N2	N3	N4	N5	N6	N7	N8	N9	N10
负荷	楼梯照明1	楼梯照明2	应急事故照明1	应急事故照明2	疏散照明1	疏散照明2	备用	备用	变配电所	水泵房
功率/kW	1.0	1.0	1.0	1.0	1.0	1.0			3.0	3.0
电流/A	5.1	5.1	5.1	5.1	5.1	5.1			5.1	5.1
相序	L1	L2	L3	L1	L2	L3	L1	L2	三相	三相
号线型号 敷设方式	NH-BV3×2.5 SC20 CC	NH-BV3×2.5 SC20 CC	NH-BV3×2.5 SC20 CC	NH-BV3×2.5 SC20 CC	NH-BV3×2.5 SC20 CC	NH-BV3×2.5 SC20 CC			NH-BV5×6 CT/SC25 CC	NH-BV5×6 CT/SC25 FC
配电箱编号、型号	17AF1QTSP1-TC-5W(500mm×700mm×160mm)									

图 8-12 某事故照明配电箱系统

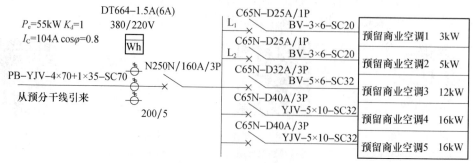

图 8-13 某动力（商业空调）配电箱系统

二维码 8-19　视频
图 8-12 讲解

二维码 8-20　视频
图 8-13 讲解

思考与练习题

8-1　民用建筑低压配电系统的配电要求有哪些?

8-2　常见低压系统的配电方式有哪些? 各种配电方式的特点及各自的适用范围是什么?

8-3　建筑低压配电系统的接地形式有哪几种? 是按照什么分类的? 各种接地方式的特点和适用范围分别是什么?

8-4　重复接地的作用是什么?

8-5　我国低压带电导体系统形式有哪些?

8-6　照明用电设备的保护有哪些?

8-7　电力设备的保护有哪些?

8-8　低压配电线路的保护有哪些? 要注意些什么?

8-9　电能表有哪几种类型?

8-10　电能表的接线方式有哪些? 各有哪些特点?

8-11　配电箱的布置和选择有哪些原则?

8-12　低压配电系统设计要点有哪些?

8-13　高层建筑和多层建筑低压配电系统的设计有何不同特点?

8-14　建筑物（群）消防用电设备低压配电系统设计要点有哪些?

8-15　施工现场常用临时供电方案有哪些?

8-16　熟悉民用建筑低压配电系统的设计要点, 识读建筑低压配电系统干线图和配电箱系统图。

8-17　理论与实践相结合, 试着用你所学知识设计和绘制你所居住的学生宿舍和上课教室的配电箱系统图, 并进行进出线断路器和导线的选型; 试着设计和绘制你所居住的学生宿舍楼和上课的教学楼的竖向配电系统图; 试着撰写设计说明, 说明低压配电系统设计的主要内容和步骤。

第九章 建筑防雷与接地系统

本章主要讲述了过电压的形式、雷电过电压产生的原因，重点介绍了建筑物防雷等级的划分及其对应的防雷措施、接地装置设置和建筑物等电位联结等。

知识目标：

◇ 了解雷电对建筑物的危害；熟悉建筑防雷系统的构成及作用；明确建筑物的防雷需求；掌握民用建筑物的防雷分类、防雷措施与等电位联结；掌握民用建筑物防雷与接地系统的设计方法与步骤。

能力目标：

◇ 能够通过计算合理选择防雷与接地设计方案，并进行实际工程案例的防雷与接地系统设计。

素质目标：

◇ 认识雷电危害的严重性，筑牢安全意识和以人为本理念，对身边建筑的防雷与接地设计进行验证，深化理论与实践相结合，不断提高工程实践应用能力。

第一节 过电压与雷电基本知识

一、过电压的形式

过电压是指电气设备或线路上出现的超过正常工作要求的电压。电机、变压器、输配电线路和开关设备等的对地绝缘，在正常工作时只承受正常工作额定电压。当由于某些原因，电网的电磁能量发生突变，就会造成设备对地或匝间电压的异常升高，从而产生了过电压。按过电压产生的原因，可分为内部过电压和雷电过电压两大类。

1. 内部过电压

内部过电压是由于电力系统的开关操作、故障和某些不正常运行状态，使电力系统的工作状态突然改变，从而因其过渡过程中的电磁能在系统内部发生振荡而引起的过电压。内部过电压又分为操作过电压和谐振过电压。

操作过电压是由于系统中的开关操作、负荷骤变或由于故障出现断续性电弧而引起的过电压。常见的操作过电压有：

① 切断小电感电流时的过电压。如切除空载变压器及电抗器等。

② 开断电容性负载时的过电压。如开断空载长线和电容器组等。

③ 中性点不接地系统中的间歇性电弧接地。

谐振过电压是由于系统中的电路参数（R、L、C）发生谐振而引起的过电压，包括因电力变压器铁芯饱和而引起的铁磁谐振过电压。

运行经验证明，内部过电压的幅值与电网的额定电压成正比，一般不会超过系统正常运行时相对地额定电压的 3～4 倍，因此，对电气设备或线路的绝缘威胁不是很大。

2. 雷电过电压

雷电过电压又称为大气过电压或外部过电压，它是大气中带电云块之间或带电云层与地面之间所发生的一种强烈的自然放电现象。雷电或称闪电，有线状、片状和球状等形式。片状闪电发生在云间，对地不产生闪击；球状雷电是一种特殊的大气雷电现象，其发生概率很小，对其形成机制、特性及防护方法仍在研究中；线状闪电特别是大气雷云对地面物体的放电，是雷电过电压形成的主要原因。

二、雷电的产生

雷电作为一种壮观而比较复杂的自然现象，对其产生原因的解释也很多。关于雷云中电荷的形成原因有各种说法。

最常见的说法是当天气闷热、潮湿时，地面附近湿气受热上升，在空中和不同冷热气团相遇，凝成水滴或冰晶，形成积云。在高空中冰晶和过冷的水滴相混合时，形成冰雾。冰晶带正电而冰雾带负电，冰晶被气流带到云层的上部，形成带正电的雷云，而冰雾则形成带负电的雷云。

在上下气流的强烈撞击和摩擦下，雷云中电荷越聚越多，一方面在空中形成了正负不同雷云间的强大电场；另一方面临近地面的雷云使大地或建筑物感应出与其极性相反的电荷。这样雷云与雷云或雷云与大地之间构成一个巨大的电容器，形成强大的电场。当雷云中电荷聚积到足够数量时，电场强度达到足以使空气绝缘破坏时，空气便开始游离，变为导电的通道，雷云便开始向下梯级放电，称为下行先导放电。当这个先导逐渐接近地面物体并到达一定距离时，地面物体在强电场的作用下产生尖端放电，形成向雷云方向的先导并逐渐发展为上行先导放电，两者会合形成雷电通道，就会发生强烈的放电现象。

异性电荷发生剧烈的中和，出现极大的电流并有雷鸣和闪电伴随出现，这就是主放电阶段。主放电存在的时间极短，为 $50\sim100\mu S$，主放电电流可达几十万安，是全部雷电流中的主要部分，电压可达几百万伏，其温度可达两万摄氏度，并把周围空气急剧加热，烧成白炽而急剧膨胀，出现耀眼的亮光和巨响，这就是通常所说的"打闪"和"打雷"。

二维码 9-1　视频
雷电的产生

主放电阶段结束后，雷云中的残余电荷经放电通道入地，称为放电的余辉阶段，持续时间较长，为 0.03~0.05s，余辉电流不大于数百安。

三、雷电的危害

雷电流对地面波及物有极大的危害性，它能伤害人畜、击毁建筑物，造成火灾，并使电气设备绝缘受到破坏，影响供电系统的安全运行。雷电的危害主要有以下几种。

1. 直击雷

带电的云层对大地上的某一点发生猛烈的放电现象，称为直击雷。它的破坏力十分巨大，若不能迅速将其泄放入大地，将导致放电通道内的物体、建筑物、设施、人畜遭受严重的破坏或损害——火灾、建筑物损坏、电子电气系统摧毁，甚至危及人畜的生命安全。

2. 雷电波侵入

雷电不直接在建筑和设备本身放电，而是对布放在建筑物外部的线缆放电。线缆上的雷电波或过电压几乎以光速沿着线路扩散，侵入并危及室内电子设备和自动化控制等各个系统。往往在听到雷声之前，电子设备、控制系统等可能已经被损坏。

3. 感应过电压

感应过电压是指雷电放电过程中，雷云中的电荷及强大的脉冲电流对周围导体产生静电感应和电磁感应的现象。静电感应是由于雷云接近地面，在架空线或其他凸出物顶部感应出大量的电荷引起的。在雷云与其他部位放电后，架空线路或凸出物顶部的电荷失去束缚，以雷电波的形式，沿线路或凸出物极快地传播，其电压可达几十万伏。电磁感应是由雷击后巨大的雷电流在周围空间产生迅速变化的磁场引起的。这种磁场能使附近的金属导体或金属结构的电气设备感应出很高的过电压，轻则造成电子设备受到干扰，数据丢失，产生误动作或暂时瘫痪；重则可击穿元器件及烧毁电路板。

4. 地电位反击

如果雷电直接击中具有避雷装置的建筑物或设施，接地网的地电位会在数微秒之内被抬高数万或数十万伏。高度破坏性的雷电流将从各种装置的接地部分，流向供电系统或各种网络信号系统，或者击穿大地绝缘而流向另一设施的供电系统或各种网络信号系统，从而反击破坏或损害电子设备。同时，在未实行等电位联结的导线回路中，可能诱发高电位而产生火花放电的危险。

二维码 9-2　拓展阅读
东方明珠电视塔
遭雷击相关新闻

雷击会对建筑物和供配电系统产生巨大的危害，因此，对防雷问题必须引起足够的重视，采取防雷保护措施以防止或减少雷击造成的危害。

第二节　建筑物防雷装置的组成及作用

防雷保护包括外部防雷保护和内部防雷保护。外部防雷保护是指建筑物对直击雷的防护，内部防雷保护是指对雷电电磁脉冲的防护。

一、防直击雷装置

为了防止直接雷击造成对建筑物和电气设备的破坏及人畜伤亡事故，通常在建筑物、工程设施、电力架空线路上方装设接闪器，通过引下线将接闪器与接地装置连接起来。接闪器、引下线与接地装置组成防直击雷装置。

（一）防直击雷装置的防护原理

当雷电先导达到某一定高度以下时，接闪器使电场发生明显的畸变，并将最大电场强度方向（即放电发展方向）引到接闪器，使雷云向接闪器放电，雷电击中接闪器之后，很大的雷电流通过引下线和接地装置流散到大地，使被保护的建筑物、工程设施、电力线路等免遭雷击。因此，防直击雷装置的作用是吸引雷电击于自身，必须有良好的接地系统。

二维码 9-3　视频
直击雷防护现场教学

（二）防直击雷装置的组成

1. 接闪器

接闪器有多种形式，常见的有接闪杆、接闪线、接闪带和接闪网等。

（1）接闪杆

接闪杆为金属材料、棒状的接闪器，一般采用镀锌圆钢（针长 1m 以下时直径不小于 12mm，针长 1～2m 时直径不小于 16mm，烟囱顶上的针直径不小于 20mm）或镀锌焊接钢管（针长 1m 以下时内径不小于 20mm，针长 1~2m 时内径不小于 25mm，烟囱顶上的针直径不小于 40mm）制成。它既可以附设式安装，也可以独立安装。

接闪杆的保护区域为从地面（或屋面）到保护最高点逐渐缩小的锥形体，锥形体的形状按照《建筑物防雷设计规范》（GB 50057—2010）的规定采用滚球法来确定。

所谓"滚球法"，就是选择一个半径为 h_r（滚球半径）的球体，沿需要防护直击雷的部位滚动。如果球体只接触到接闪杆（线）与地面，而不触及需要保护的部位，则该部位就在接闪杆（线）的保护范围之内。

不同防雷级别的建筑物，采用的滚球半径 h_r 不同，如表 9-1 所示。防雷级别越高，所用的滚球半径越小；变电所为一级防雷，滚球半径 h_r 取 30m。

表 9-1　接闪器按防雷类别的布置尺寸

建筑物防雷类别	滚球半径 h_r（m）	接闪网网格尺寸（m×m）
第一类防雷建筑物	30	≤5×5 或≤6×4
第二类防雷建筑物	45	≤10×10 或≤12×8
第三类防雷建筑物	60	≤20×20 或≤24×16

单支接闪杆的保护范围，应按下列方法确定。

1）接闪杆高度 $h \leqslant h_r$（图 9-1）

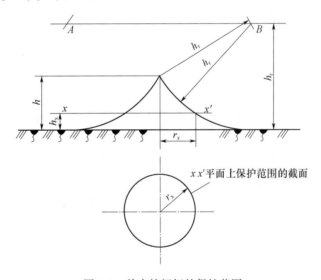

图 9-1　单支接闪杆的保护范围

① 距地面 h_r 处做一平行于地面的平行线；

② 以针尖为圆心、h_r 为半径做弧线，交于平行线的 A、B 两点；

③ 以 A、B 为圆心、h_r 为半径做弧线，该弧线与针尖相交并与地面相切。从此弧线起到地面止就是保护范围。保护范围是一个对称的锥体；

④ 接闪杆在高度为 h_x 的 xx' 平面上的保护半径，按式（9-1）计算：

$$r_x = \sqrt{h(2h_r - h)} - \sqrt{h_x(2h_r - h_x)} \tag{9-1}$$

接闪杆在地面上的保护半径 r_0，因高度 $h_x = 0$，所以

$$r_0 = \sqrt{h(2h_r - h)} \tag{9-2}$$

式中，r_x 为接闪杆在 h_x 高度的 xx' 平面上的保护半径（m）；h 为接闪杆高度（m），是从接闪器顶端到地面的距离；h_x 为被保护物的高度（m）。

2）接闪杆高度 $h>h_r$

当 $h>h_r$ 时，在接闪杆上取高度为 h_r 的一点代替单支接闪杆针尖作为圆心。其余的作法与 $h\leqslant h_r$ 时相同。

多支接闪杆的保护范围及计算，参见《建筑物防雷设计规范》（GB 50057—2010）。

（2）接闪线

接闪线又称架空地线，常架设在杆塔顶部，保护下面的架空电力线路等狭长物体。其保护原理与接闪杆相似。接闪线宜采用截面面积不小于 35mm² 的镀锌钢绞线。

接闪线的保护范围，参见《建筑物防雷设计规范》（GB 50057—2010）。

（3）接闪带与接闪网

接闪带主要用于保护高层建筑免遭雷击，沿建筑物檐角、屋角、屋脊、屋檐、女儿墙等最可能遭受雷击的地方敷设，每隔一定距离应通过引下线和接地装置连接一次，并且要随时保证完好接地。当屋顶面积较大时，中间需增加敷设金属导体，形成网格状，这样就成了接闪网。接闪网的网格尺寸要求见表 9-1。接闪带和接闪网宜采用圆钢或扁钢，优先采用圆钢。圆钢直径不应小于 8mm，扁钢截面面积不应小于 48mm²，并且其厚度不应小于 4mm。

2. 引下线

引下线是连接接闪器与接地装置的金属导体，将雷电流导入地下。引下线应满足机械强度、热稳定及耐腐蚀的要求。

为保证雷电流通过时不致熔化，一般用直径不小于 10mm 的圆钢或截面面积不小于 80mm² 的扁钢制成。

根据《民用建筑电气设计标准》（GB 51348—2019）的规定：建筑物防雷装置宜利用建筑物钢筋混凝土内的钢筋，或采用圆钢、扁钢作为引下线。作为防雷引下线的钢筋，当钢筋直径大于或等于 16mm 时，应将两根钢筋绑扎或焊接在一起，作为一组引下线；当钢筋直径大于或等于 10mm 而小于 16mm 时，应利用 4 根钢筋绑扎或焊接在一起作为一组引下线。当采用圆钢做引下线时，直径不应小于 8mm。当采用扁钢时，截面面积不应小于 48mm²，厚度不应小于 4mm。装设在烟囱上的引下线，圆钢直径不应小于 12mm，扁钢截面面积不应小于 100mm²，且厚度不应小于 4mm。

专设的引下线沿建筑物外墙明敷，并应以较短路径接地。对建筑物外观要求较高者，可暗敷，但截面面积应加大一级。

3. 接地装置

接地装置是垂直或水平埋入地下土壤中的金属导体，由接地线和接地体组成，其作用是把雷电流疏散到大地中去，以限制防雷装置对地电压过高，因此，接地体的接地电阻要小。

二、雷电电磁脉冲防护装置

雷电电磁脉冲是指雷电放电产生的电磁辐射，其电场和磁场通过某种途径耦合到电子和电气回路中产生的干扰性电涌电压或电涌电流，缩写为 LEMP。

雷电电磁脉冲防护包括雷电波侵入、雷击感应过电压及系统操作过电压的防护等。雷电电磁脉冲防护的主要设备是避雷器与电涌保护器（SPD）。

1. 避雷器

避雷器主要是防止雷电侵入导致过电压对建筑供配电系统中的一次电气设备的侵害。避雷器应与被保护物并联，装在被保护物的电源侧，如图 9-2 所示。

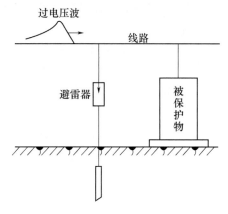

图 9-2　避雷器保护原理

避雷器的类型主要有保护间隙、管型避雷器、阀型避雷器和氧化锌避雷器等几种。

2. 电涌保护器（SPD）

外部雷击及内部暂态过程造成的瞬间尖峰电压冲击超过相应稳定的电压峰值，当电压及电流高出正常值的两倍时被称为电涌。电涌保护器是限制电涌电压和分流电涌电流的装置，可以认为是低压的避雷器，是为各种电气电子设备、仪器仪表、通信线路提供安全防护的高脉冲过电压电子装置。

当电气回路或者通信线路中因为外界的干扰突然产生尖峰电流或者电压时，电涌保护器能在极短的时间内导通分流，从而避免电涌对回路中其他设备的损害。SPD 主要由氧化锌压敏电阻、气体放电管、放电间隙、半导体放电管、齐纳二极管、滤波器和熔断器组成，具有非线性特性。

电涌保护器按其工作原理可分为开关型、限压型、开关限压组合型及分流型或扼流型等。

第三节　建筑物的防雷分类及保护措施

一、雷电活动规律

我国地域辽阔，各地区气候特征不同，雷电活动在不同地区的频繁程度也不同。对雷电的活动状况可用雷暴日和雷击次数来表示。

二维码 9-4　拓展阅读
雷暴日

1. 雷暴日

雷暴日是指每年有雷电活动的天数，在一天内只要听到雷声或看到闪电就算一个雷暴日。雷暴次数一般由当地气象台（站）统计多年雷暴日的年平均值，称为年平均雷暴日数。在我国，雷电活动的密度在湿热地区高于寒冷地区，实际计算时年平均雷暴日的数据应以当地气象部门提供的数据为依据。年平均雷暴日数不超过 15 天的地区称为少雷区；年平均雷暴日数超过 40 天的地区称为多雷区。防雷设计时要根据雷暴日的多少因地制宜地采取防雷措施。年平均雷暴日数越多，说明该地区雷电活动越频繁，因此，防雷要求就越高，防雷措施越要加强。

2. 雷击次数

因为在一个雷暴日中会有不同的雷电次数，在进行建筑防雷设计时通常采用年预计雷击次数这一参数。建筑物年预计雷击次数应按式（9-3）确定：

$$N = KN_g A_e \qquad (9\text{-}3)$$

式中，N 为建筑物预计年雷击次数（次/a）；K 为校正系数，在一般情况下取 1，在下列情况下取相应数值：位于旷野孤立的建筑物取 2；金属屋面的砖木结构建筑物取 1.7；位于河边、湖边、山坡下或山地中土壤电阻率较小处、地下水露头处、土山顶部、山谷风口等处的建筑物，以及特别潮湿的建筑物取 1.5；N_g 为建筑物所处地区雷击大地的年平均密度 [次/（$km^2 \cdot a$）]；A_e 为与建筑物接收相同雷击次数的等效面积（km^2）。

雷击大地的年平均密度 N_g 应按式（9-4）确定：

$$N_g = 0.1 \times T_d \qquad (9\text{-}4)$$

式中，T_d 为年平均雷暴日（d/a），根据当地气象台（站）资料确定。

建筑物等效面积 A_e 应为其实际面积向外扩大后的面积，如图 9-3 周边点画线所包围的面积。A_e 的计算方法应符合下列规定。

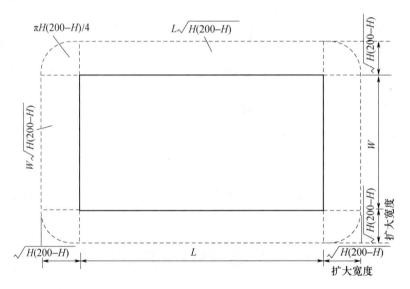

图 9-3 建筑物的等效面积

① 当建筑物的高度 H 小于 100m 时，其每边的扩大宽度和等效面积应按式（9-5）计算确定：

$$D = \sqrt{H\,(200-H)} \qquad (9\text{-}5)$$

$$A_e = [LW + 2\,(L+W)\,\sqrt{H\,(200-H)} + \pi H\,(200-H)] \times 10^{-6} \qquad (9\text{-}6)$$

式中，D 为建筑物每边的扩大宽度（m）；L、W、H 分别为建筑物的长、宽、高（m）。

② 建筑物的高度 H 等于或大于 100m 时，其每边的扩大宽度应按等于建筑物的高度 H 计算；建筑物的等效面积 A_e 应按式（9-7）确定：

$$A_e = [LW + 2H\,(L+W) + \pi H^2] \times 10^{-6} \qquad (9\text{-}7)$$

③ 当建筑物各部位的高度不同时，应沿建筑物的周边逐点算出最大扩大宽度，其等效面积 A_e 应按每点最大扩大宽度外端的连接线所包围的面积计算。

其他情况建筑物等效面积 A_e 的确定请参见《建筑物防雷设计规范》（GB 50057—2010）

附录 A，此处略。

3. 容易遭受雷击的建筑物及其相关因素

（1）容易遭受雷击的建筑物

① 建筑群中的高耸建筑物及尖顶建筑物、构建物，如水塔、宝塔、烟囱及发射台天线等。

② 空旷地区孤立物，如野外孤立建筑、输电线杆、塔及高大树木等。

③ 建筑物的突出的部位，如屋脊、屋角、女儿墙、屋顶蓄水箱烟囱及天线等。

④ 屋顶为金属结构的建筑物，地下埋设的金属管道，内部有大量金属设备的厂房或排放带电尘埃的工厂等。

⑤ 特别潮湿的建筑物和地下水位较高的地方。

⑥ 金属矿藏地区，由于地下金属矿的存在，容易引起雷电感应，从而造成雷击。

（2）建筑物易受雷击的部位

① 平面屋或坡度不大于 1/10 的屋面——檐角、女儿墙、屋檐［图 9-4（a）、图 9-4（b）］；

② 坡度大于 1/10 且小于 1/2 的屋面——屋角、屋脊、檐角、屋檐［图 9-4（c）］；

③ 坡度不小于 1/2 的屋面——屋角、屋脊、檐角［图 9-4（d）］；

④ 在屋脊有接闪带的情况下，当屋檐处于屋脊接闪带的保护范围内时屋檐上可不设接闪带。

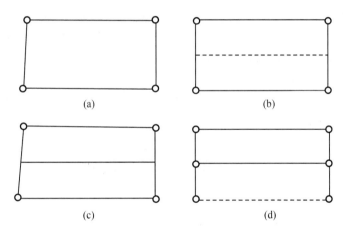

(a)　　　　　　　　　　　(b)

(c)　　　　　　　　　　　(d)

图 9-4　建筑物易受雷击的部位

二、建筑物的防雷分类

建筑物根据其重要性、使用性质、发生雷击事故的可能性和后果，按防雷要求分为 3 类。

二维码 9-5　拓展阅读
建筑物的防雷分类及
条文说明

1. 第一类防雷建筑物

在可能发生对地闪击的地区，遇到下列情况之一时，应划为第一类防雷建筑物：

① 凡制造、使用或贮存火炸药及其制品的危险建筑物，因电火花而引起爆炸、爆轰，会造成巨大破坏和人身伤亡者。

② 具有 0 区或 20 区爆炸危险场所的建筑物。

③ 具有 1 区或 21 区爆炸危险场所的建筑物，因电火花而引起爆炸，会造成巨大破坏和人身伤亡者。

2. 第二类防雷建筑物

在可能发生对地闪击的地区，遇到下列情况之一时，应划为第二类防雷建筑物：

① 国家级重点文物保护的建筑物。

② 国家级的会堂、办公建筑物、大型展览和博览建筑物、大型火车站和飞机场、国宾馆、国家级档案馆、大型城市的重要给水泵房等特别重要的建筑物。（注：飞机场不含停放飞机的露天场所和跑道）

③ 国家级计算机中心、国际通信枢纽等对国民经济有重要意义的建筑物。

④ 国家特级和甲级大型体育馆。

⑤ 制造、使用或贮存火炸药及其制品的危险建筑物，且电火花不易引起爆炸或不致造成巨大破坏和人身伤亡者。

⑥ 具有 1 区或 21 区爆炸危险场所的建筑物，且电火花不易引起爆炸或不致造成巨大破坏和人身伤亡者。

⑦ 具有 2 区或 22 区爆炸危险场所的建筑物。

⑧ 具有爆炸危险的露天钢质封闭气罐。

⑨ 预计雷击次数大于 0.05 次/年的部、省级办公建筑物和其他重要或人员密集的公共建筑物及火灾危险场所。

⑩ 预计雷击次数大于 0.25 次/年的住宅、办公楼等一般性民用建筑物或一般性工业建筑物。

上述 0 区、1 区、2 区、20 区、21 区、22 区及下文中火灾危险场所分区的划分参见《爆炸危险环境电力装置设计规范》（GB 50058—2014）。

3. 第三类防雷建筑物

在可能发生对地闪击的地区，遇到下列情况之一时，应划为第三类防雷建筑物：

① 省级重点文物保护的建筑物及省级档案馆。

② 预计雷击次数大于或等于 0.01 次/年，且小于或等于 0.05 次/年的部、省级办公建筑物和其他重要或人员密集的公共建筑物，以及火灾危险场所。

③ 预计雷击次数大于或等于 0.05 次/年，且小于或等于 0.25 次/年的住宅、办公楼等一般性民用建筑物或一般性工业建筑物。

④ 在平均雷暴日大于 15d/年的地区，高度在 15m 及以上的烟囱、水塔等孤立的高耸建筑物；在平均雷暴日小于或等于 15d/年的地区，高度在 20m 及以上的烟囱、水塔等孤立的高耸建筑物。

三、建筑物的防雷保护措施

建筑物的防雷措施，应当在当地气象、地形、地貌、地质等环境条件下，根据雷电活动规律和被保护建筑物的特点，因地制宜地采取切实可行的措施，做到安全、可靠、经济合理。根据《建筑物防雷设计规范》（GB 50057—2010）中一般规定：各类防雷建筑物应采取防直击雷和防雷电波侵入的措施，第一类防雷建筑物和第二类防雷建筑物中有爆炸危险的场所，尚应采取防雷电感应的措施；装有防雷装置的建筑物，在防雷装置与其他设施和建筑物内人员无法隔离的情况下，应采取等电位连接。

二维码 9-6　拓展阅读
第一类防雷建筑物的
防雷保护措施

二维码 9-7　拓展阅读　　　　二维码 9-8　拓展阅读
第二类防雷建筑物　　　　　　第三类防雷建筑物
的防雷保护措施　　　　　　　的防雷保护措施

1. 防直击雷的措施

第一类防雷建筑物，应装设独立接闪杆或架空接闪线或网，架空接闪网的网格尺寸不应大于 5m×5m 或 6m×4m。

当难以装设独立的外部防雷装置时，可将接闪杆或网格不大于 5m×5m 或 6m×4m 的接闪网或由其混合组成的接闪器直接装在建筑物上，接闪网应按规范的规定沿屋角、屋脊、屋檐和檐角等易受雷击的部位敷设；当建筑物高度超过 30m 时，首先应沿屋顶周边敷设接闪带，接闪带应设在外墙外表面或屋檐边垂直面上，也可设在外墙外表面或屋檐边垂直面外，并应符合下列规定：

① 接闪器之间应互相连接。

② 引下线不应少于 2 根，并应沿建筑物四周和内庭院四周均匀或对称布置，其间距沿周长计算不宜大于 12m。

③ 排放爆炸危险气体、蒸气或粉尘的管道应符合前面的要求。

④ 建筑物应装设等电位连接环，环间垂直距离不应大于 12m，所有引下线、建筑物的金属结构和金属设备均应连到环上。等电位连接环可利用电气设备的等电位连接干线环路。

⑤ 防直击雷的接地装置应围绕建筑物敷设成环形接地体，每根引下线的冲击接地电阻不应大于 10Ω，并应和电气及电子系统等接地装置，以及所有进入建筑物的金属管道相连，此接地装置可兼作防雷电感应接地之用。

第二类防雷建筑物，宜采用装设在建筑物上的接闪网、接闪带或接闪杆，也可采用由接闪网、接闪带或接闪杆混合组成的接闪器。接闪网、接闪带应按规范的规定沿屋角、屋脊、屋檐和檐角等易受雷击的部位敷设，并应在整个屋面组成不大于 10m×10m 或 12m×8m 的网格；当建筑物高度超过 45m 时，首先应沿屋顶周边敷设接闪带，接闪带应设在外墙外表面或屋檐边垂直面上，也可设在外墙外表面或屋檐边垂直面外。接闪器之间应互相连接。

第三类防雷建筑物，外部防雷的措施宜采用装设在建筑物上的接闪网、接闪带或接闪杆，也可采用由接闪网、接闪带和接闪杆混合组成的接闪器。接闪网、接闪带应按规范的规定沿屋角、屋脊、屋檐和檐角等易受雷击的部位敷设，并应在整个屋面组成不大于 20m×20m 或 24m×16m 的网格；当建筑物高度超过 60m 时，首先应沿屋顶周边敷设接闪带，接闪带应设在外墙外表面或屋檐边垂直面上，也可设在外墙外表面或屋檐边垂直面外。接闪器之间应互相连接。

2. 防雷电感应的措施

将建筑物内的金属框架、钢窗等与接地装置连接，同时将建筑物内的金属设备、金属管道、构架、电缆金属外皮、钢屋架、钢窗等较大金属物和突出屋面的放散管、风管等金属物，均与接地装置可靠连接。建筑物内平行敷设的管道、构架和电缆金属外皮等长金属物，其净距小于 100mm 时应采用金属线跨接，跨接点的间距不应大于 30m；交叉净距小于 100mm 时，其交叉处亦应跨接。

3. 防雷电波侵入的措施

低压线路应全线采用电缆直接埋地敷设，在入户端应将电缆的金属外皮、钢管接到防雷电感应的接地装置上。当全线采用电缆有困难时，应采用钢筋混凝土杆和铁横担的架空线，并应使用一段金属铠装电缆或护套电缆穿钢管直接埋地引入，其埋地长度应符合规范要求，但不应小于 15m。在电缆与架空线连接处，尚应装设避雷器。避雷器、电缆金属外皮、钢管和绝缘子铁脚、金具等应连在一起接地。

4. 防侧击雷措施

① 对于高度高于 30m 的第一类防雷建筑物，应采取下列防侧击雷措施：

a. 从 30m 起每隔不大于 6m 沿建筑物四周设水平接闪带并与引下线相连；

b. 30m 及以上外墙上的栏杆、门窗等较大的金属物与防雷装置连接。

② 对于高度高于 45m 的钢筋混凝土结构、钢结构的第二类防雷建筑物，应采取下列防侧击雷措施：

a. 钢构架和混凝土的钢筋应互相连接，并与防雷装置引下线相连；

b. 应利用钢柱或柱内钢筋作为防雷装置引下线；

c. 应将 45m 及以上外墙上的栏杆、门窗等较大的金属物与防雷装置连接；

d. 竖直敷设的金属管道及金属物的顶端和底端与防雷装置连接。

③ 对高度高于 60m 的钢筋混凝土结构、钢结构的第三类防雷建筑物，其防侧击和等电位的保护措施应符合第二类防雷建筑物中高度超过 45m 的高层建筑保护措施的（1）、（2）、（4）条的规定，并应将 60m 及以上外墙上的栏杆、门窗等较大的金属物与防雷装置连接。

5. 其他防雷措施

（1）当一座防雷建筑物中兼有第一、第二、第三类防雷建筑物时的防雷措施

① 当第一类防雷建筑物的面积占建筑物总面积的 30％ 及以上时，该建筑物宜确定为第一类防雷建筑物。

二维码 9-9　拓展阅读
其他防雷措施

② 当第一类防雷建筑物的面积占建筑物总面积的 30％ 以下，且第二类防雷建筑物的面积占建筑物总面积的 30％ 及以上时，或当这两类防雷建筑物的面积均小于建筑物总面积的 30％，但其面积之和又大于 30％ 时，该建筑物宜确定为第二类防雷建筑物。但对其中第一类防雷建筑物的防雷电感应和防雷电波侵入，应采取第一类防雷建筑物的保护措施。

③ 当第一、第二类防雷建筑物的面积之和小于建筑物总面积的 30％，且不可能遭直接雷击时，该建筑物可确定为第三类防雷建筑物；但对第一、第二类防雷建筑物的防雷电感应和防雷电波侵入，应采取各自类别的保护措施；当可能遭受直接雷击时，宜按各自类别采取防雷措施。

（2）当一座建筑物中仅有一部分为第一、第二、第三类防雷建筑物时的防雷措施

① 当防雷建筑物可能遭受直接雷击时，宜按各自类别采取防雷措施。

② 当防雷建筑物不可能遭受直接雷击时，可不采取防直击雷措施，可仅按各自类别采取防雷电感应和防雷电波侵入的措施。

③ 当防雷建筑物的面积占建筑物总面积的 50％ 以上时，该建筑物宜按①、②条的规定采取防雷措施。

（3）固定在建筑物上的节日彩灯、航空障碍信号灯及其他用电设备的线路，应根据建筑物的重要性采取相应的防止雷电波侵入的措施。并应符合下列规定：

① 无金属外壳或保护网罩的用电设备宜处在接闪器的保护范围内。

② 从配电盘引出的线路宜穿钢管。钢管的一端应与配电箱和 PE 线相连；另一端应与用电设备外壳、保护罩相连，并应就近与屋顶防雷装置相连。当钢管因连接设备而中间断开时应设跨接线。

③ 在配电箱内应在开关的电源侧装设 Ⅱ 级试验的电涌保护器，其电压保护水平不应大于 2.5kV，标称放电电流值应根据具体情况确定。

四、雷电电磁脉冲防护

在当今智能化信息化的时代，各种类型的电子信息装置包括计算机、电信设备、控制系统等，这些高精度、高灵敏度的产品中使用着大量的固态半导体元件，因耐压极低而极易受到电磁冲击而出现故障或损坏。因此，要保证现在渗透到各个领域的电子信息控制系统的正常运行，必须采取雷电电磁脉冲防护措施。

1. 防雷区的划分

按照《建筑物电子信息系统防雷技术规范》（GB 50343—2012）规定，依据雷电电磁脉冲的强度，可把建筑物和构筑物由外到内划分为不同的雷电防护区（LPZ），简称防雷区，不同空间区域采取与之相适应的防雷措施。如图 9-5 所示，防雷区可分为：

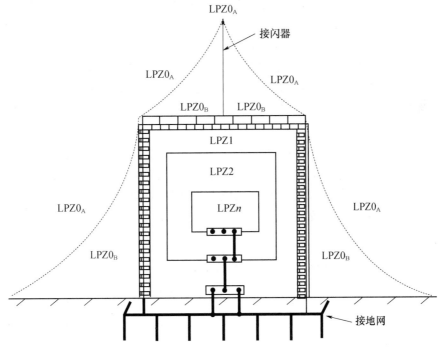

图 9-5　防雷保护区（LPZ）的划分

① LPZ0$_A$ 区：为直击雷的非防护区，区内各物体处于防雷保护范围之外，有可能遭到直接雷击和接收全部雷电流，本区内的电磁场无衰减。例如，建筑外面没有被接闪杆、接闪

带保护到的空间。

② LPZ0$_B$区：为暴露的直击雷防护区，区内各物体处于防雷保护范围之内，不可能遭到大于所选滚球半径对应雷电流的直接雷击，但本区内的电磁场仍然无任何屏蔽衰减。例如，建筑顶部、侧面处于接闪带、接闪杆保护范围之内的空间，以及无屏蔽措施的建筑内部或有屏蔽措施的建筑窗洞附近。

③ LPZ1区：为第一雷电防护区，区内各物体不可能遭受直接雷击，流经各导体的雷电流比LPZ0$_B$区有进一步减小。并且由于建筑物的屏蔽作用，区内的电磁场可能得到初步衰减。例如有屏蔽措施的建筑内部（不包括窗洞附近）。

④ LPZn+1后续防雷区：为了进一步减小所导入的电流或电磁场而增设的后续防护区。例如，屏蔽大楼内部屏蔽的房间，具有金属外壳的内部等。$n=1，2，\cdots，i$。

2. 防雷电电磁脉冲的基本措施

（1）屏蔽

屏蔽是减小电磁干扰的基本措施。将建筑物的混凝土内钢筋、金属框架与构架、金属屋顶、金属立面等所有大尺寸金属部件连接在一起并且与防雷系统等电位联结，形成网孔宽度为几十厘米的金属屏蔽网络。穿入这类金属屏蔽网的导电金属物应就近与其做等电位联结。对于电源线与信号线合理的走线与布置也可以减小电磁感应。

对于电力、通信线路根据需要可以采用屏蔽电缆，但其屏蔽层如果要防LEMP的话，至少应该在两端进行等电位联结。当系统有防静电感应要求只在一端做等电位联结时，应采用双层屏蔽电缆，其外层屏蔽按防LEMP要求在两端做等电位联结。电缆经过防雷区时，按规定还应在分区界面处再做等电位联结。

布设于各个独立建筑物之间的非屏蔽电缆应敷设在金属管槽中。要求这些金属管槽一端到另一端电气贯通，并分别与各自建筑物的等电位联结带连接。电缆的屏蔽层也应与等电位联结带连接。屏蔽电缆的屏蔽层如果经计算可以承载实际的雷电流，也可不敷设在金属管槽内。

（2）等电位联结

等电位联结就是利用连接导体或电涌保护器将分开的金属物相互连接起来，安全导走可能加之于其上的电流，减小它们之间危险的电位差。穿过各防雷分区界面的金属物和系统，以及在一个防雷分区内部的金属物和系统均应在界面处做等电位联结。对于各类防雷建筑物，各种等电位联结导体的截面面积不应小于表9-2的规定。镀锌钢或铜等电位联结带的截面面积不应小于50mm^2。

表9-2 各种等电位联结导体的最小截面面积

导体材料	联结类型	
	① 内部金属装置与等电位联结带之间的联结导体 ② 通过小于25%总雷电流的等电位联结导体	① 等电位联结带之间的联结导体 ② 等电位联结带与接地装置之间的联结导体 ③ 通过大于25%总雷电流的等电位联结导体
铜	6mm^2	16mm^2
铝	10mm^2	25mm^2
铁	16mm^2	50mm^2

上述这些防雷电电磁脉冲的防护措施可以组合使用。建筑物本身抗 LEMP 干扰的典型思路是以格栅形的笼式屏蔽系统，即利用法拉第笼的原理，将建筑物的所有金属部件，包括金属框架、支架、钢筋，以及非可燃可爆的金属管线等进行多重联结后共同接地，从而形成一个三维的、格栅形的金属屏蔽网络，使建筑物内的电子设备得到屏蔽保护，如图 9-6 所示。

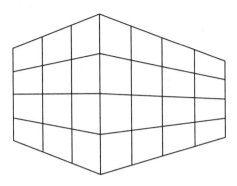

图 9-6　建筑物金属部件连接

建筑物形成的格栅形金属屏蔽网络，除了能有效防护空间电磁脉冲外，还是一个等电位网络。将设备金属外壳和金属机柜、机架等并入此网络，可以限制设施和设备任意两点之间的电位差。另外，格栅形金属网为雷电及感应电流提供多条并联通路，可使建筑物内部的分流达到最佳效果。利用建筑物的自然屏蔽物和各种金属物体与已联结成格栅形网络的设备之间相互联结成等电位网络，已是现在工程中通用的做法。

（3）装设电涌保护器（SPD）

SPD 一般安装于防雷区的交界处，以保证雷电流的大部分由外及里，在防雷区交界处被导入接地装置引入地下，而不进入下一防护区。防雷分区界面上 SPD 的安装顺序，如图 9-7 所示。其防护技术指标按分区界面穿越点的要求来选择。TN-C-S 供配电系统中 SPD 的安装顺序，如图 9-8 所示。

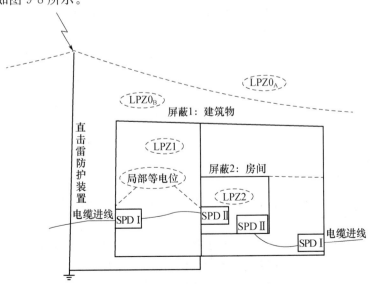

图 9-7　防雷分区界面上 SPD 顺序安装示意

通常情况下，被保护设备的安装位置不在界面处。当线路能承受预期的电涌电压时，电涌保护器可安装在被保护设备处。不过，线路的屏蔽层或金属保护层宜先在界面处做一次等电位联结。

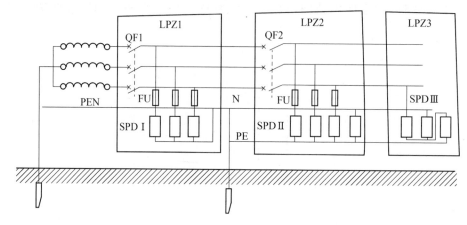

图 9-8　TN-C-S 供配电系统中 SPD 的安装顺序

电涌保护器除了必须能承受住预期的雷电流外，还要让通过电涌时的最大箝压与所属系统的绝缘水平及设备的最大耐冲击过电压协调一致。220/380V 三相系统中各种设备耐冲击过电压额定值按表 9-3 选用。

表 9-3　220/380V 系统中各设备耐冲击过电压额定值

设备的性质	特殊需要保护的设备	用电设备	配电线路和最后分支线路的设备	电源处的设备
耐冲击过电压类别	I 类	II 类	III 类	IV 类
耐冲击电压额定值（kV）	1.5	2.5	4	6

位于 LPZ0$_A$ 或 LPZ0$_B$ 区与 LPZ1 区的交界处，在建筑物外部引入的线路上安装的第一级 SPD，应选用符合 I 级试验的产品。当安装于防雷交界处的 SPD 不足以保护距离其较远的设备时，还应在该设备处装设 SPD。位于 LPZ1 区与 LPZ2 区交界处的第二级 SPD，应安装符合 II 级试验的产品。安装在 LPZ2 区与后续防雷区的第三级 SPD 应该具有防操作过电压的功能，应安装符合 II 级或 III 级试验的产品。

第四节　接地装置设置与接地电阻计算

一、接地的基本概念

（一）接地、接地装置和接地网

用金属把电气设备的某一部分与地做良好的连接，称为接地。埋入地中并直接与大地接触的金属导体，称为接地体或接地极。兼作接地用的直接与大地接触的各种金属构件、金属井管、钢筋混凝土建筑物的基础、金属管道和设备等，称为自然接地体。为了接地埋入地中的接地体，称为人工接地体。连接设备接地部位与接地体的金属导线，称为接地线。接地线在正常情况下是不载流的，但在故障情况下要通过接地故障电流。接地体与接地线总称接地装置。由若干接地体在大地中互相连接而组成的总体，称为接地网。接地线分为接地干线和接地支线，接地干线一般不应少于两根导体，在不同地点与接地网连接。

接地主要包括电力系统中性点接地、设备外壳保护接地、重复接地及防雷接地等。

（二）接地电阻和接地电流

接地电阻是指电流从埋入地中的接地体流向周围土壤时，接地体与大地远处的电位差与该电流之比，而不是接地体的表面电阻。当电气设备发生接地故障时，电流就通过接地体向大地做半球形散开，这一电流称为接地电流（I_d）。图 9-9 表示接地电流在接地体周围地面上形成的电位分布。试验证明，电位分布的范围只需考虑距离单根接地体或接地故障点 20m 左右的半球范围。呈半球形的球面已经很大，距接地点 20m 的电位与无穷远处的电位几乎相等，实际上已没有什么电位梯度存在。这表明，接地电流在大地中散逸时，在各点有不同的电位梯度和电位。电位梯度或电位为零的地方称为电气上的"地"或大地。

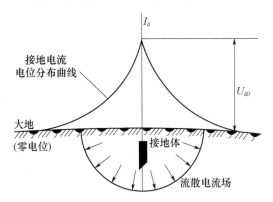

图 9-9 接地点附近电位分布曲线

（三）对地电压、接触电压和跨步电压

1. 对地电压 U_{d0}

电气设备从接地外壳及接地体到 20m 以外的零电位之间的电位差称为接地时的对地电压（U_{d0}）。表示接地体及其周围各点的对低电压的曲线称为对地电压曲线。单根接地体有电流流过时的电位分布图，如图 9-10 所示。接地电阻越小，对地电压越小。

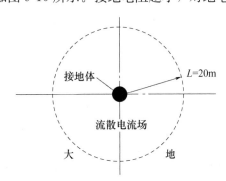

图 9-10 单根接地体周围有电流流过时的电位分布

2. 接触电压 U_J

人站在发生接地故障的电气设备旁边，手触及设备的外露可导电部分，则人所接触的两点（如手和脚）之间所呈现的电位差，称为接触电压。

3. 跨步电压 U_K

人体在接地故障点周围行走，两脚之间所呈现的电位差，称为跨步电压。显然跨步电压和跨步大小有关，步距越大，跨步电压越大。计算跨步电压时，人的跨距一般取 0.8m。由此可见，距接地体越近，跨步电压越大，离开接地体 20m 以外时，跨步电压为零。

对地电压、接触电压、跨步电压示意图如图 9-11 所示。

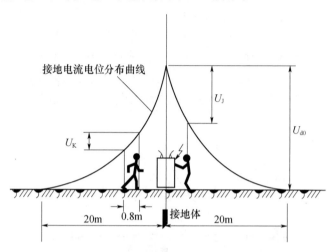

图 9-11　对地电压、接触电压和跨步电压

二、接地装置的设置

（一）一般要求

在设计接地体时，应充分利用自然接地体，以节约投资，节省钢材。如果实地测量所利用的自然接地体电阻已能满足要求，而且这些自然接地体又能满足热稳定条件时，就不必再装设人工接地体。

电气设备人工接地装置的布置，应使接地装置附近的电位分布尽可能地均匀，以降低接触电压和跨步电压，保证人身安全。如接触电压和跨步电压超过规定值时，应采取措施。

（二）自然接地体的利用

自然接地体主要包括地下下水管道、非可燃、非爆炸液（气）金属管道、行车的钢轨、敷设于地下而数量不少于两根的电缆金属外皮；建筑物的钢结构和钢筋混凝土基础的钢筋等。利用自然接地体时，一定要保证良好的电气连接，在建筑物钢结构的结合处，除已焊接者外，凡用螺栓连接或其他连接的，都要采用跨接焊接，而且跨接线尺寸不得小于规定值。

（三）人工接地体的装设

① 单根人工接地体的装设有垂直埋设和水平埋设两种基本结构形式，如图 9-12 所示。

最常用的垂直接地体为直径 50mm、长 2.5m 的钢管，最为经济合理。此外，还可垂直埋设角钢、水平埋设扁钢和圆钢等。角钢厚度不应小于 4mm，圆钢直径不应小于 10mm，钢管壁厚不应小于 3.5mm，扁钢截面面积不应小于 $100mm^2$。

② 多根接地体的装设。在建筑供配电系统中，有时候单根接地体的接地电阻不能满足要求，常采用多根垂直接地体排列成行并以钢带并联起来，构成组合式接地装置。当多根接地体相互靠拢时，由于相互间磁场影响，入地电流的流散受到排挤，称为屏蔽效应。这种屏

蔽效应使得接地装置的利用率下降，所以垂直接地体的间距一般不宜小于接地体长度的 2 倍，水平接地体的间距一般不宜小于 5m。

③ 环路接地体及接地网的装设。为避免单根接地体电位分布不均匀和多根接地体屏蔽效应的影响，在建筑供配电系统特别是工厂接地体中广泛采用环路接地体，其布置如图 9-13 所示。

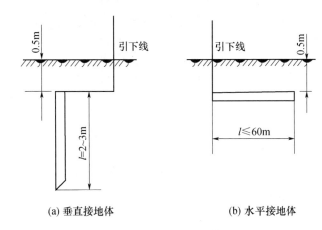

(a) 垂直接地体　　　　　　(b) 水平接地体

图 9-12　人工接地体

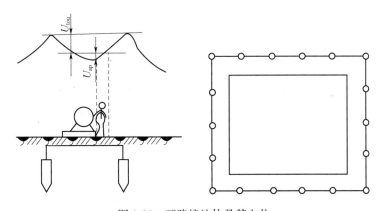

图 9-13　环路接地体及其电位

环路接地体沿墙外侧每隔一定距离埋设接地的钢管，并用扁钢把钢管连接成一个整体。环路接地体的电位分布比较均匀，在环路网路内设备发生碰壳接地时，尽管设备对地电压仍很高，但由于接地网络内环路接地体电位分布比较均匀，可使接触电压和跨步电压大大减小，从而使触电危险得以减轻。为使环路接地体的电位分布更加均匀，常将许多自然接地体，如自来水管、建筑物的金属结构等同接地网连成一体。但流有可燃气体、可燃或可爆液体的管道严禁作为接地装置。

由图 9-14 可知，接地环路外侧对地电压曲线较陡。为尽量使地面的电位分布均匀，减小接触电压和跨步电压，特别是在进行保护接地的变电所，为使人安全地进出变电所门口，可在地下埋设深帽檐或均压带，也可在外侧埋设一些各自独立的扁钢与接地网并联。人工接地网外缘应闭合，外缘各角应做成圆弧形。

35～110/6～10kV 变电所敷设水平均压带的接地网如图 9-14 所示。为了减小建筑物的接触电压，接地体与建筑物的基础间应保持不小于 1.5m 的水平距离，一般取 2～3m。变电所进出口路面应铺设砂石或沥青路面以保证安全。

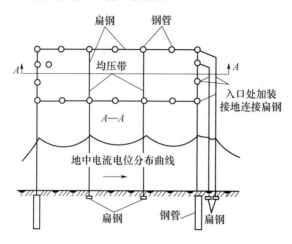

图 9-14　加装均压带以使电位均匀分布

（四）防雷装置的接地要求

接闪杆宜装设独立的接地装置，且接闪杆及其接地装置与被保护的建筑物和配电装置及其接地装置之间应按设计规范规定保持足够的安全距离，以免雷击时发生反击闪络事故。

为了降低跨步电压，防护直击雷的接地装置距离建筑物出入口及人行道不应小于 3m。当小于 3m 时，应采取下列措施：

① 水平接地体局部埋深不小于 1m。

② 水平接地体局部包以绝缘体，如涂厚 50～80mm 的沥青层。

③ 采用沥青碎石路面，或在接地装置上面敷设厚 50～80mm 的沥青层，其宽度超过接地装置 2m。

三、接地电阻的测量与计算

（一）影响接地电阻的因素

接地装置的接地电阻是接地体的散流电阻与接地体和接地线电阻的总和，主要由以下 3 个部分组成：

① 接地线的电阻和接地体自身的电阻；

② 接地体的表面与其所接触土壤之间的接触电阻；

③ 接地体周围土壤所具有的电阻。

接地电阻等于接地装置对地电压与通过接地极流入地中电流的比。按通过接地极流入地中工频交流电流求得的电阻，称为工频接地电阻 R_d；按雷电流流经接地装置导入大地的冲击电流求得的接地电阻，称为冲击接地电阻 R_{sh}。各种电气设备接地装置的接地电阻，如表 9-4 所示。

表 9-4　各种电气设备接地装置的接地电阻

种类	接地装置使用条件		接地电阻（Ω）	备　注
1kV 及以上电力设备	大接地电流系统		0.5	一般应符合 $R \leqslant 200U/I$。$I > 4000A$ 时采用 $R = 0.5\Omega$
	小接地电流系统		10	$R \leqslant 120U/I$
低压电力设备	中性点直接接地系统及非接地系统	运行设备总容量为 100kV·A 以上	4	
		重复接地	10	
	TT 系统用电设备保护接地		10	
防雷设备	独立接闪杆		$\leqslant 10$	
	变配电所母线的阀型避雷器		$\leqslant 5$	
	低压进户线绝缘子瓶脚接地		$\leqslant 30$	
	建筑物的接闪杆及接闪线		$\leqslant 30$	
其他	贮易燃油气罐的防静电接地防感应电压接地		$\leqslant 30$ $\leqslant 10$	两者共用时选择小值

（二）接地电阻的测量

常用的接地电阻测量方法有电流表-电压表测量法和专用仪器测量法。

1. 电流表-电压表测量法

用电流表-电压表法测量接地电阻，原理如图 9-15 所示。

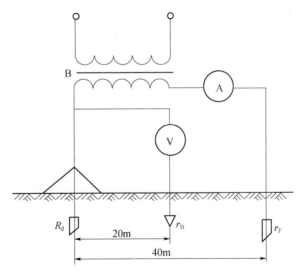

图 9-15　电流表-电压表测量接地电阻

图 9-15 中 B 为测量用的变压器，R_d 为被测接地体，r_F 是辅助接地体，r_B 是接地棒，应采用直径为 25mm，长为 0.5m 的镀锌圆钢，所用的电压表应选用高内阻的，设读数为 U_v，电流表的读数为 I_d，则接地电阻 R_d 可近似地认为是 U_v 和 I_d 之比，即

$$R_d = U_v / I_d \tag{9-8}$$

此种方法需要必要的准备工作，测量手续也比较麻烦，但是其测量范围广，测量精度也

高，尤其是测量小接地电阻的接地装置。测量时要注意把 r_B、r_F、R_d 排在一条直线上，也可将三者布置成三角形。

2. 接地电阻测量仪测量法

用接地电阻测量仪测量接地电阻的原理如图 9-16 所示。

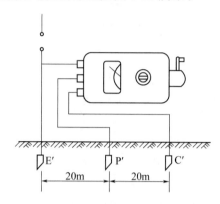

图 9-16　接地电阻测量仪测量接地电阻

接地电阻测量仪又称为接地绝缘电阻测量仪，其工作原理与电工绝缘电阻表相近。图 9-16 中 P′ 和 C′ 分别表示电压和电流探测针，要把它们与接地极 E′ 排成一条直线。

测量前，首先要将被测的接地体和接地线断开，再将仪表水平摆放，使指针位于中心线的零位上，否则要用"调零螺钉"调节。还要合理选择倍率盘的倍率，使被测接地电阻的阻值等于倍率乘以指示盘的读数。

测量时，转动摇把并逐渐加快，这时仪器指针如果偏转较为缓慢，说明所选倍率适当，否则要加大倍率；在升速过程中随时调整指示盘，使其指针位于中心线的零位上，当摇把转速达到 120r/min，并且指针平稳指零时，则停止转动和调节，这时倍率盘的倍数乘以指示盘的读数就是接地电阻的阻值。

测量接地电阻时，因接地体和辅助接地体周围都有较大的跨步电压，因此在 30～50m 范围内禁止人畜进入。

在进行接地电阻的测量时，所测量的接地电阻包括接地体与土壤接触部分的电阻在内。一根打入地下与周围土壤紧密接触的管子，接地电阻远小于在同样条件下但将管子摇松了的接地电阻。因此，施工后的接地网在最初几年间接地电阻会有下降的趋势，这是因为接地体周围的土壤逐渐紧密并且与接地体的表面接触得越来越紧的缘故。

（三）接地装置的接地电阻值不符合要求时的改进措施

接地电阻经实测后达不到设计要求时，要采取措施降低接地电阻。

① 引地接地法。即将接地体埋设在附近土壤电阻率较低的地方，但连接线不宜过长，连接的地线干线最少两根。

② 埋接地体法。即将接地体埋于地下深处较潮湿、地下层土壤电阻率较小的地方。

③ 化学处理法。在土壤中填充降阻剂，即在接地体周围土壤中加入食盐、木炭屑、炉灰等。但这种方法宜少用，因为填充物质不但易于流失而且腐蚀接地体和接地引下线。

④ 换土法。即在埋设接地装置的周围用土壤电阻率较低的黏土、黑土（土壤电阻率在 50Ω·m 以下）替换电阻率较高的土壤。

⑤ 增大接地网的占地面积。

（四）人工接地体接地电阻的计算

1. 工频接地电阻的计算

（1）单根垂直管形接地体的接地电阻

$$R_{d(1)} \approx \frac{\rho}{l} \tag{9-9}$$

式中，ρ 为土壤电阻率，见表 9-5；l 为接地体长度（m）。

表9-5　各种土壤的电阻率

土壤名称	电阻率（$\Omega \cdot m$）	土壤名称	电阻率（$\Omega \cdot m$）
陶黏土	10	砂质黏土、可耕地	100
泥炭、泥灰岩、沼泽地	20	黄土	200
捣碎的木炭	40	含砂黏土、砂土	300
黑土、田园土、陶土	50	多石土壤	400
黏土	60	砂、砂砾	1000

（2）多根垂直管形接地体的接地电阻

n 根垂直接地体并联时，由于接地体间的屏蔽效应，使得总的接地电阻 $R_d < R_{d(1)}$，实际接地电阻为

$$R_d = \frac{R_{d(1)}}{n\eta_d} \tag{9-10}$$

式中，η_d 为接地体的利用系数，垂直管形接地体的利用系数见表 9-6。

表9-6　垂直管形接地体的利用系数

管间距离与管子长度之比（a/l）	管子根数（n）	利用系数（η_d）	管间距离与管子长度之比（a/l）	管子根数（n）	利用系数（η_d）
敷设成一排时（未计入连接扁钢的影响）					
1		0.84～0.87	1		0.67～0.72
2	2	0.90～0.92	2	5	0.79～0.83
3		0.93～0.95	3		0.85～0.88
1		0.76～0.80	1		0.56～0.62
2	3	0.85～0.88	2	10	0.72～0.77
3		0.90～0.92	3		0.79～0.83
敷设成环形时（未计入连接扁钢的影响）					
1		0.66～0.72	1		0.44～0.50
2	4	0.76～0.80	2	20	0.61～0.66
3		0.84～0.86	3		0.68～0.73
1		0.58～0.65	1		0.41～0.47
2	6	0.71～0.75	2	30	0.58～0.63
3		0.78～0.82	3		0.66～0.71
1		0.52～0.58	1		0.38～0.44
2	10	0.66～0.71	2	40	0.56～0.61
3		0.74～0.78	3		0.64～0.69

（3）单根水平带形接地体的接地电阻

$$R_d \approx \frac{2\rho}{l} \qquad (9-11)$$

（4）n 根放射形水平接地带（$n \leqslant 12$），每根长度 $l \approx 60\mathrm{m}$ 的接地电阻

$$R_d \approx \frac{0.062\rho}{n+1.2} \qquad (9-12)$$

（5）环形水平接地网的接地电阻

$$R_d \approx \frac{0.06\rho}{\sqrt{A}} \qquad (9-13)$$

式中，A 为环形接地带的接地面积（m^2）。

2. 冲击接地电阻的计算

冲击接地电阻是指雷电流经接地装置泄放入地时的接地电阻。包括接地电阻和地中散流电阻。由于强大的雷电流泄放入地时，土壤被雷电波击穿并产生火花，使散流电阻显著降低。当然，雷电波陡度很大，具有高频特性，同时会使接地线的感抗增大，但接地线阻抗较之散流电阻毕竟小很多，因此，冲击接地电阻一般小于工频接地电阻。按规范规定，冲击接地电阻可按式（9-14）估算：

$$R_{sh} = \frac{R_d}{A} \qquad (9-14)$$

式中，A 为换算系数，为 R_d 与 R_{sh} 的比值，由图 9-17 确定。

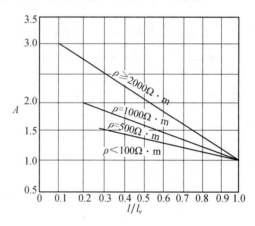

图 9-17　确定换算系数 A 的曲线

图 9-17 中，l_e 为接地体的有效长度，应按式（9-15）计算：

$$l_e = 2\sqrt{\rho} \qquad (9-15)$$

图 9-18 中的 l，在单根接地体时，为其实际长度（m）；有分支线的接地体，l 为其最长分支线的长度（m）；环形接地体时，l 为其周长的一半（m）。如果 $l_e < l$，取 $l_e = 1$，即 $A = 1$。

（五）接地装置设计计算步骤

① 根据设计规范确定本工程的接地电阻 R_d 值。

② 实测或估算可利用的自然接地体的接地电阻值 $R_{d(nat)}$。

③ 计算需要补充的人工接地体的接地电阻 $R_{d(man)}$：

$$R_{d(man)} = \frac{R_{d(nat)} R_d}{R_{d(nat)} - R_d} \qquad (9-16)$$

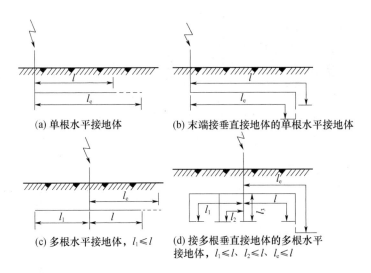

图 9-18　接地体的长度 l 和有效长度 l_e

④ 按一般经验确定接地体和接地线的规格尺寸、初步布置接地体。

⑤ 计算单根人工接地体的接地电阻 R_d（1）。

⑥ 逐步逼近人工接地体的数量：

$$n=\frac{R_d（1）}{\eta_d R_{d(nat)}} \tag{9-17}$$

⑦ 短路热稳定校验：按满足热稳定最小截面面积，计算校验接地装置的金属材料截面面积是否满足要求。

第五节　建筑物等电位联结

建筑物内部和建筑本身所有的大金属构件及电气装置外露可导电部分，通过人工或自然接地体用导体连接起来以达到减小电位差的目的，称为等电位联结。

等电位联结对用电安全、防雷及电子信息设备的正常工作和安全使用，都是十分必要的。根据理论分析，等电位联结作用范围越小，电气上越安全。实际上保护接地也是等电位联结，它是以大地电位为参考电位的大范围的等电位联结。

等电位联结分为总等电位联结（MEB）、局部等电位联结（LEB）和辅助等电位联结（SEB）。国家建筑标准设计图集《等电位联结安装》（15D502）对建筑物的等电位联结的具体做法做了详细介绍。

一、总等电位联结

总等电位联结作用于全建筑物。它在一定程度上可降低建筑物内间接接触电击的接触电压和不同金属部件间的电位差，并消除自建筑物外经电气线路和各种金属管道引入的危险故障电压的危害，还对防止雷电波侵入对人身及设备造成的危害有重要作用。一般在建筑物的每一电源进线处，设置总的等电位联结端子箱，将建筑物内的保护干线、煤气管道、给水总管、通风管道等各种公共设施金属管道及建筑物金属构件等导体汇接到总等电位联结端子箱的端子排板上。具体如图 9-19 所示。

总等电位联结主母线的截面面积不应小于装置最大保护线截面面积的一半，且不小于

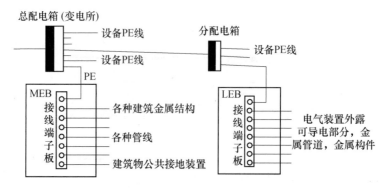

图 9-19　总等电位联结（MEB）

6mm^2。如果是采用铜导线，其截面面积不可超过 25mm^2，如为其他金属时，其截面面积应能承受与之相当的载流量。

二、局部等电位联结

局部等电位联结是在一局部场所范围内将各可导电部分连通。当电源网络阻抗过大，使自动切断电源的时间过长，不能满足防电击要求时；TN 系统内自同一配电箱给固定式和移动式两种设备供电，而固定设备保护电器切断电源时间不能满足移动设备防电击要求时；未满足浴室、游泳池、医院手术室、农牧业等场所对移动设备防电击要求时；未满足防雷和信息系统抗干扰的要求时，均应做局部等电位联结，通过局部等电位联结端子板将 PE 母线或 PE 干线、公共设施的金属管道及建筑物金属构件互相连通。

浴室被国际电工标准列为电击危险大的特殊场所，在我国浴室内的电击事故也屡屡发生，从而造成人身伤害。主要是因为人在沐浴时遍体湿透，人体阻抗大大降低，接触到低于限值的接触电压也可引起电击造成伤亡事故。因此，在浴室（卫生间）做局部等电位联结可使浴室处于同一电位，防止出现危险的接触电压，有效地保障人身安全。

在进行浴室局部等电位联结时，应将金属管道、排水管、金属浴盆、金属采暖管道和地面钢筋网通过等电位联接线在局部等电位联结端子板处联结在一起，当墙为混凝土墙时，墙内钢筋网也宜与等电位联接线连通；金属地漏、扶手、浴巾架、肥皂盒等孤立之物可不做联结。局部等电位联接端子板应采用螺栓连接，设置在方便检测的位置，以便拆卸进行定期检测；等电位联接线采用 $\text{BVR-}1\times4\text{mm}^2$ 的导线在地面内和墙内穿塑料管暗敷，等电位联接线及端子板宜采用铜质材料，导电性和强度都比较好。浴室等电位联结如图 9-20 所示。

应该指出，如果浴室内原来没有 PE 线，其等电位联结不得与浴室外的 PE 线相连，因 PE 线有可能因其他处的故障而带电位，反而能引入其他处的电位；如果浴室内有 PE 线，则浴室内的局部等电位联结必须与该 PE 线连接。

三、辅助等电位联结

在可导电部分，用导线直接连接，使其电位相等或接近。在建筑物做了总等电位联结之后，在伸臂范围内的某些外露可导电部分与装置外可导电部分之间，再用导线附加联结，以使其间的电位相等或相近。

局部等电位联结可看作是在一局部场所范围内的多个辅助等电位联结。

等电位联结安装完毕后要进行导通性测试，测试用电源可采用空载电压为 $4\sim24\text{V}$ 的直流或交流电源，测试电流不应小于 0.2A。当测得等电位联结端子板与等电位联结范围内的

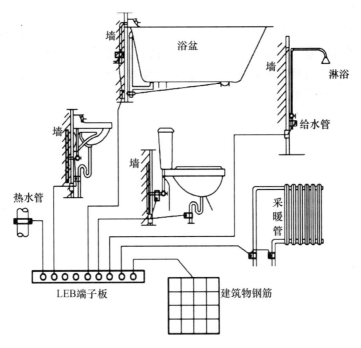

图 9-20　浴室内局部等电位联结（LEB）

金属管道等金属体末端之间的电阻不超过 3Ω 时，可认为等电位联结是有效的。如发现导通不良的管道连接处应做跨接线，在投入使用后应定期做导通性测试。

思考与练习题

9-1　雷电过电压的形式有哪些？雷电的危害是什么？

9-2　什么是年均雷暴日？它与电气防雷是什么关系？

9-3　什么是年预计雷击次数？如何计算？

9-4　建筑物按防雷要求分为哪几类？各类防雷建筑物应采取哪些防雷措施？

9-5　建筑物防直击雷的装置由哪几部分组成？各部分的作用是什么？

9-6　接闪器的主要功能是什么？

9-7　什么叫滚球法？如何利用滚球法确定接闪杆的保护区域？

9-8　什么是雷电电磁脉冲？如何防护？

9-9　防雷分区有哪几个分区？如何划分？

9-10　电涌保护器的工作原理是什么？各级电涌保护器如何装设？

9-11　接地装置的作用是什么？应如何装设接地装置？防雷装置的接地要求是什么？

9-12　常用的人工水平接地体有哪几种？规格尺寸如何？

9-13　常用的人工垂直接地体有哪几种？规格尺寸如何？

9-14　影响接地电阻的因素有哪些？如何测量接地电阻？

9-15　对常见接地装置接地电阻的要求有哪些？

9-16　什么是工频接地电阻和冲击接地电阻？如何换算？

9-17　什么是总等电位联结、局部等电位联结和辅助等电位联结？各自的功能是什么？

三者之间有何联系与区别?

9-18　实地调研你所在学校的教学楼、图书馆、宿舍等建筑的概况及所在地的年均雷暴日,以及实际的防雷措施。在此基础上进行年预计雷击次数计算,查阅相关标准和规范,确定建筑物防雷分类,并说明应采取何种防雷措施;练习绘制相关防雷与接地平面图;与实际防雷措施对比,说明异同原因。

第十章 建筑供配电系统设计工程实例

本章以某高层综合楼为例，介绍其供配电系统设计的内容、流程、方法和相关计算过程。

知识目标：

◇ 了解建筑供配电系统设计的主要内容；熟悉建筑供配电系统设计的基本流程；掌握负荷计算、变压器选择、短路电流计算、设备和线缆选择计算方法。

能力目标：

◇ 掌握低压配电系统设计方法；掌握防雷与接地系统设计方法；能够将理论与实践相结合，结合国家标准规范，对建筑供配电系统设计过程中各种方案进行比较、计算与论证，确定合理的设计方案；具备进行建筑供配电系统设计的初步能力。

素质目标：

◇ 理解工程师的职业道德规范和工程伦理基本理念，在实践中加强对建筑电气工程师职业性质和责任的理解，并能够在工程实践中自觉履行职责，培养工匠精神。

第一节 工程概况

高层综合楼往往高度高、层数多，具有地下层，包括停车场、商业、餐饮、娱乐健身场所、写字楼、酒店、公寓等场所。人员密集，功能复杂，用电设备数量多，负荷分级高，对供电可靠性要求高，消防设施供电可靠性要求高，防雷与接地安全保障度高。

本工程为河南省郑州市某高层综合楼，总 26 层，地上 25 层，地下 1 层。总建筑面积约 3.7 万 m^2，其中地上 33000m^2、地下 4000m^2，建筑主体高度 89.9m，其中 1 层高 5.1m，2～4 层高 4.8m，5～20 层高 3.2m，21～25 层高 3.4m。1～4 层为商业用房，5～19 层为公寓式写字间，20～25 层为标准写字间。4 层与 5 层之间设有夹层，为转换层。顶层为设备间、电梯机房及水箱间，1～4 层设有中央空调。地下层为设备用房和汽车库。主体建筑为框架、剪力墙结构。

二维码 10-1 视频
工程概况

消防设计：主体建筑为一类高层建筑，建筑耐火等级为一级，地下一层及地上 1～4 层为每层 2 个防火分区，转换层及 5～25 层为每层 1 个防火分区。

第二节 设计内容与设计依据

一、设计内容

① 10/0.4kV 变配电系统；

② 380/220V 低压配电系统；

③ 防雷与接地系统。

二、设计依据

① 甲方提供的设计任务委托书和本单位相关专业提供的有关资料及初步设计审查意见。

② 国家标准和规范：

《民用建筑电气设计标准》（GB 51348—2019）

《供配电系统设计规范》（GB 50052—2009）

《低压配电设计规范》（GB 50054—2011）

《建筑照明设计标准》（GB 50034—2013）

《建筑物防雷设计规范》（GB 50057—2010）

《20kV 及以下变电所设计规范》（GB 50053—2013）

《办公建筑设计规范》（JGJ/T 67—2019）

《建筑设计防火规范》（GB 50016—2014（2018 年版）

《建筑物电子信息系统防雷技术规范》（GB 50343—2012）

③ 国家和地方的其他相关现行规范规程标准及文件、国家标准图集等。

第三节 负荷分级、负荷计算及无功功率补偿

一、负荷分级

该工程属一类高层建筑，用电多为一、二级负荷，用电负荷分级如下。

一级负荷：航空障碍照明、普通乘客电梯、商场自动扶梯、商场乘客电梯、生活水泵、地下室排污泵、所有消防负荷（包括应急照明、变电所用电、消防控制室用电、消防电梯、屋顶稳压泵、正压风机、送风机、排烟风机、喷淋泵、消火栓泵及泵房、消防电梯井坑排污泵等）。

二级负荷：地下室及 1～4 层照明、各层公共照明等。

三级负荷：顶层设备房照明、转换层及 5～25 层照明、屋顶节日照明、商场空调机组、商场空调水泵等。

二、负荷数据

本工程负荷包括照明、电力及消防负荷。该综合楼商铺、写字间等部分用电需要二次设计，因此，先按单位面积功率法预留负荷，其余用电设备负荷功率由照明设计计算而得或由其他专业提供。根据方案设计，该综合楼各部分负荷数据见表 10-1 至表 10-3。

表 10-1 本工程照明负荷数据

用电设备名称	所在楼层	设备数量及功率	功率因数	负荷等级	备注
1～4 层公共通道照明	1～4F	每层每防火分区 12kW，每层 2 个防火分区，共 4 层，总计 96kW	0.9	二级	按单位面积功率法预留功率
5～25 层公共通道照明	5～25F	每层 2kW，共 21 层，总计 42kW	0.9	二级	负荷功率由照明设计计算得来
地下室照明	—1F	每防火分区 5kW，本层 2 个防火分区，总计 10kW	0.85	二级	负荷功率由照明设计计算得来

续表

用电设备名称	所在楼层	设备数量及功率	功率因数	负荷等级	备注
1~4层照明	1~4F	每层每防火分区165kW，每层2个防火分区，共4层，总计1320kW	0.85	二级	按单位面积功率法预留功率
转换层照明	TF	10kW	0.85	三级	负荷功率由照明设计计算得来
5~14层照明	5~14F	每层2×36kW，共10层，总计720kW	0.85	三级	负荷功率由照明设计计算得来
15~19层照明	15~19F	每层2×36kW，共5层，总计360kW	0.85	三级	负荷功率由照明设计计算得来
20~21层照明	20~21F	每层85kW，共2层，总计170kW	0.85	三级	按单位面积功率法预留功率
22~25层照明	22~25F	每层55kW，共4层，共220kW	0.85	三级	按单位面积功率法预留功率
顶层设备房照明	RF	10kW	0.85	三级	负荷功率由照明设计计算得来
屋顶节日照明	RF	120kW	0.9	三级	预留功率
航空障碍照明	RF	5kW	0.9	一级	预留功率

表 10-2 本工程电力负荷数据

用电设备名称	所在楼层	设备数量及功率	功率因数	负荷等级	备注
商场空调机组	1F	共4组，2×160kW+2×170kW，共计660kW	0.8	三级	负荷由暖通专业提供
商场空调水泵	1F	共4组，每组2台，一用一备，每台20kW，共计80kW	0.8	三级	负荷由暖通专业提供
商场自动扶梯	1~3F	共3处，每处2部扶梯。每部折算功率11.1kW，共计66.6kW	0.7	一级	扶梯由建筑专业选定，负荷由电梯负荷计算而得
商场乘客电梯	1F	1部电梯，折算功率25.9kW，共计25.9kW	0.7	一级	电梯由建筑专业选定，负荷由电梯负荷计算而得
普通乘客电梯	RF	共2处，每处2部电梯，每部折算功率25.9kW，共计103.6kW	0.7	一级	电梯由建筑专业选定，负荷由电梯负荷计算而得

用电设备名称	所在楼层	设备数量及功率	功率因数	负荷等级	备注
地下室排污泵	−1F	共9处，8处0.75kW，1处2× 2.2kW，共计10.4kW	0.8	一级	负荷由给排水专业提供
生活水泵（有屋顶水箱）	−1F	共4台，3用1备，每台10kW， 共计30kW	0.8	一级	负荷由给排水专业提供

表 10-3　本工程消防负荷数据

用电设备名称	所在楼层	设备数量及功率	功率因数	负荷等级	备注
顶层应急照明（火灾时点亮）	RF	3kW	0.9	一级	负荷功率由照明设计计算得来
5～25层应急照明（火灾时点亮）（含防火卷帘等）	5～25F	共21层，每层1.5kW，共计31.5kW	0.9	一级	负荷功率由照明设计计算得来
转换层应急照明	TF	5kW	0.9	一级	负荷功率由照明设计计算得来
1～4层应急照明	1～4F	共4层，每层每防火分区5kW，共计40kW	0.9	一级	负荷功率由照明设计计算得来
地下室及泵房应急照明（火灾时点亮）（含防火卷帘等）	−1F	每防火分区6kW，共计12kW	0.9	一级	负荷功率由照明设计计算得来
变电所用电	−1F	12kW	0.9	一级	负荷功率由照明设计计算得来
消防控制室用电	1F	18kW	0.8	一级	按单位面积功率法预留功率
消防电梯（兼用）	RF	1部电梯，折算功率25.9kW，共计25.9kW	0.7	一级	电梯由建筑专业选定，负荷由电梯负荷计算而得
屋顶稳压泵（兼用）	RF	2×4kW，共计8kW	0.8	一级	负荷由给排水专业提供
屋顶正压风机（火灾时运行）	RF	12kW	0.8	一级	负荷由暖通专业提供
转换层正压风机（火灾时运行）	TF	共2组10kW+16kW，共计26kW	0.8	一级	负荷由暖通专业提供
转换层排烟风机（火灾时运行）	TF	共2组21kW+25kW，共计46kW	0.8	一级	负荷由暖通专业提供
地下室送风机（兼用）	−1F	2处，5kW+4.5kW，共计9.5kW	0.8	一级	负荷由暖通专业提供

用电设备名称	所在楼层	设备数量及功率	功率因数	负荷等级	备注
地下室排烟风机 （平时排风、火灾时排烟）	−1F	2 处，6kW＋5.5kW，共计 11.5kW	0.8	一级	负荷由暖通专业提供
喷淋泵 （火灾时运行）	−1F	2 台，一用一备，每台 90kW，共计 90kW	0.8	一级	负荷由给排水专业提供
泵房、消防电梯井坑排污泵（兼用）	−1F	排污泵 2 组，每组 2 台，每台 2.2kW，共计 8.8kW	0.8	一级	负荷由给水排水专业提供
消火栓泵 （火灾时运行）	−1F	2 台，一用一备，每台 132kW，共计 132kW	0.8	一级	负荷由给水排水专业提供

三、负荷计算

本工程的各类负荷中有平时需要运行的用电设备，也有发生火灾时才需要运行的消防用电设备。因此，负荷计算需按照平时运行的负荷和火灾时运行的负荷分别进行计算。注：本部分计算中，计算结果均保留小数点后 1 位有效数字，需要系数、功率因数和功率因数角正切值保留小数点后 2 位有效数字。

（一）平时运行的负荷计算

1. 照明负荷计算

照明负荷按照负荷性质分组：1～25 层公共通道照明为一组；地下室照明为一组；1～4 层商场照明为一组；转换层、5～25 层照明及顶层设备房照明为一组；屋顶节日照明为一组；航空障碍照明为一组。采用需要系数法进行计算，不计备用设备功率。照明负荷计算书见表 10-4。

表 10-4　照明负荷计算书

用电设备名称	设备功率 P_e (kW)	需要系数 K_d	功率因数 $\cos\varphi$	功率因数角正切值 $\tan\varphi$	负荷等级	P_c (kW)	Q_c (kvar)	S_c (kV·A)	I_c (A)
1～25 层公共通道照明	138	0.80	0.90	0.48	二级	110.4	53.0	122.5	186.1
地下室照明	10	1.00	0.85	0.62	二级	10.0	6.2	11.8	17.9
1～4 层商场照明	1320	0.70	0.85	0.62	二级	924.0	572.9	1087.2	1651.9
转换层、5～25 层、顶层设备房照明	1490	0.65	0.85	0.62	三级	968.5	600.5	1139.6	1731.5
屋顶节日照明	120	1.00	0.90	0.48	三级	120.0	57.6	133.1	202.2
航空障碍照明	5	1.00	0.90	0.48	一级	5.0	2.40	5.6	8.5
总计	3083	0.69	0.86			2137.9	1292.6	2498.3	3795.9
其中一级负荷	5	1.00	0.90			5.0	2.4	5.6	8.5
其中二级负荷	1468	0.71	0.86			1044.4	632.1	1220.8	1854.9
一、二级负荷小计	1473	0.71	0.85			1049.4	634.5	1226.3	1863.2

2. 电力负荷和平时运行的消防负荷计算

电力负荷和平时运行的消防负荷按设备类型和负荷性质分组，采用需要系数法分别进行计算，不计备用设备功率。电力负荷和平时运行的消防负荷计算书见表 10-5。

表 10-5　本工程电力负荷和平时运行的消防负荷计算书

用电设备名称	设备功率 P_e (kW)	需要系数 K_d	功率因数 $\cos\varphi$	功率因数 角正切值 $\tan\varphi$	负荷等级	P_c (kW)	Q_c (kvar)	S_c (kV·A)	I_c (A)
商场空调机组	660.0	0.80	0.80	0.75	三级	528.0	396.0	660.0	1002.8
商场空调水泵	80.0	0.80	0.80	0.75	三级	64.0	48.0	80.0	121.6
商场自动扶梯	66.6	0.65	0.70	1.02	一级	43.3	44.2	61.9	94.1
商场乘客电梯	25.9	1.00	0.70	1.02	一级	25.9	26.4	37.0	56.2
普通乘客电梯	103.6	0.85	0.70	1.02	一级	88.1	89.9	125.9	191.3
地下室排污泵	10.4	0.75	0.80	0.75	一级	7.8	5.9	9.8	14.9
生活泵 （有屋顶水箱）	30.0	1.00	0.80	0.75	一级	30	22.5	37.5	57.0
变电所用电	12.0	1.00	0.90	0.48	一级	12	5.8	13.3	20.2
消防控制室	18.0	1.00	0.80	0.75	一级	18	13.5	22.5	34.2
消防电梯	25.9	1.00	0.70	1.02	一级	25.9	26.4	37.0	56.2
屋顶稳压泵	8.0	1.00	0.80	0.75	一级	8	6.0	10.0	15.2
地下室送风机	9.5	1.00	0.80	0.75	一级	9.5	7.1	11.9	18.1
地下室排烟风机	11.5	1.00	0.80	0.75	一级	11.5	8.6	14.4	21.9
泵房、消防电梯 井坑排污泵	8.8	1.00	0.80	0.75	一级	8.8	6.6	11.0	16.7
总计	1070.2	0.82	0.78	0.80		880.8	706.9	1129.4	1716.0
其中一级负荷	330.2	0.87	0.74	0.91		288.8	262.9	390.5	593.3

二维码 10-2　视频
照明负荷计算讲解

二维码 10-3　视频
电力负荷和平时运行的
消防负荷计算讲解

二维码 10-4　视频
火灾时运行的消防
负荷计算讲解

（二）火灾时运行的消防负荷计算

火灾时运行的消防负荷按设备类型和负荷性质分组，采用需要系数法进行计算，不计备用设备功率。负荷计算书见表 10-6。

表 10-6　本工程火灾时运行的消防负荷计算书

用电设备名称	设备功率 P_e (kW)	需要系数 K_d	功率因数 $\cos\varphi$	功率因数角正切值 $\tan\varphi$	负荷等级	P_c (kW)	Q_c (kvar)	S_c (kV·A)	I_c (A)
顶层、转换层及 5~25 层应急照明	39.5	1.00	0.90	0.48	一级	39.5	19.0	43.8	66.5
1~4 层应急照明	40.0	1.00	0.90	0.48	一级	40.0	19.2	44.4	67.5
地下室及泵房应急照明	12.0	1.00	0.90	0.48	一级	12.0	5.8	13.3	20.2
变电所用电	12.0	1.00	0.90	0.48	一级	12.0	5.8	13.3	20.2
消防控制室用电	18.0	1.00	0.80	0.75	一级	18.0	13.5	22.5	34.2
消防电梯	25.9	1.00	0.70	1.02	一级	25.9	26.4	37.0	56.2
屋顶稳压泵	8.0	1.00	0.80	0.75	一级	8.0	6.0	10.0	15.2
屋顶正压风机	12.0	1.00	0.80	0.75	一级	12.0	9.0	15.0	22.8
转换层正压风机	26.0	1.00	0.80	0.75	一级	26.0	19.5	32.5	49.4
转换层排烟风机	46.0	1.00	0.80	0.75	一级	46.0	34.5	57.5	87.4
地下室送风机	9.5	1.00	0.80	0.75	一级	9.5	7.1	11.9	18.1
地下室排烟风机	11.5	1.00	0.80	0.75	一级	11.5	8.6	14.4	21.9
喷淋泵	90.0	1.00	0.80	0.75	一级	90.0	67.5	112.5	170.9
泵房、消防电梯井坑排污泵	8.8	1.00	0.8	0.75	一级	8.8	6.6	11.0	16.7
消火栓泵	132.0	1.00	0.8	0.75	一级	132.0	99.0	165.0	250.7
合计	491.2	1.00	0.82			491.2	347.5	601.7	914.2

（三）10/0.38kV 变电所计算负荷

比较表 10-4 至表 10-6 的数据，可以看出火灾时运行的消防负荷（491.2kW）小于火灾时必然切除的正常照明负荷（2137.9kW）和电力负荷（592kW）的总和（2729.9kW），因此，火灾时的消防负荷不计入总计算负荷。应以正常运行时的照明负荷、电力负荷和平时运行的消防负荷来计算总负荷。本工程 10/0.38kV 变电所计算过程如下。

1. **正常运行时的负荷计算**

（1）总计算负荷 P_c

总计算负荷等于照明负荷和电力负荷及平时运行的消防负荷的总和。由表 10-4、表 10-5可得照明计算负荷为

$$P_{cl}=2137.9\text{kW}，Q_{cl}=1292.6\text{kvar}$$

电力及平时运行的消防负荷总计算负荷为

$$P_{cm}=880.8\text{kW}，Q_{cm}=706.9\text{kvar}$$

由此可得变电所低压侧的总计算负荷为

$$P_c=P_{cl}+P_{cm}=2137.9+880.8=3018.7\ (\text{kW})$$

$$Q_c=Q_{cl}+Q_{cm}=1292.6+706.9=1999.5\ (\text{kvar})$$

（2）计入同时系数后的总计算负荷和功率因数

对于总计算负荷，取有功和无功同时系数分别为 $K_{\Sigma p}=K_{\Sigma q}=0.80$，则计入同时系数后的总计算负荷为

$$P'_c = K_{\Sigma p}P_c = 0.8 \times 3018.7 = 2415.0 \text{ (kW)}$$

$$Q'_c = K_{\Sigma q}Q_c = 0.8 \times 1999.5 = 1599.6 \text{ (kvar)}$$

$$S'_c = \sqrt{P'^2_c + Q'^2_c} = \sqrt{2415.0^2 + 1599.6^2} = 2896.7 \text{ (kV·A)}$$

功率因数为：

$$\cos\varphi = \frac{P'_c}{S'_c} = \frac{2415.0}{2896.7} = 0.83$$

（3）无功补偿容量的计算

根据规范要求，民用建筑低压侧无功功率补偿后的功率因数应达到 0.90 以上，一般在计算时按达到 0.92 来计算，故对于总计算负荷有

$$\Delta Q = P'_c \times [\tan(\arccos 0.83) - \tan(\arccos 0.92)]$$
$$= 2415.0 \times (0.67 - 0.43) = 579.6 \text{ (kvar)}$$

可取接近值 600.0kvar。

无功功率补偿后的总有功计算负荷保持不变。总无功计算负荷为

$$Q''_c = Q'_c - \Delta Q = 1599.6 - 600.0 = 999.6 \text{ (kvar)}$$

视在计算负荷为

$$S''_c = \sqrt{P'^2_c + Q''^2_c} = \sqrt{2415.0^2 + 999.6^2} = 2613.7 \text{ (kV·A)}$$

功率因数

$$\cos\varphi = \frac{P'_c}{S''_c} = \frac{2415.0}{2613.7} = 0.92$$

无功补偿满足要求。

（4）变压器的损耗

有功损耗为

$$\Delta P_T = 0.01 S''_c = 0.01 \times 2613.7 = 26.1 \text{ (kW)}$$

无功损耗为

$$\Delta Q_T = 0.05 S''_c = 0.05 \times 2613.7 = 130.7 \text{ (kvar)}$$

（5）变电所高压侧的总计算负荷

变电所高压侧的总计算负荷：

$$P_{c1} = P'_c + \Delta P_T = 2415.0 + 26.1 = 2441.1 \text{ (kW)}$$

$$Q_{c1} = Q''_c + \Delta Q_T = 999.6 + 130.7 = 1130.3 \text{ (kvar)}$$

$$S_{c1} = \sqrt{P^2_{c1} + Q^2_{c1}} = \sqrt{2441.1^2 + 1130.3^2} = 2690.1 \text{ (kV·A)}$$

总功率因数为

$$\cos\varphi = \frac{P_{c1}}{S_{c1}} = \frac{2441.1}{2690.1} = 0.91$$

2. 电源故障时切除三级负荷后仅供一、二级负荷运行的负荷计算

照明负荷中一级负荷为 $P_{cl1} = 5.0 \text{kW}$，$Q_{cl1} = 2.4 \text{kvar}$，二级负荷为 $P_{cl2} = 1044.4 \text{kW}$，$Q_{cl2} = 632.1 \text{kvar}$；电力及平时运行的消防负荷中一级负荷为 $P_{cm1} = 288.8 \text{kW}$，$Q_{cm1} = 262.9 \text{kvar}$。则总的一级负荷和二级负荷为

$$P_{c(1-2)} = P_{cl1} + P_{cm1} + P_{cl2} = 5.0 + 288.8 + 1044.4 = 1338.2 \text{ (kW)},$$

$$Q_{c(1-2)} = Q_{cl1} + Q_{cm1} + Q_{cl2} = 2.4 + 262.9 + 632.1 = 897.4 \text{ (kvar)}。$$

取有功和无功同时系数分别为 $K_{\Sigma p} = 0.80$、$K_{\Sigma q} = 0.85$，则计入同时系数后的一、二

级总计算负荷为

$$P'_{c(1-2)}=K_{\Sigma p}P_{c(1-2)}=0.8\times1338.2=1070.6\ (\text{kW})$$

$$Q'_{c(1-2)}=K_{\Sigma p}Q_{c(1-2)}=0.85\times897.4=762.8\ (\text{kvar})$$

$$S'_{c(1-2)}=\sqrt{P'^2_{c(1-2)}+Q'^2_{c(1-2)}}=\sqrt{1070.6^2+762.8^2}=1314.6\ (\text{kV·A})$$

功率因数为

$$\cos\varphi=\frac{P'_{c(1-2)}}{S'_{c(1-2)}}=\frac{1070.6}{1314.6}=0.81$$

无功补偿容量为

$$\Delta Q_{(1-2)}=P'_{c(1-2)}\times\left[\tan(\arccos0.81)-\tan(\arccos0.92)\right]$$
$$=1070.6\times(0.72-0.43)=310.5\ (\text{kvar})$$

可取接近的 320.0kvar。无功功率补偿后的一、二级总有功计算负荷保持不变，则总无功计算负荷为

$$Q''_{c(1-2)}=Q'_{c(1-2)}-\Delta Q_{(1-2)}=762.8-320.0=442.8\ (\text{kvar})$$

补偿后的视在计算负荷为

$$S''_{c(1-2)}=\sqrt{P'^2_{c(1-2)}+Q''^2_{c(1-2)}}=\sqrt{1070.6^2+442.8^2}=1158.6\ (\text{kV·A})$$

功率因数为

$$\cos\varphi_{(1-2)}=\frac{P'_{c(1-2)}}{S''_{c(1-2)}}=\frac{1070.6}{1158.6}=0.92$$

无功补偿满足要求。

本工程 10/0.38kV 变电所负荷计算书如表 10-7 所示。

二维码 10-5　视频
本工程 10/0.38kV 变电
所计算负荷讲解

表 10-7　本工程 10/0.38kV 变电所计算负荷

负荷名称		设备功率 P_e（kW）	需要系数 K_d	功率因数 $\cos\varphi$	有功计算负荷 P_c（kW）	无功计算负荷 Q_c（kvar）	视在计算负荷 S_c（kV·A）	计算电流 I_c（A）
平时运行的负荷计算	照明负荷	3083.0	0.69	0.86	2137.9	1292.6	2498.3	3795.9
	电力负荷及平时消防负荷	1070.2	0.82	0.78	880.8	706.9	1129.4	1716.0
	总负荷	4153.2	0.73	0.83	3018.7	1999.5	3620.8	5501.4
	同时系数 $K_{\Sigma p}=K_{\Sigma q}=0.8$	4153.2	0.58	0.83	2415	1599.6	2896.7	4401.2
	无功补偿装置容量	$\Delta Q=P'_c\times[\tan(\arccos0.83)-\tan(\arccos0.92)]$ $=2415.0\times(0.67-0.43)=579.6(\text{kvar})$ 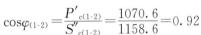				−600.0		
	无功补偿后低压母线侧计算负荷	4153.2	0.58	0.92	2415.0	999.6	2613.7	3971.2
	变压器功率损耗	$\Delta P_T=0.01S_c$ $\Delta Q_T=0.05S_c$			26.1	130.7		
	变压器高压侧计算负荷	4153.2	0.59	0.91	2441.1	1130.3	2690.1	155.3

续表

负荷名称		设备功率 P_e (kW)	需要系数 K_d	功率因数 $\cos\varphi$	有功计算负荷 P_c (kW)	无功计算负荷 Q_c (kvar)	视在计算负荷 S_c (kV·A)	计算电流 I_c (A)
平时运行的一、二级负荷计算	一级负荷	335.2	0.88	0.74	293.8	265.3	395.9	601.5
	二级负荷	1468.0	0.71	0.855	1044.4	632.1	1220.8	1854.9
	一、二级负荷合计	1803.2	0.74	0.83	1338.2	897.4	1611.2	2448.0
	同时系数 $K_{\Sigma p}=0.8$ $K_{\Sigma q}=0.85$	1803.2	0.59	0.81	1070.6	762.8	1314.6	1997.4
	无功补偿装置容量	$\Delta Q_{(1-2)} = P'_{c(1-2)} \times [\tan(\arccos 0.81) - \tan(\arccos 0.92)]$ $= 1070.6 \times (0.72 - 0.43) = 310.5$ (kvar)				-320.0		
	无功补偿后低压母线侧的计算负荷	1803.2	0.59	0.92	1070.6	442.8	1158.6	1760.4

第四节　供电电源、电压选择与电能质量

一、供电电源

本工程高压侧总有功计算负荷仅为 2441.1kW，故可采用 10kV 供电。根据当地电源状况，从供电部门的 110/10kV 变电站引来一路 10kV 专线电源 A，可承担全部负荷；同时从供电部门的 35/10kV 变电站引来一路 10kV 环网电源 B，仅做一、二级负荷的第二个电源。两路 10kV 电源同时供电，电源 A 可作为电源 B 的备用。两路 10kV 电缆从建筑物一侧穿管埋地引入设在地下一层的 10/0.38kV 变电所。

本工程的两个 10kV 供电电源相对独立可靠，可以满足规范中一级负荷应由双重电源供电且不能同时损坏的条件，且没有特别重要的一级负荷，因此，不再自备柴油发电机组或其他集中式应急电源装置。

已知供电部门的 110/10kV 变电站与 35/10kV 变电站的两个 10kV 电源中性点均采用经消弧线圈接地。

二、电压选择

本工程为高层民用建筑，用电设备额定电压为 380/220V，低压配电距离最长不大于 150m。本工程只设置一座 10/0.38kV 变电所，对所有设备均采用低压 380/220V 三相 TN-S 系统配电。

三、电能质量

采用下列措施保证电能质量：

① 选用 Dyn11 联结组别的三相配电变压器，采用 ±5% 无励磁调压分接头。

② 采用铜芯电缆，选择合适导体截面面积，将电压损失限制在 5% 以内。

③ 气体放电灯采用低谐波电子镇流器或节能型电感镇流器，并就地无功功率补偿使其

功率因数不小于 0.9，在变电所低压侧无功功率集中补偿，自动投切。

④ 将单相设备均匀分布于三相配电系统中。

⑤ 照明与电力配电回路分开，对较大容量的电力设备如电梯、空调机组、水泵等采用专线供电。

第五节　电力变压器选择

一、变压器型式及台数选择

本工程为商业和办公两用高层综合性民用建筑，防火要求较高，且为减少占地，变电所位于主体建筑地下室内，宜采用三相双绕组干式变压器，联结组别为 Dyn11，无励磁调压，电压比 10/0.4kV。为节省空间，变压器与开关柜布置在同一房间内，变压器外壳防护等级选用 IP2X。因为本工程具有大量的一、二级负荷，为保障供电可靠性，应选用两台或两台以上的变压器。

二、变压器容量选择

根据负荷计算结果，本工程总视在计算负荷为 2690.1kV·A（$\cos\varphi=0.91$），其中一、二级负荷为 1158.6kV·A（$\cos\varphi=0.92$），接近总计算负荷的一半。

方案一：选择两台等容量变压器，互为备用。每台容量按承担一半总计算负荷（$0.5\times 2690.1=1345.1$kV·A）且不小于全部一、二级负荷 1158.6kV·A 选择，即应该选择 1600kV·A变压器两台。正常运行时照明负荷与电力负荷共用变压器，通过合理分配负荷，可使两台变压器正常运行时负荷率相当，均在 70%～85% 之间。当一台变压器发生故障时，另一台变压器可带全部的一、二级负荷运行，供电可靠性较高。

方案二：选择两台不同容量的变压器。正常运行时一台变压器带全部负荷，其容量应大于 2690.1kV·A，则单台变压器的容量超过 2000kV·A，不满足规范规定的民用建筑有两台及以上低压侧 0.4kV 变压器时单台变压器容量不宜高于 2000kV·A 的规定，则需再增加一台变压器。正常时两台变压器独立运行，各带一半负荷，每台变压器容量为 1600kV·A，负荷率均为 84%；另设一台变压器当那两台变压器中任何一台或全部发生故障或检修时带全部

二维码 10-6　表格
变压器选择方案三
负荷计算书

一、二级负荷运行，其容量应大于 1158.6kV·A，可选择 1600kV·A，其负荷率为 72%。本方案选择 3 台 1600kV·A 变压器，投资较高，且有一台备用变压器平时不工作，造成设备的闲置和浪费。

方案三：选择两台不同容量的变压器，照明负荷和电力负荷分别由不同的变压器供电。照明负荷变压器应按大于其计算负荷 1916.6kV·A 且不小于全部一、二级负荷 1158.6kV·A 计算，需 2250kV·A，长期运行负荷率为 85%；电力负荷变压器应按大于其计算负荷 786.5kV·A 且不小于全部一、二级负荷 1158.6kV·A 计算，需 1250kV·A，长期运行负荷率为 62.9%。正常运行时照明负荷和电力负荷分别由不同变压器供电，一台变压器发生故障或检

二维码 10-7　视频
变压器方案选择

修时，由另一台变压器给全部一、二级负荷供电。本方案两台变压器容量偏差较大，且一台负荷率偏低，另一台偏高。由于本工程照明负荷对电压质量无特殊要求，没有必要对正常照

明和电力负荷分设不同变压器供电。

通过比较，方案一负荷分配均衡，负荷率在 70％～85％ 之间，且供电可靠性高，故选择方案一。最终选择两台 SCB10-1600/10/0.4 型变压器，其技术参数为：$U_k=6\%$，$\Delta P_k=10.2kW$，IP2X 防护外壳尺寸：长×宽×高＝2200mm×1600mm×2200mm。

三、变压器负荷分配及无功补偿

电力负荷和照明负荷均衡分配给两台变压器。本部分计算中，计算结果保留小数点后一位有效数字。

1. 变压器 T1 的负荷分配

屋顶节日照明、航空障碍照明、屋顶设备房照明及 15～25 层照明等共计 885.0kW 的负荷除外，将 1～25 层公共通道照明、地下室照明、1～4 层商场照明、5～14 层照明及转换层照明等主要照明负荷总计 2198.0kW 的配电主回路分配给变压器 T1。

根据表 10-1 提供的负荷数据可得，设备功率为 2198.0kW，总有功计算负荷为 1518.9kW，无功计算负荷为 926.3kvar，计入同时系数 $K_{\Sigma p}=K_{\Sigma q}=0.80$ 后，总有功计算负荷为 1215.1kW，无功计算负荷为 741.0kvar，功率因数 $\cos\varphi=0.85$。

为将功率因数提高到 0.92 以上，进行无功功率补偿，补偿容量为

$$1215.1\times[\tan(\arccos0.85)-\tan(\arccos0.92)]=230.9\ (kvar)$$

实际取 12 组，每组 20kvar，共 240kvar。补偿后有功计算负荷不变，即 $P_c=1215.1kW$，无功计算负荷为 $Q_c=501.0kvar$。则无功补偿后低压母线总视在计算负荷为

$$S_c=\sqrt{P_c^2+Q_c^2}=\sqrt{1215.1^2+501.0^2}=1314.3\ (kV\cdot A)$$

变压器 T1 的有功和无功损耗分别为 13.1kW 和 65.7kvar，则可以计算出变压器高压侧的计算负荷为 1352.6kV·A。

应选择最接近该视在计算负荷的变压器容量，故应选择变压器容量为 1600kV·A，长期运行负荷率为 84.5％。

二维码 10-8　表格
变压器 T1 负荷分配计算书

2. 变压器 T2 的负荷分配

将电力负荷的配电主回路和消防用电设备配电回路（共 1070.2kW）及屋顶节日照明、航空障碍照明、屋顶设备房及 15～25 层照明等照明负荷（共 885.0kW）总计 1955.2kW 的配电回路分配给变压器 T2。

根据表 10-1 至表 10-3 可得设备功率为 1955.2kW，总有功计算负荷为 1499.8kW，无功计算负荷为 1073.1kvar，计入同时系数 $K_{\Sigma p}=K_{\Sigma q}=0.80$ 后，总有功计算负荷为 1199.8kW，无功计算负荷为 858.5kvar，功率因数 $\cos\varphi=0.81$。

为将功率因数提高到 0.92 以上，进行无功补偿，补偿容量为

$$1199.8\times[\tan(\arccos0.81)-\tan(\arccos0.92)]=347.9\ (kvar)$$

实际取 12 组，每组 30kvar，共 360kvar，补偿后有功计算负荷不变，即 $P_c=1199.8kW$，无功计算负荷为 $Q_c=498.5kvar$。则无功补偿后低压母线总视在计算负荷为

$$S_c=\sqrt{P_c^2+Q_c^2}=\sqrt{1199.8^2+498.5^2}=1299.2\ (kV\cdot A)$$

变压器有功和无功损耗分别为 13.0kW 和 65.0kvar，则可以计算出变压器高压侧的计算负荷为 1337.3kV·A。

选择大于并最接近该视在计算负荷的变压器容量，故应选择变压器容量为 1600kV·A。

负荷率为 83.6%。

二维码 10-9　表格
变压器 T2 负荷分配计算书

二维码 10-10　视频
变压器负荷分配及无功补偿讲解

这样使得两台变压器容量相同，正常运行时负荷率相当，也都满足规范中变压器负荷率不大于 85% 的要求。同时，将给一、二级负荷（包括照明、电力和消防用电设备）配电的主回路与备用回路分别接于不同变压器的低压母线上，以保证供电可靠性，但备用回路负荷不计入每台变压器的总负荷。

第六节　变电所电气主接线设计与变电所所址和型式的选择

一、变电所高压电气主接线设计

本工程变电所的两路 10kV 外供电源可同时供电，并设有两台变压器，变电所高压侧电气主接线有两种方案可供选择。

方案一：采用单母线分段主接线形式。正常运行时，由 10kV 电源 A 和电源 B 同时供电，母线联络断路器断开，两个电源各承担一半负荷。当电源 B 发生故障或检修时，母线联络断路器闭合，由电源 A 承担全部负荷；当电源 A 发生故障或检修时，母线联络断路器仍闭合，切除所有三级负荷，由电源 B 承担全部一、二级负荷。此方案的供电可靠性高、灵活性好，但经济性差。

方案二：采用双回路线路变压器组接线方式。正常运行时，由 10kV 电源 A 和电源 B 同时供电，两个电源各承担一半负荷。当任一电源发生故障或检修时，由另一电源承担一半负荷。由于采用线路变压器组接线方式，电源 A 受变压器容量限制也只能承担一半负荷，其供电能力没有得到充分发挥。若需电源 A 承担全部负荷，则与其连接的变压器容量也需按照承担全部负荷选择，单台变压器容量不能满足要求。本方案经济性较好，灵活性和可靠性不如方案一。

综合考虑，本工程变电所高压侧主接线采用方案一，即单母线分段接线。扫描二维码可查看本工程变电所高压主接线系统图及讲解视频。

二维码 10-11　图纸
本工程变电所高压
主接线系统图

二维码 10-12　视频
本工程变电所高压
主接线系统图讲解

二、变电所低压电气主接线设计

变电所设有两台变压器（T1 和 T2），低压侧电气主接线也采用单母线分段接线形式。正常运行时，两台变压器同时运行，母线联络断路器断开，两台变压器各承担一半负荷。当任一台变压器发生故障或检修时，母线联络断路器闭合，切除故障变压器承担的三级负荷，由另一台变压器承担本侧全部负荷（含本侧一、二级负荷）和原本由故障变压器承担的一、二级负荷。该接线方式供电可靠性高。扫描二维码可查看本工程变电所低压侧电气主接线系统图及讲解视频。

二维码 10-13　图纸
本工程变电所低压侧
电气主接线系统图

二维码 10-14　视频
本工程变电所低压侧
电气主接线系统图讲解

三、变电所所址与型式的选择

根据相关设计规范的要求，本工程为设置于地下一层的室内型变电所，内有两台干式变压器，10 面高压中置式开关柜，19 面低压抽屉式开关柜及 1 面直流电源屏，与物业管理合设值班室。

综合考虑高压电源进线与低压配电出线的方便，变电所设于建筑物与地下室西南角处，该处正上方无厕所、浴室或其他经常积水的场所，且不与上述场所毗邻；与电气竖井、水泵房等负荷中心较近；与车库有大门相通，设备运输方便。高低压电缆经桥架进出变电所，在所内部分设电缆沟埋地敷设。

扫描二维码可查看本工程变电所设备布置及电力干线平面图及讲解视频。

二维码 10-15　图纸
本工程变电所设备布置及
电力干线平面图

二维码 10-16　视频
本工程变电所设备布置及
电力干线平面图讲解

第七节　低压配电干线系统设计

一、低压带电导体接地形式与低压系统接地形式

1. 低压带电导体接地形式

对三相用电设备组和单相用电设备组混合配电的线路，以及单相用电设备组采用三相配电的干线线路，采用三相四线制系统；对单相用电设备配电的支线线路，采用单相三线制系统，将负荷均衡地分配在三相系统中。

2. 低压系统接地形式

本工程为设有地下变电所的民用建筑，对安全的要求比较高，因此采用 TN-S 系统。所有电气设备的外露可导电部分用 PE 线与系统接地点相连接。

3. 低压配电方式

本工程低压配电为混合式配电。根据负荷类别和性质将负荷分组作为配电干线，各干线从变电所低压配电柜放射式向外配电，而每条干线中的多个用电设备则根据负荷性质和作用采用放射式或者树干式配电。

二、低压配电干线系统接线方式设计

照明负荷和电力负荷分成不同的配电系统，以便于计量和管理。消防负荷的配电则自成系统，以保证供电的可靠性。

1. 照明负荷配电干线系统

① 屋顶节日照明为三级负荷，容量较大、负荷集中，从配电室单独以单回路放射式直接配电（配电干线 WL1），在屋顶设备房设置 1 台照明配电箱。

② 顶层设备房及 5～25 层办公照明和转换层照明均为三级负荷，负荷分布范围广，总容量较大，故采用分区单回路树干式配电，即顶层设备房和 15～25 层办公照明采用一路树干式配电（配电干线 WL2），5～14 层办公照明及转换层照明采用一路树干式配电（配电干线 WL3）。配电干线采用插接式母线槽，分支采用电缆。5～25 层因为要出租，故每间办公用房均设置照明配电箱；20～25 层因办公用房不多，每层设置 1 台电能计量配电箱，以放射式配电给每间办公用房的照明配电；5～19 层因办公用房较多，每层分 2 个区域，每个区域各设置 1 台电能计量配电箱，以放射式分别给本区域内的每间办公用房配电；顶层设备用房和转换层照明容量较小，各设置 1 台照明配电箱。

③ 1～4 层商场照明为二级负荷，负荷容量较大，故从配电室采用双回路树干式为每层配电（配电干线 WL4M/WL4S、WL5M/WL5S、WL6M/WL6S、WL7M/WL7S），在末端配电箱进行双电源自动切换。每层按防火分区各设置 2 台照明配电箱。

④ 地下室照明容量虽小，但为二级负荷，故从配电室以双回路树干式配电（配电干线 WL8M/WL8S），在末端配电箱进行双电源自动切换。地下室也按防火分区设置 2 台照明配电箱。

⑤ 各层公共通道照明为二级负荷，负荷重要，但分布于各层，容量小。1～4 层商场公共通道照明性质尤为重要，因此采用分区树干式双回路配电，即 1～4 层公共通道照明和 5～25 层公共通道照明各采用 2 路干线配电（配电干线 WL9M/WL9S、WL10M/WL10S），配电干线采用预分支电缆。1～4 层每层按防火分区设置 2 台通道照明配电箱，由设置于各层的 1 台双电源自动切换配电箱以放射式配电。5～25 层每层按防火分区设置 1 台通道照明配电箱，由每 3 层设置的 1 台双电源自动切换配电箱以放射式配电。

⑥ 屋顶航空障碍照明负荷容量虽小，但为一级负荷，从配电室以双回路放射式直接配电（配电干线 WL11M/WL11S），在末端配电箱进行双电源自动切换。因此，在屋顶单独设置 1 台航空障碍照明双电源自动切换配电箱。

扫描二维码可查看本工程照明负荷配电干线系统图及讲解视频。

二维码 10-17　图纸
本工程照明负荷配电干线系统图

二维码 10-18　视频
本工程照明负荷配电干线系统图讲解

2. 电力负荷配电干线系统

① 商场空调机组 1～4 层为三级负荷，容量较大，负荷集中，故对每台机组采用单回路放射式配电（配电干线 WP1～WP4）。

② 商场空调水泵 1～4 层为三级负荷，容量小而分散，故采用单回路树干式配电（配电干线 WP5）。

③ 商场自动扶梯为一级负荷，容量小而分散，采用双回路树干式配电（配电干线 WP6M/WP6S），在末端配电箱进行双电源自动切换。

④ 商场乘客电梯、普通乘客电梯 1～2 层、生活泵为一级负荷，负荷集中，每处就近设置配电控制箱，分别采用双回路放射式配电（配电干线 WP7M/WP7S、WP8M/WP8S、WP9M/WP9S、WP11M/WP11S），在末端配电控制箱进行双电源自动切换。

⑤ 地下室排污泵为一级负荷，容量小而分散布置，每处就地设置控制箱，采用分区双回路树干式配电（配电干线 WP10M/WP10S），在末端配电控制箱进行双电源自动切换。

扫描二维码可查看本工程电力负荷配电干线系统图及讲解视频。

二维码 10-19　图纸
本工程电力负荷配电干线系统图

二维码 10-20　视频
本工程电力负荷配电干线系统图讲解

3. 消防负荷配电干线系统

① 变电所用电、消防控制室用电、消防电梯、屋顶稳压泵、屋顶正压风机、喷淋泵及泵房和电梯井坑排污泵、消火栓泵等均为一级负荷，负荷较为集中，每处就地设置配电箱和控制箱，采用双回路放射式配电（配电干线分别为 WLE4M/WLE4S、WPE1M/WPE1S、WPE2M/WPE2S、WPE3M/WPE3S、WPE4M/WPE4S、WPE9M/WPE9S、WPE10M/WPE10S），在末端配电箱进行双电源自动切换。

② 转换层正压风机、转换层排烟风机、地下室送风机、地下室排烟风机等均为小容量一级负荷，每处就地设置配电控制箱，采用双回路树干式配电（配电干线分别为 WPE5M/WPE5S、WPE6M/WPE6S、WPE7M/WPE7S、WPE8M/WPE8S），在末端配电控制箱进行双电源自动切换。

③ 各层应急照明及防火卷帘为一级负荷，分布于各层，容量小，采用分区双回路

树干式配电，即1～4层应急照明及防火卷帘、5～25层及转换层应急照明及防火卷帘各采用2路干线配电（配电干线为WLE1M/WLE1S、WLE2M/WLE2S），配电干线采用预分支电缆。1～4层每层按防火分区设置2台应急照明配电箱，由设置于各层的1台双电源自动切换配电箱以放射式配电；5～25层每层按防火分区设置1台应急照明配电箱，由每3层设置的1台双电源自动切换配电箱以放射式配电；转换层设置1台应急照明配电箱。

④ 地下室应急照明及防火卷帘为一级负荷，容量小，从配电室以双回路树干式配电（配电干线 WLE3M/WLE3S），在末端配电箱进行双电源自动切换。地下室按防火分区设置2台应急照明配电箱。

扫描二维码可查看本工程消防负荷配电干线系统图及讲解视频。

二维码10-21　图纸
本工程消防负荷配电干线系统图

二维码10-22　视频
本工程消防负荷配电干线系统图讲解

三、层间配电箱系统

① 20～25层标准写字间每层通过插接开关箱，以树干式配电给1台层间配电箱，再由层间配电箱以放射式配电给各写字间末端配电箱，并计量各写字间消耗的电能。配电级数为3级。

② 5～19层公寓式写字间通过2只插接开关箱，以树干式分别配电给2台层间配电箱，再由层间配电箱以放射式配电给各写字间末端配电箱，并计量各写字间消耗的电能。配电级数为3级。

③ 5～25层写字间每3层设置1台通道照明双电源切换箱，以放射式配电给设置于每个防火分区的通道照明末端配电箱。配电级数为3级。

④ 1～4层商场每层设置1台通道照明双电源切换箱，以放射式配电给设置于每个防火分区的通道照明末端配电箱。配电级数为3级。

⑤ 5～25层写字间每3层设置1台应急照明双电源切换箱，以放射式配电给每层的应急照明末端配电箱。配电级数为3级。

⑥ 地下室、1～4层商场每层设置1台应急照明双电源切换箱，以放射式配电给每个防火分区的应急照明末端配电箱，配电级数为3级。

⑦ 1～4层商场每层设置1台自动扶梯双电源切换箱，以放射式配电给设置于自动扶梯处的控制箱。配电级数为3级。

以第5层为例，设有两个层间电表配电箱5AW1和5AW2，一个双电源自动切换公共通道照明配电箱5AT1，一个双电源自动切换应急照明配电箱5ATE1。5AW1放射式出线到各写字间分配电箱AL1～AL9，5AW2放射式出线到各写字间分配电箱AL10～AL18，由于各写字间完全一样，因此AL1～AL18配电箱完全相同，从而5AW1和5AW2也完全相同，可以共用一个系统图。5AT1放射式出线分别到5、6、7三层的公共通道照明配电箱5ALC1、6ALC1、7ALC1。5ATE1放射式出线分别到5、6、7三层的应急照明配电箱

5ALE1、6ALE1、7ALE1。图 10-1 为 5AW1/2 配电箱系统图，图 10-2 为 5AL1～18 配电箱系统图，图 10-3 为 5AT1 双电源自动切换配电箱系统图。扫描二维码可查看更多本工程配电箱系统图。

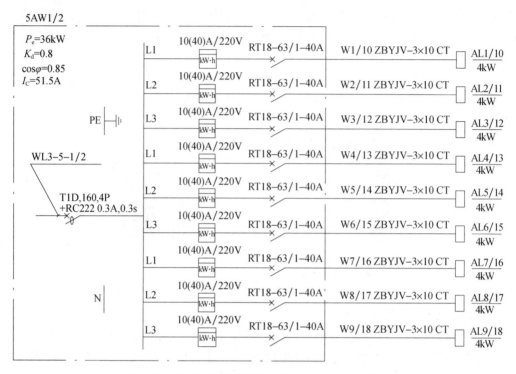

图 10-1　第 5 层层间照明配电箱（5AW1/2）系统图

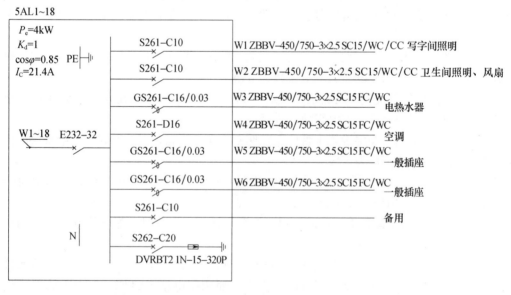

图 10-2　第 5 层写字间照明配电箱（5AL1～18）系统图

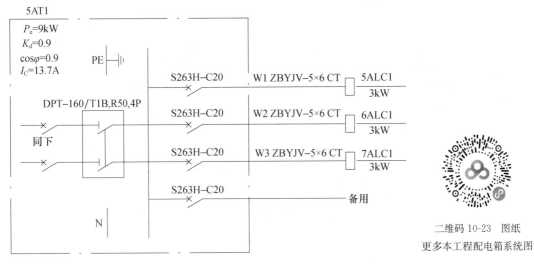

图 10-3　公共通道双电源自动切换照明配电箱（5AT1）系统图

第八节　短路电流计算及设备和导线的选择

一、短路电流计算

供电部门提供的系统短路数据如下。

① 提供 10kV 专线电源 A 的 110/10kV 变电站距离本工程 3km，电源引入电缆型号初选为 YJV22-8.7/10-3×120。110/10kV 变电站 10kV 母线处三相短路电流有效值规划最大值为 25kA，最小值为 18kA。电缆首端过电流保护延时时间为 0.8s，真空断路器全开断时间为 0.1s。

② 提供 10kV 环网电源 B 的 35/10kV 变电站环网柜距离本工程 0.1km，电源引入电缆型号初选为 YJV22-8.7/10-3×95。该环网柜 10kV 母线处三相短路电流有效值规划最大值为 10kA，最小值为 6kA。电缆采用高分断熔断器保护。

本节计算中，电抗和电抗标幺值保留小数点后 3 位有效数字，其他计算结果保留小数点后 1 位有效数字。

（一）变电所高压侧短路电流计算

某工程变电所高压侧短路电流计算电路（图 10-4），短路点 k-1、k-2 点选取在变电所两段 10kV 母线上。

本工程由两个 10kV 电源供电，但不并联运行。因此，需分别计算变电所 10kV 母线上的三相和两相短路电流，找出其最大值和最小值。采用标幺值法进行计算，取 $S_d=100\text{MVA}$。下面仅以系统 A 高压侧短路电流计算为例介绍高压侧短路电流计算过程。

（1）基准值计算

基准电压为

$$U_{d1}=U_{avl}=105\%U_N=10.5\ (\text{kV})$$

基准电流为

$$I_{d1}=\frac{S_d}{\sqrt{3}U_{d1}}=\frac{100}{\sqrt{3}\times10.5}=5.5\ (\text{kA})$$

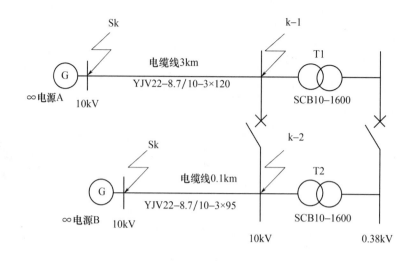

图 10-4　本工程变电所高压侧短路电流计算电路

最大运行方式下电力系统最大短路容量为

$$S_{\text{ocmax}} = \sqrt{3} U_{\text{avl}} I_{\text{ocmax}} = 1.732 \times 10.5 \times 25 = 454.7 \ (\text{MV·A})$$

最小运行方式下电力系统最大短路容量为

$$S_{\text{ocmin}} = \sqrt{3} U_{\text{avl}} I_{\text{ocmin}} = 1.732 \times 10.5 \times 18 = 327.3 \ (\text{MV·A})$$

（2）电抗标幺值

最大运行方式下电力系统电抗标幺值为

$$X_{\text{smax}}^{*} = \frac{S_{\text{d}}}{S_{\text{ocmax}}} = \frac{100}{454.65} = 0.22$$

最小运行方式下电力系统电抗标幺值为

$$X_{\text{smin}}^{*} = \frac{S_{\text{d}}}{S_{\text{ocmin}}} = \frac{100}{327.3} = 0.306$$

电缆线路单位长度电抗值 $x_0 = 0.095 \Omega/\text{km}$，长度为 3km，则电缆线路电抗标幺值为

$$X_{\text{L}}^{*} = x_0 l \frac{S_{\text{d}}}{(U_{\text{avl}})^2} = 0.095 \times 3 \times \frac{100}{(10.5)^2} = 0.259$$

k-1 点短路时等效电路如图 10-5 所示。

图 10-5　k-1 点短路时等效电路

从而 k-1 点短路时总电抗标幺值，最大运行方式下为

$$X_{\Sigma\text{max}}^{*} = X_{\text{smax}}^{*} + X_{\text{L}}^{*} = 0.22 + 0.259 = 0.479$$

最小运行方式下为

$$X_{\Sigma\text{min}}^{*} = X_{\text{smin}}^{*} + X_{\text{L}}^{*} = 0.306 + 0.259 = 0.565$$

（3）短路计算

三相短路电流为

$$I_{kmax}^{(3)} = \frac{I_{d1}}{X_{\Sigma max}^*} = \frac{5.5}{0.479} = 11.5 \ (kA), \quad I_{kmin}^{(3)} = \frac{I_{d1}}{X_{\Sigma min}^*} = \frac{5.5}{0.565} = 9.7 \ (kA)$$

进而

$$I''^{(3)}_{kmax} = I_{\infty max} = I_{kmax}^{(3)} = 11.5 \ (kA), \quad I''^{(3)}_{kmin} = I_{\infty min} = I_{kmin}^{(3)} = 9.7 \ (kA)$$

三相短路容量为

$$S_{kmax}^{(3)} = \sqrt{3} U_{av1} I_{kmax}^{(3)} = 1.732 \times 10.5 \times 11.5 = 209.1 \ (MV \cdot A)$$

$$S_{kmin}^{(3)} = \sqrt{3} U_{av1} I_{kmin}^{(3)} = 1.732 \times 10.5 \times 9.7 = 176.4 \ (MV \cdot A)$$

两相短路电流为

$$I_{kmax}^{(2)} = 0.866 I_{kmax}^{(3)} = 0.866 \times 11.5 = 10.0 \ (kA)$$

$$I_{kmin}^{(2)} = 0.866 I_{kmin}^{(3)} = 0.866 \times 9.7 = 8.4 \ (kA)$$

按照同样方法可以计算出系统 B 高压侧 k-2 点短路时三相短路电流和两相短路电流。

二维码 10-24　视频
电源 B 高压侧
短路电流计算

变电所高压侧短路计算书如表 10-8 所示。

表 10-8　变电所高压侧短路计算书

基准值 $S_d = 100MV \cdot A$，$U_{d1} = 10.5kV$，$I_{d1} = 5.5kA$

序号	元件	短路点	运行参数		电抗标幺值 X^*	三相短路电流（kA）				三相短路容量 $S_k^{(3)}$（MV·A）	两相短路电流 $I_k^{(2)}$（kA）
						$I''^{(3)}_k$	I_∞	$I_k^{(3)}$	i_{sh}		
1	系统 A		最大运行方式 max		0.220	25.0	25.0	25.0	63.8	454.7	21.7
			最小运行方式 min		0.306	18.0	18.0	18.0	45.9	327.3	15.6
2	线路 A		x（Ω/km）	l（km）	0.259						
			0.095	3							
3	1+2	k-1	最大运行方式 max		0.479	11.5	11.5	11.5	29.3	209.1	10.0
			最小运行方式 min		0.565	9.7	9.7	9.7	24.7	176.4	8.4
4	系统 B		最大运行方式 max		0.55	10.0	10.0	10.0	25.5	181.9	8.7
			最小运行方式 min		0.916	6.0	6.0	6.0	15.3	109.1	5.2
5	线路 B		x（Ω/km）	l/km	0.009						
			0.095	0.1							
6	4+5	k-2	最大运行方式 max		0.559	9.8	9.8	9.8	25.0	178.2	8.5
			最小运行方式 min		0.925	5.9	5.9	5.9	15.2	107.3	5.1

通过计算可知，变电所 10kV 母线上三相对称短路电流的初始值在由电源 A 供电时最大，为 11.5kA；两相不对称短路电流初始值在由电源 B 供电时最小，为 5.1kA。

（二）低压电网短路电流计算

1. 变电所低压侧短路电流计算

本工程变电所低压侧短路电流计算电路如图 10-6 所示。正常运行时，电源 A（变压器 T1）和电源 B（变压器 T2）同时供电，低压母线分段不联络。短路点选在两台变压器低压绕组出口处 k-3、k-4 点，两台低压进线开关负荷侧 k-5、k-6 点和离低压进线开关最远端母线处 k-7、k-8 点。低压侧除了三相和两相短路之外，单相接地故障发生率远高于三相和两相短路，因此，还需计算单相接地故障电流。采用欧姆法进行计算，计算时配电母线的型号先按发热条件初选，导体截面面积具体选择与校验见本章后续内容。以变压器 T1 低压侧短路电流计算为例介绍具体计算过程。

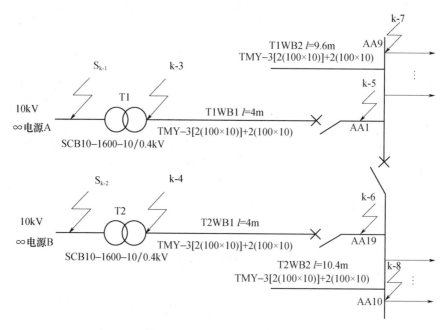

图 10-6　本工程变电所低压侧短路电流计算电路

选取系统 A 最大运行方式下的短路容量，即 $S_k^{(3)} = 209.1 \text{MV·A}$ 作为变压器 T1 低压侧短路电流计算的初始容量，$U_{av2} = 0.4 \text{kV}$。变压器 T1 低压侧短路时的计算过程如下。

（1）短路电路阻抗计算

电力系统阻抗：

$$Z_s = \frac{(U_{av2})^2}{S_k^{(3)}} = \frac{0.4^2}{209.1} = 0.000765 \ (\Omega) = 0.765 \ (\text{m}\Omega)$$

$$X_s = 0.995 Z_s = 0.761 \ (\text{m}\Omega), \quad R_s = 0.1 X_s = 0.076 \ (\text{m}\Omega)$$

此处相线—保护线阻抗为

$$R_{\text{L-PEs}} = \frac{2}{3} R_s = 0.051 \ (\text{m}\Omega), \quad X_{\text{L-PEs}} = \frac{2}{3} X_s = 0.507 \ (\text{m}\Omega)$$

电力变压器电抗为

$$X_T = \frac{U_k \% (U_{av2})^2}{100 S_{NT}} = \frac{6 \times 0.4^2}{100 \times 1.6} = 0.006 \ (\Omega) = 6 \ (\text{m}\Omega)$$

$$R_T = \Delta P_k \left(\frac{U_{av}}{S_{NT}} \right)^2 = 10.2 \times \left(\frac{0.4}{1.6} \right)^2 = 0.638 \ (\text{m}\Omega)$$

此处相线—保护线阻抗为

$$R_{\text{L-PET}} = R_T = 0.638 \ (\text{m}\Omega), \quad X_{\text{L-PET}} = X_T = 6 \ (\text{m}\Omega)$$

母线 T1WB1 段的阻抗为

$$R_{\text{T1WB1}} = r_{01} l_1 = 0.011 \times 4 = 0.044 \ (\text{m}\Omega)$$

$$X_{\text{T1WB1}} = x_{01} l_1 = 0.116 \times 4 = 0.464 \ (\text{m}\Omega)$$

此处相线—保护线阻抗为

$$R_{\text{L-PET1WB1}}=r_{\text{L-PE1}}l_1=0.033\times4=0.132\ (\text{m}\Omega)$$

$$X_{\text{L-PET1WB1}}=x_{\text{L-PE1}}l_1=0.260\times4=1.040\ (\text{m}\Omega)$$

母线 T1WB2 段的阻抗为

$$R_{\text{T1WB2}}=r_{02}l_2=0.011\times9.6=0.106\ (\text{m}\Omega)$$

$$X_{\text{T1WB2}}=x_{02}l_2=0.116\times9.6=1.114\ (\text{m}\Omega)$$

此处相线—保护线阻抗为

$$R_{\text{L-PET1WB2}}=r_{\text{L-PE2}}l_2=0.033\times9.6=0.317\ (\text{m}\Omega),$$

$$X_{\text{L-PET1WB2}}=x_{\text{L-PE2}}l_2=0.260\times9.6=2.496\ (\text{m}\Omega)$$

变压器 T1 低压侧短路时的等效电路如图 10-7 所示。

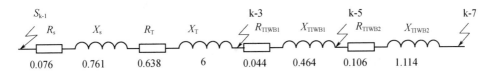

(a) 三相短路时的等效电路

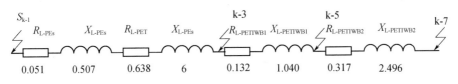

(b) 单相接地短路时的等效电路

图 10-7　变压器 T1 低压侧短路时的等效电路

k-3 点短路时的总等效阻抗为

$$\Sigma R_{\text{k-3}}=R_{\text{s}}+R_{\text{T}}=0.076+0.638=0.714\ (\text{m}\Omega)$$

$$\Sigma X_{\text{k-3}}=X_{\text{s}}+X_{\text{T}}=0.761+6=6.761\ (\text{m}\Omega)$$

$$\Sigma Z_{\text{k-3}}=\sqrt{(\Sigma R_{\text{k-3}})^2+(\Sigma X_{\text{k-3}})^2}=\sqrt{0.714^2+6.761^2}=6.799\ (\text{m}\Omega)$$

单相接地电阻、电抗和阻抗为

$$\Sigma R_{\text{L-PEk-3}}=R_{\text{L-PEs}}+R_{\text{L-PET}}=0.051+0.638=0.689\ (\text{m}\Omega)$$

$$\Sigma X_{\text{L-PEk-3}}=X_{\text{L-PEs}}+X_{\text{L-PET}}=0.507+6=6.507\ (\text{m}\Omega)$$

$$\Sigma Z_{\text{L-PEk-3}}=\sqrt{(\Sigma R_{\text{L-PEk-3}})^2+(\Sigma X_{\text{L-PEk-3}})^2}=\sqrt{0.689^2+6.507^2}=6.543\ (\text{m}\Omega)$$

k-5 点短路时的总等效阻抗为

$$\Sigma R_{\text{k-5}}=R_{\text{s}}+R_{\text{T}}+R_{\text{T1WB1}}=0.076+0.638+0.044=0.758\ (\text{m}\Omega)$$

$$\Sigma X_{\text{k-5}}=X_{\text{s}}+X_{\text{T}}+X_{\text{T1WB1}}=0.761+6+0.464=7.225\ (\text{m}\Omega)$$

$$\Sigma Z_{\text{k-5}}=\sqrt{(\Sigma R_{\text{k-5}})^2+(\Sigma X_{\text{k-5}})^2}=\sqrt{0.758^2+7.225^2}=7.265\ (\text{m}\Omega)$$

单相接地电阻、电抗和阻抗为

$$\Sigma R_{\text{L-PEk-5}}=R_{\text{L-PEs}}+R_{\text{L-PET}}+R_{\text{L-PET1WB1}}=0.051+0.638+0.132=0.821\ (\text{m}\Omega)$$

$$\Sigma X_{\text{L-PEk-5}}=X_{\text{L-PEs}}+X_{\text{L-PET}}+X_{\text{L-PET1WB1}}=0.507+6+1.040=7.547\ (\text{m}\Omega)$$

$$\Sigma Z_{\text{L-PEk-5}}=\sqrt{(\Sigma R_{\text{L-PEk-5}})^2+(\Sigma X_{\text{L-PEk-5}})^2}=\sqrt{0.821^2+7.547^2}=7.592\ (\text{m}\Omega)$$

k-7 点短路时的总等效电阻、电抗和阻抗为

$$\Sigma R_{\text{k-7}}=R_{\text{s}}+R_{\text{T}}+R_{\text{T1WB1}}+R_{\text{T1WB2}}=0.076+0.638+0.044+0.106=0.864\ (\text{m}\Omega)$$

$$\Sigma X_{k\text{-}7} = X_s + X_T + X_{T1WB1} + X_{T1WB2} = 0.761 + 6 + 0.464 + 1.114 = 8.339 \ (\text{m}\Omega)$$

$$\Sigma Z_{k\text{-}7} = \sqrt{(\Sigma R_{k\text{-}7})^2 + (\Sigma X_{k\text{-}7})^2} = \sqrt{0.864^2 + 8.339^2} = 8.384 \ (\text{m}\Omega)$$

单相接地电阻、电抗和阻抗为

$$\Sigma R_{L\text{-}PEk\text{-}7} = R_{L\text{-}PEs} + R_{L\text{-}PET} + R_{L\text{-}PET1WB1} + R_{L\text{-}PET1WB2} = 0.051 + 0.638 + 0.132 + 0.317 = 1.138 \ (\text{m}\Omega)$$

$$\Sigma X_{L\text{-}PEk\text{-}7} = X_{L\text{-}PEs} + X_{L\text{-}PET} + X_{L\text{-}PET1WB1} + X_{L\text{-}PET1WB2} = 0.507 + 6 + 1.040 + 2.496 = 10.043 \ (\text{m}\Omega)$$

$$\Sigma Z_{L\text{-}PEk\text{-}7} = \sqrt{(\Sigma R_{L\text{-}PEk\text{-}7})^2 + (\Sigma X_{L\text{-}PEk\text{-}7})^2} = \sqrt{1.138^2 + 10.043^2} = 10.107 \ (\text{m}\Omega)$$

② 短路计算

k-3 点短路时的三相短路电流和三相短路容量分别为

$$I_{k\text{-}3}^{(3)} = \frac{U_{av2}}{\sqrt{3}\,\Sigma Z_{k\text{-}3}} = \frac{0.4}{1.732 \times 6.799} = 34.0 \ (\text{kA})$$

$$S_{k\text{-}3} = \sqrt{3}\,U_{av2} I_{k\text{-}3}^{(3)} = 1.732 \times 0.4 \times 34.0 = 23.6 \ (\text{MV·A})$$

此时两相短路电流为

$$I_{k\text{-}3}^{(2)} = 0.866 I_{k\text{-}3}^{(3)} = 0.866 \times 34.0 = 29.4 \ (\text{kA})$$

单相接地电流为

$$I_{k\text{-}3}^{(1)} = \frac{U_{av2}/\sqrt{3}}{\Sigma Z_{L\text{-}PEk\text{-}3}} = \frac{0.4}{1.732 \times 6.543} = 35.3 \ (\text{kA})$$

k-5 点短路时的三相短路电流和三相短路容量分别为

$$I_{k\text{-}5}^{(3)} = \frac{U_{av2}}{\sqrt{3}\,\Sigma Z_{k\text{-}5}} = \frac{0.4}{1.732 \times 7.265} = 31.8 \ (\text{kA})$$

$$S_{k\text{-}5} = \sqrt{3}\,U_{av2} I_{k\text{-}5}^{(3)} = 1.732 \times 0.4 \times 31.8 = 22.0 \ (\text{MV·A})$$

此时两相短路电流为

$$I_{k\text{-}5}^{(2)} = 0.866 I_{k\text{-}5}^{(3)} = 0.866 \times 31.8 = 27.5 \ (\text{kA})$$

单相接地电流为

$$I_{k\text{-}5}^{(1)} = \frac{U_{av2}/\sqrt{3}}{\Sigma Z_{L\text{-}PEE\text{-}5}} = \frac{0.4}{1.732 \times 7.592} = 30.4 \ (\text{kA})$$

k-7 点短路时的三相短路电流和三相短路容量分别为

$$I_{k\text{-}7}^{(3)} = \frac{U_{av2}}{\sqrt{3}\,\Sigma Z_{k\text{-}7}} = \frac{0.4}{1.732 \times 8.384} = 27.5 \ (\text{kA})$$

$$S_{k\text{-}7} = \sqrt{3}\,U_{av2} I_{k\text{-}7}^{(3)} = 1.732 \times 0.4 \times 27.5 = 19.1 \ (\text{MV·A})$$

此时两相短路电流为

$$I_{k\text{-}7}^{(2)} = 0.866 I_{k\text{-}7}^{(3)} = 0.866 \times 27.5 = 23.8 \ (\text{kA})$$

单相接地电流为

$$I_{k\text{-}7}^{(1)} = \frac{U_{av2}/\sqrt{3}}{\Sigma Z_{L\text{-}PEk\text{-}7}} = \frac{0.4}{1.732 \times 10.107} = 22.9 \ (\text{kA})$$

同样方法，可以分别计算出变压器 T2 低压侧 k-4、k-6 和 k-8 点处短路时的三相和两相短路电流及单相接地电流。

2. 低压配电线路短路电流计算

低压配电干线系统中短路计算点，选取在配电干线首端分支处与末端分支处（即层配电箱处）、每层分支线末端（即末端配电箱处），分支线短路计算点选取在计量配电箱终端处。

配电干线及分支线计算长度根据建筑平面图和剖面图及其敷设走向确定。低压配电线路短路电流计算也采用欧姆法，计算时，配电干线及其分支线的导线型号规格先按发热条件初选，导体截面面积具体选择与校验见本章后续内容。

二维码 10-25　表格
变压器低压侧短路电流计算书

二维码 10-26　视频
变压器 T2 低压侧短路电流计算讲解

二、设备选择

（一）高压电气设备的选择

本工程 10kV 高压系统选用 ZS1-12 型高压户内中置式开关柜，柜内安装的高压电器主要是高压断路器、熔断器和互感器等电气设备。重点介绍高压断路器与互感器的选择。

1. 高压断路器的选择

高压断路器主要作为变压器回路、电源进线回路的控制和保护电器及分段联络用电器。使用环境为建筑物地下室内高压开关柜（AH3、AH4、AH5、AH7、AH10 柜）内，10kV 系统中性点经消弧线圈接地。根据需要和产品供应情况，10kV 系统选用 VD4 型户内高压真空断路器，配用弹簧操动机构。下面以 AH3 柜为例介绍高压断路器的选择与校验。

（1）高压断路器的选择

额定电压 U_N：不低于所在电网处的额定电压 $U_{NS}=10$kV，选取 $U_N=12$kV。

额定电流 I_N：应大于或等于所在回路的最大长期工作电流 I_{max}（或计算电流 I_c）。

AH3 柜为 10kV 电源 A 高压进线柜，应能带全部负荷，其高压侧总视在计算负荷为两台变压器容量之和即为 3200kV·A，从而得计算电流为 $I_c=184.8$A。

根据断路器的电流等级，选择断路器额定电流 $I_N=630$A$>I_c=184.8$A，满足要求。

根据 VD4 型户内高压真空断路器产品手册，选择 VD4-12-630A。其相关参数为：

额定开断电流 $I_{oc}=20$kA，额定峰值耐受电流 $i_{max}=50$kA，额定短时（$t=4$s）耐受电流 $I_t=20$kA。

（2）高压断路器的校验

额定开断电流校验：$I_{oc}=20$kA$>I_{kt}=I_k=11.5$kA，开断电流满足条件。

二维码 10-27　视频
高压断路器的选择

动稳定校验：$i_{max}=50$kA$>i_{sh}=29.3$kA，满足动稳定条件。

热稳定校验：

$$I_t^2 t=20^2 \times 4=1600 \text{（kA}^2 \cdot \text{s}）>I_k^2 t_{ima}=11.5^2 \times （0.8+0.05+0.05）=119.03 \text{（kA}^2 \cdot \text{s}）$$

满足热稳定条件。

此处 I_{kt} 和 i_{sh} 分别选取电源 A 或 B 短路时最大稳态短路电流和最大短路冲击电流。

2. 高压电流互感器的选择

本工程高压电流互感器有用于电能计量专用的（如 AH2、AH9 柜），有做继电保护和测量用的（如 AH3、AH4、AH5、AH7、AH8 柜），均选择 LZZBJ12-10A 型户内高压电流互感器。以 AH3 柜测量用电流互感器为例介绍电流互感器的选择与校验。

（1）电流互感器的选择

① 额定电压：$U_N = 10kV$，满足 $U_N \geqslant U_{Ns} = 10kV$。

② 额定一次电流：$I_{1N} = 200A$，满足 $I_{1N} > I_{max} = 184.8A$。

③ 额定二次电流：$I_{2N} = 5A$。

选择 LZZBJ12-10A-200 型电流互感器，其参数为动稳定电流 $i_{max} = 112.5kA$，$t = 1s$ 热稳定电流为 $I_t = 45kA$，准确度级及容量：测量 0.5/20V·A。

④ 连接形式：三相星形连接。

（2）电流互感器的校验

① 动稳定校验：

$$i_{max} = 112.5 \ (kA) \ > i_{sh} = 29.3kA$$

满足动稳定条件。

② 热稳定校验：

$$I_t^2 t = 45^2 \times 1 = 2025 \ (kA^2 \cdot s) > I_k^2 t_{ima} = 11.5^2 \times (0.8 + 0.05 + 0.05) = 119.0 \ (kA^2 \cdot s)$$

满足热稳定条件。

③ 准确度级校验：

为了保证电流互感器的准确度级，电流互感器二次侧所接实际负荷所消耗的容量 S_2 应不大于该准确度级所规定的额定容量 S_{2N}，即 $S_2 \leqslant S_{2N}$。而

$$S_2 = I_{2N}^2 \sum r_i + I_{2N}^2 r_l + I_{2N}^2 r_c = \sum S_i + I_{2N}^2 r_l + I_{2N}^2 r_c$$

其中，$\sum S_i$ 为电流互感器二次侧所接仪表的内容量总和（V·A），测量电流表为电子式仪表，其电流回路负荷不超过 1V·A，故取 $\sum S_i = 1V·A$。r_c 为电流互感器二次连线的接触电阻（Ω），由于不能准确测量，一般取为 0.1Ω；电流互感器二次侧为星形连接，从而有 $r_l = \dfrac{L_c}{A\gamma} = \dfrac{3}{4 \times 53} = 0.014 \ (\Omega)$。则

$$S_2 = 1 + 5^2 \times (0.1 + 0.014) = 3.9 \ (V·A) < S_{2N} = 20V·A$$

满足准确度级要求。

3. 高压电压互感器的选择

本工程高压电压互感器有的做计量专用（如 AH2、AH9 柜），有的做电压测量用（如 AH1、AH10 柜）。选用 JDZ12-10 型户内高压电压互感器。以 AH2 柜计量专用电压互感器为例，介绍高压互感器的选择与校验。

二维码 10-28　视频
高压电流互感器的选择

（1）电压互感器的选择

① 额定一次电压：$U_{1N} = 10kV$，满足 $U_{1N} \geqslant U_{NS} = 10kV$；

② 额定二次电压：$U_{2N} = 100V$；

选择 JDZ12-10 型测量用电压互感器，其准确度级及二次侧容量为 0.2/30V·A。

③ 连接形式：两只单相电压互感器接成 VV 连接。

（2）电压互感器的准确度级校验

电压互感器的额定二次容量 S_{2N}（对应于所要求的准确度级），应不小于电压互感器的二次负荷 S_2。电能计量柜内装设有电子式多功能电能表，每一电压线路功耗不大于 1.0W、

2V•A，每只单相电压互感器的实际二次负荷容量等于电压互感器二次侧电压母线的线间负荷，即4V•A，小于额定二次负荷容量30V•A（0.2级），满足准确度级要求。

（二）低压电气设备的选择

本工程0.38kV低压电气系统变电所选用MNS（BWL3）-0.4型低压户内抽出式开关柜，柜内安装的低压电器主要有低压断路器和电流互感器等。低压配电垂直母线干线系统插接箱及层配电箱中的低压电器主要有低压断路器和双电源自动转换开关等。下面以图10-6中变压器T1低压进线断路器（k-5点前）为例介绍低压断路器的选择。

1. 低压断路器的初步选择

① 型式选择：变电所低压开关柜内的断路器是变电所低压电源进线和母线联络保护用断路器，选择抽出式空气断路器，选择性三段保护，TN-S系统，选择极数为3P。初选E3N PR122/P-LSI 3P W，其技术参数如表10-9所示。

表10-9　E3N PR122/P-LSI 3P W 技术参数

E3N	分断能力 I_{oc}（kA）	框架电流 I_u（A）	PR122/P-LSI	脱扣器额定电流 I_n（即 $I_{N.OR}$）（A）	极数	抽出式
框架式	65	800，1000，1250，1600，2000，2500，3200	电子脱扣器，三段保护，液晶显示	800，1000，1250，1600，2000，2500，3200	3P	W

② 额定电压 U_N：应不低于所在电网处的额定电压 $U_{NS} = 0.38$kV，从E3N断路器产品系列中选择 $U_N = 0.4$kV 或 0.69kV。

③ 额定电流 I_N：即为断路器框架额定电流 I_u，应满足 $I_N \geqslant I_c = 2309.5$A（此处 I_c 为按变压器T1额定容量确定的最大负荷计算电流），从表10-9框架电流系列中初选2500A或3200A系列。I_N 还需大于长延时脱扣器的整定电流，具体数值待长延时脱扣器整定电流确定后选择。

2. 低压断路器过电流脱扣器的选择与整定

（1）过电流脱扣器额定电流 $I_{N.OR}$ 的选择

过电流脱扣器额定电流 $I_{N.OR}$ 应不小于线路的最大负荷电流，即

$$I_{N.OR} \geqslant I_{max} = I_c = 2309.5 \text{（A）。}$$

从表10-9脱扣器额定电流系列中选择 $I_{N.OR} = 2500$A。

（2）长延时过电流脱扣器整定电流 $I_{op(l)}$

① 要求大于或等于线路的最大负荷电流，即

$$I_{op(l)} \geqslant K_{rel(l)} I_{max} = 1.1 \times 2309.5 = 2540.5 \text{（A）}$$

② 要与线路的允许载流量配合，满足

$$I_{op(l)} \leqslant K_{OL(l)} I_{al} = 1 \times 2924 = 2924 \text{（A）}$$

线路的 $I_{al} = 2924$A，可参见本章低压侧电气主接线系统图（二维码10-13）。从中可得，$2540.5\text{A} \leqslant I_{op(l)} \leqslant 2924\text{A}$。

首先据此可确定断路器的额定电流，应满足 $I_N \geqslant I_{op(l)}$，结合上一步得到的 $I_N = 2500$A 或 3200A，从表10-9中选择 $I_N = 3200$A。

综合上述几个条件，可得

$$I_{op(l)} = \frac{2540.5 \sim 2924}{I_N} I_N = (0.79 \sim 0.91) \times I_N \approx 0.86 I_N = 2752 \text{ (A)} = 2.8 \text{ (kA)}$$

（3）短延时过电流脱扣器整定电流 $I_{op(s)}$

① 躲过短时尖峰电流

$$I_{op(s)} \geqslant K_{rel(s)} I_{pk} = 1.2 \times [6.7 \times 244.0 + (1896.8 - 244.0)] = 3945.1 \text{ (A)} = 1.23 I_N$$

注：以最大容量为 132kW 水泵电动机全压启动计算，电动机额定电流为 244A，启动电流倍数为 6.7。

② 与下一级断路器的选择性配合，满足

$$I_{op(s)} \geqslant 1.3 I_{op(o)(2)} = 1.3 \times 3000 = 3900 \text{ (A)} = 1.22 I_N$$

其中 $I_{op(o)(2)}$ 为下一级保护断路器的瞬时短路保护整定电流。

综合上述几个条件，选择 $I_{op(s)} = 2 I_N = 6400 A = 6.4 kA$。

（4）瞬时过电流脱扣器整定电流 $I_{op(o)}$

① 躲过短时尖峰电流 I_{pk}：

以最大容量为 132kW 水泵电动机全压启动计算，电动机额定电流为 244A，启动电流倍数为 6.7 时的尖峰电流来进行选择，即

$$I_{op(o)} \geqslant K_{rel(o)} I_{pk} = 1.2 \times [6.7 \times 244.0 + (1896.8 - 244.0)] = 3945.4 \text{ (A)} = 1.23 I_N$$

② 与下一级断路器选择性配合，满足

$$I_{op(o)} \geqslant 1.2 I_{kmax(2)} = 1.2 \times 21.6 = 25.9 \text{ (kA)} \approx 8.1 I_N$$

其中 $I_{kmax(2)}$ 为下一级断路器最大短路电流。

综合上述几个条件，选择 $I_{op(o)} = 8.1 I_N = 25.9 kA$。

3. 校验

（1）断流能力校验

$I_{oc} = 65 kA > I_k^{(3)} = 31.8 kA$，满足校验。此处 $I_k^{(3)}$ 取 k-5 点处三相短路电流。

（2）保护灵敏度的校验

此处应选择线路末端 k-7 处最小的单相接地短路电流，根据本章短路计算结果，已知 $I_{kmin}^{(1)} = 22.9 kA$，因此有

$$\frac{I_{kmin}^{(1)}}{I_{op(s)}} = \frac{22.9}{6.4} = 3.6 > 1.3$$

满足校验。

因此，最终选择 E3N 3200 PR122/P-LSI 3P W 低压抽出式框架断路器。

其余低压配电垂直干线系统、插接箱、楼层配电箱等进出线回路中的保护用低压断路器的选择及整定方法类似，在此不再详述。

二维码 10-29 视频
低压断路器的选择

三、导线和电缆选择

已知工程所在地最热月的日最高平均温度为 35℃，地表下 0.8m 处最热月平均地温为 25℃。

本工程的导线类型根据导线应用场所主要分为：高压进出线电缆、高低压开关柜主母线和分支母线、低压出线电缆、配电箱进出线导线等。

高压进出线电缆的选择是以输送容量为依据来进行截面面积的选择的。高压进线电缆在

变电所外采用直埋/穿管埋地，在变电所内采用电缆梯架/电缆沟相结合的敷设方式。先按允许温升条件选择，然后校验其电压损失和短路热稳定。高压出线电缆由于在变电所内部，线路长度很短，仅为几十米，电压损失极小，一般无须校验。

选择 KYN44A-12 型铠装移开式交流金属封闭高压开关柜，选用硬裸铜母线，每相 1 片。母线截面面积先按允许温升选择，然后校验动热稳定性。由于母线在开关柜内，长度较短，电压损失较小，一般也无须校验。

选择 MNS（BWL3）-04 型低压开关柜，每相 2 片硬裸铜母线，截面选择先按允许温升选择，然后校验短路动热稳定性。低压开关柜有主母线和分支母线，由于主母线长度较短，电压损失较小，无须校验。分支母线由于长度较长，一般还需校验电压损失。低压母线在选择时要注意 N 线和 PE 线截面面积不应小于对应相母线截面面积的一半。

高低压主母线在开关柜内部的封闭环境，环境温度一般取 40℃。

低压出线电缆分为干线电缆和分支线电缆。干线电缆一般采用电缆桥架或者插接式母线槽敷设，分支线电缆沿桥架敷设或者采用插接式预分支电缆。

电缆桥架敷设和插接式预分支电缆，一般先按允许温升条件选择，再校验电压损失和短路热稳定性。预分支电缆由于分支线较短，电压损失极小，可不校验。插接式母线槽应先选择额定电流，再校验电压损失和短路动热稳定性。

本工程有多个层配电箱和末端照明（电力）配电箱，其进出导线选择可按照本书第七章的方法，根据情况不同先按允许载流量或者电压损失进行选择，再校验其他条件。

下面以高压进线电缆的选择为例介绍电缆截面的选择过程。以 10kV 专线电源 A 的进线电缆选择为例，所带为本工程全部负荷，额定容量为 3200kV·A，额定电流为 $I_N=184.8A$。10kV 专线电源 A 的进线电缆选择 YJV22-8.7/10 型 3 芯电缆，长期运行最大计算电流根据负荷计算为：$I_c=155.3A$（可参见表 10-7）。电缆截面面积的选择先按允许载流量选择，然后校验电压损失和短路热稳定。计算过程如下。

1. 按允许载流量选择

条件为：$I_{al} \geqslant I_c$。I_{al} 还需要考虑电缆环境温升、并列敷设方式、土壤热阻系数等进行校正。

（1）温度校正系数

电缆长期运行最高工作温度 $\theta_{al}=90℃$，允许载流量采用的环境温度 $\theta_0=25℃$，高压开柜柜内环境温度一般取 $\theta'_0=40℃$，从而

$$K_\theta=\sqrt{\frac{\theta_{al}-\theta'_0}{\theta_{al}-\theta_0}}=\sqrt{\frac{90-40}{90-25}}=0.877$$

（2）电缆并列敷设校正系数

已知电缆直埋敷设，埋深 0.8m，地温 25℃，3 根电缆间距 300mm 并列敷设，可得电缆载流量校正系数 $K_p=0.9$。

（3）土壤热阻校正系数

此处土壤没有特殊情况，取 $K_s=1$。

因此，电缆载流量选择条件修正为 $I'_{al}=K_\theta K_p K_s I_{al} \geqslant I_c$，从而得

$$I_{al} \geqslant \frac{I_c}{K_\theta K_p K_s}=\frac{155.3}{0.877 \times 0.9 \times 1}=196.8（A）$$

查《工业与民用配电设计手册》（第四版）中表 9.3-23，选择 $A=120mm^2$，允许载流量为 $I_{al}=221A$。

二维码 10-30 表格
工业与民用配电设计手册
第四版表 9.3-23

2. 电压损失校验

根据表 10-7 负荷计算的结果，已知 $P_c = 2441.1\text{kW}$，$Q_c = 1130.3\text{kvar}$，查表得 $A = 120\text{mm}^2$ 的 YJV 电缆单位长度电阻和电抗分别为 $r_0 = 0.19\Omega/\text{km}$，$x_0 = 0.095\Omega/\text{km}$，线路长度已知为 $l = 3\text{km}$。则有

$$\Delta U\% = \frac{1}{10U_n^2}(P_c r_0 + Q_c x_0)l = \frac{1}{10 \times 10^2} \times (2441.1 \times 0.19 + 1130.8 \times 0.095) \times 3 = 1.7$$

而允许电压损失为 $\Delta U_{al}\% = 5 > \Delta U\% = 1.7$，满足电压损失校验条件。

3. 短路热稳定性校验

三相最大短路电流 $I_{kmax}^{(3)} = 11.5\text{kA}$

短路假想时间 $t_{ima} = t_k + 0.05 = t_p + t_b + 0.05 = 0.8 + 0.05 + 0.05 = 0.9$（s）

查表得热稳定系数 $K = 137 \times 10^{-3}\text{kA} \cdot \sqrt{\text{s}}/\text{mm}^2$，则热稳定最小允许截面面积：

$$A_{min} = \frac{\sqrt{I_k^{(3)2} t_{ima}}}{K} = \frac{\sqrt{11.5^2 \times 0.9}}{137 \times 10^{-3}} = 79.6(\text{mm}^2)$$

所选择截面面积 $A = 120\text{mm}^2$，大于 A_{min}，满足短路热稳定性校验条件。

故最终选择电缆截面面积型号规格为 YJV22-8.7/10-3×120。

其余导线和电缆截面面积的选择结果可参见本工程高、低压主接线系统图（二维码 10-11 和二维码 10-13）和各配电箱系统图（图 10-1 至图 10-3 和二维码 10-23）。

二维码 10-31　视频
高压进线电缆的选择

第九节　防雷接地系统设计

一、建筑物防雷系统设计

1. 建筑物防雷类别的确定

本工程为郑州市一栋单体商业办公建筑，主楼（5～25 层）为办公建筑，长 $L = 45.4\text{m}$，宽 $W = 27.0\text{m}$，高 $H = 89.9\text{m}$。裙楼（1～4 层）为商业建筑，长 $L = 59.1\text{m}$，宽 $W = 55.8\text{m}$，高 $H = 21.7\text{m}$。

对于主楼，与建筑物接收相同雷击次数的等效面积为

$$A_e = [L \cdot W + 2(L+W)\sqrt{H(200-H)} + \pi H(200-H)] \times 10^{-6} = 0.0467(\text{km}^2)$$

校正系数 $K = 1.0$，年平均雷暴日数 $T_d = 22.6\text{d}$，从而主楼年预计雷击次数为

$$N = 0.1KT_d A_e = 0.1 \times 1.0 \times 22.6 \times 0.0467 = 0.106$$

裙楼接受雷击的等效面积在主楼的保护范围之内，因此，年预计雷击次数相同。

根据规范可知，本建筑物整体应划分为第二类防雷建筑物。

二维码 10-32　表格
建筑物年预计雷击次数计算书

二维码 10-33　视频
建筑物防雷分类划分

2. 建筑物防雷措施

作为第二类防雷建筑物，应有防直击雷和防雷电波侵入的措施。由于主楼高度超过45m，还应采取防侧击雷和等电位的保护措施。另外，本建筑物内装有大量的电子信息系统设备，还应有防雷击电磁脉冲的措施。

3. 建筑物外部防雷装置的布置（扫描二维码可查看）

二维码 10-34　图纸
本工程屋面防雷平面图

二维码 10-35　视频
本工程屋面防雷平面图讲解

① 屋面采用 ϕ10mm 镀锌圆钢或者金属栏杆作为接闪器，沿女儿墙四周敷设，支持卡子间距为 1m，转角处悬空段不大于 0.3m，接闪带高出屋面装饰柱或女儿墙 0.15m。屋面采用 ϕ10mm 镀锌圆钢组成不大于 10m×10m 或 8m×12m 的接闪网格。

② 突出屋面的所有金属构件、金属通风管、屋顶风机等均应与接闪带可靠焊接。

③ 本工程采取以下防侧击雷的等电位保护措施：

a. 将 45m 及以上各层外圈梁两个主筋通长焊接，并与各引下线焊接。

b. 将 45m 及以上外墙上的栏杆、门窗等较大的金属物与防雷装置连接。

c. 竖直敷设的金属管道及金属物的顶端和底端与防雷装置连接。

④ 利用柱子或剪力墙内两根 ϕ16mm 或 4 根 ϕ10mm 以上主筋通长焊接作为引下线，平均间距不大于 18m，引下线上端与接闪带焊接，下端与基础底板上的钢筋焊接，每根引下线的冲击接地电阻不大于 10Ω。

⑤ 利用建筑物基础钢筋网作为防雷接地装置，在与防雷引下线相对应的室外埋深 0.8m 处，由被利用作为引下线的钢筋上焊出一根 40mm×4mm 的镀锌扁钢，此扁钢伸向室外，距外墙皮的距离不小于 1.5m。在建筑物四角引下线距室外地坪 0.5m 处预留接地电阻测试卡 6 处。

4. 雷电过电压保护设计

1）高压电气装置过电压保护设计

本工程 10kV 变电所布置于地下室内，已在主体建筑物的防雷保护范围之内，因此，高压电气设备不需装设直击雷保护装置，但需采取防雷电波侵入的过电压保护。

具体做法是在两路 10kV 电源进线隔离柜内电源电缆终端侧和变压器柜出线电缆终端侧安装氧化锌避雷器，其接地线与变压器中性点及金属外壳连接在一起。选用的氧化锌避雷器的规格型号为 HY5WZ-17/45。

2）低压电气装置过电压保护设计

本工程具有中等规模的办公自动化和有线电视系统，有大量的电子信息设备，需防雷击电磁脉冲。除根据建筑物和房间不同防雷区的电磁环境要求在外部设置屏蔽措施，以合适的路径敷设线路及线路屏蔽措施外，还应采取下列措施：

① 对电子信息系统供电的低压配电系统采用 TN-S 接地形式。

② 分别在变电所低压母线上和终端配电箱处安装两级电涌保护器（SPD），安装于变电

所低压配电柜处（LPZ0B 区与 LPZ1 区交界处）为第一级 SPD，型号 OVRBT2 3N-70-320sP；安装于终端配电箱处（LPZ1 区）为第二级 SPD，型号 OVRBT2 1N-15-320P。

③ 空调机组及其水泵安装在 4 层屋面，处于 LPZ0B 区，而其设备管线及电源线路保护管将穿越至室外的 LPZ0B 区和室内的 LPZ1 区。除在 LPZ0A 或 LPZ0B 与 LPZ1 区的界面处做等电位联结外，还在配电箱处设置 SPD。

二、电气装置接地与等电位联结设计

1. 电气装置的接地与接地电阻的要求

① 本工程电气装置的接地类型有系统工作接地、安全保护接地、雷电保护接地等。将上述接地与建筑物电子信息系统采用共同的接地系统，并实施等电位联结措施。

② 共用接地装置的接地电阻按接入设备要求的最小值确定，取不大于 1Ω。

2. 接地装置的设计

① 利用建筑物钢筋混凝土基础内的钢筋做自然接地体，将基础底板上下两层主筋沿建筑物外圈焊接成环形，并将主轴线上的基础梁及结构底板上下两层主筋相互焊接做接地体。

② 接地装置完工后，应实测其接地电阻，如大于 1Ω，还应补设人工接地体。人工接地体采用以水平接地体为主的闭合环形接地网。

③ 各种接地引下线一般利用柱子或剪力墙内两根 ϕ16mm 以上主筋通长相互焊接，引至局部等电位端子箱 LEB，再通过镀锌扁钢与地下室各设备房接地干线相连。各种接地引下线的下端应通过镀锌扁钢或连接导线与基础接地网可靠焊接并做防腐。

④ 采用 40mm×4mm 镀锌扁钢沿建筑物四周敷设成闭合形状的水平人工接地体与自然接地体相连。水平人工接地体埋深 0.8m，规格材料满足规范要求。

⑤ 变配电室内、强电竖井内采用 40mm×4mm 镀锌扁钢在配电室内距地面 0.2m 做一圈接地装置，电缆沟内也敷设 40mm×4mm 镀锌扁钢做接地干线，材料规格满足规范要求。

⑥ 配电变压器的中性点接地线选择采用 ZBYJV-0.6/1-1×240 电缆，或采用 80mm×5mm 镀锌扁钢，选择结果满足热稳定性要求的最小截面面积。

扫描二维码可查看某工程接地平面图。图中注明了接地装置型式、接地体材料和敷设方式、接地电阻要求值，以及利用桩基、基础内钢筋做接地极时应采取的措施。

二维码 10-36　图纸
某工程接地平面图

二维码 10-37　视频
某工程接地平面图讲解

3. 等电位联结设计

① 本工程采用总等电位联结，其总等电位联结线必须与楼内所有可导电部分相互连接，如保护干线、接地干线、建筑物内的输送管道的金属件（如水管等）、集中采暖及空调系统金属管道、建筑物金属构件、电梯轨道等导电体。总等电位联结导线采用截面面积为 25mm² 的铜导线，总等电位联结端子板采用 63mm×4mm 的铜母线。

② 本工程在下列场所实施局部等电位联结：电梯机房、转换层空调机房、地下室水泵房、地下室配电间、每层强电竖井、5～14 层公寓办公室的每间卫生间等。局部等电位联结

导线采用截面面积为 16mm² 的铜导线，局部等电位联结端子板采用 25mm×4mm 的铜母线。

③ 本工程防雷等电位联结设计如下：

a. 所有进入本建筑物的外来导电物、安装在建筑物屋顶的设备管道、电线保护钢管均在 LPZ0$_A$ 或 LPZ0$_B$ 与 LPZ1 的界面处做等电位联结。由于外来导电物、电力线、通信线、设备管线等在不同地点进入建筑物，故分别设置等电位联结端子箱，将其就近连到内部环形导体上，并连通到基础接地体。等电位联结导线采用截面面积为 16mm² 的铜导线，等电位联结端子板采用 25 mm×4mm 的铜母线。

b. 穿过建筑物内部各后续防雷区（如一层消防控制室、弱电机房及其每层竖井等）的所有导电物、电力线、通信线均在界面处做局部等电位联结。等电位联结导线采用截面面积为 16mm² 的铜导线，等电位联结端子板采用 25 mm×4mm 的铜母线。建筑物电子信息系统的各种箱体、壳体、机架等金属组件与建筑物的共用接地系统组成 S 型星形结构的等电位联结网络。

扫描二维码可查看本工程综合防雷接地与等电位联结示意图。

二维码 10-38　图纸
本工程综合防雷接地与
等电位联结示意图

二维码 10-39　视频
本工程综合防雷接地与
等电位联结示意图讲解

思考与练习题

10-1　总结本章工程案例建筑供配电系统设计的内容、方法和步骤，并为本章工程案例撰写建筑供配电系统设计说明。

10-2　查找本章用到的国家或行业标准规范中的相关条文，并按不同规范分类逐条列出。

10-3　对本章工程案例电力变压器的选择进行方案论证，如还有其他方案，请论证方案的可行性。

10-4　识读本章工程案例提供的各类图纸，并通过计算验证图纸中各类数据的正确性。

10-5　写出本章工程案例建筑物防雷类别确定的计算过程和确定依据。

10-6　通过本章工程案例的实践，说一说你对建筑电气工程师的职业性质、责任和工程伦理的理解，你在工程实践中如何做到自觉履行责任，如何体现工匠精神？

10-7　尝试着为你所在的宿舍楼或教学楼进行供配电系统设计，可以 5~6 人一组，每人完成某层的低压配电系统设计，组内合作论证竖向配电系统图设计方案，绘制图纸并撰写设计说明。

特别提示：本书所有视频二维码课程请输入密码 jzgpd2021 之后打开。

附录Ⅰ 部分常用技术数据表格

部分常用技术数据表格，如附表Ⅰ-1至附表Ⅰ-24所示。

附表Ⅰ-1 民用建筑用电设备组的需要系数和功率因数

用电设备组名称		需要系数 K_d	功率因数	
			$\cos\varphi$	$\tan\varphi$
通风和采暖用电	各种风机、空调器	0.7～0.8	0.8	0.75
	恒温空调箱	0.6～0.7	0.95	0.33
	集中式电热器	1.0	1.0	0
	分散式电热器	0.75～0.95	1.0	0
	小型电热设备	0.3～0.5	0.95	0.33
	冷冻机	0.85～0.9	0.8～0.9	0.75～0.48
各种水泵		0.6～0.8	0.8	0.75
锅炉房用电		0.75～0.80	0.8	0.75
电梯（交流）		0.18～0.22	0.5～0.6	1.73～1.33
输送带、自动扶梯		0.60～0.65	0.75	0.88
起重机械		0.1～0.2	0.5	1.73
厨房及卫生用电	食品加工机械	0.5～0.7	0.8	0.75
	电饭锅、电烤箱	0.85	1.0	0
	电炒锅	0.7	1.0	0
	电冰箱	0.6～0.7	0.7	1.02
	热水器（淋浴用）	0.65	1.0	0
	除尘器	0.3	0.85	0.62
机修用电	修理间机械设备	0.15～0.20	0.5	1.73
	电焊机	0.35	0.35	2.68
	移动式电动工具	0.2	0.5	1.73
打包机		0.2	0.6	1.33
洗衣房动力		0.3～0.5	0.7～0.9	1.02～0.48
天窗开闭机		0.1	0.5	1.73
通信及信号设备		0.7～0.9	0.7～0.9	0.75
客房床头电气控制箱		0.15～0.25	0.7～0.85	1.02～0.62

附表Ⅰ-2 照明用电单位的需要系数

建筑类别	需要系数 K_d	建筑类别	需要系数 K_d
生产厂房（有天然采光）	0.8～0.9	设计室	0.9～0.95
生产厂房（无天然采光）	0.9～1.0	科研楼	0.8～0.9

建筑类别	需要系数 K_d	建筑类别	需要系数 K_d
锅炉房	0.9	综合商业服务楼	0.75～0.85
仓库	0.5～0.7	商店	0.85～0.9
办公楼	0.7～0.8	体育馆	0.7～0.8
展览馆	0.7～0.8	托儿所、幼儿园	0.8～0.9
旅馆	0.6～0.7	集体宿舍	0.6～0.8
医院	0.5	食堂、餐厅	0.8～0.9
学校	0.6～0.7		

附表Ⅰ-3 照明用电设备的功率因数

光源类别		$\cos\varphi$	$\tan\varphi$	光源类别	$\cos\varphi$	$\tan\varphi$
白炽灯、卤钨灯		1.0	0	金属卤化物灯	0.4～0.55	2.29～1.52
荧光灯	电感镇流器（无补偿）	0.5	1.73	氙灯	0.9	0.48
	电感镇流器（有补偿）	0.9	0.48	霓虹灯	0.4～0.5	2.29～1.73
	电子镇流器（>25W）	0.95～0.98	0.33～0.20	LED灯（≥5W）	0.4	2.29
高压汞灯		0.4～0.55	2.29～1.52	LED灯（<5W）	0.7	1.02
高压钠灯		0.26～0.5	2.29～1.73	LED灯（宣称高功率因数者）	0.9	0.48

附表Ⅰ-4 工业用电设备的需要系数及功率因数

用电设备组名称		需要系数 K_d	功率因数	
			$\cos\varphi$	$\tan\varphi$
单独传动的金属加工机床	小批生产的金属冷加工机床	0.12～0.16	0.5	1.73
	大批生产的金属冷加工机床	0.17～0.20	0.5	1.73
	小批生产的金属热加工机床	0.2～0.25	0.55～0.60	1.51～1.33
	大批生产的金属热加工机床	0.25～0.28	0.65	1.17
锻锤、压床、剪床及其他锻工机械		0.25	0.6	1.33
木工机械		0.2～0.3	0.5～0.6	1.77～1.33
液压机		0.3	0.6	1.33
生常用通风机		0.75～0.85	0.80～0.85	0.75～0.62
卫生用通风机		0.65～0.70	0.8	0.75
泵、活塞压缩机、空调送风机		0.75～0.85	0.8～0.85	0.75～0.62
冷冻机组		0.85～0.90	0.80～0.90	0.75～0.48
球磨机、破碎机、筛选机、搅拌机等		0.75～0.85	0.80～0.85	0.75～0.62
电阻炉（带调压器或变压器）	非自动装料	0.6～0.7	0.95～0.98	0.33～0.20
	自动装料	0.7～0.8	0.95～0.98	0.33～0.20
	干燥箱、电加热器等	0.4～0.6	1.0	0
工频感应炉（不带无功补偿装置）		0.8	0.35	2.68
高频感应炉（不带无功补偿装置）		0.8	0.6	1.33

用电设备组名称		需要系数 K_d	功率因数	
			$\cos\varphi$	$\tan\varphi$
焊接和加热用高频加热设备		0.50～0.65	0.7	1.02
熔炼用高频加热设备		0.80～0.85	0.80～0.85	0.75～0.62
表面淬火电炉（带无功补偿装置）	电动发电机	0.65	0.7	1.02
	真空管振荡器	0.8	0.82	0.62
	中频电炉（中频机组）	0.65～0.75	0.8	0.75
氢气炉（带调压器或变压器）		0.4～0.5	0.85～0.9	0.62～0.48
真空炉（带调压器或变压器）		0.55～0.65	0.85～0.9	0.62～0.48
电弧炼钢炉变压器		0.9	0.85	0.62
电弧炼钢炉的辅助设备		0.15	0.5	1.73
点焊机、缝焊机		0.3，0.2①	0.6	1.33
对焊机		0.35	0.7	1.02
自动弧焊变压器		0.5	0.5	1.73
单头手动弧焊变压器		0.35	0.35	2.68
多头手动弧焊变压器		0.4	0.35	2.68
单头直流弧焊机		0.35	0.6	1.33
多头直流弧焊机		0.7	0.7	1.02
金属加工、机修、装配车间起重机②		0.1～0.25	0.5	1.73
锻造车间用起重机②		0.15～0.45	0.5	1.73
连锁的连续运输机械		0.65	0.75	0.88
非连锁的连续运输机械		0.5～0.6	0.75	0.88
一般工业用硅整流装置		0.5	0.7	1.02
电镀用硅整流装置		0.5	0.75	0.88
电解用硅整流装置		0.7	0.8	0.75
红外线干燥设备		0.85～0.90	1.0	0
电火花加工装置		0.5	0.6	1.33
超声波装置		0.7	0.7	1.02
X光设备		0.3	0.55	1.52
磁粉探伤机		0.2	0.4	2.29
电子计算机主机		0.6～0.7	0.8	0.75
电子计算机外部设备		0.4～0.5	0.5	1.73
试验设备（电热为主）		0.2～0.4	0.8	0.75
试验设备（仪表为主）		0.15～0.20	0.7	1.02
铁屑加工机械		0.4	0.75	0.88
排气台		0.5～0.6	0.9	0.48
老炼台		0.6～0.7	0.7	1.02
陶瓷隧道窑		0.8～0.9	0.95	0.33

用电设备组名称		需要系数 K_d	功率因数	
			$\cos\varphi$	$\tan\varphi$
拉单晶炉		0.70~0.75	0.9	0.48
赋能腐蚀设备		0.6	0.93	0.4
真空浸渍设备		0.7	0.95	0.33
高压用电设备	电弧炉变压器	0.92	0.87	0.57
	转炉鼓风机	0.7	0.8	0.75
	水压机	0.5	0.75	0.88
	煤气站排风机	0.7	0.8	0.75
	空压站压缩机	0.7	0.8	0.75
	氧气压缩机	0.8	0.8	0.75
	轧钢设备	0.8	0.8	0.75
	试验电动机组	0.5	0.75	0.88
	高压给水泵（异步电动机）	0.5	0.8	0.75
	高压给水泵（同步电动机）	0.8	0.92	0.43
	引风机、送风机	0.8~0.9	0.85	0.62
	有色金属轧机	0.15~0.2	0.7	1.02

注：① 点焊机的需要系数 0.2 仅用于电子行业及焊接机器人。②起重机的设备功率换算到 $\varepsilon=100\%$ 的功率，其需要系数已相应调整。

附表Ⅰ-5 三相矩形母线单位长度每相阻抗值

母线尺寸 (mm×mm)	65℃时单位长度电阻（mΩ/m）		下列相间几何均距时的感抗（mΩ）			
	铜	铝	100mm	150mm	200mm	300mm
25×3	0.268	0.475	0.179	0.200	0.225	0.244
30×3	0.223	0.394	0.163	0.189	0.206	0.235
30×4	0.167	0.296	0.163	0.189	0.206	0.235
40×4	0.125	0.222	0.145	0.170	0.189	0.214
40×5	0.100	0.177	0.145	0.170	0.189	0.214
50×5	0.080	0.142	0.137	0.157	0.180	0.200
50×6	0.067	0.118	0.137	0.157	0.180	0.200
60×6	0.056	0.099	0.120	0.145	0.163	0.189
60×8	0.042	0.074	0.120	0.145	0.163	0.189
80×8	0.031	0.055	0.102	0.126	0.145	0.170
80×10	0.025	0.045	0.102	0.126	0.145	0.170
100×10	0.020	0.036	0.090	0.113	0.133	0.157
2（60×8）	0.021	0.037	0.120	0.145	0.163	0.189
2（80×8）	0.016	0.028	—	0.126	0.145	0.170
2（80×10）	0.013	0.022	—	0.126	0.145	0.170
2（100×10）	0.010	0.018	—	—	0.133	0.157

附表 I -6　电流互感器一次线圈阻抗值　　　　　　　　　单位：mΩ

变流比	LQG0.5		LQC-1		LQC-3	
	电抗	电阻	电抗	电阻	电抗	电阻
5/5	600	4300	—	—	—	—
7.5/5	266	2130	300	480	130	120
10/5	150	1200	170	270	75	70
15/5	66.7	532	75	120	33	30
20/5	37.5	300	42	67	19	17
30/5	16.6	133	20	30	8.2	8
40/5	9.4	75	11	17	4.8	4.2
50/5	6	48	7	11	3	2.8
75/5	2.66	21.3	3	4.8	1.3	1.2
100/5	1.5	12	1.7	2.7	0.75	0.7
150/5	0.667	5.32	0.75	1.2	0.33	0.3
200/5	0.575	3	0.42	0.67	0.19	0.17
300/5	0.166	1.33	0.2	0.3	0.88	0.08
400/5	0.125	1.03	0.11	0.17	0.05	0.04
500/5	—	—	0.05	0.07	0.02	0.02
600/5	0.04	0.3	—	—	—	—
750/5	0.04	0.3	—	—	—	—

附表 I -7　三相线路导线和电缆单位长度每相阻抗值

（一）三相线路导线和电缆单位长度每相电阻值

类别		导线（线芯）截面积（mm²）													
		2.5	4	6	10	16	25	35	50	70	95	120	150	185	240
导线类型	导线温度	每相电阻（Ω/km）													
LJ	50	—	—	—	—	2.07	1.33	0.96	0.66	0.48	0.36	0.28	0.23	0.18	0.14
LGJ	50	—	—	—	—	—	—	0.89	0.68	0.48	0.35	0.29	0.24	0.18	0.15
绝缘导线 铜芯	50	8.40	5.20	3.48	2.05	1.26	0.81	0.58	0.40	0.29	0.22	0.17	0.14	0.11	0.09
	60	8.70	5.38	3.61	3.48	1.30	0.84	0.60	0.41	0.30	0.23	0.18	0.14	0.12	0.09
	65	8.72	5.43	3.62	3.61	1.37	0.88	0.63	0.44	0.32	0.24	0.19	0.15	0.13	0.10
绝缘导线 铝芯	50	13.3	8.25	5.53	3.62	2.08	1.31	0.94	0.65	0.47	0.35	0.28	0.22	0.18	0.14
	60	13.8	8.55	5.73	5.53	2.16	1.36	0.97	0.67	0.49	0.36	0.29	0.23	0.19	0.14
	65	14.6	9.15	6.10	5.73	2.29	1.48	1.06	0.75	0.53	0.39	0.31	0.25	0.20	0.15
电力电缆 铜芯	55	—	—	—	—	1.31	0.84	0.60	0.42	0.30	0.22	0.17	0.14	0.12	0.09
	60	8.54	5.34	3.56	2.13	1.33	0.85	0.61	0.43	0.31	0.23	0.18	0.14	0.12	0.09
	75	8.98	5.61	3.75	3.25	1.40	0.90	0.64	0.45	0.32	0.24	0.19	0.15	0.12	0.10
	80	—	—	—	—	1.43	0.91	0.65	0.46	0.33	0.24	0.19	0.15	0.13	0.10
电力电缆 铝芯	55	—	—	—	—	2.21	1.41	1.01	0.71	0.51	0.37	0.29	0.24	0.20	0.15
	60	14.38	8.99	6.00	3.60	2.25	1.44	2.03	0.72	0.51	0.38	0.30	0.24	0.20	0.16
	75	15.13	9.45	6.31	3.78	2.36	1.51	1.08	0.76	0.54	0.40	0.31	0.25	0.21	0.16
	80	—	—	—	—	2.40	1.54	1.10	0.77	0.56	0.41	0.32	0.26	0.21	0.17

（二）三相线路导线和电缆单位长度每相电抗值

类别			导线（线芯）截面积（mm²）													
			2.5	4	6	10	16	25	35	50	70	95	120	150	185	240
导线类型	线距（mm）		每相电抗（Ω/km）													
LJ	600		—	—	—	—	0.36	0.35	0.34	0.33	0.32	0.31	0.30	0.29	0.28	0.28
	800		—	—	—	—	0.38	0.37	0.36	0.35	0.34	0.33	0.32	0.31	0.30	0.30
	1000		—	—	—	—	0.40	0.38	0.37	0.36	0.35	0.34	0.33	0.32	0.31	0.31
	1250		—	—	—	—	0.41	0.40	0.39	0.37	0.36	0.35	0.34	0.34	0.33	0.32
LGJ	1500		—	—	—	—	—	0.39	0.38	0.37	0.35	0.35	0.34	0.33	0.33	0.33
	2000		—	—	—	—	—	0.40	0.39	0.38	0.37	0.37	0.36	0.35	0.34
	2500		—	—	—	—	—	0.41	0.41	0.40	0.39	0.38	0.37	0.37	0.36
	3000		—	—	—	—	—	0.43	0.42	0.41	0.40	0.39	0.39	0.38	0.37
绝缘导线	明敷	100	0.327	0.312	0.300	0.280	0.265	0.251	0.241	0.229	0.219	0.206	0.199	0.191	0.184	0.178
		150	0.353	0.338	0.325	0.306	0.290	0.277	0.266	0.251	0.242	0.231	0.223	0.216	0.209	0.200
	穿管敷设		0.127	0.119	0.112	0.108	0.102	0.099	0.095	0.091	0.087	0.085	0.083	0.082	0.081	0.080
低压绝缘电力电缆	1kV		0.098	0.091	0.087	0.081	0.077	0.067	0.065	0.063	0.062	0.062	0.062	0.062	0.062	0.062
	6kV		—	—	—	—	0.099	0.088	0.083	0.079	0.076	0.074	0.072	0.071	0.070	0.069
	10kV		—	—	—	—	0.110	0.098	0.092	0.087	0.083	0.080	0.078	0.077	0.075	0.075
塑料电力电缆	1kV		0.100	0.093	0.091	0.087	0.082	0.075	0.073	0.071	0.070	0.070	0.070	0.070	0.070	0.070
	6kV		—	—	—	—	0.124	0.111	0.105	0.099	0.093	0.089	0.087	0.083	0.082	0.080
	10kV		—	—	—	—	0.133	0.120	0.113	0.107	0.101	0.096	0.095	0.093	0.090	0.087

附表Ⅰ-8 交联聚乙烯及乙丙橡胶绝缘电线明敷的载流量（$\theta_n = 90$℃）

敷设方式								
导体截面面积（mm²）	不同温度时的载流量（A）							
	铜芯				铝芯			
	25℃	30℃	35℃	40℃	25℃	30℃	35℃	40℃
1.5	31	30	29	27				
2.5	42	40	38	37				
4	55	33	51	48				
6	72	69	66	63				
10	98	94	90	86				

导体截面面积 (mm²)	不同温度时的载流量 (A)							
	铜芯				铝芯			
	25℃	30℃	35℃	40℃	25℃	30℃	35℃	40℃
16	136	131	125	120				
25	189	182	174	166	146	138	129	120
35	235	226	216	206	182	172	161	149
50	286	275	263	251	223	210	196	182
70	367	363	338	322	287	271	253	235
95	448	430	412	393	352	332	311	288
120	520	500	479	456	410	387	362	335
150	601	577	552	527	475	448	419	388
185	688	661	633	603	546	515	482	446
240	813	781	748	713	648	611	572	529
300	939	902	864	823	751	708	662	613
400	1129	1085	1039	990	908	856	801	741
500	1304	1253	1200	1144	1051	991	927	858
630	1513	1454	1392	1327	1224	1154	1079	999

注：①当导线垂直排列时，表中载流量乘以 0.9。②θ_n 为导体允许的最高长期工作温度，余同。③由于导体 90℃，表面温度也较高，故表中数据适用于人不能触及处。若在人可触及处应放大一级截面面积，以降低电线表面温度。

附表 I-9　聚氯乙烯绝缘电线明敷的载流量 (A) ($\theta_n = 70℃$)

敷设方式	De ┆ De (电缆外径)

截面面积 (mm²)	不同温度时的载流量 (A)							
	铜芯				铝芯			
	25℃	30℃	35℃	40℃	25℃	30℃	35℃	40℃
1.5	25	24	22	21				
2.5	34	32	30	28				
4	45	42	39	36				
6	58	55	51	48				
10	80	75	70	65				
16	111	105	98	91				
25	155	146	137	126	119	112	105	97
35	192	181	169	157	147	139	130	120
50	232	219	205	190	179	169	158	146
70	298	281	263	243	230	217	203	188

续表

截面面积 (mm²)	不同温度时的载流量 (A)							
	铜芯				铝芯			
	25℃	30℃	35℃	40℃	25℃	30℃	35℃	40℃
95	362	341	319	295	281	265	248	229
120	420	396	370	343	327	308	288	267
150	484	456	427	395	378	356	333	308
185	553	521	487	451	432	407	381	352
240	652	615	575	533	511	482	451	417
300	752	709	663	614	591	557	521	482
400	904	852	797	738	712	671	628	581
500	1042	982	919	850	822	775	725	671
630	1207	1138	1065	986	955	900	842	779

注：当导线垂直排列时，表中载流量乘以0.9。

附表Ⅰ-10　交联聚乙烯及乙丙橡胶绝缘电线穿管敷设的载流量及管径（A）（$\theta_n=90℃$）

敷设方式	每管二线靠墙						每管三线靠墙						每管四线靠墙						每管五线靠墙或埋墙	
截面面积 (mm²)	不同环境温度的载流量 (A)				管径 (mm)		不同环境温度的载流量 (A)				管径 (mm)		不同环境温度的载流量 (A)				管径 (mm)		管径 (mm)	
	25℃	30℃	35℃	40℃	SC	MT	25℃	30℃	35℃	40℃	SC	MT	25℃	30℃	35℃	40℃	SC	MT	SC	MT
1.5	24	23	22	21	15	16	21	20	19	18	15	16	19	18	17	16	15	16	15	19
2.5	32	31	30	28	15	16	29	28	27	26	15	16	26	25	24	23	15	19	15	19
4	44	42	40	38	15	19	39	37	35	34	15	19	34	33	32	30	20	25	20	25
6	56	54	52	49	20	25	50	48	46	44	20	25	45	43	41	39	20	25	20	25
10	78	75	72	68	20	25	69	66	63	60	25	32	61	59	56	54	25	32	32	38
16	104	100	96	91	25	32	92	88	84	80	25	32	82	79	76	72	32	38	32	38
25	138	133	127	121	32	38	122	117	112	107	32	38	109	105	101	96	32	(51)	40	(51)
35	171	164	157	150	32	38	150	144	138	131	32	(51)	135	130	124	119	50	(51)	50	(51)
50	206	198	190	181	40	(51)	182	175	168	160	40	(51)	164	158	151	144	50	(51)	50	
70	263	253	242	231	50	(51)	231	222	213	203	50	(51)	208	200	191	183	65		65	
95	318	306	293	279	50		280	269	258	246	65		252	242	232	221	65		65	80
120	368	354	339	323	65		325	312	299	285	65		292	281	269	257	65		65	80
150	409	393	376	359	65		356	342	327	312	65						80		80	100
185	467	449	430	410	65		400	384	368	351	80						100		100	100
240	550	528	506	482	65		468	450	431	411	80						100		100	100
300	628	603	577	550	80		535	514	492	469	100						100		100	125

（铜芯）

续表

材质	截面面积 (mm²)	不同环境温度的载流量 (A)				管径 (mm)		不同环境温度的载流量 (A)				管径 (mm)		不同环境温度的载流量 (A)				管径 (mm)		管径 (mm)	
		25℃	30℃	35℃	40℃	SC	MT	25℃	30℃	35℃	40℃	SC	MT	25℃	30℃	35℃	40℃	SC	MT	SC	MT
铝芯	10	61	59	56	54	20	25	54	52	50	47	25	32	49	47	45	43	25	32	32	38
	16	82	79	76	72	25	32	74	71	68	65	25	32	67	64	61	58	32	38	32	38
	25	109	105	101	96	32	38	97	93	89	85	32	38	87	84	80	77	32	(51)	40	(51)
	35	135	130	124	119	32	38	121	116	111	106	32	(51)	108	104	100	95	50	(51)	50	(51)
	50	163	157	150	143	40	(51)	146	140	134	128	40	(51)	131	126	121	115	50	(51)	50	
	70	208	200	191	183	50	(51)	186	179	171	163	50	(51)	168	161	154	147	65		65	
	95	252	242	232	221	50		226	217	208	198	65		203	195	187	178	65		80	
	120	292	281	269	257	65		261	251	240	229	65		235	226	216	206	65		80	
	150	320	307	294	280	65		278	267	256	244	65						80		100	
	185	365	351	336	320	65		312	300	287	274	80						100		100	
	240	429	412	394	376	80		365	351	336	320	80									
	300	490	471	451	430	80		418	402	385	367	80									

注：①本表引自《工业与民用配电室设计手册》（第四版）。管径是根据《建筑电气安装工程施工质量验收规范》（GB 50303—2002），按导线总截面≤保护管内孔面积的40%计算。②每管五线中，四线为载流导体，故载流量数据同每管四线，若每管四线组成一个三相四线系统，则应按照每管三线的载流量。③SC为焊接钢管或KBG管，MT为黑铁电线管。④由于导体90℃，表面温度也较高，故表中数据适用于人不能触及处，若在人可触及处应放大一级截面，以降低电线表面温度。

附表Ⅰ-11 450/750V聚氯乙烯绝缘电线穿管敷设的载流量及管径（$\theta_n=70℃$）

材质	截面面积 (mm²)	敷设方式																							
		每管二线靠墙							每管三线靠墙							每管四线靠墙							每管五线靠墙或埋墙		
		不同环境温度的载流量 (A)				管径 (mm)			不同环境温度的载流量 (A)				管径 (mm)			不同环境温度的载流量 (A)				管径 (mm)			管径 (mm)		
		25℃	30℃	35℃	40℃	SC	MT	PC	25℃	30℃	35℃	40℃	SC	MT	PC	25℃	30℃	35℃	40℃	SC	MT	PC	SC	MT	PC
铜芯	1.5	19	17.5	16	15	15	16	16	16	15.5	14	13	15	16	16	15	14	13	12	15	16	16	15	19	20
	2.5	25	24	22	21	15	16	16	22	21	20	18	15	16	16	20	19	18	16	15	19	20	15	19	20
	4	34	32	30	28	15	19	16	30	28	26	24	15	19	20	27	25	23	22	20	25	20	20	25	25
	6	43	41	38	36	20	25	20	38	36	34	31	20	25	20	34	32	30	28	20	25	25	20	25	25
	10	60	57	53	49	20	25	25	53	50	47	43	25	32	25	48	45	42	39	25	32	32	32	38	32
	16	81	76	71	66	25	32	32	72	68	64	59	25	32	32	65	61	57	52	32		32	32	38	32
	25	107	101	94	87	32	38	40	94	89	83	77	32	38	40	85	80	75	69	32	(51)	40	40	51	40
	35	133	125	117	108	32	38	40	117	110	103	95	32	(51)	40	105	99	93	86	50	(51)	50	50	(51)	50
	50	160	151	141	131	40	(51)	50	142	134	125	116	40	(51)	50	128	121	113	105	50	(51)	63	50		63
	70	204	192	180	166	50	(51)	63	181	171	160	148	50	(51)	63	163	154	144	133	65		63	65		
	95	246	232	217	201	50		63	220	207	194	179	65		63	197	186	174	161	65		63	80		
	120	285	269	252	233	65			253	239	224	207	65			228	215	201	186	65			80		
	150	318	300	281	260	65			278	262	245	227	65			261	246	230	213	80			80		
	185	362	341	319	295	65			314	296	277	256	80			296	279	261	242				100		
	240	424	400	374	346	65			367	346	324	300	80										100		
	300	486	458	428	397	80			418	394	369	341											125		

续表

	截面面积 (mm²)	不同环境温度的载流量 (A)				管径 (mm)			不同环境温度的载流量 (A)				管径 (mm)			不同环境温度的载流量 (A)				管径 (mm)			管径 (mm)		
		25℃	30℃	35℃	40℃	SC	MT	PC	25℃	30℃	35℃	40℃	SC	MT	PC	25℃	30℃	35℃	40℃	SC	MT	PC	SC	MT	PC
铝芯	10	47	44	41	38	20	25	25	41	39	36	34	25	32	25	37	35	33	30	25	32	32	32	38	32
	16	64	60	56	52	25	32	25	56	53	50	46	25	32	32	51	48	45	42	32	38	32	32	38	32
	25	84	79	74	68	32	38	32	74	70	65	61	32	38	40	67	63	59	55	32	(51)	40	40	51	40
	35	103	97	91	84	32	38	40	91	86	80	74	32	(51)	40	82	77	72	67	50	(51)	50	50	(51)	50
	50	125	118	110	102	40	(51)	50	110	104	97	90	40	(51)	50	100	94	88	81	50	(51)	63	50		63
	70	159	150	140	130	50	(51)	50	141	133	124	115	50	(51)	63	125	118	110	102	65		63	65		65
	95	192	181	169	157	50		63	171	161	151	139	65		63	154	145	136	136	65		63	65		80
	120	223	210	196	182	65		63	197	186	174	161	65			177	167	156	156	65					80
	150	248	234	219	203	65			216	204	191	177	65							80					100
	185	282	266	249	230	65			244	230	215	199	80												100
	240	331	312	292	270	80			285	269	252	233	80												
	300	380	358	335	310	80			325	306	286	265	80												

注：①本表引自《工业与民用配电室设计手册》(第四版)。管径根据《建筑电气安装工程施工质量验收规范》(GB 50303—2002)，按导线总截面面积≤保护管内孔面积的40%计算。②保护管径打括号的不推荐使用。③每管五线时，四线为载流导体，故载流量数据同每管四线，若每管四线组成一个三相四线系统，则应按照每管三线的载流量。④SC为焊接钢管或KBG管，MT为黑铁电线管，PC为硬塑料管。

附表 Ⅰ-12 6～35kV 交联聚氯乙烯绝缘电力电缆的载流量（$θ_n＝90℃$）

（一）明敷时的载流量

电压等级	6/6kV、8.7/10kV、26/35kV															
敷设方式	有孔托盘 E 或 F					无孔托盘 C					电缆槽盒 B2					
芯线截面面积 (mm²)	不同环境温度的载流量 (A)															
	3 芯				单芯	3 芯				单芯	3 芯				单芯	
	25℃	30℃	35℃	40℃	30℃	25℃	30℃	35℃	40℃	30℃	25℃	30℃	35℃	40℃	30℃	
铜芯 35	181	174	167	159	193	169	162	155	148	180	147	141	135	129	157	
50	208	200	191	183	226	194	186	178	170	211	167	160	153	146	170	
70	255	245	235	224	279	237	228	218	208	260	201	193	185	176	220	
95	315	303	290	277	348	294	282	270	257	324	246	236	226	215	271	
120	362	348	333	318	402	337	324	310	296	375	281	270	259	246	312	
150	409	393	376	359	457	381	366	350	334	421	308	296	283	270	344	
185	469	451	432	412	527	437	420	402	383	491	351	337	323	308	394	
240	551	529	506	483	623	513	493	472	450	581	408	392	375	358	462	
300	631	606	580	553	718	588	565	541	516	669	464	446	427	407	529	
400	740	711	681	649	843	690	663	635	605	786	545	524	502	478	621	
500					961					896						

芯线截面面积（mm²）	不同环境温度的载流量（A）													
	3芯				单芯	3芯				单芯	3芯				单芯
	25℃	30℃	35℃	40℃	30℃	25℃	30℃	35℃	40℃	30℃	25℃	30℃	35℃	40℃	30℃
铝芯 35	141	135	129	123	148	131	126	121	115	140	121	116	111	106	129
50	161	155	148	141	175	150	144	138	131	164	136	131	125	120	148
70	198	190	182	173	216	184	177	169	162	202	165	159	152	145	181
95	245	235	225	215	270	228	219	210	200	251	203	195	187	178	224
120	281	270	259	246	312	261	251	240	229	291	230	221	212	202	255
150	317	305	292	278	354	296	284	272	259	326	251	241	231	220	280
185	366	352	337	321	409	339	326	312	298	381	285	274	262	250	320
240	427	410	393	374	483	398	382	366	349	450	331	318	304	290	375
300	489	470	450	429	557	456	438	419	400	519	377	362	347	330	429
400	573	551	528	503	653	535	514	492	469	609	442	425	407	388	504
500					745					695					

（二）埋地敷设时的载流量 ρ＝2.5（K·m）/W

电压等级	6/6kV、8.7/10kV、26/35kV
敷设方式	直埋地 D2　　　　　　　　穿管埋地 D1

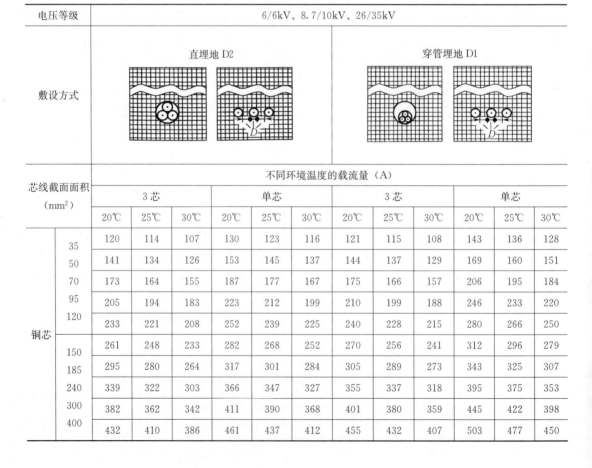

芯线截面面积（mm²）	不同环境温度的载流量（A）											
	3芯			单芯			3芯			单芯		
	20℃	25℃	30℃	20℃	25℃	30℃	20℃	25℃	30℃	20℃	25℃	30℃
铜芯 35	120	114	107	130	123	116	121	115	108	143	136	128
50	141	134	126	153	145	137	144	137	129	169	160	151
70	173	164	155	187	177	167	175	166	157	206	195	184
95	205	194	183	223	212	199	210	199	188	246	233	220
120	233	221	208	252	239	225	240	228	215	280	266	250
150	261	248	233	282	268	252	270	256	241	312	296	279
185	295	280	264	317	301	284	305	289	273	343	325	307
240	339	322	303	366	347	327	355	337	318	395	375	353
300	382	362	342	411	390	368	401	380	359	445	422	398
400	432	410	386	461	437	412	455	432	407	503	477	450

续表

芯线截面面积 (mm²)		不同环境温度的载流量 （A）											
		3芯			单芯			3芯			单芯		
		20℃	25℃	30℃	20℃	25℃	30℃	20℃	25℃	30℃	20℃	25℃	30℃
铝芯	35	93	88	83	101	96	90	94	89	84	111	105	99
	50	109	103	97	119	113	106	111	105	99	131	124	117
	70	134	127	120	145	138	130	136	129	122	160	152	143
	95	159	151	142	173	164	155	163	155	146	191	181	171
	120	181	172	162	197	187	176	186	176	166	218	207	195
	150	203	193	182	220	209	197	210	199	188	243	231	217
	185	230	218	206	248	235	222	238	226	213	275	261	246
	240	266	252	238	287	272	257	277	263	248	319	303	285
	300	300	285	268	323	306	289	315	299	282	361	342	323
	400	342	324	306	367	348	328	362	343	324	410	389	367

注：①本表摘自《工业与民用配电设计手册》（第四版），表中 6～10kV 三芯电缆载流量摘自 GB 50217—2007，本表简化取相同数据，其余数据为推荐数据，供参考。②单芯电缆载流量为按三角形排列的计算数据。③35kV 电缆载流量比 6～10kV 电缆大 3%～5%。

附表Ⅰ-13　0.6/1kV 铜芯交联聚乙烯绝缘电力电缆的载流量（$\theta_n = 90℃$）

（一）明敷时的载流量

敷设方式		E类：三芯				E类：二芯			F类：单芯			
芯线截面面积 (mm²)		不同环境温度的载流量 （A）										
相线	中性线	25℃	30℃	35℃	40℃	25℃	30℃	35℃	25℃	30℃	35℃	40℃
1.5		24	23	22	21	27	26	25				
2.5		33	32	31	29	37	36	34				
4	4	44	42	40	38	51	49	47				
6	6	56	54	52	49	66	63	60				
10	10	78	75	72	68	90	86	82				
16	16	104	100	96	91	120	115	110				
25	16	132	127	122	116	155	149	143	147	141	135	129
35	16	164	158	151	144	193	185	177	183	176	169	161
50	25	200	192	184	175	234	225	215	225	216	207	197
70	35	256	246	236	225	301	289	277	290	279	267	255
95	50	310	298	285	272	366	352	337	356	342	327	312
120	70	360	346	331	316	427	410	393	416	400	383	365
150	70	415	399	382	364	492	473	453	483	464	444	424
185	95	475	456	437	416	564	542	519	555	533	510	487
240	120	560	538	515	491	667	641	614	660	634	607	579

芯线截面面积（mm²）		不同环境温度的载流量（A）										
相线	中性线	25℃	30℃	35℃	40℃	25℃	30℃	35℃	25℃	30℃	35℃	40℃
300	150	646	621	595	567	771	741	709	766	736	705	672
400									903	868	831	792
500									1039	998	956	911
630									1198	1151	1102	1051

（二）埋地敷设时的载流量

敷设方式	D2类：三、四芯或单芯三角形排列直埋地	D1类：三、四芯或单芯三角形排列穿管埋地
	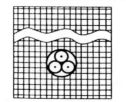	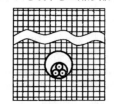

导体截面面积（mm²）		不同环境温度的载流量（A）					
相导体	中性导体	20℃	25℃	30℃	20℃	25℃	30℃
1.5		23	22	21	21	20	19
2.5	2.5	30	29	28	28	27	26
4	4	39	38	36	36	35	33
6	6	49	47	45	44	42	41
10	10	65	63	60	58	56	54
16	16	84	81	78	75	72	69
25	16	107	103	99	96	93	89
35	16	129	124	119	115	111	106
50	25	153	147	142	135	130	125
70	35	188	181	174	167	161	155
95	50	226	218	209	197	190	182
120	70	257	248	238	223	215	206
150	70	287	277	266	251	242	232
185	95	324	312	300	281	271	260
240	120	375	361	347	324	312	300
300	150	419	404	388	365	352	338

注：①此表引自《工业与民用配电设计手册》（第四版）。二芯、多芯电缆对应于 GB/T 16895.6—2014 中的 E 类，即多芯电缆敷设在自由空气中或在有孔托盘、梯架上，单芯电缆紧靠排列敷设时为 F 类。②当电缆靠墙明敷时，表中载流量乘以 0.94。③单芯电缆有间距垂直排列明敷时，表中载流量乘以 0.9。④埋地敷设时，土壤热阻率为 2.5m·K/W，表中数据已计入水分迁移影响。

附表Ⅰ-14　0.6/1kV 铜芯聚氯乙烯绝缘电力电缆的载流量（$\theta_n = 70℃$）

（一）明敷时的载流量

敷设方式		E类：三芯				E类：二芯			F类：单芯			
芯线截面面积（mm²）		不同环境温度的载流量（A）										
相线	中性线	25℃	30℃	35℃	40℃	25℃	30℃	35℃	25℃	30℃	35℃	40℃
1.5		20	18.5	17	16	23	22	21				
2.5		27	25	24	22	32	30	28				
4	4	36	34	32	30	42	40	37				
6	6	46	43	40	37	54	51	48				
10	10	64	60	56	52	74	70	65				
16	16	85	80	75	70	100	94	88				
25	16	107	101	95	88	126	119	111	117	110	103	96
35	16	134	126	118	110	157	148	138	145	137	129	119
50	25	162	153	144	133	191	180	168	177	167	157	145
70	35	208	196	184	171	246	232	217	229	216	203	188
95	50	252	238	224	207	299	282	264	280	264	248	230
120	70	293	276	259	240	348	328	307	326	308	290	268
150	70	338	319	300	278	402	379	355	377	356	335	310
185	95	386	364	342	317	460	434	406	434	409	384	356
240	120	456	430	404	374	545	514	481	514	485	456	422
300	150	527	497	467	432	629	593	555	595	561	527	488
400									695	656	617	571
500									794	749	704	652
630									906	855	804	744

（二）埋地敷设时载流量

敷设方式		D2类：三、四芯或单芯三角形排列直埋地 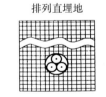			D1类：三、四芯或单芯三角形排列穿管埋地		
导体截面面积（mm²）		不同环境温度的载流量（A）					
相导体	中性导体	20℃	25℃	30℃	20℃	25℃	30℃
1.5		19	18	17	18	17	16
2.5	2.5	24	23	21	24	23	21
4	4	33	31	30	30	28	27
6	6	41	39	37	38	36	34
10	10	54	51	48	50	47	45

续表

导体截面面积（mm²）		不同环境温度的载流量（A）					
相导体	中性导体	20℃	25℃	30℃	20℃	25℃	30℃
16	16	70	66	63	64	61	57
25	16	92	87	82	82	78	73
35	16	110	104	98	98	93	88
50	25	130	123	116	116	110	104
70	35	162	154	145	143	136	128
95	50	193	183	173	169	160	151
120	70	220	209	197	192	182	172
150	70	246	233	220	217	206	194
185	95	278	264	249	243	231	217
240	120	320	304	286	280	266	250
300	150	359	341	321	316	300	283

注：①此表引自《工业与民用配电设计手册》（第四版）。二芯、多芯电缆对应于 GB/T 16895.6—2014 中的 E 类，即多芯电缆敷设在自由空气中或在有孔托盘、梯架上，单芯电缆紧靠排列敷设时为 F 类。②当电缆靠墙敷设时，表中载流量乘以 0.94。③单芯电缆有间距垂直排列时，表中载流量乘以 0.9。④埋地敷设时，土壤热阻率为 2.5m·K/W。

附表 I -15 LJ、LGJ 裸铝绞线的载流量（$\theta_n = 70℃$）

导体截面面积（mm²）	LJ 型								LGJ 型			
	室内				室外				室外			
	25℃	30℃	35℃	40℃	25℃	30℃	35℃	40℃	25℃	30℃	35℃	40℃
10	55	52	48	45	75	70	66	61				
16	80	75	70	65	10S	99	92	85	105	98	92	85
25	110	103	97	89	135	127	119	109	135	127	119	109
35	135	127	119	109	170	160	150	138	170	159	149	137
50	170	160	150	138	215	202	189	174	220	207	193	178
70	215	202	189	174	265	249	233	215	275	259	228	222
95	260	244	229	211	325	305	286	247	335	315	295	272
120	310	292	273	251	375	352	330	304	380	357	335	307
150	370	348	326	300	440	414	387	356	445	418	391	360
185	425	400	374	344	500	470	440	405	515	484	453	416
240					610	574	536	494	610	574	536	494
300					680	640	597	550	700	658	615	566

附表 I -16 涂漆矩形铜母线的载流量（$\theta_a = 25℃$ $\theta_n = 70℃$） 单位：A

母线尺寸宽×厚（mm×mm）	单条		双条		三条		四条	
	平放	竖放	平放	竖放	平放	竖放	平放	竖放
40×4	603	632						
40×5	681	706						
50×4	735	770						
50×5	831	869						
63×6.3	1141	1193	1766	1939	2340	2644		

续表

母线尺寸 宽×厚 (mm×mm)	单条		双条		三条		四条	
	平放	竖放	平放	竖放	平放	竖放	平放	竖放
63×8	1302	1359	2036	2230	2651	2903		
63×10	1465	1531	2290	2503	2987	3343		
80×6.3	1415	1477	2162	2372	2773	3142	3209	4278
80×8	1598	1668	2440	2672	3124	3524	3591	4786
80×10	1811	1891	2760	3011	3521	3954	4019	5357
100×6.3	1686	1758	2526	2771	3237	3671	3729	4971
100×8	1897	1979	2827	3095	3608	4074	4132	5508
100×10	2174	2265	3128	3419	3889	4375	4428	5903
125×6.3	2047	2133	2991	3278	3764	4265	4311	5747
125×8	2294	2390	3333	3647	4127	4663	4703	6269
125×10	2555	2662	3674	4019	4556	5130	5166	6887

注：①表中数据引用自《工业与民用配电设计手册》（第四版），适用于户内。②宽度：每相为四条导体时，第二、三导体净距皆为 50mm。③双、三、四条导体宜采用导体竖放，以利散热。

附表 I-17 涂漆矩形铝母线长期允许载流量（$\theta_a=25℃$ $\theta_n=70℃$） 单位：A

母线尺寸 宽×厚 (mm×mm)	单条		双条		三条		四条	
	平放	竖放	平放	竖放	平放	竖放	平放	竖放
40×4	480	503						
40×5	542	562						
50×4	586	613						
50×5	661	692						
63×6.3	910	952	1409	1547	1866	2111		
63×8	1038	1085	1623	1777	2113	2379		
63×10	1168	1221	1825	1994	2381	2665		
80×6.3	1128	1178	1724	1892	2211	2505	2558	3411
80×8	1274	1330	1946	2131	2491	2809	2863	3817
80×10	1472	1490	2175	2373	2774	3114	3167	4222
100×6.3	1371	1430	2054	2253	2633	2985	3032	4043
100×8	1542	1609	2298	2516	2933	3311	3359	4479
100×10	1278	1803	2558	2796	2181	3578	3622	4829
125×6.3	1674	1744	2446	2680	2079	3490	3525	4700
125×8	1876	1955	2725	2982	3375	3813	3847	5129
125×10	2089	2177	3005	3282	3725	4194	4225	5633

注：①表中数据引自《工业与民用配电设计手册》（第四版），适用于户内。②交流母线相间距限取 250mm，每相为双、三导体时，导体净距皆为母线宽度；每相为四条导体时，第二、三导体净距皆为 50mm。③双、三、四条导体宜采用导体竖放，以利散热。

附表Ⅰ-18 多片裸铜包铝母线的载流量（$\theta_n = 70℃$）　　　　单位：A

母线尺寸 宽×厚 (mm×mm)	平放				竖放			
	25℃	30℃	35℃	40℃	25℃	30℃	35℃	40℃
40×4	435	407	372	345	458	428	392	363
50×4	566	530	485	449	596	558	511	473
40×5	551	517	473	438	580	544	498	461
50×5	672	630	577	534	707	663	607	562
60×6	844	782	715	661	888	823	753	696
80×6	1098	1018	931	861	1194	1106	1012	936
100×6	1345	1247	1140	1054	1462	1355	1239	1146
120×6	1612	1493	1366	1264	1752	1623	1485	1374
140×6	1697	1573	1439	1331	1845	1710	1564	1447
160×6	1768	1663	1529	1403	1942	1808	1662	1525
60×8	971	900	823	761	1022	947	866	801
80×8	1279	1185	1084	1002	1390	1288	1178	1089
100×8	1573	1457	1333	1233	1710	1584	1449	1340
120×8	1787	1646	1514	1400	1922	1789	1646	1522
140×8	1776	1663	1536	1409	1930	1808	1670	1532
160×8	1998	1871	1729	1586	2172	2034	1879	1724
100×10	1745	1617	1479	1368	1897	1758	1608	1487
120×10	1944	1801	1647	1524	2113	1958	1790	1656
140×10	2015	1886	1743	1599	2190	2050	1895	1738
160×10	2272	2128	1965	1803	2470	2313	2136	1960
100×12	1919	1778	1627	1504	2086	1933	1768	1635

注：①表中数据引自《工业与民用配电设计手册》（第四版），适用于户内。②铜铝复合母线铜铝体积比：铜为20%。③有涂层母线载流量增加5%~10%。

附表 I -19　部分 6～10kV 电力变压器技术数据

型号	额定容量 (kV·A)	额定电压 (kV)	联结组号	空载损耗 (kW)	短路损耗 (kvar)	空载电流 (%)	短路阻抗 (%)	备注
SC10-100/10	100			0.395	1.42	1.6		
SC10-160/10	160			0.54	1.91	1.5		
SC10-200/10	200			0.62	2.27	1.3		
SC10-250/10	250			0.71	2.48	1.3	4	
SC10-315/10	315			0.81	3.13	1.2		
SC10-400/10	400			0.97	3.60	1.1		干式
SC10-500/10	500			1.17	4.40	1.0		C-成型固
SC10-630/10	630			1.30	5.37	0.9		体浇注式
SC10-800/10	800			1.53	6.27	0.8		
SC10-1000/10	1000			1.77	7.32	0.6	6	
SC10-1200/10	1250			2.10	8.19	0.5		
SC10-1600/10	1600			2.42	10.56	0.4		
S11-M-100/10	100			0.20	1.5	1.6		
S11-M-160/10	160			0.28	2.2	1.4		
S11-M-200/10	200			0.34	2.6	1.3		
S11-M-250/10	250	高压		0.40	3.05	1.2	4	
S11-M-315/10	315	11, 10.5,		0.48	3.65	1.1		
S11-M-400/10	400	10, 6.3, 6	Yyn0	0.57	4.30	1.0		油浸
S11-M-500/10	500		或	0.68	5.1	1.0		M-密封式
S11-M-630/10	630	低压	Dyn11	0.81	6.2	0.9		
S11-M-800/10	800	0.4		0.98	7.5	0.8	4.5	
S11-M-1000/10	1000			1.15	10.3	0.7		
S11-M-1250/10	1250			1.36	12.0	0.6		
SH15-M-100/10	100			0.075	1.50	1.0		
SH15-M-160/10	160			0.10	2.20	0.7		
SH15-M-200/10	200			0.12	2.60	0.7		
SH15-M-250/10	250			0.14	3.05	0.7	4	
SH15-M-315/10	315			0.17	3.65	0.5		
SH15-M-400/10	400			0.20	4.30	0.5		H-非晶合
SH15-M-500/10	500			0.24	5.15	0.5		金油浸
SH15-M-630/10	630			0.32	6.20	0.30		M-密封式
SH15-M-800/10	800			0.35	7.50	0.30		
SH15-M-1000/10	1000			0.45	10.30	0.30	4.5	
SH15-M-1250/10	1250			0.53	12.00	0.20		
SH15-M-1600/10	1600			0.63	14.50	0.20		

注：各厂家数据有所不同，本表仅供参考。

附表 I-20 高压断路器技术数据

型号	额定电压（kV）	额定电流（A）	额定开断电流（kA）	极限通过电流峰值（kA）	热稳定电流（kA）	固有分闸时间（s）	合闸时间（s）	类别
ZN5-12	12	630	20	50	20（4s）	≤0.05		真空户内
		1000、1250	25	63	25（4s）			
ZN12-12		1250、1600、2000、2500	31.5	80、100	31.5（4s）	≤0.065	≤0.1	
		1600、2000、3150	40	100、130	40（4s）			
		1600、2000、3150	50	125、140	50（3s）			
ZN28-12		630	20	50	20（4s）	≤0.06		
		1250	25	63	25（4s）			
		1250、1600、2000	31.5	80	31.5（4s）			
		2500、3150	40	100	40（4s）			
ZW1-12 ZW8-12		630	6.3	16	6.3（4s）			真空户外
			12.5	31.5	12.5（4s）			
			16	40	16（4s）			
			20	50	20（4s）			
ZW20-12		400	16	40	16（4s）			
		630	20	50	20（4s）			
LN2-12		1250	31.5	80	31.5（4s）	≤0.06	≤0.15	SF₆ 户内
LW3-12		400、630、1250	12.5	31.5	12.5（4s）			SF₆ 户外
			16	40	16（4s）			
			20	50	20（4s）			
ZN12-40.5 ZN39-40.5	40.5	1250、1600	25	63	25（4s）			真空户内
		2000	31.5	80	31.5（4s）			
ZW7-40.5 ZW□-40.5		1250、1600	25	63	25（4s）	≤0.06	≤0.15	真空户外
		2000	31.5	80	31.5（4s）	≤0.085		
LN2-40.5		1600	25	63	25（4s）		≤0.15	SF₆ 户内
LW8-40.5		1600、2000	25	63	25（4s）	≤0.06	≤0.1	
			31.5	80	31.5（4s）			
LW33-126	126	3150	31.5	80	31.5（4s）	≤0.03	≤0.1	SF₆ 户外
LW35-126		3150	40	100	40（4s）			
LW36-126		3150	40	100	40（4s）			
LW10B-252	252	3150	50	125	50（3s）			
LW11-252		4000	50	125	50（3s）			
LW15-252		3150	40	1000	40（3s）			
		4000	50	125	50（3s）			

注：各厂家数据有所不同，本表仅供参考。

附表Ⅰ-21 电压互感器主要技术数据

型号	额定电压（kV）			额定容量（V·A）(cosφ＝0.9)			最大容量（V·A）	备注
	一次线圈	二次线圈	辅助线圈	0.5 级	1 级	3 级		
JDG-0.5	0.22	0.1		25	40	100	200	单相干式
JDG4-0.5	0.5	0.1		15	25	50	100	
JDJ-6	6			50	80	200	40	
JDJ-10	10			80	150	320	640	
JDJ-35	35			150	250	600	1200	
JDZ-6	$6/\sqrt{3}$	$0.1/\sqrt{3}$		50	80	200	300	
JDZ-10	$10/\sqrt{3}$	$0.1/\sqrt{3}$		80	120	300	500	
JDZJ-6	$6/\sqrt{3}$	$0.1/\sqrt{3}$	0.1/3	50	80	200	400	
JDZJ-10	$10/\sqrt{3}$	$0.1/\sqrt{3}$	0.1/3	50	80	200	400	
JDZJ-35	$35/\sqrt{3}$	$0.1/\sqrt{3}$	0.1/3	150	250	500	1000	
JSZW-6	$6/\sqrt{3}$	$0.1/\sqrt{3}$	0.1/3	90	150	300	600	三相干式
JSZW-10	$10/\sqrt{3}$	$0.1/\sqrt{3}$	0.1/3	90	150	300	600	
JSJW-6	$6/\sqrt{3}$	$0.1/\sqrt{3}$	0.1/3	80	150	320	640	三相油浸式
JSJW-10	$10/\sqrt{3}$	$0.1/\sqrt{3}$	0.1/3	120	200	480	960	
JSJW-35	$35/\sqrt{3}$	$0.1/\sqrt{3}$	0.1/3	150	250	600	1000	
JCC1-110	$110/\sqrt{3}$	$0.1/\sqrt{3}$	0.1/3		500	1000	2000	串级式
JCC2-110	$110/\sqrt{3}$	$0.1/\sqrt{3}$	0.1		500	1000	2000	
JCC2-220	$220/\sqrt{3}$	$0.1/\sqrt{3}$	0.1		500	1000	2000	
YDR-110	$110/\sqrt{3}$	$0.1/\sqrt{3}$	0.1		220	440	1200	电容式
YDR-220	$220/\sqrt{3}$	$0.1/\sqrt{3}$	0.1		220	440	1200	

注：各厂家数据有所不同，本表仅供参考。

附表Ⅰ-22 电流互感器主要技术数据

型号	额定一次电流（A）	级次组合	额定二次负荷（Ω）				1s 热稳定		动稳定	
			0.5 级	1 级	3 级	B、D 级	电流（kA）	倍数	电流（kA）	倍数
LMZ1-0.5	5～300	0.5/3 1/3	0.2	0.3						
	400～600		0.2	0.4						
LMZJ1-0.5	15～800	0.5/3 1/3	0.4	0.6						
	1000～5000		0.6	0.8	2.0					
LA-10	5～200	0.5/3 1/3	0.4					90		160
	300～400			0.4				75		135
	500				0.6			60		110
	600～1000							50		90

型号	额定一次电流（A）	级次组合	额定二次负荷（Ω）				1s热稳定		动稳定	
			0.5级	1级	3级	B、D级	电流（kA）	倍数	电流（kA）	倍数
LAJ-10 LBJ-10	20～200	0.5/D 1/3 0.5/D D/D	0.6	1.0		0.6		120		215
	400		0.8	1.0		0.8		75		135
	600～800		1.0	1.0		0.8		50		90
	1000～1500		1.2	1.6		1.0		50		90
	2000～6000		2.4	2.0		2.0		50		90
LDZJ1-10	600～1500	0.5/3 1/3 0.5/D D/D	1.2	1.6				50		90
				1.2	1.2	1.6				
LDZB6-10	400～500	0.5/B	0.8				31.5		80	
LQJ-10	5～100	0.5/D 1/3 0.5/D 1/D	0.4	0.6	0.6			90		225
	150～400			0.4				75		150
LCW-35	15～1000	0.5/B	2			2		45		115
LCW-110	（2×50）～（2×300）	0.5/1	1.2	1.2				75		150
LCW-220	4×300	0.5/D D/D	2			1.2		60		
LZZB10-10	50、75、100						9		22.5	
	75、100、150						13.5		33.5	
	100、150、200						15		37.5	
	150、200、300						22.5		56	
LZZB11-10	150						15		37.5	
	200						20		50	
	300						30		75	
LZZBJ12-10A	50						10		25	
	75						21		52.5	
	100						31.5		78	
	150、200						45		112.5	
	300、400						50		125	
LZZBJ12-10B	50～100						31.5		63	
	75～100						45		78	
	150～500						63		157.5	

续表

型号	额定一次电流（A）	级次组合	额定二次负荷（Ω）				1s热稳定		动稳定	
			0.5级	1级	3级	B、D级	电流（kA）	倍数	电流（kA）	倍数
LZZBJ12-10C	50～75						8		20	
	100						21		52.5	
	150						31.5		78.5	
	200						40		100	

注：各厂家数据有所不同，本表仅供参考。

附表Ⅰ-23 部分万能式低压断路器技术数据

型号	脱扣器额定电流（A）	长延时动作整定电流（A）	短延时动作整定电流（A）	瞬时动作额定电流（A）	单相接地短路故障电流（A）	分断能力	
						电流（kA）	$\cos\varphi$
DW15-200	100	64～100	300～1000	300～1000 800～2000	—	20	0.35
	150	98～150	—	—			
	200	128～200	600～2000	600～2000 1600～4000			
DW15-400	200	128～200	600～2000	600～2000 1600～4000	—	25	0.35
	300	192～300	—	—			
	400	256～400	1200～4000	3200～8000			
DW15-600	300	192～300	900～3000	900～3000 1400～6000	—	30	0.35
	400	256～400	1200～4000	1200～4000 3200～8000			
	600	384～600	1800～6000				
DW15-1000	600	420～600	1800～6000	6000～12000	—	40 （短延时30）	0.35
	800	560～800	2400～8000	8000～16000			
	1000	700～1000	3000～10000	10000～20000			
DW15-1500	1500	1050～1500	4500～15000	15000～30000	—		
DW15-2500	1500	1050～1500	4500～9000	10500～21000	—	60 （短延时40）	0.2 （短延时0.25）
	2000	1400～2000	6000～12000	14000～28000			
	2500	1750～2500	7500～15000	17500～35000			
DW15-4000	2500	1750～2500	7500～15000	17500～35000	—	80 （短延时60）	0.2
	3000	2100～3000	9000～18000	21000～42000			
	4000	2800～4000	12000～24000	28000～56000			

型号	脱扣器额定电流（A）	长延时动作整定电流（A）	短延时动作整定电流（A）	瞬时动作额定电流（A）	单相接地短路故障电流（A）	分断能力	
						电流（kA）	$\cos\varphi$
DW16-630	100	64～100	—	300～600	50	30（380V）20（630V）	0.25（380V）0.3（630V）
	160	102～160		480～960	80		
	200	128～200		600～1200	100		
	250	160～250		750～1500	125		
	315	202～315		945～1890	158		
	400	256～400		1200～2400	200		
	630	403～630		1890～3780	315		
DW16-2000	800	512～800	—	2400～4800	400	50	—
	1000	640～1000		3000～6000	500		
	1600	1024～1600		4800～9600	800		
	2000	1280～2000		6000～12000	1000		
DW16-4000	2500	1400～2500	—	7500～15000	1250	80	—
	3200	2048～3200		9600～19200	1600		
	4000	2560～4000		12000～24000	2000		
DW17-630（ME630）	630	200～400 350～630	3000～5000 5000～8000	1000～2000 1500～3000 2000～4000 4000～8000	—	50	0.25
DW17-800（ME800）	800	200～400 350～630 500～800	3000～5000 5000～8000	1500～3000 2000～4000 4000～8000	—	50	0.25

注：各厂家数据有所不同，本表仅供参考。

附表 I-24　部分塑料外壳式低压断路器技术数据

型号	壳架等级额定电流（A）	额定电流（A）	极数	额定极限短路分断能力～380V（kA）	额定运行短路分断能力～380V（kA）	瞬时脱扣器整定电流	
						配电用	保护电动机用
D20Y-100	100	16、20、32、40、50、63、80、100	2、3	18	14	$10I_n$	$12I_n$
DZ20J-100			2、3、4	35	18		
D20G-100			2、3	100	50		
DZ20H-100			2、3	35	18		
DZ20C-160	160	16、20、32、40、50、63、80、100、125、160	3	12		$10I_n$	—

续表

型号	壳架等级额定电流（A）	额定电流（A）	极数	额定极限短路分断能力～380V（kA）	额定运行短路分断能力～380V（kA）	瞬时脱扣器整定电流	
						配电用	保护电动机用
DZ20Y-200	200	63、80、100、125、160、180、200、225	2、3	25	18	$5I_n$ $10I_n$	$8I_n$ $12I_n$
DZ20J-200			2、3、4	42	25		
DZ20G-200			2、3	100	50		
DZ20H-200			2、3	35	18		
DZ20C-250	250	100、125、160、180、220、225、250	3	15		$10I_n$	—
DZ20C-400	400	100、125、160、180、220、225、250、315、350、400	3	20		$10I_n$	
D20Y-400		200（Y）、250、315、350、400	2、3	30	23	$10I_n$	$12I_n$
DZ20J-400				50	25	$5I_n$	
DZ20G-400				100	50	$10I_n$	
DZ20C-630	630	250、315、350、400、500、630	3	20		$5I_n$ $10I_n$	—
D20Y-630			2、3	30	23		
DZ20J-630			2、3、4	50	25		
DZ20H-630			3	50	25		
DZ20J-1250	1250	630、700、800、1000、1250	2、3	50	38	$4I_n$	—
D20H-250				65	38	$7I_n$	

注：各厂家数据有所不同，本表仅供参考。

附录Ⅱ　课程设计任务书示例

《建筑供配电技术课程设计》是要求学生根据给定的实际工程项目条件并参考相关规范和资料，学习运用所学理论知识完成建筑供配电系统的设计任务，绘制相关图纸，并对设计中涉及的理论计算、应注意的问题及规范要求进行说明。图纸应至少达到建筑电气初步设计的深度。

课程设计促使学生将理论与实践相结合，是深化理论知识、拓宽知识面的重要过程；通过分组合作、答辩汇报、撰写课程设计说明书等过程，培养团队合作精神，锻炼沟通与书写表达能力，促进综合素质与工程实践能力提升；是实现专业应用型人才培养目标的重要实践环节，也为学生未来的求职就业奠定基础。

本书仅给出编者所在学校《建筑供配电技术课程设计》任务书的示例，以供参考。

课 程 设 计 任 务 书

题目　　　　　　　　　　××建筑供配电系统设计　　　　　　　　　

专业、班级　　　　　　　学号　　　　　　　　姓名　　　　　　　　

1. 设计原则

1）安全

设计阶段应首先充分注意安全用电问题，要从生命、设备、系统及建筑等方面全面考虑。

2）可靠

体现在供电电源和供电质量的可靠性。

3）合理

一方面要符合国家有关政策、法令、现行的国家标准和行业行规要求；另一方面要符合建筑方的经济实力、运行维护及扩充发展等的要求。

4）先进

杜绝使用落后、淘汰设备，不使用未经认可的技术，要充分考虑未来的发展。

5）节能

考虑降低物耗、保护环境、综合利用等实用因素。如提高功率因数、深入负荷中心、选用节能变压器等。

2. 基本要求

1）阅读相关科技文献，熟悉给定工程的工程概况。

2）熟悉民用建筑电气设计的相关规范和标准。

3）熟悉建筑供配电系统设计的方法、步骤和内容。

4）熟练识读建筑电气相关图纸，熟悉常用建筑电气设计图形符号和文字符号。

5）运用所学理论知识和国家相关规范标准进行建筑供配电图纸的设计和计算。

6）学习查找常用数据手册、产品选型手册等相关参数并进行计算的方法。

7）熟练运用 AutoCAD、天正电气或浩辰电气等软件进行建筑供配电系统相关图纸绘制。

8）将课程设计过程中遇到的问题和解决方法、设计思路和方案及心得体会等书写在课程设计日志中，并学会整理和总结课程设计文档报告。

3．主要内容

电源和电压选择；负荷分级与负荷计算；供电变压器容量选择；变配电所与高低压主接线系统设计；低压配电系统设计；短路计算；设备选择；导线选择；防雷与接地系统设计。

4．设计步骤

1）研读国家和行业相关规范标准，认真分析给定工程概况和条件，分组讨论，提出设计思路。

2）根据给定的工程概况和条件图，分析设计方案，确定建筑分类。

3）确定电源电压、负荷等级、高低压主接线形式及配电方式。

4）根据建筑物的类型和用途，确定低压接地的形式、低压竖向配电方式，配置低压配电箱。

5）根据提供的动力和照明设备参数，进行负荷计算，编写负荷计算书。

6）进行方案分析，选择供电变压器的容量。

7）进行短路计算，编写短路计算书。

8）通过计算，选择主要高低压开关设备容量、整定值、型号、台数，编写设备选型计算书。

9）通过计算，选择主要导线（干线）型号，编写导线选择计算书。

10）根据工程所在地的年均雷暴日，进行建筑物防雷等级计算，确定建筑物防雷分类，并进行防雷系统设计与接地设计计算，编写防雷与接地计算书。

11）绘制高低压主接线系统图、低压配电系统图、配电箱系统图、防雷与接地平面图、变配电所布置平面图，编写图纸设计说明、设备材料表和图签。

12）撰写不少于 4000 字的课程设计说明书一份，包含必要的图表并附设计图纸。

5．已知参数和设计依据

给定建筑的工程概况、建筑、结构、暖通、给排水等专业条件图；现行国家和相关行业规范标准；建设方提出的其他要求。

6．提交成果

1）图纸。高低压主接线系统图、低压配电系统图、配电箱系统图、防雷与接地平面图、变配电所布置平面图、设计说明、图例与设备材料表、图签。

2）计算书。负荷计算书、变压器容量选择计算书、短路计算书、设备选择计算书、导线选择计算书、防雷与接地计算书。

3）课程设计说明书。

4）课程设计日志。

7．主要参考资料

[1]给定建筑的工程概况、建筑、结构、暖通、给排水等专业条件图；

[2]《建筑供配电技术课程设计指导书》；

[3]《供配电系统设计规范》（GB 50052—2009）；

［4］《低压配电设计规范》（GB 50054—2011）；

［5］《建筑物防雷设计规范》（GB 50057—2010）；

［6］《20kV 及以下变电所设计规范》（GB 50053—2013）；

［7］《民用建筑电气设计标准》（GB 51348—2019）；

［8］《建筑设计防火规范》（GB 50016—2014）（2018 版）；

［9］《住宅建筑电气设计规范》（JGJ 242—2011）；

［10］《教育建筑电气设计规范》（JGJ 310—2013）；

［11］《办公建筑设计规范》（JGJ 67—2006）；

［12］《中小学校设计规范》（GB 50099—2011）；

［13］《商店建筑电气设计规范》（JGJ 392—2016）；

［14］《幼儿园设计规范》（JGJ 39—2002）；

［15］《图书馆建筑设计规范》（JGJ 38—2015）；

［16］《老年人居住建筑设计规范》（GB 50340—2016）；

［17］《建筑电气常用数据》（09DX101-1）；

［18］曹祥红，张华，陈继斌，等 . 建筑供配电系统设计 ［M］. 北京：人民交通出版社，2011.

［19］刘屏周，工业与民用配电设计手册 ［M］. 4 版 . 北京：中国电力出版社，2016.

［20］曹祥红，张华，李跃龙，等 . 建筑供配电技术与设计 ［M］. 北京：中国建材工业出版社，2021.

完 成 期 限：＿＿＿＿＿＿＿＿＿＿

指 导 教 师 签 名：＿＿＿＿＿＿＿＿＿＿

课程负责人签名：＿＿＿＿＿＿＿＿＿＿

年　　　月　　　日

参考文献

[1] 中国航空工业规划设计研究总院有限公司．工业与民用配电设计手册［M］．4版．北京：中国电力出版社，2016.

[2] 王晓丽．建筑供配电与照明（上册）［M］．2版．北京：中国建筑工业出版社，2018.

[3] 方潜生．建筑电气［M］．2版．北京：中国建筑工业出版社，2018.

[4] 唐志平．供配电技术［M］．4版．北京：电子工业出版社，2019.

[5] 莫岳平．供配电工程［M］．2版．北京：机械工业出版社，2015.

[6] 刘介才．工厂供电［M］．6版．北京：机械工业出版社，2016.

[7] 曹祥红，张华，陈继斌．建筑供配电系统设计［M］．北京：人民交通出版社，2011.

[8] 李英姿，洪元颐．现代建筑电气供配电设计技术［M］．北京：中国电力出版社，2008.

[9] 翁双安．供配电工程设计指导［M］．北京：机械工业出版社，2008.

[10] 北京市建筑设计研究院有限公司．BIAD电气设计深度图示［M］．北京：中国建筑工业出版社，2012.

[11] 中国建筑标准设计研究院．建筑电气常用数据（19DX101-1）［S］．北京：中国计划出版社，2019.

[12] 中南建筑设计院股份有限公司．建筑工程设计文件编制深度规定［M］．北京：中国建材工业出版社，2017.

[13] 中华人民共和国住房和城乡建设部．民用建筑电气设计标准（GB 51348—2019）［S］．北京：中国建筑工业出版社，2020.

[14] 中华人民共和国住房和城乡建设部．供配电系统设计规范（GB 50052—2009）［S］．北京：中国计划出版社，2010.

[15] 中华人民共和国住房和城乡建设部．低压配电设计规范（GB 50054—2011）［S］．北京：中国计划出版社，2012.

[16] 中华人民共和国住房和城乡建设部．建筑物防雷设计规范（GB 50057—2010）［S］．北京：中国计划出版社，2011.

[17] 中华人民共和国住房和城乡建设部．20kV及以下变电所设计规范（GB 50053—2013）［S］．北京：中国计划出版社，2014.

[18] 中华人民共和国住房和城乡建设部．建筑设计防火规范（GB 50016—2014）（2018版）［S］．北京：中国计划出版社，2018.